晶体化学及晶体物理学

（第三版）

廖立兵 等　编著

科 学 出 版 社

北　京

内 容 简 介

全书共分十章，主要内容包括：绪论，晶体学基础，原子键合，晶体场理论及配位场理论，晶体成分，晶体结构，晶体化学基本定律，固溶体、相变及有关结构现象，晶体缺陷，晶体的物理性质等。针对材料学、矿物材料学、矿物学、岩石学、矿床学、宝石学、地球化学等学科的特点，本书仍以晶体化学内容为主，晶体物理部分重在基本概念和基本性质的介绍，略去晶体物理中的张量推导，因此有较强的针对性和实用性。

本书可作为无机材料学、矿物材料学、矿物学、岩石学、矿床学、宝石学、地球化学等学科专业的教材，也可供从事以上专业研究和教学工作者参考阅读。

图书在版编目(CIP)数据

晶体化学及晶体物理学/廖立兵等编著. —3 版. —北京：科学出版社，2021.9

ISBN 978-7-03-069650-2

Ⅰ. ①晶…　Ⅱ. ①廖…　Ⅲ. ①晶体化学-高等学校-教材②晶体物理学-高等学校-教材　Ⅳ. ①O74②O73

中国版本图书馆 CIP 数据核字(2021)第 175010 号

责任编辑：杨　震　霍志国　高　微/责任校对：杜子昂
责任印制：吴兆东/封面设计：东方人华

科学出版社 出版
北京东黄城根北街 16 号
邮政编码：100717
http://www.sciencep.com

北京九州迅驰传媒文化有限公司印刷

科学出版社发行　各地新华书店经销

*

2000 年 3 月第 一 版　开本：720×1000　1/16
2013 年 1 月第 二 版　印张：24 3/4
2021 年 9 月第 三 版　字数：500 000
2024 年 1 月第十五次印刷

定价：128.00 元

(如有印装质量问题，我社负责调换)

第三版前言

本书是在2000年出版的《晶体化学及晶体物理学》、2013年《晶体化学及晶体物理学》(第二版)的基础上修订而成。《晶体化学及晶体物理学》(第一版)、《晶体化学及晶体物理学》(第二版)一直作为中国地质大学(北京)材料学、矿物学、岩石学、地球化学、宝石学等专业的研究生教材，后又作为中国地质大学(北京)材料学专业本科生的教材(选用部分内容)，并被一些其他院校作为有关专业的教材，很多学者在研究中也多有参考和引用。由于《晶体化学及晶体物理学》(第二版)出版至今近十年，内容需要更新和补充。加上第二版书印数有限，以及教学、科研对本书的需求不断增长，因此对《晶体化学及晶体物理学》(第二版)进行修订再版。

本次修订，作者进行了大量的内容调整和补充。首先，对原书大多数章节内容进行了充实和完善；其次，调整了全书结构，增加了“晶体成分”和“晶体化学基本定律”两章，删除了“晶体生长简介”一章。具体修订情况如下：第1章绪论，充实了准晶、液晶、纳米材料等内容；第2章晶体学基础，增加了晶带定律、等效点系、晶体定向、晶体的单形和聚形、双晶等内容，移出“晶体化学的若干基本定律”部分；第3章原子键合，将原第2章中的“紧密堆积原理”移至“离子键和离子晶体”部分；第4章晶体场理论及配位场理论，增加了对晶体场理论计算的介绍；第5章晶体成分，为新增加章节；第6章晶体结构，增加了对“石墨烯”等的介绍，更换了一些晶体结构图；第7章晶体化学基本定律，为新增加章节，内容来自原第2章“晶体化学的基本定律”部分；第8章固溶体、相变及有关结构现象，为第二版的第6章内容，但补充了若干研究实例；第9章晶体缺陷，补充了对点缺陷的有效电荷、缺陷反应方程等的介绍，并增加了一些实例；第10章晶体的物理性质，补充了晶体热膨胀系数的理论计算、磁性材料和多铁性材料介绍以及若干实例。通过上述修订，《晶体化学及晶体物理学》(第三版)的章节安排更加合理，内容得到了极大的充实和完善。

《晶体化学及晶体物理学》(第三版)内容紧扣晶体成分、结构、性能及其相互关系，共分十章：绪论，晶体学基础，原子键合，晶体场理论及配位场理论，晶体成分，晶体结构，晶体化学基本定律，固溶体、相变及有关结构现象，晶体缺陷，晶体的物理性质。可见《晶体化学及晶体物理学》(第三版)仍以晶体化学内容为主，晶体物理部分重在基本概念和基本性质介绍，保留了第一、二版的风格和特点，强调内容的针对性和实用性。

本次修订由廖立兵、吕国诚、刘昊共同完成，研究组其他师生参与了部分资料的查阅与整理。吕国诚参与了第 5 章“晶体成分”的编写；刘昊参与了第 8 章“固溶体、相变及有关结构现象”和第 10 章“晶体的物理性质”的修订，并负责全书图表的整理；廖立兵负责全书结构调整，内容补充、修改和审校。由于作者水平有限，《晶体化学及晶体物理学》(第三版)仍然存在不足之处，恳请阅读者指正。

本书的再次修订出版得到中国地质大学(北京)研究生教材基金的资助。

廖立兵

2021 年 6 月于北京

第二版前言

本书是在2000年出版的《晶体化学及晶体物理学》的基础上修编的。自《晶体化学及晶体物理学》(第一版)出版以来，一直被作为中国地质大学(北京)材料学、矿物学、岩石学、地球化学、宝石学等专业的研究生教材使用，也被清华大学等高等学校选作相关专业的研究生教材，而且为很多学者所参考和引用，受到广泛好评。但由于《晶体化学及晶体物理学》(第一版)出版至今已过去很长时间，原书的一些内容需要更新和补充。加上第一版印数有限，早已不能满足需求，因此决定对原书进行修编再版。

本次再版修编，作者对原书进行了较大量的内容补充和修改。增加了第二章“晶体学基础”和第九章“晶体生长简介”，将原书第二章、第四章中有关晶体化学定律和最紧密堆积的内容移至本书的第二章，第四章增加了“电子轨道和原子态的对称变换”，第八章增加了“晶体的电学性质”。此外，对其他很多章节内容也进行了补充和修改，尽量反映最新的研究成果。总之，通过本次修编，作者努力使《晶体化学及晶体物理学》(第二版)的内容更加系统、充实、新颖和适用。

《晶体化学及晶体物理学》(第二版)共分九章，主要内容包括：晶体学基础；原子键合(原子结构及各种键型和晶体特点)；配位场理论及其应用；晶体结构类型及典型晶体结构；晶体缺陷；晶体相变及有关现象；晶体物理性质；晶体生长等。《晶体化学及晶体物理学》(第二版)仍以晶体化学为主，晶体物理部分重在基本概念和基本原理的介绍，略去很多晶体物理书中的张量推导，因此保留了第一版的风格和特点，具有较强的针对性和实用性。

本次修编由廖立兵和夏志国共同完成，课题组其他师生也参与了部分资料的查阅与整理。夏治国参加了第二章、第九章的编写和部分资料、图表的更新和补充，廖立兵负责全书结构调整、内容补充修改和审校。由于作者水平有限，本书不足之处在所难免，恳请本书的使用者指正。

本书再版得到了中国地质大学(北京)研究生教材基金的资助。

作　者

2012年4月于北京

第一版前言

晶体化学和晶体物理学是晶体学的重要学科分支，是研究晶体的化学组成与晶体结构、晶体结构与晶体的物理性质之间关系的学科。晶体化学和晶体物理学与很多学科如固体物理学、固体化学、材料学、矿物岩石矿床学、地球化学、宝石学、结构化学等有密切的联系，对这些学科的发展有重要的影响，还是许多重要新兴学科如自动化技术、激光技术、红外遥感技术、电子计算机及空间技术等的重要基础。因此晶体化学和晶体物理学已被融入各种领域的研究中，晶体化学和晶体物理学的有关规律和知识已在多方面得到广泛的运用。

晶体化学历来受矿物、岩石、矿床、地球化学工作者的重视，并一直被作为《结晶矿物学》的重要内容之一。《晶体化学》课则很早便被作为矿物学、岩石学、宝石学等学科研究生的必修课程。晶体化学理论在矿物学、岩石学、宝石学等学科的很多实际研究中得到成功应用。随着以上各学科的发展，特别是矿物材料学的兴起，晶体化学的作用将越加明显，晶体化学研究将比以往更为重要，《结晶矿物学》中的内容将远远满足不了未来发展的需要。晶体物理学是晶体材料学等学科的重要基础，但过去很少受到矿物学、岩石学、矿床学、地球化学等科学工作者的重视，但近年来已有越来越多的学者认识到，晶体物理学研究，如矿物晶体的热膨胀、磁学性质、电学性质等的研究，有助于很多地质现象的解释。矿物材料学研究更是离不开晶体物理学研究，因为矿物应用归根到底是对其性质的应用。上述的各种原因加上以往对矿物物理性质研究的忽视，使得编写一本系统深入介绍晶体化学的有关知识，同时适当介绍晶体物理的基本原理和重要概念，可供矿物学、岩石学、地球化学、宝石学、特别是矿物材料学等学科教学和研究参考用的著作很有必要。

在本书出版前的几年中，为适应学科发展的需要，作者在给有关专业研究生讲授《晶体化学》课时已在过去只讲授晶体化学内容的基础上增加了晶体物理学的部分内容，经过几年的教学实践，后来形成了《晶体化学与晶体物理学》课程的基本体系并编写了相应的讲义，本书即是在此讲义基础上修改补充而成。全书共分七章，主要内容包括：原子键合(原子结构及各种键型和晶体特点)；配位场理论及其应用；晶体结构类型及典型晶体结构；晶体缺陷；晶体相变及有关现象；晶体物理性质等。针对矿物材料学、矿物学、岩石学、矿床学、宝石学、地球化学等地学学科的特点，本书仍以晶体化学为主，晶体物理部分重在基本概念和基本原理的介绍，略去很多晶体物理书中的张量推导，因此有较强的针对性和实用性。

由于作者水平有限，本书不足之处在所难免，恳请本书的使用者指正。

伍万力同志帮助完成全书图件的计算绘制，本书的出版还得到了中国地质大学“211”工程“岩矿新材料设计、制备与表征”子项目的资助，在此一并表示衷心的感谢！

作　者

一九九九年九月于北京

目　录

第1章 绪　　论

1.1 晶体化学和晶体物理学的概念

晶体化学和晶体物理学的研究对象都是晶体，因此在了解晶体化学和晶体物理学的概念之前，应先对晶体有所了解。晶体是固体物质的主要存在形式，晶体与非晶体的主要区别在于它们是否具有点阵结构。换句话说，晶体与非晶体之间的本质区别是晶体结构中的质点在三维空间有规律地重复。晶体的各种性质，包括物理性质、化学性质和几何性质等都与其有规律的内部结构相关。

在人类了解晶体的内部结构之前，人们将具有规则几何外形的天然矿物均称为晶体。实际上这种认识并不全面，因为物体的外形是其内部结构及其生长环境的综合反映。一般说来，在适宜的条件下，具有规则内部结构的晶体自由生长，最终都可以形成具有规则几何外形的晶体(定形体)，在这种情况下，人们最初给晶体下的定义是正确的。但当生长条件不能充分满足晶体自由生长的需要时，晶体最终的外形将是不规则的，此时就不能简单地依据外形来定义。非晶体由于不具有规则的内部结构(严格地说应为长程有序结构)，不能自发地生长成规则的几何外形，因此非晶体也称无定形体。随着科学的发展，人们已认识到，晶体与非晶体或定形体与无定形体之间的界限已越来越无法严格划分。性质介于晶体与非晶体之间的物态不断被发现，例如液态晶体(简称液晶)，它是一种具有特定分子结构的有机化合物凝聚体。液晶之所以称为液态晶体，首先是因为它是液态的，具有液体的流动性；其次是因为它具有晶体的有序性，其结构基元的排列具有一维或二维近似长程有序。液晶的力学性质如同流体，但它的电、光、热等物理性质却如同晶体，具有显著的各向异性等。液晶相变时不是由晶态直接转变为液态，而是要经过一个过渡态。液晶种类很多，通常按液晶分子的中心桥键和环的特征进行分类。目前已合成了 1 万多种液晶材料，其中常用的液晶显示材料有上千种，主要有联苯液晶、苯基环已烷液晶及酯类液晶等。根据液晶会变色的特点，人们利用它来指示温度、报警毒气等，也广泛用于信息的显示。

再如准晶，它是一种新的固体物质形态，介于上述的晶体与非晶体之间。准晶具有完全有序的结构，然而又不具有一般晶体所应有的平移对称性，因而具有一般晶体所不允许的宏观对称性。因此，准晶是具有准周期平移格子构造的固体，其中的原子常呈定向有序排列，但不作周期性平移重复，其对称要素包含与一般晶体空间格子不相容的对称(如 5 次和 6 次以上对称轴)。

准晶由 D. Shechtman 等于 1982 年发现(2011 年获诺贝尔化学奖)，他们在急冷凝固的 Al-Mn 合金中发现了具有 5 次旋转对称但无平移周期性的合金相，即二十面体准晶或五次准晶。以后人们又陆续发现了具有 8 次、10 次、12 次对称的准晶结构。准晶的发现，是 20 世纪 80 年代晶体学研究的重大突破。

已知的准晶都是人工合成的金属互化物，2000 年以前发现的几百种准晶体中至少含有 3 种金属元素，如 $Al_{65}Cu_{23}Fe_{12}$、$Al_{70}Pd_{21}Mn_{9}$ 等。但后来发现 2 种金属元素也可形成准晶，如 $Cd_{57}Yb_{10}$。

2009 年，科学家在俄罗斯的一块铝锌铜矿上发现了组成为 $Al_{63}Cu_{24}Fe_{13}$ 的天然准晶，与实验室中合成的准晶一样，这些准晶的结晶程度都非常好。之后一系列天然形成的准晶被报道。

准晶被发现后，其不具有平移对称的结构成为研究热点。事实上，20 世纪之前不具平移对称的结构就已经被建筑师熟知，如伊朗伊斯法罕清真寺瓷砖上的图案就是一种不具有平移对称的图形。

数学家们很早就已经知道可以通过平移用单一形状的拼图如任意形状的四边形或者正六边形拼满一个平面。但是当增加拼图单元的种类时，拼满一个平面的方法就很多。1961 年，数学家王浩提出了用不同形状的拼图单元铺满平面的拼图问题。两年后，王浩的学生 Robert Berger 构造了一系列不具有平移周期性的拼图。之后铺满平面(不具有平移周期性)所需要的拼图单元种类越来越少。1976 年，Roger Penrose 构造了一系列只需要两种拼图单元铺满平面的方法，称为 Penrose 拼图。二维空间的 Penrose 拼图由内角为 36 °、144 °(长)和 72 °、108 °(扁)的两种菱形组成，能够无缝隙、无交叠地拼满二维平面。这种拼图没有平移对称性，但具有长程有序性，并且具有一般晶体所不允许的 5 次旋转对称性，与 5 次准晶的电子衍射图吻合，其中相邻结点间距之比为黄金中值 1.618(或 0.618)。与二维空间的 Penrose 拼图对应，三维 Penrose 模型由相应的两种菱面体堆砌而成，即长菱面体和扁菱面体。这两种菱面体数目之比等于黄金中值。

有关准晶的组成与结构规律尚未完全阐明，它的发现在理论上对经典晶体学产生了很大冲击，国际晶体学联合会因此将晶体的定义修改为：晶体是衍射图谱呈现明确图案的固体(any solid having an essentially discrete diffraction diagram)。

此外，近年还出现了光子晶体、声子晶体等与“晶体”概念有关的新型材料。

光子晶体(photonic crystal)于 1987 年由 S. John 和 E. Yablonovitch 分别独立提出，它是指由不同折射率的介质周期性排列而成的、在光学(光波波长)尺度上具有周期性结构的人工设计和制造的晶体。与半导体晶格(电子波长尺度)对电子波函数的调制相类似，光子晶体能够调制具有相应波长的电磁波。当电磁波在光子晶体中传播时，由于存在布拉格散射而受到调制，电磁波能量形成能带结构，能带与能带之间出现带隙，即光子带隙，能量处在光子带隙内的光子不能进入该晶体。光子晶体和半导体在基本模型和研究思路上有许多相似之处，原则上人们可以通过设计和制造光子晶体及其器件，达到控制光子运动的目的。光子晶体(又称光子禁带材料)的出现，使人们操纵和控制光子的梦想成为可能。按照光子禁带在空间中存在的维数，可以将光子晶体分为一维、二维和三维光子晶体。

可见，光子晶体是在高折射率材料的某些位置周期性地出现低折射率(如空气空穴)的材料，正如晶体中在晶格结点周期性地出现离子一样，因此得名“光子晶体”，但光子晶体并非严格意义上的晶体。

与光子晶体类似，弹性常数及密度周期分布的材料或结构被称为声子晶体(phononic crystal)。声子晶体是由弹性固体周期排列在另一种固体或流体介质中形成的一种新型功能材料。人们发现弹性波在周期弹性复合介质中传播时，也会产生类似于光子带隙的弹性波带隙。

即使对于经典意义上的晶体，其结构基元的排列也并非理想地、完整地长程有序，而是或多或少地存在不同类型的结构缺陷，使长程有序结构在不同程度上被破坏，也使实际晶体的各种性质在一定程度上偏离了理想晶体。但结构缺陷不会从根本上破坏长程有序的特点，晶体的各种性质也不会发生根本的改变。

由于结构上具有长程有序的特点，晶体具有如下的共同特性。

(1)均匀性：即晶体不同部位的宏观性质相同。

(2)各向异性：即晶体中不同方向上具有不同的物理性质。

(3)自限性：即晶体具有自发形成规则几何外形的特点。

(4)对称性：即晶体在某些特定方向上所表现出的物理、化学性质完全相同以及具有固定熔点等。

(5)最小内能性：即相较于同成分的气体、液体及非晶体，晶体的内能最小。

(6)稳定性：即在相同的热力学条件下，晶体与同成分的非晶体、液体、气体相比最为稳定。

(7)衍射效应：即晶体对X射线、电子束、中子束等产生衍射的现象。

晶体与非晶体在一定条件下可以相互转化。退玻璃化就是玻璃内部结构基元的排列向长程有序发展演变的晶化过程。与之相反，玻璃化就是晶体内部结构长程有序遭到破坏而向非晶体转变的过程。含放射性的某些晶质矿物就经常由于受到放射性蜕变时所发出的α射线的作用而转化为非晶质矿物。

具有均匀、连续周期结构的晶体称为单晶。两个或两个以上的同种单晶彼此间按一定的对称关系相互结合在一起的晶体称为孪晶(或双晶)。多晶则指许多取向不同的小单晶的集合体。多晶也具有X射线衍射效应，也有固定的熔点，但不具有单晶体的各向异性。多晶的物理性质不仅取决于所包含的晶粒的性质，还与晶粒大小以及相互间的取向有关。

当单晶体晶粒小到相当于几个至几十个晶胞大小时，晶体向非晶体过渡，此时已很难观察到它的 X 射线衍射效应。

不仅地球上的大部分物质是晶体(包括有机晶体、无机晶体)，而且其他天体也存在大量的晶体物质(陨石中存在大量矿物晶体)。晶体不仅广泛存在于无生命世界中，在生命世界中也有举足轻重的位置，如蛋白质晶体，蛋白质是生命的存在形式。

晶体化学和晶体物理学都是晶体学的重要分支，晶体化学是研究晶体的化学组成与晶体结构之间关系的一门学科，晶体物理学则是研究晶体结构与晶体物理性质间关系的一门学科。具体而言，晶体化学研究各种元素在晶体中的含量和赋存状态(如类质同象杂质、机械混入物等)；研究各种质点(原子、离子或分子)在晶体内部的排布、相互结合和作用(如晶体空间群、晶胞参数、质点排布与配位、离子价态、化学键类型及键长、键角等)；研究晶体的不完整性(如各种晶体缺陷和晶体有序-无序、调幅结构等结构现象)；研究晶体成分、晶体结构与晶体形成条件间的关系等。晶体物理学研究晶体的各种物理性质以及晶体结构、晶体形成条件对晶体物理性质的影响等。可见晶体化学与晶体物理学都以晶体为研究对象，只是侧重点有所不同。它们的研究内容有许多相同或相似之处，如晶体结构、晶体结构的不完整性等。实际上，因为晶体的化学成分与晶体的物理性质密切相关，所以晶体化学与晶体物理学联系紧密。

1.2 晶体化学和晶体物理学的形成与发展

晶体化学和晶体物理学是晶体学的重要分支，它们的形成与发展离不开整个晶体学的形成与发展。晶体学的诞生与矿物学分不开，因为晶体学最早的研究对象是自然产出的矿物晶体，因此，最初晶体学只是矿物学的一个分支。当晶体学的研究对象超出了矿物学的范畴，研究内容不断增多以后，晶体学开始脱离矿物学而成为一门独立的学科。对晶体学的建立有重要贡献的首先是丹麦学者斯丹诺(Nicolaus Steno，1638—1686)，他于 1669 年通过对石英等晶体的研究发现了晶面(面角)恒等定律，这一定律使人们能从晶体千变万化的复杂外形中找到反映晶体结构的内在规律，奠定了晶体几何学的基础。其后，法国晶体学家赫羽依(Rene Just Haüy，1743—1822)基于对方解石($CaCO_3$)晶体沿解理面破裂现象的观察，提出了有理指数定律，较圆满地解释了晶体外形与其内部结构之间的联系，推动了晶体结构理论的发展。18 世纪末(1780 年)，法国学者阿诺德·克兰乔(Arnold Carangeot，1742—1806)发明了接触测角仪，使晶体测角工作得以开展，1809 年英国学者沃拉斯顿(William Hyde Wollaston，1766—1828)发明反射测角仪使测角精度大为提高。在大量矿物晶体测角的实际资料基础上，1805～1809 年，德国学者韦斯(Christian Samuel Weiss，1780—1856)总结出了晶体对称定律，并提出晶体分为六大晶系。1815年，韦斯提出了结晶轴的概念和结晶轴与三维空间中对称轴的关系，并确定了晶体学中的重要定律之一——晶带定律，阐明了晶面与晶棱间的关系。1825年，德国矿物学家摩斯(Friedrich Mohs，1773—1839)则证明了单斜和三斜晶系的存在，从而为晶体的科学分类奠定了基础。1818～1839年，韦斯和英国学者米勒(William Hallowes Miller，1801—1880)先后创立了用于表示晶面空间方位的晶面符号。1830年，德国学者赫塞尔(J. F. C. Hessel，1792—1872)用几何方法推导出描述晶体外形对称性的32种点群，并认为只有二、三、四、六次旋转对称轴才与平移相容。1867年，俄国学者加多林(Аксель Вильгельмович Гадолин，1828—1892)用严谨的数学方法推导出了相同的结果。1848年，布拉维(Auguste Bravais，1811—1863)在弗兰肯海姆(Moritz Ludwig Frankenheim，1801—1869)工作的基础上，推出了32个晶类和14种空间格子类型，并发现14种空间格子具有7种不同的点阵对称，对应于以前所认识到的7个晶系。1879年，德国学者松克(Leonard Sohncke，1842—1879)发现了螺旋轴和滑移面，推导出65个松克点系。在此基础上，俄国学者费德罗夫(E. S. Fedrov，1853—1919)于1881年推导出了230个空间群。随后德国学者熊夫利斯(Arthur Moritz Schönflies，1853—1928)和英国人巴罗(William Barlow，1848—1934)也分别于1891年、1894年用不同方法推导出所有的空间群。因此到19世纪末期，晶体结构的点阵理论已基本成熟，为以后的晶体学发展奠定了理论基础。

20世纪50年代，苏联结晶矿物学家舒布尼柯夫(Алексей Васильевич Шубников，1887—1970)发展了晶体对称理论，他提出了正负对称型[又称反对称、黑白对称(black-white symmetry)或双色对称(dichromatic symmetry)]的概念，创立了对称理论的非对称学说。1953～1955年，苏联晶体学家别洛夫(Николай Васильевич Белов，1891～1982)等根据正负对称概念推导了晶体可能有的三维对称群，包括22个平移群、58个点群和1191个空间群。1956年又提出了多色对称(polychromatic symmetry)概念，探讨了四维空间的对称问题。

20世纪80年代准晶的出现引入了“准周期”的概念和5次、8次、10次、12次旋转对称轴，使晶体学在原有7种晶系、32种点群和47种几何单形基础上，增加了5种晶系、28种点群和42种单形，这是对传统晶体学理论的重要发展，晶体学进入新的时期。

晶体学的另一部分内容是晶体的发生与成长。早期，斯丹诺曾经从溶液中培育出盐类晶体。英国学者玻意耳(Robert Boyle，1627—1691)研究过熔体过冷对晶体生长的影响。1866年，布拉维首先从晶体的面网密度出发，提出晶体生长的最终外形应被面网密度大的晶面包围。法国著名科学家居里(Pierre Curie，1859—1906)提出了晶体生长的最小表面能原理，讨论了晶体生长过程中，晶体与周围介质的平衡条件。我国古代学者对晶体的结晶习性及其形成规律也作过研究并有记载，例如宋代程大昌著《演繁露》一书中载有“盐已成卤水，暴烈日中，即成方印，洁白可爱，初小渐大或数十印累累相连”等论述。

晶体学还包括对晶体物理性质的研究。早在 17 世纪就开始了对晶体光学性质的研究，到 19 世纪已达到相当成熟的程度。1857 年，英国学者索尔贝(H. C. Sorby，1826—1908)首先利用由天然方解石晶体制成的偏光显微镜来研究晶体的光学性质。对晶体的磁学、电学、力学等性质的研究也开始得相当早。早在战国时期，我国的古代发明家就利用磁铁矿晶体的铁磁性制造了指南车，利用天然石榴子石、金刚石等硬质晶体作钻磨、雕琢等工具。随后又发现了天然晶体的压电、热释电等性质。

晶体学发展过程中的一个大飞跃发生于 1912 年。德国科学家劳厄(Max von Laue，1879—1960)发现的晶体 X 射线衍射现象，证实了晶体结构点阵理论的正确性，确定了 X 射线是一种电磁波(1914 年获诺贝尔物理学奖)。更重要的是这一开创性的成果翻开了晶体学新的一页，因为它使人们有了认识晶体微观结构的手段，并由此产生了一门新的晶体学分支学科——X 射线晶体学。1912～1914 年，英国晶体学家布拉格父子[W. H. Bragg(1862—1942)、W. L. Bragg(1890—1971)，1915 年共同获得诺贝尔物理学奖]和俄国晶体学家吴里夫(Г. В. Вульф， 1863—1925)分别独立地推导出 X 射线衍射的最基本公式——布拉格-吴里夫公式，开始了晶体结构分析的工作。20 世纪 20 年代，完成了收集 X 射线衍射谱图和推引空间群(衍射群)方法等工作，20 世纪 40 年代着重应用了 X 射线衍射强度数据，将数学上的帕特森(Patterson)函数和傅里叶(Fourier)级数应用到结构分析上。在这个时期中，各类有代表性的无机化合物和不太复杂的有机化合物的晶体结构大多数已得到了测定，并总结出原子间的键长、键角和分子构型等重要科学资料。20 世纪 60 年代，人们已成功地测定了蛋白质大分子的晶体结构，它标志着 X 射线晶体结构分析工作已达到了相当高的水平。随后采用了电子学和计算数学的新技术与新成就，使晶体结构分析测定的精度、速度和广度得到了更进一步的提高。

X 射线的发现不仅对晶体学的发展产生了极大的影响，而且对晶体化学和晶体物理学的形成与发展起着决定性的作用。从晶体学的发展过程可以看出，1809 年沃拉斯顿发明反射测角仪后，积累了大量天然矿物和化学上重要的人工晶体的精确的结晶学实验数据，使得德国化学家米切利希(Eilhard Mitscherlich，1794—1863)于 1819 年和 1822 年分别发现了类质同象和同质多象现象，并使人们的注意力开始转向晶体形态和习性的化学意义上。1850 年前后，法国科学家巴斯德(Louis Pasteur，1822—1895)发现酒石酸盐晶体的旋光性与其外形缺乏对称中心和反映面有关。但在此后的差不多 100 年里，晶体学研究也仅限于晶体形态与化学组成的关系。在发现X射线衍射方法之前，固体状态曾是物质各种状态中最难研究的状态，固体的内部结构只能从物质在液态或气态时的物理性质或化学性质来推测。X射线衍射方法和理论的出现，使人们能通过实验直接了解晶体的内部结构，并且在大约10年里就有大量的晶体结构被测定。1926年，已知的晶体结构数目之多，已使挪威学者哥尔德施密特(Victor Moritz Goldschmidt，1888—1947)能为有关简单无机化合物晶体的结构型式提出普遍性规则。他指出，晶体结构是球形原子(或离子)堆聚在一起受几何因素确定的，而每种有关元素的离子具有特征的恒定大小，从而验证了英国学者巴罗(William Barlow，1848—1934)和威廉·杰克逊·波普(William Jackson Pope，1870—1939)在20年前所作的推测。1927年，哥尔德施密特提出了“哥尔德施密特晶体化学第一定律”。1928年，莱纳斯·卡尔·鲍林(Linus Carl Pauling，1901—1994)提出了有关晶体结构的五条法则。这些定律与法则共同奠定了晶体化学的基础，使晶体化学开始成为一门独立的晶体学分支学科。晶体化学形成发展的同时，晶体物理学也迅速发展并走向成熟。由于X射线晶体学的建立，人们能从本质上认识晶体的物理性质，能研究晶体内部结构与晶体物理性质间的关系。从此晶体的固体物理学起了主导作用，晶体物理学研究跃上新的台阶，形成了现代晶体物理学。晶体管的发明、单晶硅的合成、水晶和各种高性能人工晶体的生长、人工金刚石和红宝石的合成及利用等，使晶体生长成为一门新兴学科，并大大推动了晶体物理学的发展。

20世纪中叶以来，由于新型测试方法不断出现和应用，晶体化学、晶体物理学研究得以在前所未有的高精度水平上进行，大量新的晶体化学和晶体物理学现象被发现，更多的晶体化学、晶体物理学规律得到总结。而作为晶体化学、晶体物理学理论基础的化学、物理学、结构化学、数学等学科的发展则不断地使晶体化学、晶体物理学由定性走向定量。人们对新型晶体材料的需求以及有关学科的发展也是晶体化学、晶体物理学发展的推动力。

纳米材料是指至少一维方向粒径小于100 nm的材料，是原子团簇、纳米颗粒、纳米薄膜、纳米碳管和其他纳米固体材料的总称。纳米晶体材料(有高密度缺陷核，超过50%的原子位于缺陷核内)具有一般晶体所不具有的许多特性，如电子能级不连续(准连续能级离散化)、量子尺寸效应(准连续能级离散化导致不存在最高占据分子轨道和最低未占分子轨道能级)、小尺寸效应(当微粒尺寸与光波波长、德布罗意波长以及超导态的相干长度或透射深度等物理尺寸相当或更小时，晶体周期性的边界条件将被破坏；非晶态纳米微粒的颗粒表面层附近原子密度减小，导致声、光、电、磁、热、力学等特性呈现新的小尺寸效应)、表面效应(纳米微粒尺寸小，表面能高，位于表面的原子所占比例较大。表面原子增多、原子配位不足及表面能高，使这些表面原子具有高的活性，极不稳定，很容易与其他原子结合)和宏观量子隧道效应(微观粒子贯穿势垒的能力称为隧道效应。一些宏观量，如微粒的磁化强度、量子相干器件中的磁通量等所具有的隧道效应称为宏观量子隧道效应)，因此传统晶体化学和晶体物理学理论不完全适用，需要发展新的理论。

以上诸因素使晶体化学、晶体物理学以空前的速度向纵深发展，已成为重要的应用基础学科。

1.3 晶体化学和晶体物理学研究的意义

晶体化学和晶体物理学研究，首先有利于人们从本质上认识各种晶体的成分、结构及其与物理性质、形成条件等之间的关系，有利于对晶体进行科学的分类。晶体化学和晶体物理学也是很多新兴学科的基石，如任何一个固体物理学的研究课题，不论它是晶态还是非晶态，都离不开晶体化学和晶体物理学的基础知识以及有关的资料、设备等。固体化学主要研究固体物质的结构、点缺陷与其物理性质间的关系，因此固体化学的核心问题仍是晶体化学和晶体物理学。材料科学也在较大程度上得益于晶体结构理论所提出的观点和知识。各种材料，不管它是金属、合金材料、陶瓷材料、高聚物材料，还是单晶材料等，它们的物理、化学性质与晶体的成分、结构缺陷等现象有关，晶体结构缺陷的基础是点阵结构，晶体结构缺陷的发生、变化等是以其所在的基质晶体结构为基础的。晶体材料的合成、改性，也离不开对其晶体组成、结构及其物理化学性质之间的联系和晶体结构的变异规律、晶体生长等的研究。而这些研究内容属于晶体化学、晶体物理学的研究范畴。因此晶体材料研究，从某种意义上来说就是晶体材料的晶体化学和晶体物理学研究。可以说材料科学的基础就是晶体化学和晶体物理学。生物医药学发展迅猛，生命现象的主要物质基础是以蛋白质、核酸、糖类、脂质为主体的生物大分子，每一个生物大分子及其复合物晶体结构的解析都会揭示一些结构-功能相关的机理，从而推动生物医学、医药研发和人类健康事业的发展。此外，近代的一些尖端科学技术，如自动化技术、激光技术、红外遥感技术、电子计算机以及空间技术等，都需要各种特殊的晶体材料，晶体材料的质量直接影响着这些技术的水平，对这些高新技术的要求又促进了晶体化学和晶体物理学的迅速发展。晶体生长中的工艺技术、物理化学、晶体结构缺陷以及与其性能间的联系的研究使近代晶体学内容更加丰富和充实。

晶体化学、晶体物理学还对其他学科的某些概念产生根本性的影响。例如，过去的化学理论认为物质由一个一个孤立的小分子构成，当物质进入水中后才形成离子，而晶体化学研究证明，在离子晶体中，离子是实际存在的实体，整个晶体是一个大分子，并不存在一个一个孤立的小分子等。

总之，晶体化学、晶体物理学与很多学科都有密切的关系，它不仅对一些学科有重要的影响，还是很多重要新兴学科的基础。晶体化学和晶体物理学所包括的内容及研究范围甚广，它不仅研究天然晶体，更重要的是已转向研究人工晶体，研究晶体组成、结构与物理性能间的联系，晶体的各种物理效应和晶体的完整性与物理性能间的关系等。可以预期，晶体化学和晶体物理学在今后的矿物学、材料科学等学科的发展中将越来越显示出它们的重要作用。

第 2 章　晶体学基础

晶体化学与晶体物理学研究离不开晶体学的基础知识。本章将介绍晶体学中的一些基本概念和基本理论，包括晶体学基本概念(晶体定义、空间格子、晶胞和晶体的基本性质)、晶体的宏观对称性与点群、晶体的微观对称性与空间群、等效点系、单形及聚形。

2.1　晶体学基本概念

2.1.1　晶体的定义

晶体是一类人们日常生活中常见的固体物质。厨房里的食盐，地面上铺设的瓷砖、山上的岩石、人们手上戴的钻石等，都是晶体或由晶体组成的。

在人类了解晶体的内部结构之前，人们将具有规则几何外形的天然矿物称为晶体。例如，六角柱状的石英、立方体状的石盐、菱面体状的方解石等。实际上这种认识是不全面的，因为物体的外形是其内部结构及其生长环境的综合反映，并非所有具有规则内部结构的晶体都能长成规则的几何外形。一般来说，在适宜的条件下，具有规则内部结构的晶体自由生长，最终都可以形成具有规则几何外形的晶体，在这种情况下，人们最初给晶体下的定义是正确的。

随着科学的发展和技术的进步，人们认识到晶体是一种具有点阵结构，由质点(原子、分子、离子等)以周期性平移重复方式在三维空间作规则排列的固体物质。因此，内部质点在三维空间呈周期性平移重复排列的固体物质称为晶体(结晶质)，反之则为非晶体(非晶质)。在一定的条件下，晶体和非晶体可以相互转化。任何一种物质在适当的条件下都可以晶体的形式存在，并且在不同条件下，同一种物质还可能有不同的晶体结构，称为同质多象。另外，不同的物质也可能有相同的晶体结构，称为类质同象。

由于具有规则的内部结构，晶体具有以下共同特性。

1) 自限性

自限性是晶体在合适的条件下，能自发地长成规则几何多面体外形的性质。在晶体的几何多面体上，平整的面称为晶面，两个晶面的交线称为晶棱，晶棱汇聚成的尖顶称为角顶。晶面数(F)、晶棱数(E)和角顶数(V)的关系符合欧拉定律：

$$F + V = E + 2$$

晶体的自限性是其内部格子构造的外在反映，是人们最早认识的晶体性质。自然界中，有些晶体并不具有规则几何多面体外形，这是由于晶体生长时受到了空间限制。实际上，如果不具有规则外形的晶体继续不受限制地自由生长，它们依然可以自发地长成规则几何多面体外形。图 2-1 中的实验显示了晶体的这一性质：将明矾石晶体磨成圆球，用细线把它挂在明矾石的饱和溶液中，数小时后，圆球上出现了一些规则排布的小晶面，它们逐渐扩大并汇合，最后覆盖整个晶体而形成多面体外形。

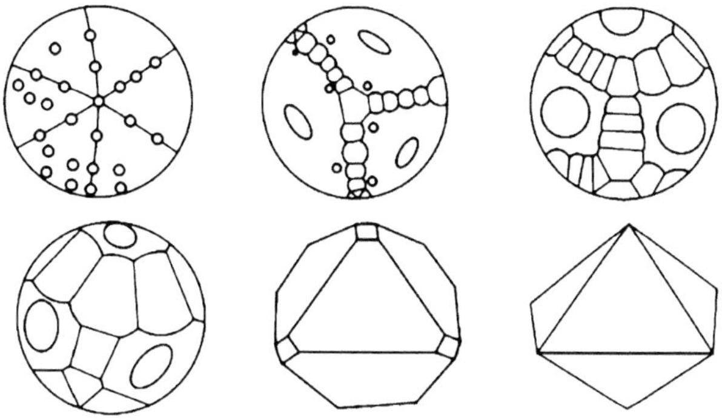

图 2-1　晶体的自限性实验（李国昌和王萍，2019）

2) 各向异性

各向异性是晶体的性质随方向不同而表现出差异的性质。晶体的凸多面体形态也是其异向性的表现。由空间格子构造规律可知，晶体结构中质点的排列方式和间距在相互平行的方向上是一致的，但在不平行的方向上，一般来说是有差异的。因此，当沿不同方向进行观察时，晶体的各种性质将表现出一定的差异，这就是晶体具有各向异性的根源。

例如蓝晶石矿物，在平行晶体延长方向上可以被小刀划动，而在垂直于延长方向上小刀不能划动，说明它的硬度是因方向而异的。

3) 均一性

均一性是同一晶体任何部位的物理性质和化学组成均相同的特性。例如，我们把一个晶体分成许多小晶块，每一小块都会具有相同的性质，如颜色、密度、味道等，这是因为每一小块均具有完全相同的结构及化学组成。均一性和各向异性在同一晶体上的表现，可以电导率为例进行说明。在晶体上按不同方向测量，电导率除靠对称性联系起来的方向外都是不同的，这就是晶体的各向异性；而在晶体上的各个部位按相同方向测量的电导率都相同，这就是晶体的均一性。即晶体的各向异性均一地在晶体的每一点上表现出来。值得注意的是，非晶质也具有均一性，如玻璃的不同部分在折射率、膨胀系数、热导率等性质方面都是相同的。

4)对称性

对称性是晶体中的相同部分或性质在不同方向或位置上有规律地重复出现的特性。所有的晶体都是对称的。通常我们可以看到晶体在不同方向出现形状和大小完全相同的晶面，这就是晶体外形上的一种对称。晶体外形上的对称源于其内部结构的对称。晶体内部质点在三维空间周期性平移重复排列就是一种微观对称性，尽管晶体结构中质点的排列在不同方向上有差异，但不排斥其在特定方向上重复，因此晶体的宏观对称性是其微观对称性的体现，是晶体最重要的性质，也是晶体对称分类的基础。有关晶体的对称性，将在后面的章节作进一步的介绍。

5)最小内能性

最小内能性是在相同的热力学条件下，相较于同种成分的气体、液体及非晶体，晶体内能最小的性质。晶体内部质点在三维空间呈周期性重复的规律排列，这种排列是质点间引力和斥力达到平衡的结果。在此情况下，无论是使质点间的距离增大或减小，都将导致质点势能的增加。对于气体、液体和非晶体，由于它们内部质点的排列无规则，质点间的距离并不等于平衡距离，因而它们的势能比晶体大。这就意味着，在相同的热力学条件下，晶体的内能最小。

6)稳定性

稳定性是在相同的热力学条件下，晶体与同成分的非晶质体、液体、气体相比最为稳定的性质。非晶质体随时间推移可以自发地转变为晶体，而晶体决不会自发地转变为非晶体，这种现象就表明了晶体的稳定性。晶体的稳定性是晶体具有最小内能的结果，它是由晶体的格子构造规律决定的，是质点间的引力和斥力达到平衡的结果，在这种平衡状态下，无论质点间的距离是增加还是减小，都将导致势能的增加。非晶体、液体、气体内部质点间的距离都不等于平衡距离，其势能较大，稳定性较差。所以根据热力学定律，晶体是最稳定的物态，它不会自发地转化为其他物态。

7)衍射效应

衍射效应是能对 X 射线、电子束、中子束等产生衍射的现象。

研究晶体的科学称为晶体学。因为人们认识晶体是从认识天然形成的矿物晶体开始的，所以晶体学最初作为矿物学的一个分支出现，并从研究矿物晶体的几何外形特征开始。目前晶体学的主要研究内容已拓展至晶体生长、几何晶体学、晶体结构、X 射线晶体学、晶体化学以及晶体物理学等。

2.1.2 空间格子

点阵是为了反映晶体结构的周期性而引入的一个概念，它所表示的是处在相同环境条件下的一组点。在晶体学中，对于不同的晶体结构，都可以抽象出一个相应的空间点阵。晶体内部结构中的质点(原子、分子和离子或由它们组成的原子团、分子团和离子团)的周期性排列就是以点阵的形式来描述的。这些阵点的重复规律，可以由一系列不同方向的行列和面网来表征，把整个空间中的点阵连接起来便形成了空间格子，空间格子的最小重复单位即为平行六面体。因此，结点、行列、面网和平行六面体构成了空间格子的四要素，它们具有如下特点和规律。

1) 结点

空间点阵中的阵点称为结点，它代表晶体结构中的相当点(原子种类相同、环境相同的点)。在实际晶体中，结点的位置可以为同种质点所占据，但就结点本身而言，它只具备几何意义，不代表任何质点。

2) 行列

分布在同一直线上的结点构成行列。显然，任意两结点可决定一个行列方向。在同一行列中相邻两个结点间的距离称为该行列上的结点间距。结点间距反映了质点在该行列方向上的最小重复周期。在一个空间格子中，可以有无穷多个不同方向的行列，同一行列的结点间距相同；相互平行的行列，结点间距相同；互不平行的行列，结点间距一般不同。

3) 面网

在同一平面上分布的结点即构成了面网。空间格子中不在同一行列的任意三个结点可以决定一个面网的方向，即任意两相交的行列即可构成一个面网。面网上单位面积内的结点数称为面网密度。相互平行的面网，面网密度相同；互不平行的面网，面网密度一般不同。任意两个相邻面网之间的垂直距离称为面网间距。

4) 平行六面体

空间格子中可以划分出的最小重复单位即为平行六面体，它是由三对互相平行的面组成的几何体。对于整个空间格子，可以将其划分成无数相互平行叠置的平行六面体，因此，整个空间格子可以看成是单位平行六面体在三维空间平行的、毫无间隙的堆砌。

2.1.3　晶胞

空间格子可由具体的晶体结构导出，它由不具任何物理、化学特性的几何点构成，而晶体结构则由实在的具体质点(结构基元)组成。但晶体结构中质点在空间排列的重复规律，则与相应空间格子中结点在空间分布的重复规律完全一致。所以，这两者既相互区别，又相互统一，它们的关系可用下式表示：

$$\text{晶体结构}=\text{点阵}+\text{结构基元}$$

如果在晶体结构中引入相应于单位平行六面体的划分单位时，这样的划分单位称为单位晶胞，一般简称为晶胞。

单位平行六面体的选择原则为：所选取的单位平行六面体应能反映格子构造中结点分布的固有对称性，并且棱与棱之间的直角最多，相等的棱和角尽可能多，平行六面体体积最小。

根据以上原则，图 2-2 中平行六面体的选择只有 a 符合上述原则。b、c、d 不能反映格子构造中结点分布的固有对称性；b、c 不满足棱与棱之间的直角最多、相等的棱和角尽可能多的要求；e 不符合体积最小原则。

在空间格子中，按照选择原则选出来的平行六面体，即为单位平行六面体。单位平行六面体的三条棱长以及棱之间的交角是表征其形状、大小的一组参数，称为单位平行六面体参数，即点阵常数或晶胞参数，如图 2-3 所示。不同晶系(后面的章节详细介绍)的对称特点不同，单位平行六面体的形状也不同。对单位平行六面体的描述应当包括其形状、大小和结点的分布情况。

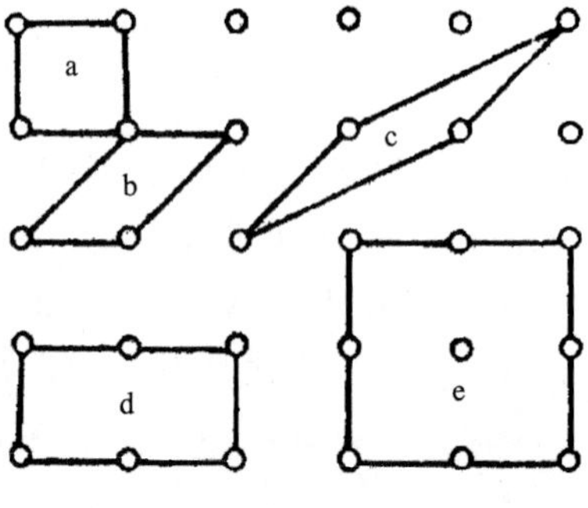

图 2-2　平行六面体的选择

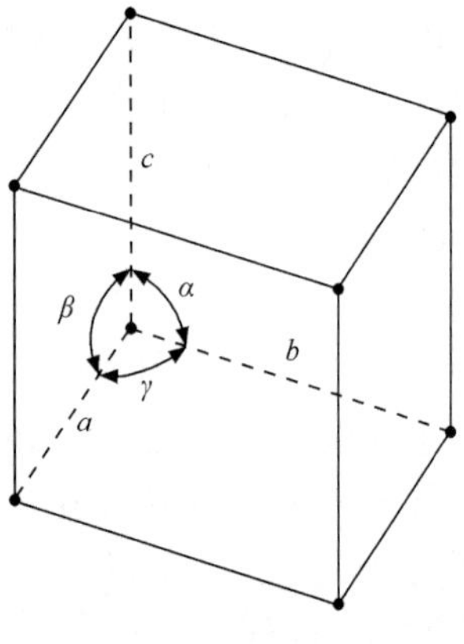

图 2-3　单位平行六面体的参数（李国昌和王萍，2019）

空间格子的坐标系由所选择的单位平行六面体决定，单位平行六面体的三条相交棱即为三个坐标轴的方向。棱的交角 α、β、γ 是坐标轴之间的交角，棱长 a、b、c 是坐标系的轴单位。因此，单位平行六面体参数也是表征空间格子中坐标系性质的一组参数。实际上，从晶体外形上正确做出的晶体定向，应与晶体结构中的单位平行六面体对应一致，也就是三个结晶轴的方向应当就是单位平行六面体三组棱的方向，晶体几何常数则应与单位平行六面体参数一致，其中轴角就是 α、β、γ，轴率等于三条棱长之比。单位平行六面体的三条棱长 a、b、c 是绝对长度，而轴率 $a:b:c$ 只是相对的比值。

单位平行六面体三条棱的长度 a、b、c 和棱之间的夹角 α、β、γ 决定了其形状和大小(图 2-3)。由于单位平行六面体的对称性必须符合整个空间格子的对称性，因此它必然与相应晶体结构及其外形上的对称性相一致。对应于晶体的七个晶系，单位平行六面体的形状也有七种不同类型(图 2-4)，它们的晶胞参数特点总结如下。

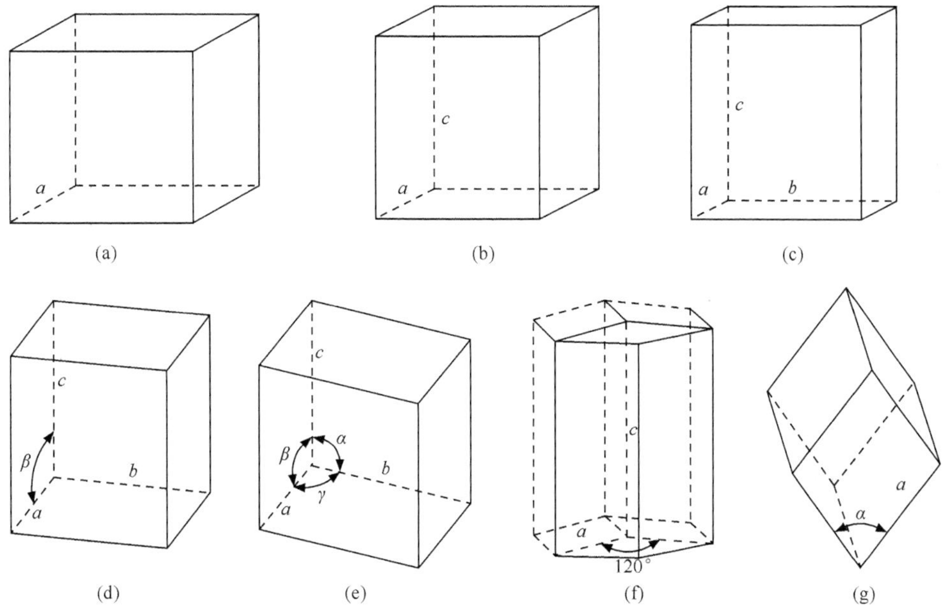

图 2-4　各晶系单位平行六面体的形状（李国昌和王萍，2019）

(a)等轴晶系；(b)四方晶系；(c)斜方晶系；(d)单斜晶系；(e)三斜晶系；(f)六方晶系；(g)三方晶系

(1)等轴晶系：$a=b=c$；$\alpha=\beta=\gamma=90°$；

(2)四方晶系：$a=b\neq c$；$\alpha=\beta=\gamma=90°$；

(3)斜方晶系：$a\neq b\neq c$；$\alpha=\beta=\gamma=90°$；

(4)单斜晶系：$a\neq b\neq c$；$\alpha=\gamma=90°$，$\beta>90°$；

(5)三斜晶系：$a\neq b\neq c$；$\alpha\neq\beta\neq\gamma\neq 90°$ ；

(6)六方及三方晶系(六方柱晶胞)：$a=b\neq c$，$\alpha=\beta=90°$，$\gamma=120°$；

(7)三方晶系(菱面体晶胞)：$a=b=c$；$\alpha=\beta=\gamma\neq 90°$、60°、109°28′16″(此时菱面体格子分别相当于立方原始格子、立方面心格子和立方体心格子)。

由单位平行六面体选择原则选出的平行六面体，其中的结点分布只能有四种情况，与之相对应有四种基本格子类型(图 2-5)。

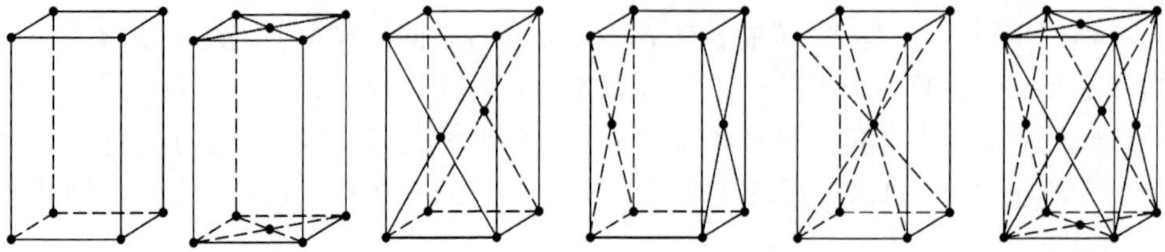

图 2-5　空间格子的四种基本格子类型（李国昌和王萍，2019）

(a)原始格子；(b, c, d)底心格子[(b)*C* 心格子，(c)*A* 心格子，(d)*B* 心格子]；(e)体心格子；(f)面心格子

(1)原始格子(*P*)：结点分布在平行六面体的八个角顶上。

(2)底心格子：结点分布在平行六面体的八个角顶和某一对平面的中心，根据面中心点的位置，又可细分为以下几种。

C 心格子(*C*)：结点分布在单位平行六面体的八个角顶和平行(001)的一对面的中心。

A 心格子(*A*)：结点分布在单位平行六面体的八个角顶和平行(100)的一对面的中心。

B 心格子(*B*)：结点分布在单位平行六面体的八个角顶和平行(010)的一对面的中心。

一般情况下，底心格子就是 *C* 心格子。*A* 或 *B* 心格子可以转换为 *C* 心格子时，应尽可能予以转换。当然在特殊情况下，可直接使用 *A* 心或 *B* 心格子而无需转换。

(3)体心格子(*I*)：结点分布在平行六面体的八个角顶和体心。

(4)面心格子(*F*)：结点分布在单位平行六面体的八个角顶和每一个面的中心。

综合考虑七个晶系的平行六面体的形状和结点分布时，在这些格子中，一些格子类型是重复的，还有些格子类型与所在晶系的对称不符，所以不能出现在该晶系中。因此，布拉维于 1848 年推导出七个晶系的空间格子只有 14 种，称为十四种布拉维空间格子(表 2-1)。

需要说明的是，三方晶系和六方晶系的空间格子可以互相转换。例如，三方菱面体格子可转换为具有双重体心的六方格子[图 2-6(a)]，此时结点的分布与六方底心格子不同，在平行六面体的一条对角线上有两个附加的结点。而六方原始格子也可以转换为具有双重体心的菱面体格子[图 2-6(b)]，此时在菱形晶胞内部的主轴上有两个附加的结点，体积相当于六方原始格子的三倍。

表 2-1　十四种布拉维空间格子（李国昌和王萍，2019）

	原始格子(*P*)	底心格子(*C*)	体心格子(*I*)	面心格子(*F*)
三斜晶系	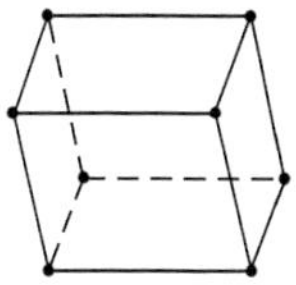	*C*=*P*	*I*=*P*	*F*=*P*
单斜晶系	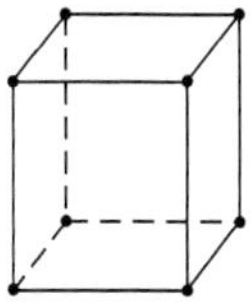	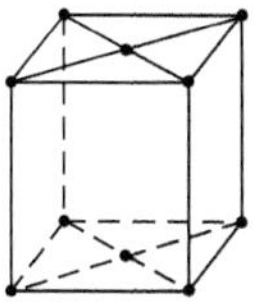	*I*=*C*	*F*=*C*
斜方晶系	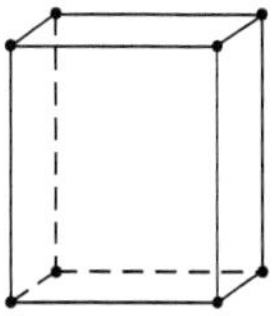	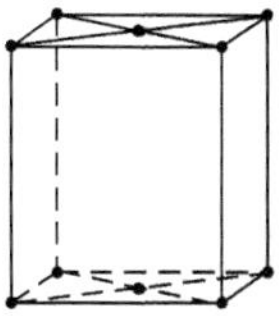	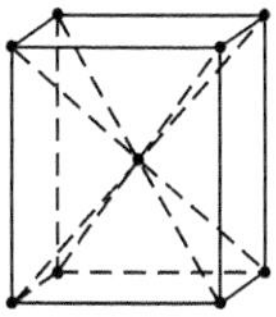	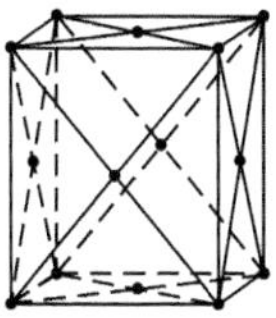
四方晶系	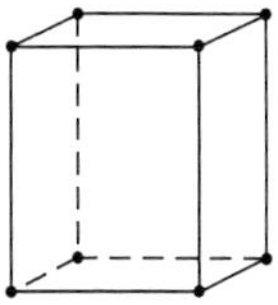	*C*=*P*	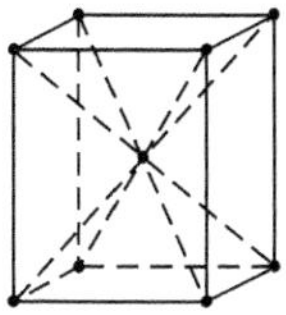	*F*=*I*
三方晶系	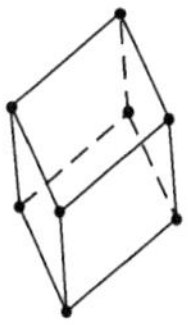	与本晶系对称不符	*I*=*F*	*F*=*R*
六方晶系	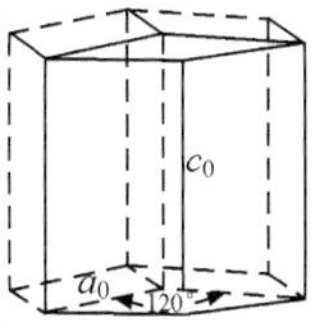	不符合六方对称	与空间格子的条件不符	与空间格子的条件不符
等轴晶系	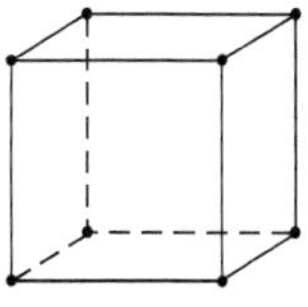	与本晶系对称不符	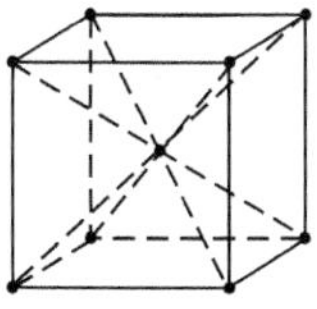	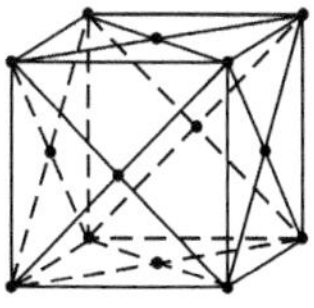

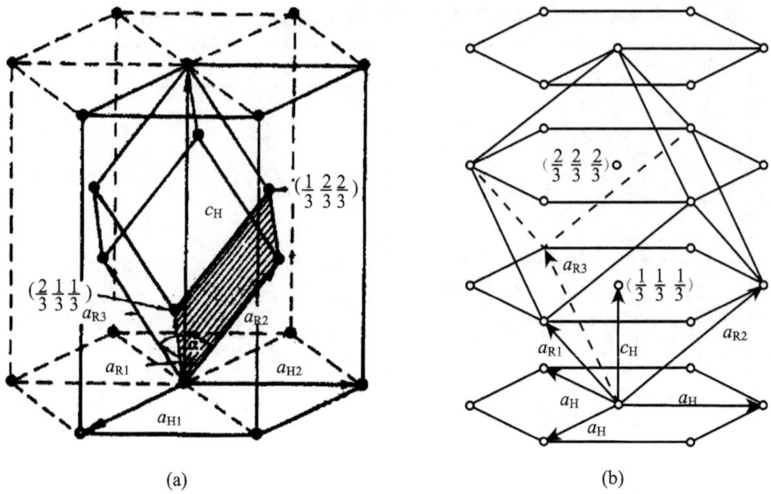

图 2-6　六方晶胞和菱形晶胞的相互转换

显然，转换后的格子不符合平行六面体选择原则。但为了适应晶体的布拉维定向(四轴定向，见 2.5 节)，三方晶系的菱面体格子常转换为六方格子，此时菱面体晶胞的棱长用 a_R 表示，六方晶胞棱长用 a_H、c_H 表示。

对于三方晶系，由六方晶胞的轴长 a_H 和 c_H 可求取菱面体晶胞的轴长 a_R 和轴角 α：

$$a_R=\frac{1}{3}\sqrt{3a_H^2+c_H^2}$$

$$\sin\frac{\alpha}{2}=\frac{3}{2\sqrt{3+\left(\frac{c_H}{a_H}\right)^2}}$$

反之，由菱面体晶胞的晶胞参数 a_R 和 α 可以求得六方晶胞的晶胞参数 a_H、c_H：

$$a_H=2a_R\cdot\sin\frac{\alpha}{2}$$

$$c_H=3a_R\sqrt{1-\frac{4}{3}\left(\sin^2\frac{\alpha}{2}\right)}$$

对于六方晶系，选取菱面体晶胞时，晶胞参数可由下式求得：

$$a_R=\sqrt{a_H{}^2+c_H{}^2}$$

$$\cos\alpha=\frac{2c_H{}^2-a_H{}^2}{2(c_H{}^2+a_H{}^2)}$$

图 2-7(a)是石盐晶体结构中抽象出来的空间格子的一小部分，即一个单位平行六面体。它表现为立方面心格子，其棱长等于 0.5628 nm。图 2-7(b)和(c)是从石盐晶体结构中，按照上述立方面心格子的范围划分出来的一个单位晶胞，其棱长相当于相邻角顶上两个 Cl^-中心的间距，虽然同样也等于 0.5628 nm，但晶胞的内部包含实在的内容，它由 4 个 Na^+和 4 个 Cl^-各自按立方面心格子的形式分布而组成。

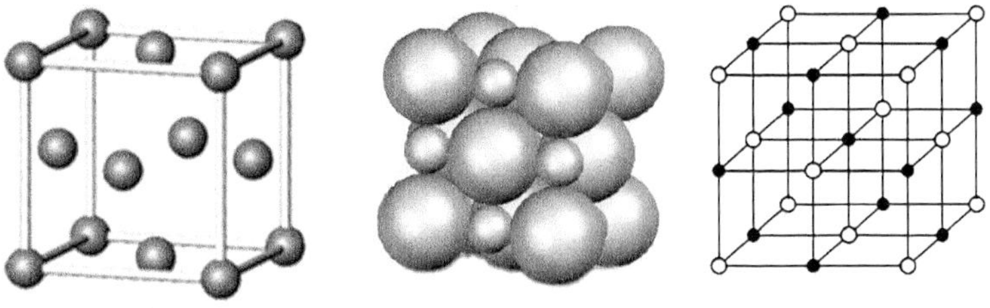

(a)　　(b)　　(c)

图 2-7　石盐晶体结构的立方面心格子(a)和晶胞(b, c)

显然，晶胞应是晶体结构的基本组成单位，由一个晶胞出发，就能借助于平移而重复获得整个晶体结构。因此，在描述某个晶体结构时，通常只需阐明它的晶胞特征。不过，为了便于透视位于晶胞后面的质点，在绘制晶胞图时，通常都把质点半径缩小，使得实际上相互接触的质点彼此分开，如图 2-7 中(c)所示。

2.2　面角恒等定律

面角恒等定律：同种晶体，对应晶面间的夹角恒等。面角恒等定律由丹麦矿物学家斯丹诺(N. Steno)于 1669 年提出，也称斯丹诺定律。面角是指任意两晶面法线间的夹角，其数值等于晶面夹角的补角，如图 2-8 所示。

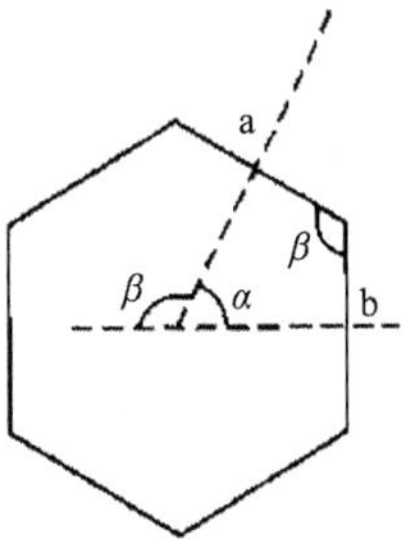

图 2-8　晶面 a、b 的面角(α)与夹角(β)(赵珊茸等，2004)

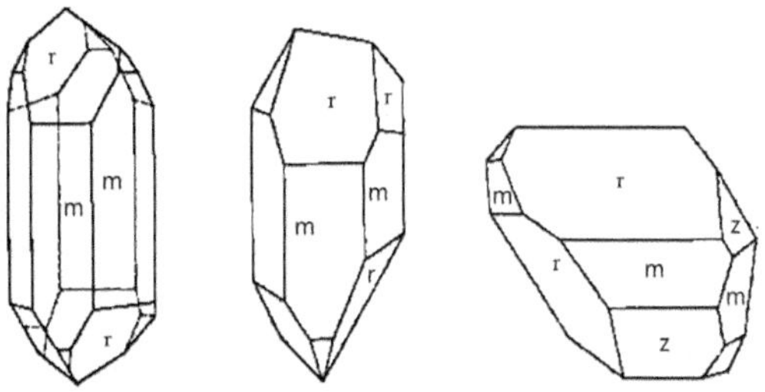

图 2-9　由相同晶面组成的石英晶体的不同形态
面角 $r\wedge m=141^\circ 47'$, $m\wedge m=120^\circ$, $r\wedge z=134^\circ$
(李国昌和王萍，2019)

图 2-9 为由相同晶面组成的石英晶体，晶面形状、大小不同，导致晶体外形不同，但对应晶面夹角完全相等。面角相等是晶体格子构造的必然结果。因为同种晶体具有完全相同的格子构造，格子构造中的同种面网构成晶体外形的同种晶面。晶体生长过程是晶面平行向外移动的过程，因此不论晶面大小、形态如何变化，晶面夹角恒定不变。

面角恒等现象的发现使人们能从千姿百态的晶体外形中找到规律，对了解和研究晶体的宏观对称起到决定性的作用，奠定了几何晶体学的基础。

2.3　晶体的宏观对称性与点群

2.3.1　晶体的对称要素

对称是指物体或图形中相同部分之间有规律的重复。对称现象在自然界中很常见，如图 2-10 所示，雪花、蝴蝶和建筑物都具有对称性，它们的左右两边都是对称的，左右两边相同部分通过中央假想的直立镜面反映而彼此重合。

图 2-10　雪花、蝴蝶和建筑物的对称性

根据晶体的基本性质可知，一切晶体都具有对称性。任何晶体的对称又都是有限的，即受到晶体对称定律的约束，对于不同的晶体，其对称性互有差异，因此对称性成为晶体分类的依据。晶体对称有宏观对称和微观对称之分，宏观对称是微观对称的外在表现。晶体对称具有如下三个特点：

(1) 晶体都是对称的。因为晶体具有格子构造，而格子构造就是相同部分有规律的重复。

(2) 晶体的对称是有限的。晶体的对称受格子构造规律的控制，只有符合格子构造规律的对称才会在实际晶体中出现。

(3) 晶体外形对称的根本原因是内部结构对称。因此晶体的对称不仅具有几何意义，而且具有物理和化学意义。

使晶体相同部分重复，必须借助于一些几何图形，如点、线、面，并通过一定的操作过程来实现，这个操作过程称为对称操作，这些几何图形则称为对称要素。对称操作产生的相同部分的个数称为该对称操作的阶次。晶体的对称要素共有七种，分别为对称轴、对称面、对称中心、旋转反伸轴、平移轴、螺旋轴、滑移面，其中前四个是宏观对称要素，分别叙述如下，后面三个是微观对称要素，将在下一节中叙述。

(1) **对称轴(L^n)**　对称轴是通过晶体中心的一条假想直线，当图形绕此直线旋转一定角度以后，可使相同部分重复，即整个物体重复一次。相应的对称操作为围绕此直线的旋转。物体旋转一周重复的次数称为轴次 n，每次重复时所旋转的最小角度称为基转角 α，则 $n=360°/\alpha$。对称轴以 L 表示，轴次 n 写在 L 的右上角，写作 L^n。晶体外形上可能出现的对称轴及相应的基转角见表 2-2。注意：当有多个 L^n 存在时，L^n 的个数写在前面，如 $L^3 3L^2$。

表 2-2　晶体外形上可能出现的对称轴及相应基转角（潘兆橹等，1993）

名称	符号	基转角	作图符号
一次对称轴	L^1	360°	
二次对称轴	L^2	180°	●
三次对称轴	L^3	120°	▲
四次对称轴	L^4	90°	■
六次对称轴	L^6	60°	⬢

L^1 称为对称自身，对应的对称操作称为自身对称操作。

旋转轴的对称性阶次等于轴次。

以立方体为例，如图 2-11 所示，立方体围绕通过相对两个晶面中心的直线旋转 90°、180°、270°、360°可使相同部分重复；绕相对的两个角顶旋转 120°、240°、360°可使相同部分重复；绕通过相对的两个晶棱中点的连线旋转 180°、360°也能使相同部分重复，因此立方体同时具有 L^4、L^3、L^2 轴。

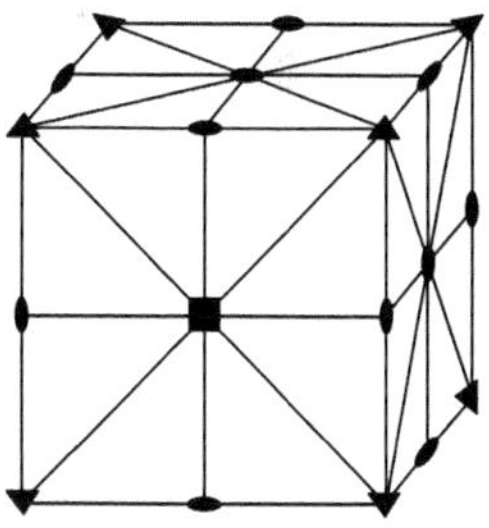

图 2-11　立方体的对称轴（潘兆橹等，1993）

轴次高于 2 次的对称轴 L^3、L^4、L^6 称为高次轴。L^2、L^3、L^4、L^6 的横截面形状及作图符号如图 2-12 所示。

晶体中可能出现的对称轴的轴次只可能是一次、二次、三次、四次和六次，不可能出现五次或高于六次的对称轴，这一定律称为晶体对称定律。

晶体对称定律可以用数学方法来进行严格的证明。如图 2-13 所示，考虑两个结点 A 和 A'，它们相距一个平移单位 t。将一定的旋转操作 R 和它的逆操作 R^{-1}（即反向的操作）分别作用在这两个点上，从而使 AA'旋转一个角度 α 得到两个新点 B 和 B'。它们也应都是结点，且 BB'平行于 AA'，这就要求 BB'之间的距离必定是基本平移单位的整数倍。因此，可以写成 $t'=mt$，此处 m 为某一整数。从图中又可

得到 $t'=2t\sin(\alpha-90°)+t$ 和 $t'=-2t\cos\alpha+t$。所以，$\cos\alpha=(1-m)/2$，即 $-2\leqslant(1-m)\leqslant2$。满足上式的 m 值为–1、0、1、2、3。相应的 α 值为 π、2π/3、π/2、π/3、0 或 2π。这就证明了轴次 n 只能为 1、2、3、4、6。

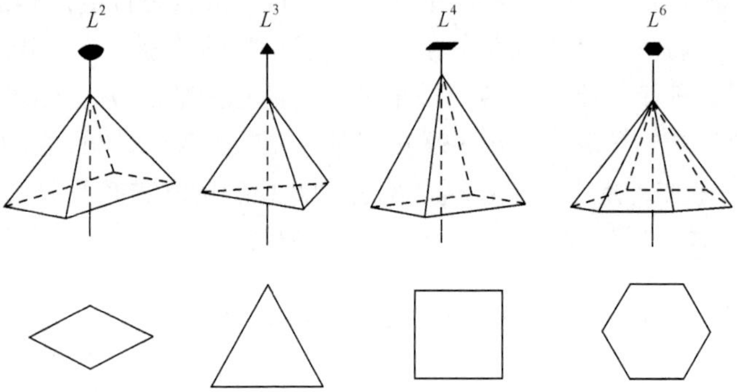

图 2-12　晶体中的对称轴 L^2、L^3、L^4 和 L^6 的横截面形状及作图符号(潘兆橹等，1993)

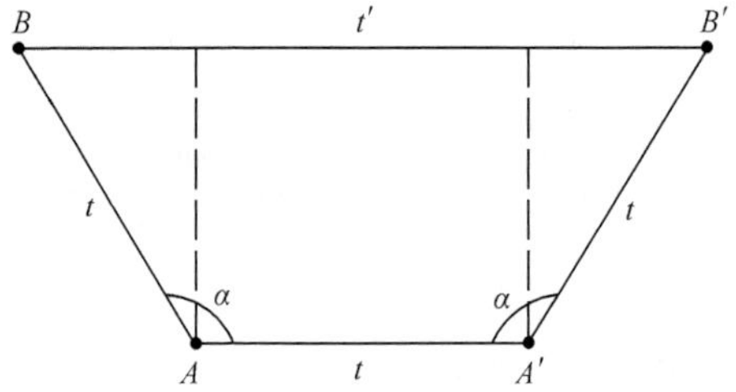

图 2-13　晶体对称定律的证明图解(赵珊茸等，2004)

对称操作相当于对空间的点进行坐标变换。假设在一个坐标系中，对称操作将一个点 (x,y,z) 变换成另一个点 (X,Y,Z)，数学表达可写成：

$$\begin{cases} X=a_{11}x+a_{12}y+a_{13}z \\ Y=a_{21}x+a_{22}y+a_{23}z \\ Z=a_{31}x+a_{32}y+a_{33}z \end{cases} \quad 或 \quad \begin{pmatrix} X \\ Y \\ Z \end{pmatrix}=\boldsymbol{\Delta}\begin{pmatrix} x \\ y \\ z \end{pmatrix}$$

其中

$$\boldsymbol{\Delta}=\begin{pmatrix} a_{11} & a_{12} & a_{13} \\ a_{21} & a_{22} & a_{23} \\ a_{31} & a_{32} & a_{33} \end{pmatrix}$$

称为变换矩阵。对称轴的变换矩阵为

$$\Delta=\begin{pmatrix}\cos\alpha & \sin\alpha & 0\\ -\sin\alpha & \cos\alpha & 0\\ 0 & 0 & 1\end{pmatrix}$$

α 为对称轴的基转角。

(2) **对称面(*P*)**　对称面是一个通过晶体中心的假想平面，它将图形分为互成镜像反映的两个相等部分。相应的对称操作是对此平面的反映。如图 2-14 所示，晶体中对称面可能出现的位置有：①垂直并平分晶面；②垂直晶棱并通过它的中点；③包含晶棱。对称面用 P 表示。晶体中可以没有对称面，也可以有一个或多个对称面，但最多不超过 9 个，描述时将对称面数目写在 P 前面。立方体中有 9 个对称面(其中直立的四个，倾斜的四个，水平的一个，倾斜对称面与直立和水平对称面均以 45°相交)，写成 $9P$。

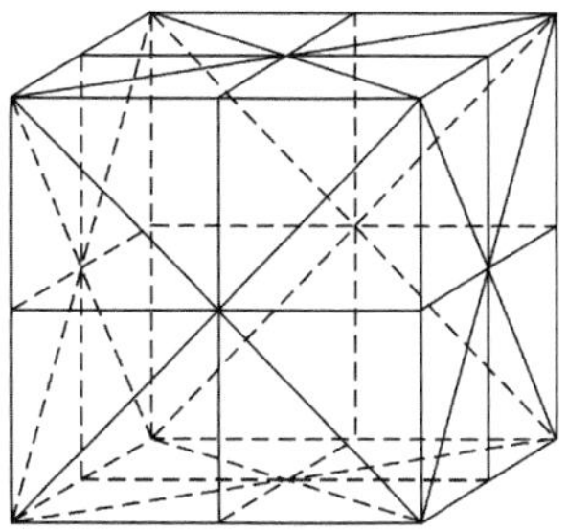

图 2-14　立方体中的九个对称面
(潘兆橹等，1993)

晶体中如有对称面存在时，必定通过晶体的几何中心，并能将晶体等分为互成镜像反映的两个相同部分。它可以是垂直等分某些晶面的平面，或是包含某些晶棱的平面。对称面的对称阶次为 2。

xy 平面方向对称面的变换矩阵为

$$\Delta=\begin{pmatrix}1 & 0 & 0\\ 0 & 1 & 0\\ 0 & 0 & -1\end{pmatrix}$$

同理，xz、yz 平面方向对称面的变换矩阵分别为

$$\Delta=\begin{pmatrix}1 & 0 & 0\\ 0 & -1 & 0\\ 0 & 0 & 1\end{pmatrix}\quad 和 \quad \Delta=\begin{pmatrix}-1 & 0 & 0\\ 0 & 1 & 0\\ 0 & 0 & 1\end{pmatrix}$$

(3) **对称中心(*C*)**　对称中心是一个假想的点，用 C 表示。通过物体的对称中心作任意直线，在此直线上位于对称中心两侧且与对称中心等距离的两点处，必定可以找到性质完全相同的对应点。与对称中心相应的对称操作称为反伸。进行反伸操作时两个等同部分的相当点间的连线必须通过对称中心。与对称中心相应的对称操作的阶次为 2。反伸能使等同而不相等的图形重合；一次反伸不能使相等图形重合。

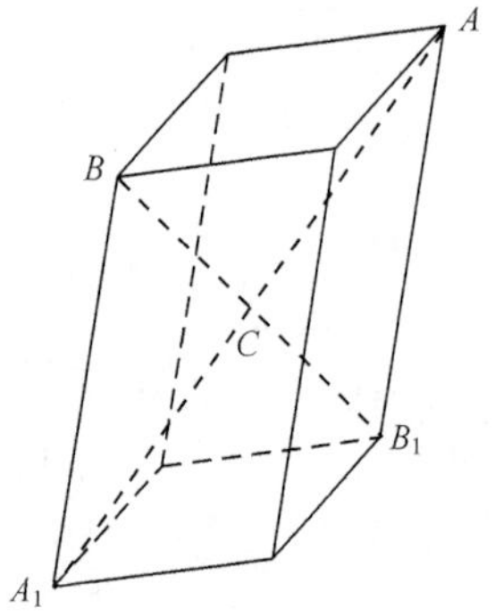

图 2-15　具有对称中心(C)的图形(李国昌和王萍，2019)

图 2-15 所示为具有对称中心的平行六面体，点 C 为对称中心，在通过 C 点所做的直线上，与 C 点等距离的两端均可以找到对应点，如 A 和 A_1，B 和 B_1。也可以这样认为，取图形上任意一点 B，与对称中心 C 连线，再由对称中心 C 向相反方向延伸(反伸)等距离，必然找到对应点 B_1。一个具有对称中心的图形，其中心相对的两侧的晶面和晶棱都表现为反向平行。晶体中若存在对称中心，其晶面必是两两反向平行且相等的；反过来说，若晶体上晶面两两反向平行且相等，则晶体必然存在对称中心。

对称中心的变换矩阵为

$$\boldsymbol{\Delta}=\begin{pmatrix}-1 & 0 & 0\\ 0 & -1 & 0\\ 0 & 0 & -1\end{pmatrix}$$

(4) **旋转反伸轴(L_i^n)**　旋转反伸轴或称倒转轴是假想的一条直线和直线上的一个定点。物体绕该直线旋转一定角度后再进行反伸，可使相同部分重复，即所对应的操作为旋转+反伸的复合操作。当反伸轴的轴次为偶数时，反伸轴相应的对称性阶次与轴次相同；当反伸轴的轴次为奇数时，其对称性的阶次为轴次的 2 倍。旋转反伸轴用 L_i^n 表示，i 意为反伸，n 为轴次。n 可为 1、2、3、4、6；α 为基转角，n=360°/α。同理，根据晶体对称定律，晶体中不可能出现五次及高于六次的旋转反伸轴。晶体中的旋转反伸轴有如下几种。

L_i^1：相应的对称操作为旋转 360°后反伸。因为图形旋转 360°与原图形重合，所以对称变换相当于没有旋转而单纯反伸，与对称中心的单独作用等效。如图 2-16(a)所示，点 1 反伸与点 2 重合，所以 $L_i^1=C$，即 L_i^1 与 C 等效。

L_i^2：相应的对称操作为旋转 180°后反伸。如图 2-16(b)所示，点 1 围绕 L_i^2 旋转 180°以后，再凭借 L_i^2 上的一点反伸与点 2 重合。由图可看出，借助于垂直 L_i^2 的 P 的反映，也同样可使点 1 与点 2 重合。因此，$L_i^2=P$，即 L_i^2 与跟它垂直的对称面 P 等效。

L_i^3：对称操作为旋转 120°后反伸。如图 2-16(c)所示，点 1 旋转 120°后反伸可以得到点 2；点 2 旋转 120°后反伸可以得到点 3；点 3 旋转 120°后反伸可以得到点 4；点 4 旋转 120°后反伸可以得到点 5；点 5 旋转 120°后反伸可以得到点 6。这样，由一个原始的点经过 L_i^3 的作用，可依次获得 1、2、3、4、5、6 共六个点。如果用 L^3+C 代替 L_i^3，则由点 1 开始经 L^3 的作用可得 1、3、5 三个点，再通过 C

的作用又获得 2、4、6 三个点，总共六个点，与 L_i^3 所导出的结果完全相同。因此，$L_i^3=L^3+C$。

L_i^4：相应的对称操作为旋转 90°后反伸。如图 2-16(d)所示，点 1 旋转 90°反伸后可以得到点 2；点 2 旋转 90°后反伸可以得到点 3；点 3 旋转 90°后反伸可以得到点 4。这样，通过 L_i^4 的作用，可依次获得 1、2、3、4 四个点。值得注意的是，L_i^4 是一个独立的复合对称要素，它的作用无法由其他对称要素或它们的组合来代替。

L_i^6：对称操作为旋转 60°后反伸。如图 2-16(e)所示，从点 1 开始，旋转 60°后反伸得到点 2，依次类推，通过 L_i^6 的作用依次获得 1、2、3、4、5、6 六个点。若用 L^3+P 代替 L_i^6，则由点 1 开始，经 L^3 作用可得 1、3、5 三个点，再通过垂直于 L^3 的 P 的作用又可获得 2、4、6 三个点，总共六个点，与 L_i^6 导出的结果完全相同，因此，$L_i^6=L^3+P(P\perp L^3)$。

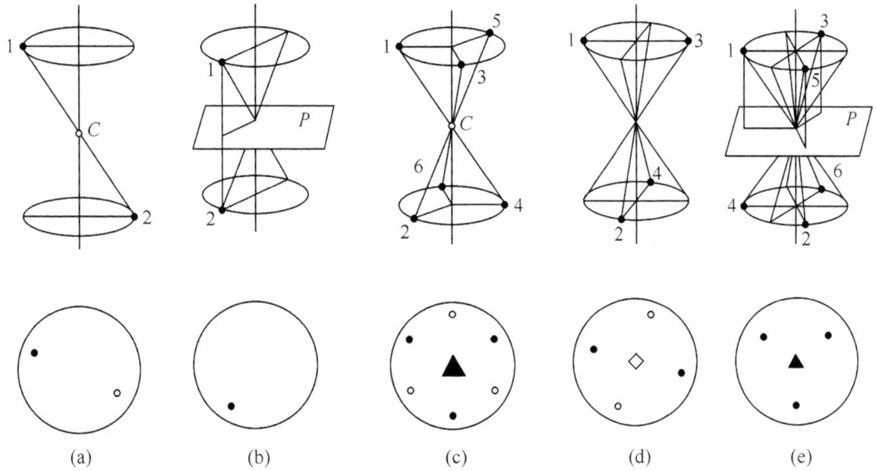

图 2-16　反伸轴及对称操作示意图（李国昌和王萍，2019）

综上所述，除 L_i^4 之外，其他所有旋转反伸轴都可以用其他简单对称要素或它们的组合来代替。其关系归纳如下：

$$L_i^1=C，L_i^2=P，L_i^3=L^3+C，L_i^6=L^3+P_\perp$$

鉴于 L_i^4 不能被其他简单对称要素替代而构成一种独立的对称要素，L_i^6 虽与 L^3+P 等效，但它在晶体的对称分类中有特殊意义，因此通常只保留 L_i^4 和 L_i^6。晶体的对称要素还有旋转反映轴或反映轴(符号 L_s^n)，是假想的一条直线和垂直于该线的一个平面，相应的对称操作为围绕此直线旋转一定角度加上对此平面的反映。除 $L_s^4=L_i^4$ 外，其他 L_s^n 都可用简单对称要素或它们的组合替代，在此不赘述。

旋转反伸轴的变换矩阵为

$$
\Delta=\begin{pmatrix} -\cos\alpha & -\sin\alpha & 0 \\ \sin\alpha & -\cos\alpha & 0 \\ 0 & 0 & -1 \end{pmatrix}
$$

α 为旋转反伸轴的基转角。

表 2-3 总结了在晶体中可能存在的宏观对称要素。

表 2-3　晶体的宏观对称要素(李国昌和王萍，2019)

对称要素	对称轴					对称面	对称中心	旋转反伸轴		
	一次	二次	三次	四次	六次			三次	四次	六次
辅助几何要素	直线					平面	点	直线和直线上的定点		
对称操作	围绕直线旋转					对于平面的反映	对于点的倒反	绕直线的旋转和对于定点的反伸		
基转角	360°	180°	120°	90°	60°			120°	90°	60°
习惯符号	L^1	L^2	L^3	L^4	L^6	P	C	L_i^3	L_i^4	L_i^6
国际符号	1	2	3	4	6	m	1	$\overline{3}$	$\overline{4}$	$\overline{6}$
等效对称要素						L_i^2	L_i^1	L^3+C		L^3+P
图示记号		⬬	▲	◆	⬢	双线或粗线	○或 C	◬	◈	⬢

2.3.2　对称要素的组合定理

晶体的对称有多种形式。在晶体中，可以只有一个对称要素，如钠长石只有一个对称中心 C；也可以同时存在一个以上的对称要素。任意两个对称要素同时存在于一个晶体上时，将产生第三个对称要素，且产生的个数一定。因此，晶体上对称要素的组合不是随意的。除必须遵循晶体对称定律外，还必须符合对称要素的组合定理。利用这些组合定理可以简便快捷地推导出晶体上所有宏观对称要素。

定理 1　如果有一个对称面 P 包含对称轴 L^n，则必有 n 个 P 同时包含此 L^n，且相邻两个 P 之间的夹角为 L^n 的基转角的一半，即 $L^n+P_{/\!/}=L^nnP_{/\!/}$。

逆定理：如果有两个对称面 P 相交，则其交线必为一对称轴 L^n，其基转角为相邻两个对称面夹角的两倍，由此可以导出其他包含 L^n 的 P。

定理 2　如果有一个 L^2 垂直于 L^n，则必有 n 个 L^2 垂直于 L^n，且任意两个相邻 L^2 的夹角为 L^n 的基转角的一半，即 $L^n+L_{\perp}^2=L^nnL^2$。

逆定理: 如果两个 L^2 相交，在交点上垂直两个 L^2 方向必产生一个 L^n，其基

转角是两个 L^2 夹角的两倍，由此可以推导出其他垂直 L^n 平面内的 L^2。

定理 3 偶次对称轴垂直对称面，交点必为对称中心：$L^{n(偶)}+P_{\perp}=L^nPC$。

定理 4 如果有一个 P 包含 L_i^n，或有一个 L^2 垂直 L_i^n，当 n 为偶数时，必有 $n/2$ 个 P 包含 L_i^n 和 $n/2$ 个 L^2 垂直 L_i^n；当 n 为奇数时，必有 n 个 P 包含 L_i^n 和 n 个 L^2 垂直 L_i^n：$L_i^{n(偶)}+L_{\perp}^2$（或 $P_{/\!/}$）$=L_i^n(n/2)L^2(n/2)P$，$L_i^{n(奇)}+L_{\perp}^2$（或 $P_{/\!/}$）$=L_i^nnL^2nP$。

定理 5 如果有轴次分别为 n 和 m 的两个对称轴以 α 角斜交时，围绕 L^n 必有 n 个共点且对称分布的 L^m；同时，围绕 L^m 必有 m 个共点且对称分布的 L^n：$L^n+L^m=nL^mmL^n$，且任意两个相邻的 L^n 与 L^m 之间的交角均等于 α。

2.3.3 对称型的推导及点群

晶体中所有外部对称要素的集合称为对称型。对称要素的集合与数学上的“群”相当，而晶体外部对称要素必过晶体的中心，在对所有外部对称要素进行对称操作时，晶体中至少这一个中心点是不动的，因此对称型也称为点群。对称型的书写顺序一般是首先写从高到低不同轴次的对称轴或旋转反伸轴，其次写对称面，最后写对称中心。但必须注意一点，在等轴晶系中，不论一个对称型中有无大于 3 次的对称轴，3 次对称轴 L^3 始终放在第二位。

对称型分成两类，高次轴不多于一个的组合称为 A 类组合；高次轴多于一个的组合称为 B 类组合。根据晶体中可能出现的外部对称要素和对称要素组合定理，可以推导出晶体的 32 种对称型。32 种对称型即代表 32 种点群，每一种点群对应于晶体的一种宏观对称性。

1. A 类对称型的推导(括弧内为非独立对称型)

(1)对称轴单独存在，称为原始式对称型。晶体上可能存在的原始式对称型有 L^1、L^2、L^3、L^4 和 L^6 五种。

(2)L^n 与垂直的 L^2 组合，称为轴式对称型。根据组合定理 $L^n+L_{\perp}^2=L^nnL^2$，晶体上可能存在的轴式对称型有(L^1L^2)、$L^22L^2=3L^2$、L^33L^2、L^44L^2 和 L^66L^2 五种，独立的有四种。

(3)L^n 与垂直它的 P 的组合，称为中心式对称型。根据组合定理 $L^{n(偶)}+P_{\perp}=L^nP(C)$，可能的对称型有($L^1P=P$)、$L^2PC$、($L^3P$)、$L^4PC$ 和 L^6PC 五种，独立的有三种。

(4)L^n 与包含它的 P 的组合，称为平面式对称型。根据组合定理 $L^n+P_{/\!/}=L^nnP$，可能的对称型有($L^1P=P$)、L^22P、L^33P、L^44P 和 L^66P 五种，独立的有四种。

(5)对称轴 L^n 与垂直它的 P 以及平行它的 P 的组合，称为轴面式对称型。垂直 L^n 的 P 与包含 L^n 的 P 的交线必为垂直 L^n 的 L^2，即 $L^n+P_{\perp}+P_{/\!/}=L^n+P_{\perp}+P_{/\!/}+L_{\perp}^2=$

$L^n nL^2(n+1)P(C)$ (C 只在有偶次轴垂直 P 的情况下产生)，可能的对称型有 ($L^1L^22P=L^22P$)、$L^22L^23PC=3L^23PC$、($L^33L^24P=L_i^63L^23P$)、L^44L^25PC 和 L^66L^27PC 五种，独立的有三种。

(6) 旋转反伸轴 L_i^n 单独存在，称为倒转原始式对称型。可能的对称型有 $L_i^1=C$、$L_i^2=P$、$L_i^3=L^3C$、L_i^4 和 $L_i^6=L^3P$ 五种，均独立存在。

(7) 旋转反伸轴 L_i^n 与垂直它的 L^2(或包含它的 P) 的组合，称为倒转轴面式对称型。根据组合定理，当 n 为奇数时，$L_i^n+L_\perp^2$ (或 $P_{/\!/}$)$=L_i^n nL^2 nP$，可能的对称型有 ($L_i^1L^2P=L^2PC$)、$L_i^33L^23P=L^33L^23PC$；当 n 为偶数时，$L_i^n+L_\perp^2$ (或 $P_{/\!/}$)$=L_i^n(n/2)L^2(n/2)P$，可能的对称型有 ($L_i^2L^2P=L^22P$)、$L_i^42L^22P$ 和 $L_i^63L^23P=L^33L^24P$，共五种，独立的有三种。由于对称面 $P=L_i^2$，对称中心 $C=L_i^1$，故都不再单独列出。

可见，独立存在的 A 类对称型共 27 个。

2. B 类对称型的推导

B 类对称型有多个高次轴。首先考虑高次轴 L^4 和 L^3 的组合，设有一个 L^4 与 L^3 斜交于晶体中心，由于 L^4 的作用，在 L^4 的周围可获得 4 个 L^3；在每个 L^3 上距晶体中心等距离的位置取一个点，连接这些点可以得到一个正四边形，如图 2-17 中的立方体的一个面，L^4 出露于正四边形的中心，L^3 出露于正四边形的角顶；由于 L^3 的作用，在 L^3 周围必定可以获得三个正四边形，它们汇集成一个凸三面角，L^3 即出露于这个凸三面角的角顶上；这样就获得了一个由六个正四边形和八个凸三面角组成的正多面体-立方体，高次轴 L^4 与 L^3 的组合就相当于正四边形所组成的正多面体-立方体中高次轴的组合。由此可知，在 B 类对称型中，高次轴 L^n 与 L^m 的组合，相当于由正多边形所组成的多面体中高次轴的组合。

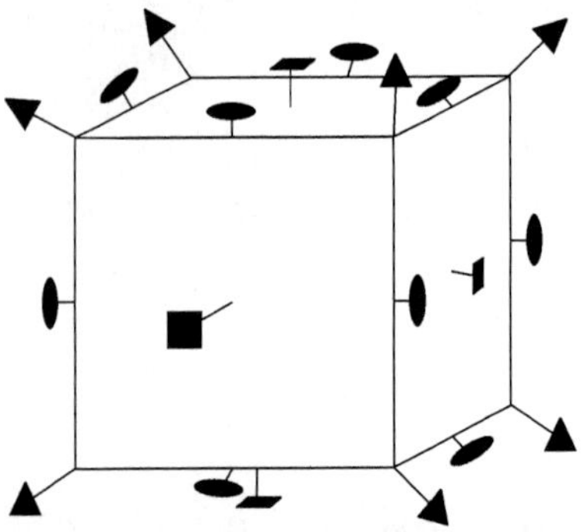

图 2-17　L^4 与 L^3 的组合
(李国昌和王萍，2019)

立体几何中已经证明，一个凸多面角至少须由三个面组成，且其面角之和必须小于 360°。因此围成正多面体的正多边形只可能是正三角形、正方形和正五边形。它们可围成的正多面体及其所具有的对称轴的组合如表 2-4 所示。从表中可以看出，正三角二十面体和正五角十二面体皆具有 L^5，与晶体的对称不符，所以不予考虑，其余三种多面体中对称轴的组合只有立方体和八面体的 $3L^44L^36L^2$ 与四面体的 $3L^24L^3$ 这两种类型。在第一种对称型 $3L^44L^36L^2$ 中加入一个不产生新对称轴的对称面，可以获得第三种对称型 $3L^44L^36L^29PC$；在上述的第二种对称型

$3L^2 4L^3$ 中加入不产生新对称轴的对称面的方法有两种，其一是垂直 L^2 的对称面，其二是与两个 L^2 等角度斜交的对称面，分别获得第四种和第五种对称型：$3L^2 4L^3 3PC$ 和 $3L_i^4 4L^3 6P$。

表 2-4　正多边形可能围成的正多面体及其对称轴组合(李胜荣，2008)

正多边形		正三角形			正四边形	正五边形
正多面体		四面体	八面体	正三角二十面体	立方体	正五角十二面体
多面体的面、棱、角数目	面	4	8	20	6	12
	棱	6	12	30	12	30
	角	4	6	12	8	20
对称轴		$3L^2 4L^3$	$3L^4 4L^3 6L^2$	$6L^5 10L^3 15L^2$	$3L^4 4L^3 6L^2$	$6L^5 10L^3 15L^2$

综合 A、B 两类对称型，可以知道晶体中可能存在的对称型总共有 32 种，总结见表 2-5。

表 2-5　晶体中的 32 种对称型(点群)(李国昌和王萍，2019)

类型		原始式	轴式	面式	中心式	轴面式	倒转原始式	倒转轴面式
		L^n	$L^n nL^2$	$L^n nP$	$L^n P(C)$	$L^n nL^2 (n+1) P(C)$	L_i^n	$L^n nL^2 nP$ (*n* 为奇数) $L^n n/2L^2 n/2P$ (*n* 为偶数)
A 类	n=1	L^1	L^2	P	C	$L^2 2P$	$L_i^1=C$	$L_i^1 L^2P=L^2PC$
	n=2	L^2	$3L^2$	$L^2 2P$	L^2PC	$3L^2 3PC$	$L_i^2=P$	$L_i^2 L^2=L^2 2P$
	n=3	L^3	$L^3 3L^2$	$L^3 3P$	L^3C	$L^3 3L^2 4P$	$L_i^3=L^3C$	$L^3 3L^2 3PC$
	n=4	L^4	$L^4 4L^2$	$L^4 4P$	L^4PC	$L^4 4L^2 5PC$	L_i^4	$L_i^4 2L^2 2P$
	n=6	L^6	$L^6 6L^2$	$L^6 6P$	L^6PC	$L^6 6L^2 7PC$	$L_i^6=L^6P$	$L_i^6 3L^2 3P$
B 类		$3L^2 4L^3$	$3L^2 4L^3 6L^2$	$3L^2 4L^3 3PC$	$3L_i^4 4L^3 6P$	$3L^4 4L^3 6L^2 9PC$	—	—

2.3.4　点群的符号

点群(对称型)除了用对称要素的组合表示外，还可用国际符号和申夫利斯符号表示。

点群的国际符号由 Hermann 和 Mauguin 创立，也称 HM 符号。国际符号中用 1、2、3、4、6 分别表示相应轴次的旋转轴，旋转反伸轴则在相应数字上方加一横线；用 *m* 表示对称面。国际符号由 1～3 个序位符号组成，每个序位的符号代表晶体一个方向的对称要素。对称要素的书写原则如下：

(1)平行某方位只有对称轴 n，记作 n；垂直某方位只有对称面 m，记作 m。

(2)某方位有 $n+m_{\perp}$，记作 n/m（例如 $2/m$，可简化为 m）。若有 $m // n$，只记作 n。

不同晶系晶体，1～3 序位代表的方向不同，见表 2-6。

表 2-6　点群的国际符号取向(梁栋材，2018)

晶系	点群中国际符号的取向	所属点群
三斜	[000]	1；$\bar{1}$
单斜	[010]	2；m；$2/m$
正交	[100][010][001]	222；$mm2$；mmm
三方	[001][100][120]	3；$\bar{3}$；$3m1(31m)$；321(312)；$\bar{3}m1(\bar{3}1m)$
四方	[001][100][110]	4；$\bar{4}$；$4/m$；$\bar{4}m2$；422；$4mm$；$4/mmm$
六方	[001][100][120]	6；$\bar{6}$；$6/m$；$\bar{6}m2$；622；$6mm$；$6/mmm$
立方	[001][111][110]	23；$m\bar{3}$；43；$\bar{4}3m$；$m\bar{3}m$

注：对称轴或对称面法线应与标出的晶棱取向重合。

点群的申夫利斯符号中，以大写字母 T、O、C、D、S 分别代表四面体、八面体、回转群、双面群和反群，小写字母 i、s、v、h、d 分别代表对称中心、对称面、通过主轴的对称面、与主轴垂直的对称面以及等分两个副轴交角的对称面。主要符号及其具体含义如下：

C_n(n=1,2,3,4,6)表示对称轴 L^n；

$C_{n\text{h}}$ 表示 L^n 与垂直的对称面的组合；

$C_{n\text{v}}$ 表示 L^n 与平行的对称面的组合；

D_n(n=1,2,3,4,6)表示 L^n 与垂直的 L^2 的组合；

$D_{n\text{h}}$ 表示 $L^n nL^2(n+1)PC$ 的组合；

$D_{n\text{d}}$ 表示对称轴、对称面和 L^2 的组合；

T 代表四面体中对称轴的组合；

O 代表八面体中对称轴的组合；

表 2-7 给出了 32 个点群及其符号。

表 2-7　32 个点群及其符号(秦善，2004)

点群序号	对称元素组合	完整形式的国际符号	简化形式的国际符号	申夫利斯符号
1	L^1	1	1	C_1
2	C	$\bar{1}$	$\bar{1}$	C_i

续表

点群序号	对称元素组合	完整形式的国际符号	简化形式的国际符号	申夫利斯符号
3	L^2	2	2	C_2
4	P	m	m	C_h
5	L^2PC	$\frac{2}{m}$	$2/m$	C_{2h}
6	$3L^2$	222	222	D_2
7	L^22P	$mm2$	$mm2\,(mm)$	C_{2v}
8	$3L^23PC$	$\frac{2}{m}\frac{2}{m}\frac{2}{m}$	mmm	D_{2h}
9	L^4	4	4	C_4
10	L_i^4	$\bar{4}$	$\bar{4}$	S_4
11	L^4PC	$\frac{4}{m}$	$4/m$	C_{4h}
12	L^44L^2	422	422(42)	D_4
13	L^44P	$4mm$	$4mm\,(4m)$	C_{4v}
14	$L_i^42L^22P$	$\bar{4}2m$	$\bar{4}2m$	D_{2d}
15	L^44L^25PC	$\frac{4}{m}\frac{2}{m}\frac{2}{m}$	$4/mmm$	D_{4h}
16	L^3	3	3	C_3
17	L^3C	$\bar{3}$	$\bar{3}$	C_{3i}
18	L^33L^2	32	32	D_3
19	L^33P	$3m$	$3m$	C_{3v}
20	L^33L^23PC	$\bar{3}\frac{2}{m}$	$\bar{3}m$	D_{3d}
21	L^6	6	6	C_6
22	L_i^6	$\bar{6}$	$\bar{6}$	C_{3h}
23	L^6PC	$\frac{6}{m}$	$6/m$	C_{6h}
24	L^66L^2	622	622	D_6
25	L^66P	$6mm$	$6mm\,(6m)$	C_{6v}
26	$L_i^63L^23P$	$\bar{6}m2$	$\bar{6}m2$	D_{3h}
27	L^66L^27PC	$\frac{6}{m}\frac{2}{m}\frac{2}{m}$	$6/mmm$	D_{6h}
28	$3L^24L^3$	23	23	T
29	$3L^24L^33PC$	$\frac{2}{m}\bar{3}$	$m3$	T_h
30	$3L^44L^36L^2$	432	432(43)	O
31	$3L_i^44L^36P$	$\bar{4}3m$	$\bar{4}3m$	T_d
32	$3L^44L^36L^29PC$	$\frac{4}{m}\bar{3}\frac{2}{m}$	$m3m$	O_h

2.4　晶体的对称分类

根据晶体 32 个对称型的特点，可对晶体进行如下分类。

晶族　根据是否有高次轴，把晶体分为低级晶族(无高次轴)、中级晶族(只有一个高次轴)和高级晶族(有多个高次轴)三个晶族。

晶系　在各晶族中，再根据对称特点，将低级晶族的晶体划分为三斜晶系(无对称轴和对称面)、单斜晶系(二次轴和对称面均不多于一个)和斜方(或正交)晶系(二次轴或对称面多于一个)；将中级晶族晶体划分为四方晶系(有一个四次轴或四次旋转反伸轴)、三方晶系(有一个三次轴或三次旋转反伸轴)和六方晶系(有一个六次轴或六次旋转反伸轴)；高级晶族只有等轴(或立方)晶系(有四个三次轴)。共七个晶系。

晶类　同属于一个对称型的晶体可归为一类，称为晶类。晶体中共有 32 种对称型，便有 32 个晶类。通常按照只出现在一个对称型中的单形(见 2.10 节中关于单形的介绍)，即一般形的名称对晶类进行命名。例如，正长石、普通辉石、石膏等晶体都是具有 L^2PC 的对称型，属于该对称型的一般形为斜方柱，因此这三种晶体都属于斜方柱晶类。

2.5　晶体定向及晶体学符号

理想晶体外形为凸几何多面体，由不同形状、不同方向的晶面组成。为描述三维空间的晶面、晶棱方向，需要进行晶体定向，即为晶体建立三维坐标系。根据晶面、晶棱与坐标轴的关系，给不同晶面、晶棱以特定的符号，称为晶体学符号。

1. 晶体定向的原则

晶体定向就是为晶体建立坐标系，包括选取坐标轴和确定轴单位。晶体定向需遵循以下两条基本原则：

(1) 符合右手定则，反映晶体的对称特征，$X//a$、$Y//b$、$Z//c$，单位轴长(轴单位)的选择与晶体微观结构的平移周期一致。

(2) 在满足上述原则基础上，晶轴尽可能相互垂直，轴单位尽可能相等。

根据以上原则，晶体定向应尽量选取对称轴方向、对称面法线方向、晶棱方向为晶轴，三个晶轴相交于晶体中心，分别用 X、Y、Z 表示。习惯上将上下垂直方向设为 Z，正端朝上；左右方向为 Y，正端朝右；前后方向为 X，正端朝前。每两个晶轴正端之间的夹角称为轴角，具体符号为：$\alpha=Y\wedge Z$，$\beta=Z\wedge X$，$\gamma=X\wedge Y$，如图 2-18 所示。

轴单位是指在晶轴上度量长度时用作计量单位的线段，X、Y、Z 轴的轴单位习惯上分别用 a、b、c 表示，分别对应晶体格子构造中三个方向的结点间距。轴单位之比 $a:b:c$ 称为轴率。轴率和轴角称为晶体的几何常数(决定晶胞的形状)。

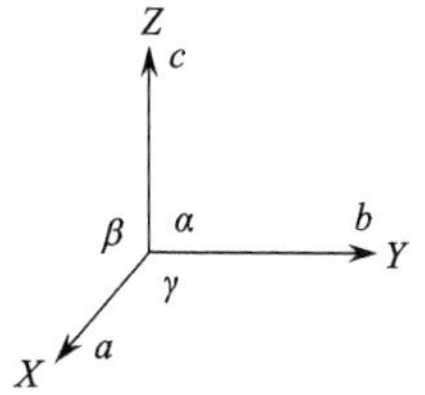

图 2-18　晶体定向的坐标系选取

2. 各晶系晶体的定向

根据上述的定向原则和各晶系对称特点，可以对各晶系晶体进行定向。

1) 等轴晶系

等轴晶系有 $3L^2 4L^3$、$3L^2 4L^3 3PC$、$3L_i^4 4L^3 6P$、$3L^4 4L^3 6L^2$、$3L^4 4L^3 6L^2 9PC$ 五个点群，对称特点是具有 3 个相互垂直的 L^4 或 L_i^4、L_2，因此可分别选取 3 个 L^4 或 L_i^4、L_2 为 X、Y、Z 轴(图 2-19)。等轴晶系的几何常数为 $a=b=c$，$\alpha=\beta=\gamma=90°$。

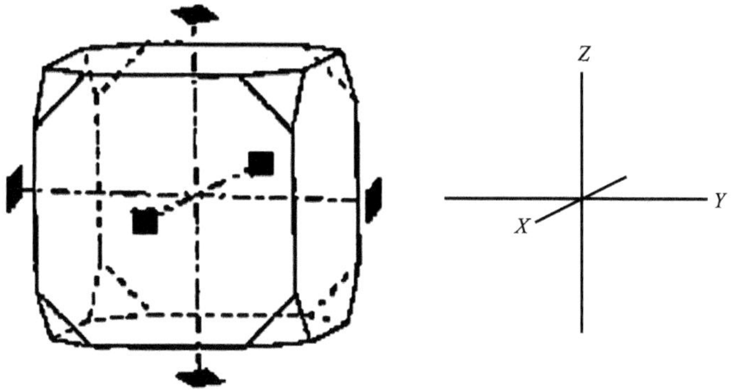

图 2-19　等轴晶系 $m3m$ 点群晶体的定向(秦善，2004)

2) 四方晶系

四方晶系有 L^4、$L^4 4L^2$、$L^4 PC$、$L^4 4P$、$L^4 4L^2 5PC$、L_i^4、$L_i^4 2L^2 2P$ 七个点群，对称特点是均有一个 L^4 或 L_i^4，因此选取此 L^4 或 L_i^4 为 Z 轴。有的四方晶系点群具有两个相互垂直并垂直 L^4 或 L_i^4 的 L^2，可分别选作 X 和 Y；如果具有包含 L^4 或 L_i^4 并相互垂直的对称面，则选其法线方向为 X、Y，如图 2-20 所示。对于既无垂直 L^4 的 L^2，又无包含 L^4 并相互垂直的对称面(L^4、L_i^4 点群)，可选取垂直 L^4 并相互垂直的晶棱方向为 X、Y。四方晶系的几何常数为 $a=b\neq c$，$\alpha=\beta=\gamma=90°$。

3) 六方晶系、三方晶系

三方晶系的点群为 L^3、$L^3 3L^2$、L_i^3、$L^3 3P$、$L_i^3 3L^2 3P$，六方晶系的点群为 L^6、$L^6 6L^2$、$L^6 PC$、$L^6 6P$、$L^6 6L^2 7PC$、L_i^6、$L_i^6 3L^2 3P$。

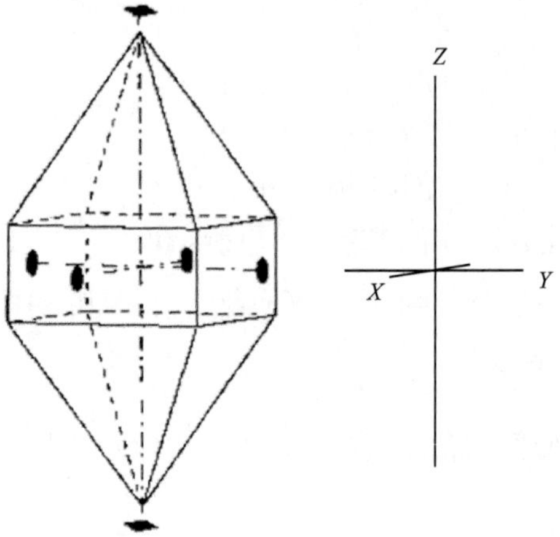

图 2-20　四方晶系 4/*mmm* 点群晶体的定向(秦善，2004)

根据六方晶系、三方晶系的对称特点，常采用四轴定向(布拉维定向)，即引入一附加轴 *U*，*X*、*Y*、*U* 互成 120º 夹角。

选取唯一高次轴 L^6、L^3 或 L_i^6、L_i^3 为 *Z*，选取垂直 *Z* 的 3 个 L^2 或平行 *Z* 的 3 个 *P* 的法线为 *X*、*Y*、*U*(辅助轴)，如图 2-21 所示。没有 L^2 或 *P* 的点群，可选取相交 120º 的晶棱方向为 *X*、*Y*、*U*。六方、三方晶系的几何常数为 $a=b\neq c$，$\alpha=\beta=90°$，$\gamma=120°$。

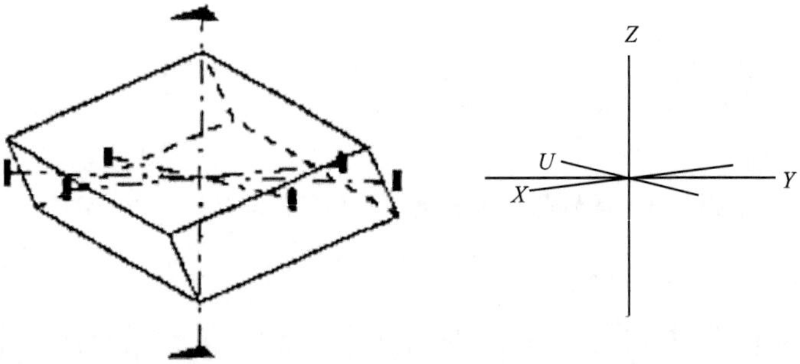

图 2-21　$\bar{3}m$ 点群晶体的四轴定向(秦善，2004)

4)斜方(正交)晶系

斜方晶系有 $3L^2$、L^22P、$3L^23PC$ 三个点群，对称特点是具有 3 个相互垂直的 L^2 或 *P*，因此选取相互垂直的 3 个 L^2 或 *P* 的法线为 *X*、*Y*、*Z*(图 2-22)。斜方晶系的几何常数为 $a\neq b\neq c$，$\alpha=\beta=\gamma=90°$。

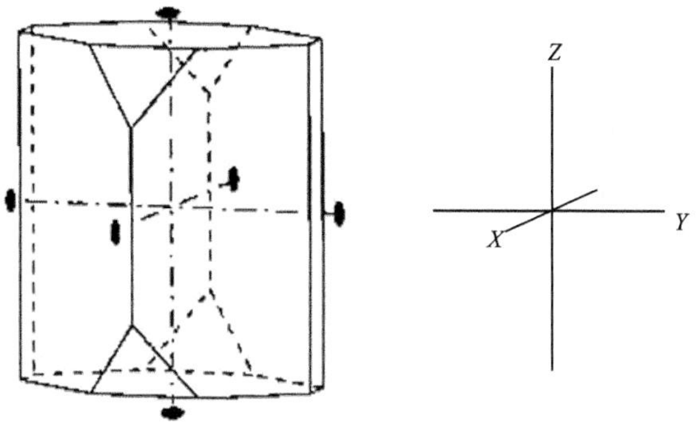

图 2-22　斜方晶系 *mmm* 点群晶体的定向(秦善，2004)

5) 单斜晶系

单斜晶系有 L^2、P、L^2PC 三个点群，对称特点是有一个 L^2 或与之垂直的 P，因此选取该 L^2 或与之垂直的 P 的法线为 Y，选取与 Y 垂直且夹角大于 90º 的两个晶棱方向为 X、Z，如图 2-23 所示。单斜晶系的几何常数为 $a\neq b\neq c$，$\alpha=\gamma=90°$，$\beta>90°$。

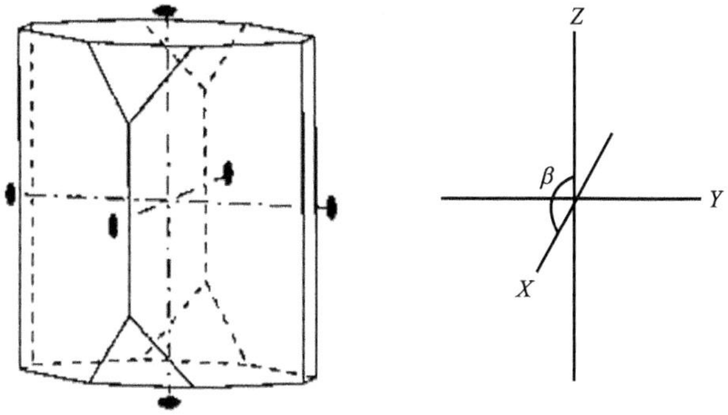

图 2-23　单斜晶系 2/*m* 点群晶体的定向(秦善，2004)

6) 三斜晶系

三斜晶系只有 L^2、C 两个点群，没有合适的对称元素可选为晶轴，只能选取三个不在一个平面上、夹角尽量接近 90º 的晶棱作为 X、Y、Z。三斜晶系的几何常数为 $a\neq b\neq c$，$\alpha\neq\beta\neq\gamma\neq 90°$。

3. 晶体学符号

晶体学符号包括结点、晶棱、晶面、晶带、解理面、双晶面、双晶轴、单形等的符号。本节只介绍结点、晶棱和晶面符号，解理面、双晶面、双晶轴符号与晶面、晶棱符号类似，不作介绍。晶带符号将在 2.7 节讨论。

1）结点符号

空间格子中结点的符号写成[[*uvw*]]的形式，双括弧中 *u*、*v*、*w* 为结点的坐标。结点的坐标要表示成分数坐标，分数坐标是把轴单位的长度当作一个单位时的结点的坐标。晶胞中原子的坐标也以分数坐标表示。

2）晶棱（行列）符号

晶棱符号是表示晶棱（直线）与晶轴间的空间关系的符号，形式为[*uvw*]。晶棱符号表示的是方向，因此平行的晶棱具有相同的符号。晶带轴、对称轴、双晶轴等晶体学方向均可用[*uvw*]表示。

晶棱符号的确定如图 2-24 所示。假设有一晶棱（晶棱即行列）*OP*，将此晶棱平移至过原点，然后在其上取任一坐标为(*x*,*y*,*z*)的点 *M*，*M* 在 *X*、*Y*、*Z* 轴上的长度分别为 *MR*、*MK* 和 *MF*，分别等于相应轴的轴单位 *a*、*b*、*c* 的 1、2、3 倍，求取比值 $MR/a：MK/b：MF/c=1：2：3=u：v：w$，用中括号括起来即得到晶棱 *OP* 的符号为[123]。*u*、*v*、*w* 为互质的整数，称为晶棱指数。

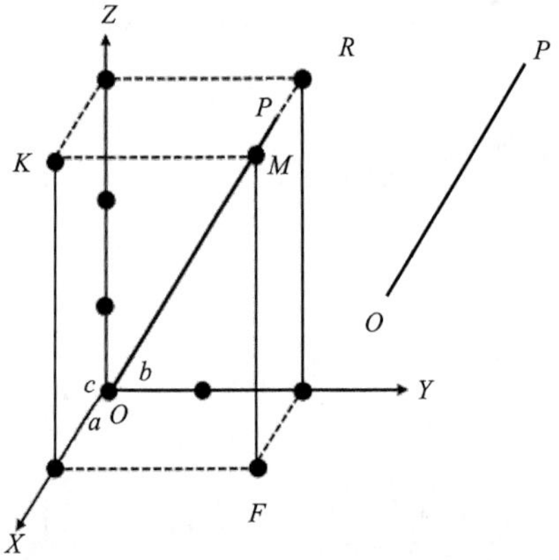

图 2-24　确定晶棱符号示意图（潘兆橹等，1993）

可以求出平行 *X* 轴的晶棱的符号为[100]，平行 *Y* 轴的晶棱的符号为[010]，平行 Z 轴的晶棱的符号为[001]。其他的例子可参看图 2-25。

对于四轴定向的三、六方晶系，晶棱符号形式为[*uviw*]，*u*、*v*、*i* 的关系与晶面符号相同（见晶面符号）。与晶面不同的是晶棱指向两端，因此同一晶棱可有两个反向的符号，如[201]、[$\bar{2}0\bar{1}$]代表同一晶棱或行列。

3）晶面（面网）符号

晶面（面网）符号是根据晶面（面网）与晶轴间的空间关系，用简单数字形式来表达晶面（面网）在晶体上方位的一种晶体学符号。国际上常采用的是米勒符号（或米氏符号，Miller’s symbol）。米氏符号由连写的三个互质的整数加圆括号构成，一般形式为(*hkl*)，其中 *h*、*k*、*l* 称为晶面（面网）指数或米勒指数（Miller index）。

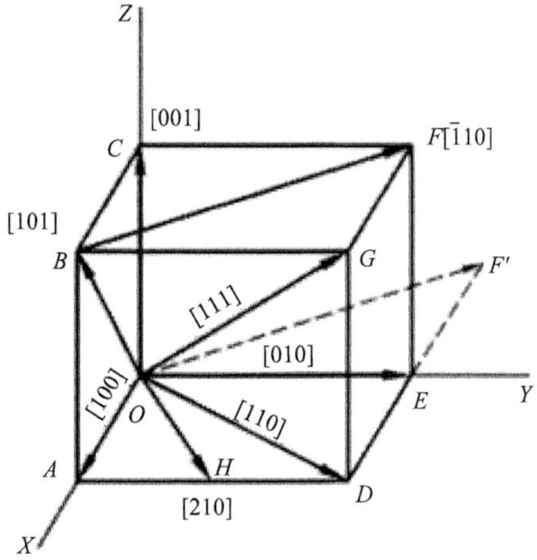

图 2-25　确定晶棱符号示意图

晶面(面网)指数的定义：晶面(面网)在 X、Y、Z 晶轴上的截距系数(轴单位的倍数)的倒数比。

以图 2-26 中的晶面 *HKL* 为例，它与 X、Y、Z 轴的截距系数分别为 1、2、3，截距系数的倒数比为 1/1∶1/2∶1/3=6/6∶3/6∶2/6=6∶3∶2，因此该晶面的符号写成(632)。

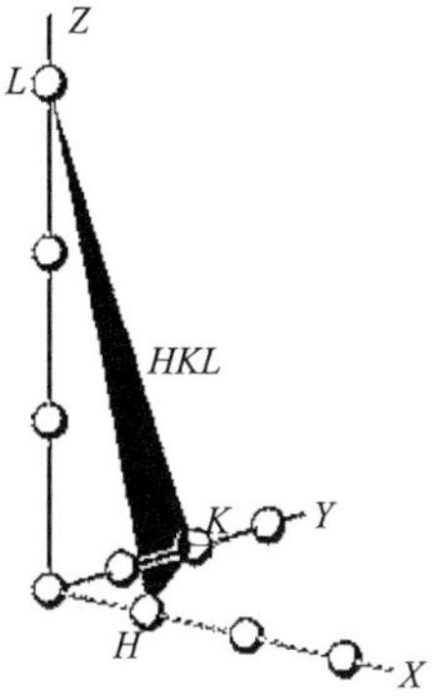

图 2-26　*HKL* 晶面在 X、Y、Z 轴上的截距

由晶面指数的定义和以上的例子可知，当某晶面指数=0 时，晶面与该轴平行；当某晶面指数≠0 时，晶面指数越大，晶面在该轴方向距坐标原点(晶体中心)越近；晶面指数越小，晶面距晶体中心越远。当晶面与某晶轴的负端相交时，该晶面指数为负。

晶面指数是互质的，不能有公约数，而且满足通过坐标原点的平面方程，即 $hX+kY+lZ=0$。

对于四轴定向的三、六方晶系(布拉维定向)，晶面符号形式为(*hkil*)(布拉维符号)。因为 X、Y、U 轴以 120° 相交，*h*、*k*、*i* 间存在 $h+k+i=0$ 的关系，即指数 *i* 不独立。因此，(*hkil*)常常写成(*hk*·*l*)的形式。

对于三方原始格子，当选择菱面体晶胞和选择六方晶胞时，其晶面(面网)的符号有差别。如果以(*HK*·*L*)代表选择六方晶胞时的符号(布拉维符号)，以(*hkl*)代表同一面网在选择菱面体晶胞时的符号(米氏符号)，它们之间有如下关系，其中由米氏指数转换成布拉维指数的关系式为[参看图 2-6(a)]：

$$H=h-k$$

$$K=k-l$$

$$L=h+k+l$$

相应地，由布拉维指数转换成米氏指数的关系式为

$$h=\frac{1}{3}(2H+K+L)$$

$$k=\frac{1}{3}(-H+K+L)$$

$$l=\frac{1}{3}(-H-2K+L)$$

对六方底心格子，由布拉维指数转换成米氏指数则采用下列关系式[参看图 2-6(b)]：

$$h=H+L$$

$$k=K+L$$

$$l=I+L=L-H-K$$

需要注意的是，面网与晶面的米氏符号是有差别的。晶面米氏符号中的指数总是化为最简单的整数，而且平行晶面的米氏符号中的指数总是相同的，而面网符号则不然，面网符号中的指数不是化成最简单的整数比，平行的面网不一定有相同的符号，如图 2-27 所示。图 2-27 中所画的面网都平行于(010)晶面方向，面网符号分别为(010)、(020)、(030)。这是因为同一方向的面网可以引出不同的组，它们与晶轴的截距不同。(010)、(020)、(030)面网有不同的面网间距，其中(010)的面网间距 $d_{(010)}$最大，$d_{(020)}=d_{(010)}/2$，$d_{(030)}=d_{(010)}/3$。

可见，面网符号不是指一层面网的符号，而是指一组面网间距为 d 的平行面网的符号。

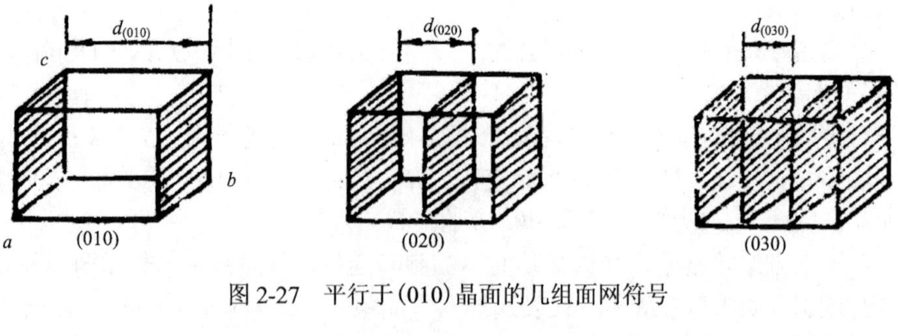

图 2-27　平行于(010)晶面的几组面网符号

理论可以证明，晶面指数一般都是小的整数(有理指数定律)。如图 2-28 所示，由于晶面即面网，晶轴即行列，晶面与晶轴相交于结点，若以结点间距为轴单位，

晶面与晶轴截距系数之比必为整数比。假设有一组面网，截 X 轴于 a_1，截 Y 轴于 b_1、b_2、b_3、…、b_n，它们面网密度的关系是 $a_1b_1>a_1b_2>a_1b_3>\cdots>a_1b_n$，它们在 X、Y 轴上的截距系数之比为 $a_1:b_1=1:1$，$a_1:b_2=1:2$，$a_1:b_3=1:3$，…，$a_1:b_n=1:n$。显然，面网密度越大，晶面在晶轴上的截距系数越小。根据布拉维法则，晶体都是被面网密度大的面网所包围，因此晶面在晶轴上的截距系数及其倒数比(晶面指数)均为简单的整数。

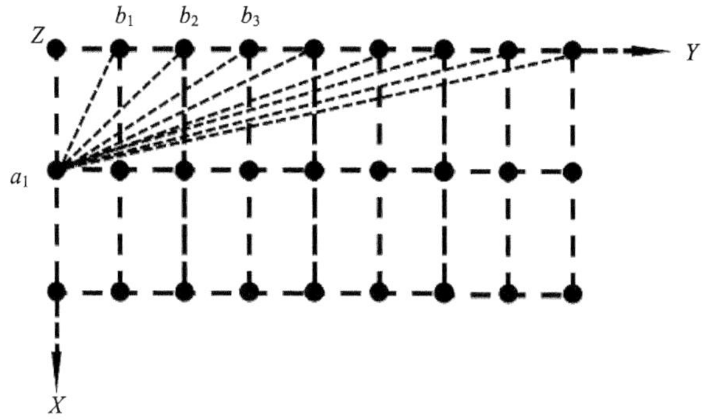

图 2-28 有理指数定律示意图(秦善，2004)

2.6 面网间距、行列中结点间距和晶胞体积的计算

1. 面网间距的计算

面网间距是指一组平行的面网中相邻面网之间的垂直距离。它取决于晶胞参数(a、b、c，α、β、γ)和面网符号(hkl)。计算面网间距所利用的公式随晶系而有区别：

等轴晶系：$$\frac{1}{d_{hkl}^2}=\frac{h^2+k^2+l^2}{a^2}$$

四方晶系：$$\frac{1}{d_{hkl}^2}=\frac{h^2+k^2}{a^2}+\frac{l^2}{c^2}$$

斜方晶系：$$\frac{1}{d_{hkl}^2}=\frac{h^2}{a^2}+\frac{k^2}{b^2}+\frac{l^2}{c^2}$$

单斜晶系：$$\frac{1}{d_{hkl}^2}=\frac{h^2}{a^2\sin^2\beta}+\frac{k^2}{b^2}+\frac{l^2}{c^2\sin^2\beta}-\frac{2hl\cos\beta}{ac\sin^2\beta}$$

三斜晶系：

$$\frac{1}{d_{hkl}^2}=\frac{1}{V^2}[b^2c^2h^2\sin^2\alpha+c^2a^2k^2\sin^2\beta+a^2b^2l^2\sin^2\gamma$$
$$+2abc^2(\cos\alpha\cos\beta-\cos\gamma)hk+2a^2bc(\cos\beta\cos\gamma-\cos\alpha)kl$$
$$+2ab^2c(\cos\gamma\cos\alpha-\cos\beta)lh]$$

式中，V为晶胞体积。

六方晶系及三方晶系取六方晶胞：

$$\frac{1}{d_{hkl}^2}=\frac{4}{3}\cdot\frac{h^2+hk+k^2}{a^2}+\frac{l^2}{c^2}$$

六方晶系及三方晶系取菱面体晶胞：

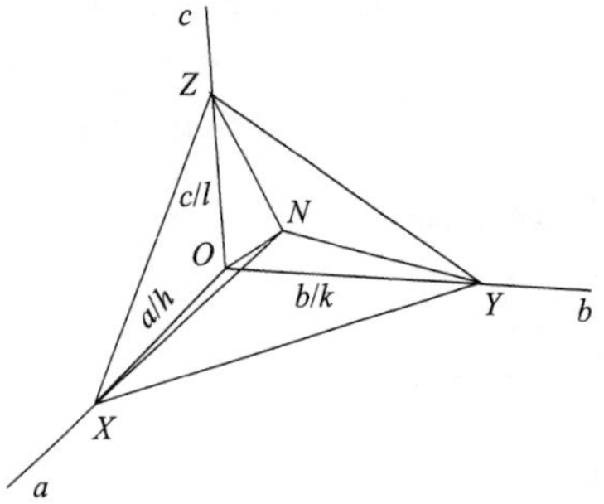

图 2-29　斜方晶系面网间距计算公式的证明

$$\frac{1}{d_{hkl}^2}=\frac{(h^2+k^2+l^2)\sin^2\alpha+2(hk+kl+hl)(\cos^2\alpha-\cos\alpha)}{a^2(1-3\cos^2\alpha+2\cos^3\alpha)}$$

为了了解这些公式的来源，现以斜方晶系为例证明如下。

在图 2-29 中，a、b、c 为相互垂直的坐标轴。设有一组面网，其中一层面网通过原点，与其相邻的面网与晶轴的截距为 a/h、b/k、c/l；由原点作该面网的法线 ON，$ON=d$，求 d。

因为　$$d=\frac{a}{h}\cos\angle NOX=\frac{b}{k}\cos\angle NOY=\frac{c}{l}\cos\angle NOZ$$

所以　$$\cos\angle NOX=\frac{hd}{a},\quad \cos\angle NOY=\frac{kd}{b},\quad \cos\angle NOZ=\frac{ld}{c}$$

根据方向余弦定律：

$$\cos^2\angle NOX+\cos^2\angle NOY+\cos^2\angle NOZ=1$$

则　$$\left(\frac{hd}{a}\right)^2+\left(\frac{kd}{b}\right)^2+\left(\frac{ld}{c}\right)^2=1$$

简化得到

$$\frac{1}{d^2}=\frac{h^2}{a^2}+\frac{k^2}{b^2}+\frac{l^2}{c^2}$$

2. 行列中结点间距的计算

空间格子中任一行列的结点间距(T)可由其晶胞参数(a、b、c、α、β、γ)和行列符号［uvw］来计算，计算公式随晶系不同。各晶系原始格子行列中结点间距的计算公式如下。

等轴晶系：$T_{uvw}^2=(u^2+v^2+w^2)a^2$

四方晶系：$T_{uvw}^2=(u^2+v^2)a^2+w^2c^2$

斜方晶系：$T_{uvw}^2=u^2a^2+v^2b^2+w^2c^2$

单斜晶系：$T_{uvw}^2=u^2a^2+v^2b^2+w^2c^2+2uwac\cos\beta$

三斜晶系：$T_{uvw}^2=u^2a^2+v^2b^2+w^2c^2+2uvab\cos\gamma+2uwac\cos\beta+2vwbc\cos\alpha$

六方晶系与三方晶系取六方晶胞：

$$T_{uvw}^2=(u^2+v^2-uv)a^2+w^2c^2$$

六方晶系与三方晶系取菱面体晶胞：

$$T_{uvw}^2=a^2[u^2+v^2+w^2+2\cos\alpha(uv+vw+wu)]$$

晶体结构中原子间的距离也可根据这些公式来计算。以斜方晶系为例，设晶胞中有两个质点，其坐标分别为[[$u_1v_1w_1$]]和[[$u_2v_2w_2$]]，则两个质点间的距离

$$[[u_1v_1w_1]]-[[u_2v_2w_2]]=\sqrt{(u_1-u_2)^2a^2+(v_1-v_2)^2b^2+(w_1-w_2)^2c^2}$$

3. 晶胞体积的计算

在结构分析中经常需要计算晶胞的体积，晶胞体积(V)可由晶胞参数计算。各晶系晶胞体积的计算公式如下。

等轴晶系：$V=a^3$

四方晶系：$V=a^2c$

斜方晶系：$V=abc$

单斜晶系：$V=abc\sin\beta$

三斜晶系；$V=abc\sqrt{1-\cos^2\alpha-\cos^2\beta-\cos^2\gamma+2\cos\alpha\cos\beta\cos\gamma}$

六方晶系与三方晶系的六方晶胞：

$$V=a^2c\frac{\sqrt{3}}{2}$$

六方晶系与三方晶系的菱面体晶胞：

$$V=a^3(1-\cos\alpha)\sqrt{1+2\cos\alpha}$$

2.7　晶 带 定 律

彼此间交棱均相互平行的一组晶面称为晶带，晶面交棱的方向称为该晶带的晶带轴，可以用相应的晶棱符号表示，此符号也称为晶带符号。晶体的晶面与晶棱间相互依存的关系称为晶带定律，19 世纪初由德国学者韦斯(Christian Samuel Weiss，1780—1856)提出。晶带定律的内容如下：

(1)任何平行于两个可能或实际晶棱的平面就是一个可能或实际晶面；

(2)任何平行于两个可能或实际晶面的交线方向都是可能或实际晶棱。

晶带定律可用下式表示(晶带方程)：

$$hu+kv+lw=0$$

该方程表示晶棱[uvw]与晶面(hkl)的关系。

晶带定律或晶带方程有很多应用。

1. 了解晶面指数与其晶带轴指数的关系

对于[111]晶带，由晶带方程可得

$$h+k+l=0$$

由此可知，属于[111]晶带的晶面，其三个晶面指数之和等于 0。

对于[100]晶带，由晶带方程可得

$$h=0$$

由此可知，属于[100]晶带的晶面，其晶面指数中第一个指数必为 0，即($0kl$)。

2. 了解晶面指数与晶棱指数间的关系

由晶带方程可求出两个晶面($h_1k_1l_1$)、($h_2k_2l_2$)相交的晶棱的指数[uvw]。

将($h_1k_1l_1$)、($h_2k_2l_2$)分别代入晶带方程，得

$$h_1u+k_1v+l_1w=0$$

$$h_2u+k_2v+l_2w=0$$

可用行列式形式求解，方法如下：

(1)将每一晶面的指数在同一行连续写两次，两个晶面写成两行，指数按次序一一对应；

(2)将最右边和最左边的纵列删除；

(3)将剩下的晶面指数交叉相乘并依次求乘积的差，得到以下结果。

$$\begin{array}{cccccc} h_1 & k_1 & l_1 & h_1 & k_1 & l_1 \\ & \times & \times & \times & & \\ h_2 & k_2 & l_2 & h_2 & k_2 & l_2 \end{array}$$

$$u=k_1l_2-l_1k_2$$

$$v=l_1h_2-h_1l_2$$

$$w=h_1k_2-k_1h_2$$

例如，已知(320)和(211)晶面，求它们相交的晶棱指数[uvw]。

$$u=2\times1-1\times0=2$$

$$v=0\times 2-3\times 1=-3$$

$$w=3\times 1-2\times 2=-1$$

所以，晶面(320)和(211)交棱的指数为$[2\overline{3}\overline{1}]$。

用同样的方法可以求得平行于两个晶棱$[u_1v_1w_1]$和$[u_2v_2w_2]$的晶面指数(hkl)，具体过程略。

3. 了解同一晶带内各个晶面在指数上的关系

由同一晶带中的两个晶面$(h_1k_1l_1)$、$(h_2k_2l_2)$可以推知同晶带中的另一晶面。方法如下：

将$(h_1k_1l_1)$、$(h_2k_2l_2)$代入晶带方程得

$$h_1u+k_1v+l_1w=0$$

$$h_2u+k_2v+l_2w=0$$

将以上两方程相加得

$$(h_1+h_2)u+(k_1+k_2)v+(l_1+l_2)w=0$$

由此得到属于同一晶带$[uvw]$的晶面$(h_1+h_2, k_1+k_2, l_1+l_2)$。

同理，将以上两方程相减，则得到属于同一晶带$[uvw]$的另外两个晶面$(h_1-h_2, k_1-k_2, l_1-l_2)$和$(h_2-h_1, k_2-k_1, l_2-l_1)$。

依据这一原理，可从晶体的某些已知晶面求出该晶体所有可能的晶面，并确定其晶面指数。

2.8　晶体的微观对称性与空间群

2.8.1　晶体的微观对称要素与空间群

晶体的微观对称决定晶体的宏观对称，两者有着密切的联系。由于晶体的外形是有限图形，它的宏观对称是有限图形的对称，而晶体内部质点的周期性平移重复从微观角度来看是无限的，故晶体内部结构的对称属于微观无限图形的对称，晶体外部对称与微观对称之间既有联系又有区别。晶体结构中，平行于任一对称要素都有无穷多的和它相同的对称要素。同时，在晶体结构中还出现了一种在晶体外形上不可能有的对称操作，即平移操作。从而晶体内部结构除具有外形上可能出现的那些对称要素之外，还出现了一些特有的对称要素。晶体微观对称要素主要有如下三种。

(1) **平移轴**　平移轴为晶体结构中假想的一条直线，图形沿此直线移动一定距离，可使相等部分重合，晶体结构沿着空间格子中的任意一条行列移动一个或

若干个结点间距，可使每一质点与其相同的质点重合。这种相应的操作称为平移。空间格子中的任一行列就代表平移对称的平移轴，此时平移轴实际上可以视为实线。

(2)**螺旋轴**　螺旋轴为晶体结构中的一条假想直线，当围绕此直线旋转一定角度，并平行此直线平移一定距离后，结构中的每一质点都与其相同的质点重合，整个结构自相重合。螺旋轴的国际符号用 n_s 表示，s 为小于 n 的自然数，n=2、3、4、6，相应的基转角为 180°、120°、90°、60°，质点的平移距离为 $(s/n)T$(平移周期)。螺旋轴有 2_1、3_1、3_2、4_1、4_2、4_3、6_1、6_2、6_3、6_4、6_5 共 11 种。对于这 11 种螺旋轴，其旋转方向和平移距离都是以右旋方式为标准给出的。若以左旋方式为标准，沿顺时针方向转动 α 后，其平移距离 t 应为 $(1-s/n)T$。实际上，根据螺旋的方向，可将螺旋轴分为左螺旋轴(顺时针)、右螺旋轴(逆时针)和中性螺旋轴(顺、逆时针结果相同)。一般规定，对螺旋轴 n_s 而言，凡 $0<s<n/2$，为右螺旋轴(包括 3_1、4_1、6_1、6_2)；凡 $n/2<s<n$，为左螺旋轴(包括 3_2、4_3、6_4、6_5)；而 $s=n/2$，为中性螺旋轴(包括 2_1、4_2、6_3)。各种螺旋轴如图 2-30 所示。

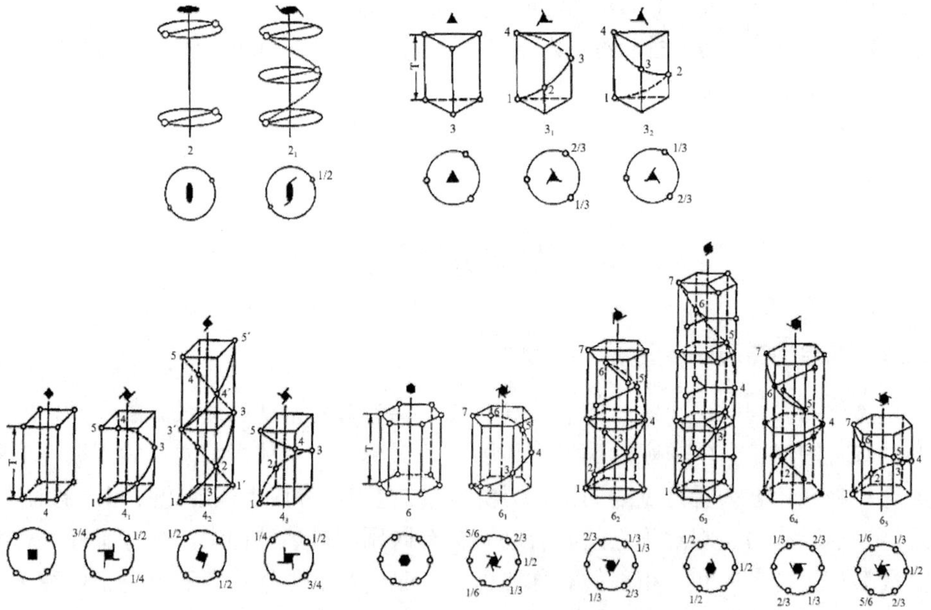

图 2-30　螺旋轴示意图(李国昌和王萍，2019)

(3)**滑移面**　滑移面是晶体结构中的一假想平面，当结构对此平面反映，并平行此平面移动一定的距离后，结构中的每一个点与其相同的点重合，整个结构自相重合。滑移面按其滑移的方向和距离可分为以下三种。

轴向滑移面(*a*、*b*、*c*)：沿晶轴(*a*、*b*、*c*)方向滑移；

对角滑移面(*n*)：沿晶胞面对角线或体对角线方向滑移，平移分量为对角线一半；

金刚石滑移面(*d*)：沿晶胞面对角线或体对角线方向滑移，平移分量为对角线的1/4。只在体心或面心点阵中出现，这时有关对角线的中点也有一个阵点，所以平移分量仍然是滑移方向点阵平移周期的一半。

图 2-31 为各种滑移面的示意图。

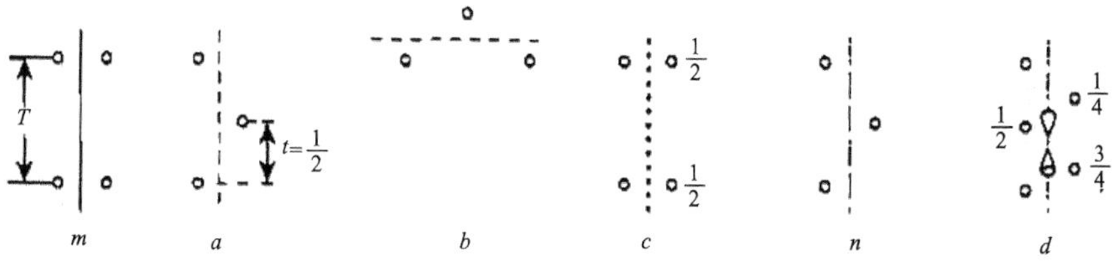

图 2-31　滑移面的示意图(潘兆橹等，1993)

表 2-8 总结了晶体对称要素的图示符号。

2005 年新定义了一种新型滑移面——双滑移面 *e*。双滑移面 *e* 是在两个方向(不一定是轴向)滑移，只存在于带心的晶胞中(含 *e* 双滑移面的空间群共五个)。

表 2-8　晶体对称要素的图示符号(赵珊茸等，2004)

	垂直的	水平的	倾斜的
对称轴与螺旋轴	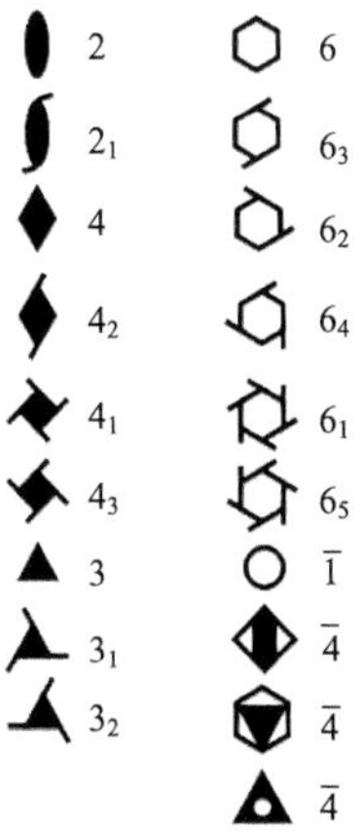 2, 2_1, 4, 4_2, 4_1, 4_3, 3, 3_1, 3_2; 6, 6_3, 6_2, 6_4, 6_1, 6_5, $\bar{1}$, $\bar{4}$, $\bar{4}$, $\bar{4}$	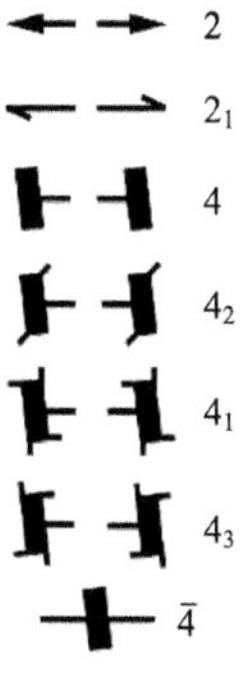 2, 2_1, 4, 4_2, 4_1, 4_3, $\bar{4}$	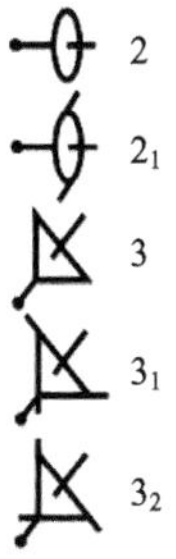 2, 2_1, 3, 3_1, 3_2

续表

	垂直的	水平的	倾斜的
对称面与滑移面	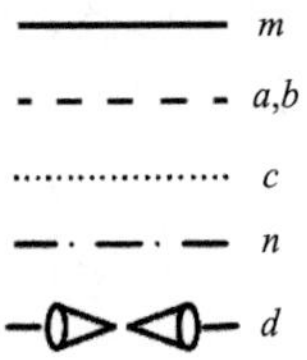	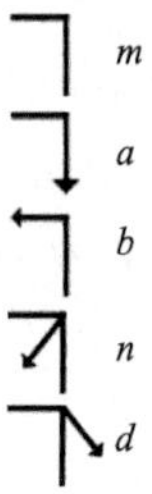	

空间群是晶体内部所有对称要素的组合。由于晶体内部结构出现了平移轴、螺旋轴、滑移面等包含平移操作的对称要素，空间群的数目远大于点群(对称型)的数目，有 230 种。它是先后由费德罗夫(Fedrov)和熊夫利斯(A. M. Schöenflies)独立推导出来的，故空间群也称为费德罗夫群或熊夫利斯群。

空间群是在点群基础上推导出来的，如果在空间格子的各结点上放置点群(即相应晶体的外部对称要素)，它们通过空间格子中的平移操作而相互作用，产生出另外一些对称要素，形成一部分空间群，称为点式空间群；之后，在点式空间群的基础上用螺旋轴、滑移面代替对称轴、对称面，又可产生另一些空间群，称为非点式空间群。每一点群可产生多个空间群，所以 32 个点群可产生 230 种空间群。

空间群与点群(对称型)分别是晶体微观结构对称与宏观外形对称的反映。每一个点群有若干种空间群与之相对应，即外形上属于同一对称型的晶体，其内部结构可分属于若干空间群。

2.8.2　空间群的符号

空间群也可用国际符号和申夫利斯符号表示。

1. 国际符号

空间群的国际符号由两部分组成：

格子类型 + 对称要素的组合

各晶系的对称要素组合也由 1～3 个序位符号组成，1～3 个序位符号的顺序所代表的方向与点群相同，只是各方向的对称要素包括外部和内部对称要素，如 $Fd\overline{3}m$ 。

2. 申夫利斯符号

空间群的申夫利斯符号与点群相同，属同一点群的空间群以右上标序数区别。

230 个空间群及其符号表示见表 2-9。

表 2-9　230 个空间群及其符号表示(吴平伟，2010)

序号	HM 符号(完整)	HM 符号(简略)	申夫利斯符号	序号	HM 符号(完整)	HM 符号(简略)	申夫利斯符号
1	$P1$	$P1$	C_1^1	31	$Pmn2_1$	$Pmn2_1$	C_{2v}^7
2	$P\bar{1}$	$P\bar{1}$	C_1^1	32	$Pba2$	$Pba2$	C_{2v}^8
3	$P121$	$P2$	C_2^1	33	$Pna2_1$	$Pna2_1$	C_{2v}^9
4	$P12_11$	$P2_1$	C_2^2	34	$Pnn2$	$Pnn2$	C_{2v}^{10}
5	$C121$	$C2$	C_2^3	35	$Cmm2$	$Cmm2$	C_{2v}^{11}
6	$P1m1$	Pm	C_s^1	36	$Cmc2_1$	$Cmc2_1$	C_{2v}^{12}
7	$P1c1$	Pc	C_s^2	37	$Ccc2$	$Ccc2$	C_{2v}^{13}
8	$C1m1$	Cm	C_s^3	38	$Amm2$	$Amm2$	C_{2v}^{14}
9	$C1c1$	Cc	C_s^4	39	$Abm2$	$Abm2$	C_{2v}^{15}
10	$P12/m1$	$P2/m$	C_{2h}^1	40	$Ama2$	$Ama2$	C_{2v}^{16}
11	$P12_1/m1$	$P2_1/m$	C_{2h}^2	41	$Aba2$	$Aba2$	C_{2v}^{17}
12	$C12/m1$	$C2/m$	C_{2h}^3	42	$Fmm2$	$Fmm2$	C_{2v}^{18}
13	$P12/c1$	$P2/c$	C_{2h}^4	43	$Fdd2$	$Fdd2$	C_{2v}^{19}
14	$P12_1/c1$	$P2_1/c$	C_{2h}^5	44	$Imm2$	$Imm2$	C_{2v}^{20}
15	$C12/c1$	$C2/c$	C_{2h}^6	45	$Iba2$	$Iba2$	C_{2v}^{21}
16	$P222$	$P222$	D_2^1	46	$Ima2$	$Ima2$	C_{2v}^{22}
17	$P222_1$	$P222_1$	D_2^2	47	$P2/m2/m2/m$	$Pmmm$	D_{2h}^1
18	$P2_12_12$	$P2_12_12$	D_2^3	48	$P2/n2/n2/n$	$Pnnn$	D_{2h}^2
19	$P2_12_12_1$	$P2_12_12_1$	D_2^4	49	$P2/c2/c2/m$	$Pccm$	D_{2h}^3
20	$C222_1$	$C222_1$	D_2^5	50	$P2/b2/a2/n$	$Pban$	D_{2h}^4
21	$C222$	$C222$	D_2^6	51	$P2_1/m2/m2/a$	$Pmma$	D_{2h}^5
22	$F222$	$F222$	D_2^7	52	$P2/n2_1/n2/a$	$Pnna$	D_{2h}^6
23	$I222$	$I222$	D_2^8	53	$P2/m2/n2_1/a$	$Pmna$	D_{2h}^7
24	$I2_12_12_1$	$I2_12_12_1$	D_2^9	54	$P2_1/c2/c2/a$	$Pcca$	D_{2h}^8
25	$Pmm2$	$Pmm2$	C_{2v}^1	55	$P2_1/b2_1/a2/m$	$Pbam$	D_{2h}^9
26	$Pmc2_1$	$Pmc2_1$	C_{2v}^2	56	$P2_1/c2_1/c2/n$	$Pccn$	D_{2h}^{10}
27	$Pcc2$	$Pcc2$	C_{2v}^3	57	$P2/b2_1/c2_1/m$	$Pbcm$	D_{2h}^{11}
28	$Pma2$	$Pma2$	C_{2v}^4	58	$P2_1/n2_1/n2/m$	$Pnnm$	D_{2h}^{12}
29	$Pca2_1$	$Pca2_1$	C_{2v}^5	59	$P2_1/m2_1/m2/n$	$Pmmn$	D_{2h}^{13}
30	$Pnc2$	$Pnc2$	C_{2v}^6	60	$P2_1/b2/c2_1/n$	$Pbcn$	D_{2h}^{14}

续表

序号	HM 符号(完整)	HM 符号(简略)	申夫利斯符号	序号	HM 符号(完整)	HM 符号(简略)	申夫利斯符号
61	$P2_1/b2_1/c2_1/a$	$Pbca$	D_{2h}^{15}	92	$P4_12_12$	$P4_12_12$	D_4^4
62	$P2_1/n2_1/m2_1/a$	$Pnma$	D_{2h}^{16}	93	$P4_222$	$P4_222$	D_4^5
63	$C2/m2/c2_1/m$	$Cmcm$	D_{2h}^{17}	94	$P4_22_12$	$P4_22_12$	D_4^6
64	$C2/m2/c2_1/a$	$Cmca$	D_{2h}^{18}	95	$P4_322$	$P4_322$	D_4^7
65	$C2/m2/m2/m$	$Cmmm$	D_{2h}^{19}	96	$P4_32_12$	$P4_32_12$	D_4^8
66	$C2/c2/c2/m$	$Cccm$	D_{2h}^{20}	97	$I422$	$I422$	D_4^9
67	$C2/m2/m2/a$	$Cmma$	D_{2h}^{21}	98	$I4_122$	$I4_122$	D_4^{10}
68	$C2/c2/c2/a$	$Ccca$	D_{2h}^{22}	99	$P4mm$	$P4mm$	C_{4v}^1
69	$F2/m2/m2/m$	$Fmmm$	D_{2h}^{23}	100	$P4bm$	$P4bm$	C_{4v}^2
70	$F2/d2/d2/d$	$Fddd$	D_{2h}^{24}	101	$P4_2cm$	$P4_2cm$	C_{4v}^3
71	$I2/m2/m2/m$	$Immm$	D_{2h}^{25}	102	$P4_2nm$	$P4_2nm$	C_{4v}^4
72	$I2/b2/a2/m$	$Ibam$	D_{2h}^{26}	103	$P4cc$	$P4cc$	C_{4v}^5
73	$I2_1/b2_1/c2_1/a$	$Ibca$	D_{2h}^{27}	104	$P4nc$	$P4nc$	C_{4v}^6
74	$I2_1/m2_1/m2_1/a$	$Imma$	D_{2h}^{28}	105	$P4_2mc$	$P4_2mc$	C_{4v}^7
75	$P4$	$P4$	C_4^1	106	$P4_2bc$	$P4_2bc$	C_{4v}^8
76	$P4_1$	$P4_1$	C_4^2	107	$I4mm$	$I4mm$	C_{4v}^9
77	$P4_2$	$P4_2$	C_4^3	108	$I4cm$	$I4cm$	C_{4v}^{10}
78	$P4_3$	$P4_3$	C_4^4	109	$I4_1md$	$I4_1md$	C_{4v}^{11}
79	$I4$	$I4$	C_4^5	110	$I4_1cd$	$I4_1cd$	C_{4v}^{12}
80	$I4_1$	$I4_1$	C_4^6	111	$P\bar{4}2m$	$P\bar{4}2m$	D_{2d}^1
81	$P\bar{4}$	$P\bar{4}$	S_4^1	112	$P\bar{4}2c$	$P\bar{4}2c$	D_{2d}^2
82	$I\bar{4}$	$I\bar{4}$	S_4^2	113	$P\bar{4}2_1m$	$P\bar{4}2_1m$	D_{2d}^3
83	$P4/m$	$P4/m$	C_{4h}^1	114	$P\bar{4}2_1c$	$P\bar{4}2_1c$	D_{2d}^4
84	$P4_2/m$	$P4_2/m$	C_{4h}^2	115	$P\bar{4}m2$	$P\bar{4}m2$	D_{2d}^5
85	$P4/n$	$P4/n$	C_{4h}^3	116	$P\bar{4}c2$	$P\bar{4}c2$	D_{2d}^6
86	$P4_2/n$	$P4_2/n$	C_{4h}^4	117	$P\bar{4}b2$	$P\bar{4}b2$	D_{2d}^7
87	$I4/m$	$I4/m$	C_{4h}^5	118	$P\bar{4}n2$	$P\bar{4}n2$	D_{2d}^8
88	$I4_1/a$	$I4_1/a$	C_{4h}^6	119	$I\bar{4}m2$	$I\bar{4}m2$	D_{2d}^9
89	$P422$	$P422$	D_4^1	120	$I\bar{4}c2$	$I\bar{4}c2$	D_{2d}^{10}
90	$P42_12$	$P42_12$	D_4^2	121	$I\bar{4}2m$	$I\bar{4}2m$	D_{2d}^{11}
91	$P4_122$	$P4_122$	D_4^3	122	$I\bar{4}2d$	$I\bar{4}2d$	D_{2d}^{12}

续表

序号	HM 符号（完整）	HM 符号（简略）	申夫利斯符号	序号	HM 符号（完整）	HM 符号（简略）	申夫利斯符号
123	$P4/m2/m2/m$	$P4/mmm$	D_{4h}^{1}	154	$P3_221$	$P3_221$	D_3^6
124	$P4/m2/c2/c$	$P4/mcc$	D_{4h}^{2}	155	$R32$	$R32$	D_3^7
125	$P4/n2/b2/m$	$P4/nbm$	D_{4h}^{3}	156	$P3m1$	$P3m1$	C_{3v}^{1}
126	$P4/n2/n2/c$	$P4/nnc$	D_{4h}^{4}	157	$P31m$	$P31m$	C_{3v}^{2}
127	$P4/m2_1/b2/m$	$P4/mbm$	D_{4h}^{5}	158	$P3c1$	$P3c1$	C_{3v}^{3}
128	$P4/m2_1/n2/c$	$P4/mnc$	D_{4h}^{6}	159	$P31c$	$P31c$	C_{3v}^{4}
129	$P4/n2_1/m2/m$	$P4/nmm$	D_{4h}^{7}	160	$R3m$	$R3m$	C_{3v}^{5}
130	$P4/n2/c2/c$	$P4/ncc$	D_{4h}^{8}	161	$R3c$	$R3c$	C_{3v}^{6}
131	$P4_2/m2/m2/c$	$P4_2/mmc$	D_{4h}^{9}	162	$P\bar{3}12/m$	$P\bar{3}1m$	D_{3d}^{1}
132	$P4_2/m2/c2/m$	$P4_2/mcm$	D_{4h}^{10}	163	$P\bar{3}12/c$	$P\bar{3}1c$	D_{3d}^{2}
133	$P4_2/n2/b2/c$	$P4_2/nbc$	D_{4h}^{11}	164	$P\bar{3}2/ml$	$P\bar{3}ml$	D_{3d}^{3}
134	$P4_2/n2/n2/m$	$P4_2/nnm$	D_{4h}^{12}	165	$P\bar{3}2/cl$	$P\bar{3}cl$	D_{3d}^{4}
135	$P4_2/m2_1/b2/c$	$P4_2/mbc$	D_{4h}^{13}	166	$R\bar{3}2/m$	$R\bar{3}m$	D_{3d}^{5}
136	$P4_2/m2_1/n2/m$	$P4_2/mnm$	D_{4h}^{14}	167	$R\bar{3}2/c$	$R\bar{3}c$	D_{3d}^{6}
137	$P4_2n2_1/m2/c$	$P4_2nmc$	D_{4h}^{15}	168	$P6$	$P6$	C_6^1
138	$P4_2/n2_1/c2/m$	$P4_2/ncm$	D_{4h}^{16}	169	$P6_1$	$P6_1$	C_6^2
139	$I4/m2/m2/m$	$I4/mmm$	D_{4h}^{17}	170	$P6_5$	$P6_5$	C_6^3
140	$I4/m2/c2/m$	$I4/mcm$	D_{4h}^{18}	171	$P6_2$	$P6_2$	C_6^4
141	$I4_1/a2/m2/d$	$I4_1/amd$	D_{4h}^{19}	172	$P6_4$	$P6_4$	C_6^5
142	$I4_1/a2/c2/d$	$I4_1/acd$	D_{4h}^{20}	173	$P6_3$	$P6_3$	C_6^6
143	$P3$	$P3$	C_3^1	174	$P\bar{6}$	$P\bar{6}$	C_{3h}^{1}
144	$P3_1$	$P3_1$	C_3^2	175	$P6/m$	$P6/m$	C_{6h}^{1}
145	$P3_2$	$P3_2$	C_3^3	176	$P6_3/m$	$P6_3/m$	C_{6h}^{2}
146	$R3$	$R3$	C_3^4	177	$P622$	$P622$	D_6^1
147	$P\bar{3}$	$P\bar{3}$	C_{3i}^{1}	178	$P6_122$	$P6_122$	D_6^2
148	$R\bar{3}$	$R\bar{3}$	C_{3i}^{2}	179	$P6_522$	$P6_522$	D_6^3
149	$P312$	$P312$	D_3^1	180	$P6_222$	$P6_222$	D_6^4
150	$P321$	$P321$	D_3^2	181	$P6_422$	$P6_422$	D_6^5
151	$P3_12$	$P3_12$	D_3^3	182	$P6_322$	$P6_322$	D_6^6
152	$P3_121$	$P3_121$	D_3^4	183	$P6mm$	$P6mm$	C_{6v}^{1}
153	$P3_212$	$P3_212$	D_3^5	184	$P6cc$	$P6cc$	C_{6v}^{2}

续表

序号	HM 符号(完整)	HM 符号(简略)	申夫利斯符号	序号	HM 符号(完整)	HM 符号(简略)	申夫利斯符号
185	$P6_3cm$	$P6_3cm$	C_{6v}^3	208	$P4_232$	$P4_232$	O^2
186	$P6_3mc$	$P6_3mc$	C_{6v}^5	209	$F432$	$F432$	O^3
187	$P\bar{6}m2$	$P\bar{6}m2$	D_{3h}^1	210	$F4_132$	$F4_132$	O^4
188	$P\bar{6}c2$	$P\bar{6}c2$	D_{3h}^2	211	$I432$	$I432$	O^5
189	$P\bar{6}2m$	$P\bar{6}2m$	D_{3h}^3	212	$P4_332$	$P4_332$	O^6
190	$P\bar{6}2c$	$P\bar{6}2c$	D_{3h}^4	213	$P4_132$	$P4_132$	O^7
191	$P6/m2/m2/m$	$P6/mmm$	D_{6h}^1	214	$I4_132$	$I4_132$	O^8
192	$P6/m2/c2/c$	$P6/mcc$	D_{6h}^2	215	$P\bar{4}3m$	$P\bar{4}3m$	T_d^1
193	$P6_3/m2/c2/m$	$P6_3/mcm$	D_{6h}^3	216	$F\bar{4}3m$	$F\bar{4}3m$	T_d^2
194	$P6_3/m2/m2/c$	$P6_3/mmc$	D_{6h}^4	217	$I\bar{4}3m$	$I\bar{4}3m$	T_d^3
195	$P23$	$P23$	T^1	218	$P\bar{4}3n$	$P\bar{4}3n$	T_d^4
196	$F23$	$F23$	T^2	219	$F\bar{4}3c$	$F\bar{4}3c$	T_d^5
197	$I23$	$I23$	T^3	220	$I\bar{4}3d$	$I\bar{4}3d$	T_d^6
198	$P2_13$	$P2_13$	T^4	221	$P4/m\bar{3}2/m$	$Pm\bar{3}m$	O_h^1
199	$I2_13$	$I2_13$	T^5	222	$P4/n\bar{3}2/n$	$Pn\bar{3}n$	O_h^2
200	$P2/m\bar{3}$	$Pm\bar{3}$	T_h^1	223	$P4_2m\bar{3}2/n$	$Pm\bar{3}n$	O_h^3
201	$P2/n\bar{3}$	$Pn\bar{3}$	T_h^2	224	$P4_2m\bar{3}2/m$	$Pn\bar{3}m$	O_h^4
202	$F2/m\bar{3}$	$Fm\bar{3}$	T_h^3	225	$F4/m\bar{3}2/m$	$Fm\bar{3}m$	O_h^5
203	$F2/d\bar{2}$	$Fd\bar{3}$	T_h^4	226	$F4/m\bar{3}2/c$	$Fm\bar{3}c$	O_h^6
204	$I2/m\bar{3}$	$Im\bar{3}$	T_h^5	227	$F4_1/d\bar{3}2/\mathrm{m}$	$Fd\bar{3}m$	O_h^7
205	$P2_1/a\bar{3}$	$Pa\bar{3}$	T_h^6	228	$F4_1/d\bar{3}2/c$	$Fd\bar{3}c$	O_h^8
206	$I2_1/a\bar{3}$	$Ia\bar{3}$	T_h^7	229	$I4/m\bar{3}2/m$	$Im\bar{3}m$	O_h^9
207	$P432$	$P432$	O^1	230	$I4_1/a\bar{3}2/d$	$Ia\bar{3}d$	O_h^{10}

上述的点群、空间群、格子类型均指三维立体空间情况，对于二维平面，格子类型只存在单斜原始(mp)、斜方原始(op)、斜方底心(oc)、四方原始(tp)和六方原始(hp)五种。而由于三维宏观对称元素的对称中心、旋转反伸轴在二维情况下不复存在，旋转轴操作变成了点对称操作，对称面变为对称线，以及内部对称要素的螺旋轴不存在，滑移面变为平面内的滑移线，使得二维点群数目减少为10，空间群数目减少为17，相应的符号参见晶体学有关著作。

2.9 等 效 点 系

通过空间群中的全部对称要素的操作，由点阵中的一个原始点推导出的规则点系称为等效点系。

由一个原始点只能推导出一套等效点系。由于原始点与空间群中对称要素的相对位置不同，因此由一个空间群可推导出若干套等效点系。

如果原始点在一般位置上，推导出的等效点系称为一般等效点系；如果原始点相对于空间群的对称要素为特殊位置(与对称要素有特殊的位置关系，如位于对称面上)，推导出的等效点系称为特殊等效点系。

由于原始点位置不同，推导出的不同等效点系的对称性不同。原始点位置的对称性即为该等效点系的对称性。所以一般等效点系对称性最低。

一个等效点系在一个晶胞中的点数称为该等效点系的重复点数。一个空间群中，一般等效点系的重复点数最多，对称程度最高的特殊等效点系的重复点数最少。

每套等效点系都用 *a*、*b*、*c*、*d*、*e*、*f*、*g* 等小写字母表示，称为魏科夫(Wyckoff)符号。

对等效点系的描述包括重复点数、魏科夫符号、对称性和点的坐标。

图 2-32 为从《结晶学国际表》中查到的 *Pmm*2 空间群的等效点系。下面以 *Pmm*2 空间群为例，对等效点系的重复点数、魏科夫符号、对称性和点的坐标作进一步说明。

CONTINUED　　　　No.25　　　　*Pmm* 2

Generators selected (1)； *t*(1,0,0)； *t*(0,1,0)； *t*(0,0,1)； (2)； (3)

Positions

Mulriplicity Wyckoff letter Site symmetry			Coordinates				Reflection conditions
							General:
4	*i*	1	(1) x,y,z	(2) $\bar{x},\bar{y},z$	(3) $x,\bar{y},z$	(4) $\bar{x},y,z$	no conditions
							Special:no extra conditions
2	*h*	*m*	$\frac{1}{2},y,z$	$\frac{1}{2},\bar{y},z$			
2	*g*	*m*	$0,y,z$	$0,\bar{y},z$			
2	*f*	*m*	$x,\frac{1}{2},z$	$\bar{x},\frac{1}{2},z$			
2	*e*	*m*	$x,0,z$	$\bar{x},0,z$			
1	*d*	*m m* 2	$\frac{1}{2},\frac{1}{2},z$				
1	*c*	*m m* 2	$\frac{1}{2},0,z$				
1	*b*	*m m* 2	$0,\frac{1}{2},z$				
1	*a*	*m m* 2	$0,0,z$				

图 2-32　*Pmm*2 空间群的等效点系

*Pmm*2 空间群在(001)面上的对称要素分布如图 2-33 所示，即分别在垂直 *x*、*y* 方向的 *a*/2、*b*/2 处有对称面，对称面的交线方向(*z* 方向)为二次轴，阴影部分为单位晶胞。

对于 *Pmm*2 空间群，原始点有 9 个可能位置，如图 2-34 所示(为清楚起见，略去对称面交点处的 2 次轴)。由原始点的位置经对称要素作用，可推出 9 套等效点，组成 *Pmm*2 空间群的等效点系。

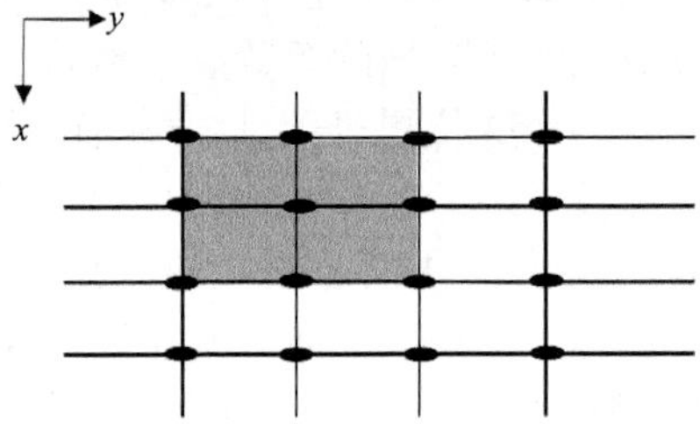

图 2-33　*Pmm*2 空间群在(001)面上的对称要素分布(李国昌和王萍，2019)

点 1[图 2-34(a)]：魏科夫符号为 *a*，位于 *mm*2 对称位置，经对称要素作用产生 4 个点(晶胞角项)，重复点数为 4×1/4=1，点的坐标为(0 ,0, *z*)。

点 2[图 2-34(b)]：魏科夫符号为 *b*，位于 *mm*2 对称位置，经对称要素作用产生 2 个点(晶胞棱中间)，重复点数为 2×1/2=1，点的坐标为(0, 1/2, *z*)。

点 3[图 2-34(c)]：魏科夫符号为 *c*，位于 *mm*2 对称位置，经对称要素作用产生 2 个点(晶胞棱中间)，重复点数为 2×1/2=1，点的坐标为(1/2, 0, *z*)。

点 4[图 2-34(d)]：魏科夫符号为 *d*，位于 *mm*2 对称位置，经对称要素作用产生 1 个点(晶胞棱中心)，重复点数为 1，点的坐标为(1/2, 1/2, *z*)。

点 5[图 2-34(e)]：魏科夫符号为 *e*，位于 *m* 对称位置，经对称要素作用产生 4 个点(晶胞棱上)，重复点数为 4×1/2=2，点的坐标为(*x*, 0, *z*)、(–*x*, 0, *z*)。

点 6[图 2-34(f)]：魏科夫符号为 *f*，位于 *m* 对称位置，经对称要素作用产生 2 个点(晶胞内)，重复点数为 2，点的坐标为(*x*, 1/2, *z*)、(–*x*, 1/2, *z*)。

点 7[图 2-34(g)]：魏科夫符号为 *g*，位于 *m* 对称位置，经对称要素作用产生 4 个点(晶胞棱上)，重复点数为 4×1/2=2，点的坐标为(0, *y*, *z*)、(0, –*y*, *z*)。

点 8[图 2-34(h)]：魏科夫符号为 *h*，位于 *m* 对称位置，经对称要素作用产生 2 个点(晶胞内)，重复点数为 2，点的坐标为(1/2, *y*, *z*)、(1/2, –*y*, *z*)。

点 9[图 2-34(i)]：魏科夫符号为 *i*，位于一般位置，经对称要素作用产生 4 个点(晶胞内)，重复点数为 4，点的坐标为(*x*, *y*, *z*)、(–*x*, –*y*, *z*)、(*x*, –*y*, *z*)、(–*x*, *y*, *z*)。

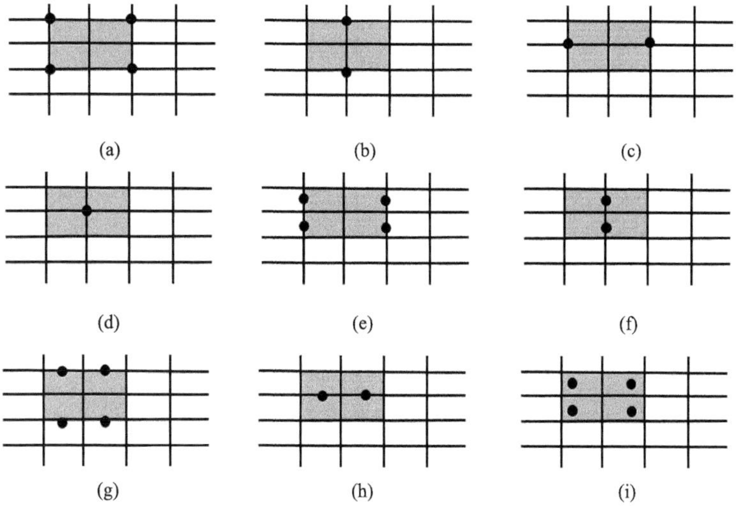

图 2-34　*Pmm*2 空间群对称要素及等效点在(001)方向的投影(李国昌和王萍,2019)

以上推出的九套等效点与图 2-32 吻合。

所有 230 个空间群的对称要素空间分布及等效点系坐标均可在《结晶学国际表》中查得。

对于具有某种空间群的实际晶体，其质点(原子、离子)将分布于该空间群等效点系的某种等效点上。实际晶体结构中，同一种质点可占一套或几套等效点系，但不同种的质点不能占同一套等效点系(类质同象除外)。

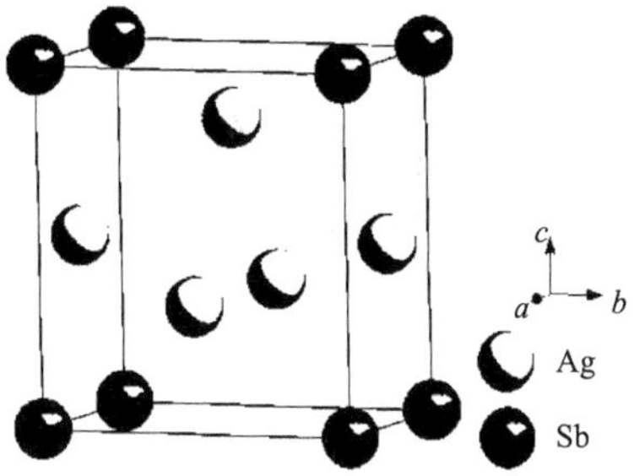

图 2-35　Ag_3Sb 的晶体结构

以具有 *Pmm*2 空间群的 Ag_3Sb 为例，晶体结构如图 2-35 所示，单位晶胞内有 3 个 Ag^+、1 个 Sb^{3-}。根据等效点系理论，Sb^{3-}将占据图 2-32 中的 1 套重复点数为 1 的特殊等效点，Ag^+将占据 3 套重复点数为 1 的特殊等效点。表 2-10 为晶体结构分析结果，表明 Sb^{3-}占据了魏科夫符号为 *a* 的一套等效点，Ag^+占据了魏科夫符号为 *b*、*c*、*d* 的 3 套等效点。

表 2-10　Ag_3Sb 晶体的原子坐标

原子	*x*/*a*	*y*/*b*	*z*/*c*
Ag0	0	1/2	0.34909
Ag1	1/2	0	0.49730
Ag2	1/2	1/2	0.83089
Sb	0	0	0.00272

2.10　晶体的单形和聚形

2.10.1　单形

1. 单形概念

单形(single form)是由晶体外部对称要素联系起来的一组晶面的组合，即单形是一个晶体上能够由该晶体的所有外部对称要素操作相互重复的一组晶面。属于同一单形的晶面同形等大，并且各晶面物理性质相同。

根据单形的概念可知：

(1) 以单形中任意一个晶面作为原始晶面，通过全部外部对称要素的作用，可导出该单形的全部晶面，即单形可推导。

(2) 在同一对称型中，由于晶面与对称要素之间的位置不同可以导出不同的单形。如图 2-36 中(对称型 $3L^4 4L^3 6L^2$)，立方体的晶面垂直四次轴，八面体的晶面垂直三次轴，菱形十二面体的晶面垂直二次轴，即同一对称型可以有不同的单形。

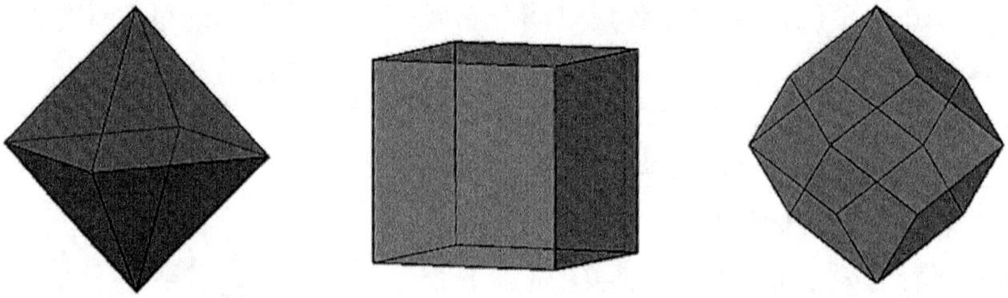

八面体　　立方体　　菱形十二面体

图 2-36　同一对称型导出的不同单形

单形的特点：

(1) 同一单形的晶面必能对称重复；

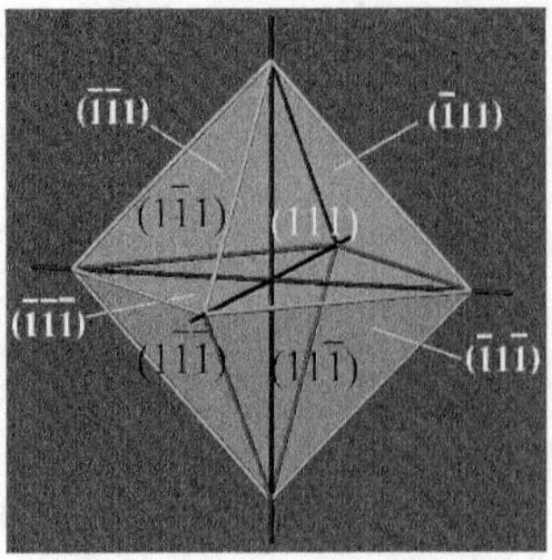

图 2-37　八面体单形及各晶面符号

(2) 同一单形的晶面与对称要素的关系一致；

(3) 在理想条件下，同一单形的各晶面同形等大。

2. 单形符号

因为单形上的各晶面与晶轴(常为对称要素方向)的关系相同，单形上各晶面符号的指数相同，方位不同。如图 2-37 所示，八面体上 8 个晶面的指数都为 111，但方位不同，因此正负号不同。为方便起见，每个单形可选一个代表性晶面来表示，将该晶面的指数置于大括号中，作为单形的符号。如八面体，可选与 x、y、z 轴正端相交的晶面为代表性晶面，指数为 111，写于{ }中，即{111}表示八面体单形。

3. 单形的命名

每种单形都有专属名称，单形命名的依据包括：

(1) 单形的形状，如三方柱、四方柱、六方双锥、立方体等；

(2) 单形横切面的形状，如斜方柱、三方锥等；

(3) 晶面数目，如单面体、双面体、四面体、八面体等；

(4) 晶面的形状，如菱形十二面体、五角十二面体等。

4. 47 种几何单形

根据单形的概念可知，单形与等效点系有相似之处，可以推导，方法与等效点系的推导类似，即给定一个原始晶面的位置(与对称要素的空间关系)，用点群(对称型)中的所有对称要素进行操作，得出所有晶面，它们组成的几何体即单形。不同的是等效点系用空间群的对称要素(内部对称要素)操作，单形用点群的对称要素(外部对称要素)操作。

32 个对称型总共可推导出 146 种单形，称为结晶单形。如果只考虑单形的晶面数目、晶面间的几何关系(垂直、斜交、平行)、单形独立存在时的形状，而不考虑对称性(所属对称型)，146 种结晶单形可归为 47 种几何单形。例如，等轴晶系的 5 个对称型都有立方体单形，因此等轴晶系有 5 个立方体结晶单形，但只有一个立方体几何单形。

47 种几何单形见图 2-38～图 2-40。

5. 单形的分类

对 47 种几何单形可进行分类，可分为以下类型。

1) 一般形与特殊形

一般形：单形晶面处于一般位置，即不与任何对称要素垂直、平行(等轴晶系一般形晶面有时可平行 L^3)或等角斜交，单形符号为{hkl}或{$hkil$}。

特殊形：单形晶面处于特殊位置，即垂直、平行或等角斜交某对称要素。

每一种点群(晶类)只有一种一般形，并以其作为该晶类的名称。如 $L^2 2P$ 对称型，一般形是斜方单锥，因此 $L^2 2P$ 对称型晶体归为斜方单锥晶类。

2) 开形和闭形

开形：晶面不能自相闭合。如单面、平行双面、单锥以及柱类单形等。

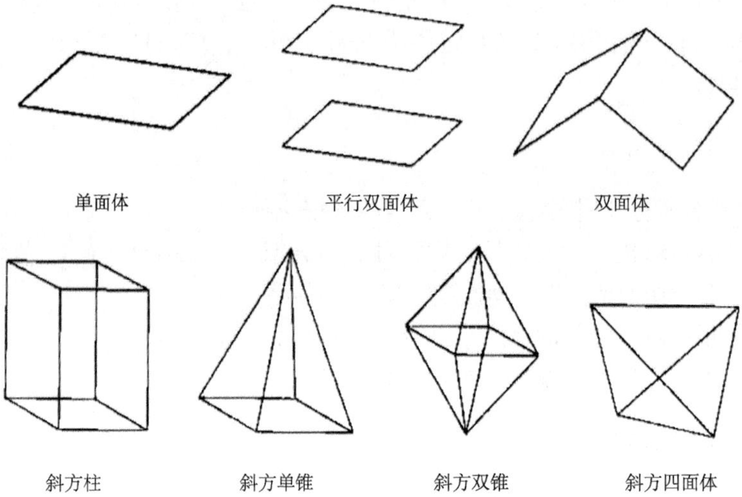

图 2-38　低级晶族的单形(李国昌和王萍，2019)

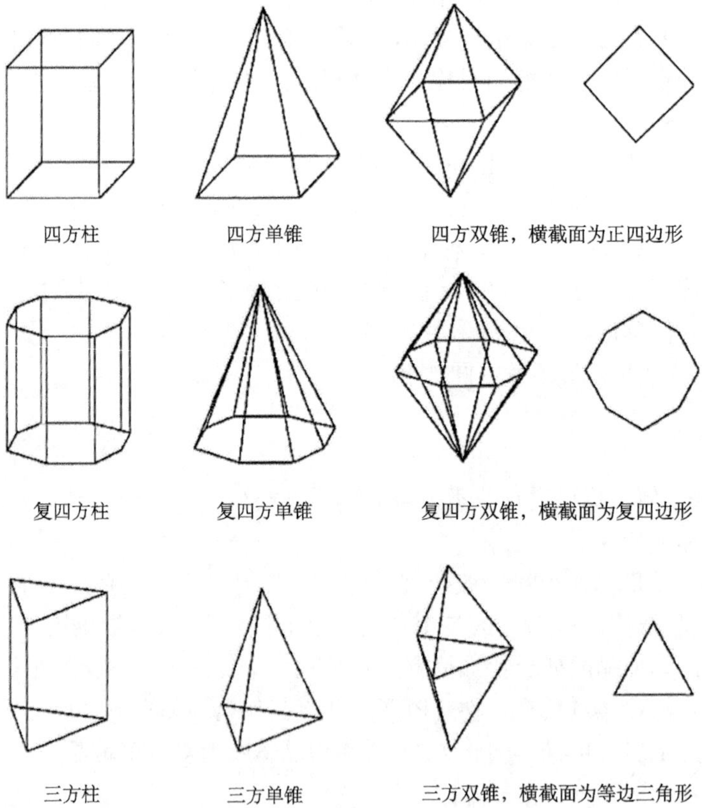

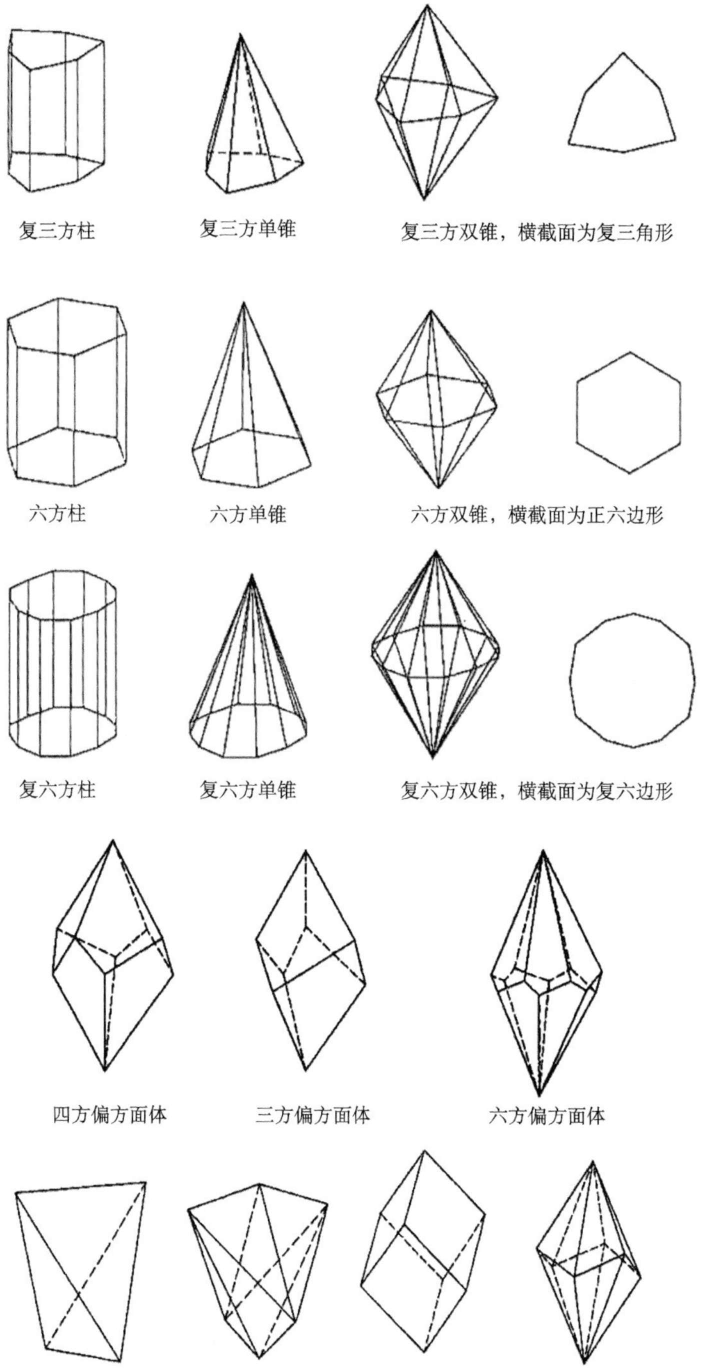

图 2-39　中级晶族的单形(李国昌和王萍，2019)

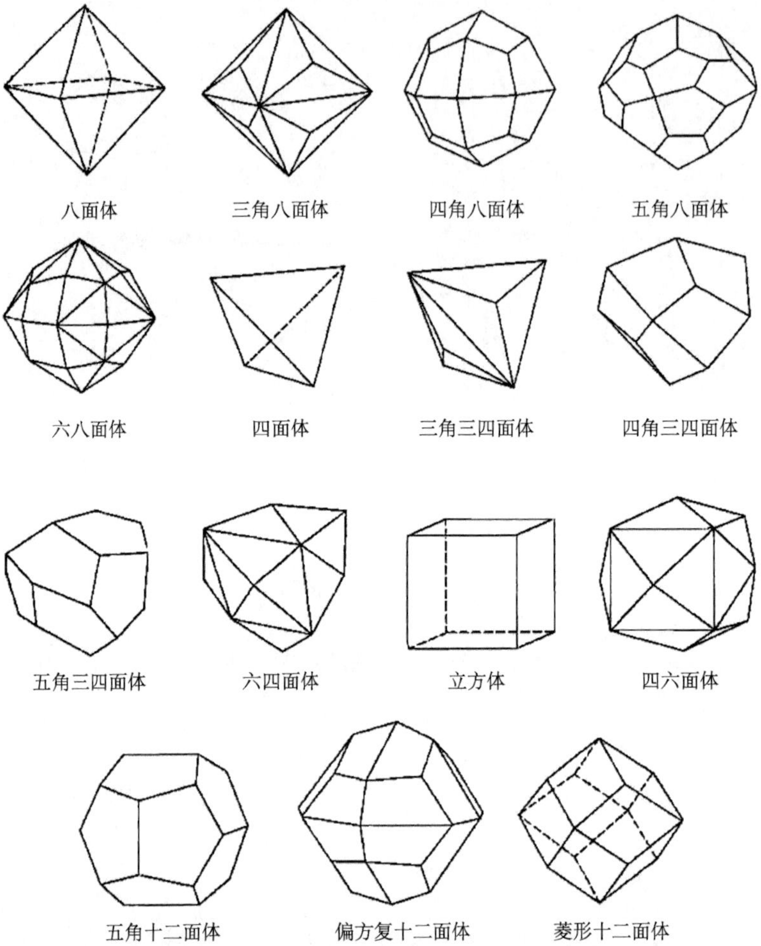

图 2-40　高级晶族的单形(李国昌和王萍，2019)

闭形：晶面能自相闭合。如双锥类以及等轴晶系的单形。

47 种几何单形中，有 17 种开形、30 种闭形。

3) 定形和变形

定形：晶面间夹角恒定。如单面体、平行双面体、三方柱、四方柱、六方柱、四面体、立方体、八面体、菱形十二面体(单形符号全为数字)。

变形：晶面间夹角可变。除以上 9 种单形外的所有单形(单形符号含字母)。

4) 左形和右形

互为镜像，但不能通过旋转操作使之重合的两个单形，称为左形和右形。只有仅含对称轴，不含对称面、对称中心和旋转反伸轴的单形才可能出现左右形，包括偏方面体类、五角三四面体和五角三八面体。

5) 正形和负形

同一晶体上取向不同的两个同种单形，如果能旋转 90º 或 60º(四轴定向) 重复，则互为正负形。正负形是安置好结晶轴后相对而言的，如果结晶轴互换，正形可变为负形，负形变为正形。左右形情况不同，左形始终是左形，右形始终是右形。

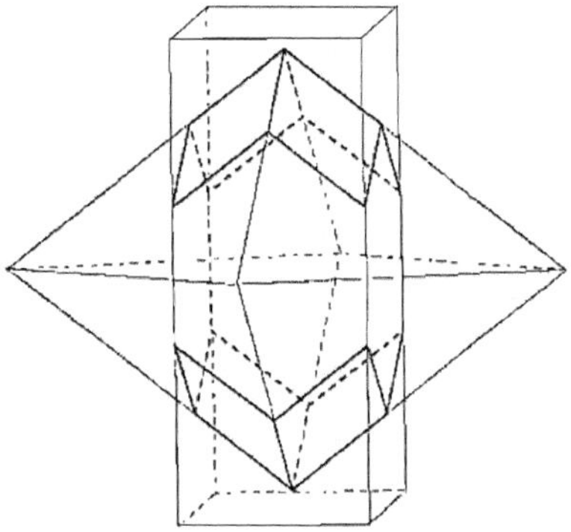

图 2-41　四方柱和四方双锥的聚形(秦善，2004)

2.10.2　聚形

聚形是指两个或两个以上单形的聚合。图 2-41 为四方柱和四方双锥的聚形。因开形不能封闭空间，因此在实际晶体中不能单独存在，必须与其他单形聚合。

只有对称相同的单形才能聚合。每个对称型可能出现的单形总数不会超过 7 个(原始晶面与对称要素的空间位置数)，但是在一个聚形上出现的单形个数可以超过 7，因为几个取向不同的同种单形可以同时存在，此时它们的指数不同。

2.10.3　晶体的规则连生

单个晶体可形成不规则连生和规则连生两种集合形式。前者指晶体以任意方式连生在一起，后者指晶体以确定的规律连生在一起。规则连生有以下类型。

1. 平行连生

当若干个同种晶体连生在一起，每个晶体对应的晶面和晶棱都互相平行，这种连生称为平行连生。平行连生的晶体外形上表现为多个晶体，但内部结构是连续的，无法划分单体，仍属于单晶体，如图 2-42 所示。

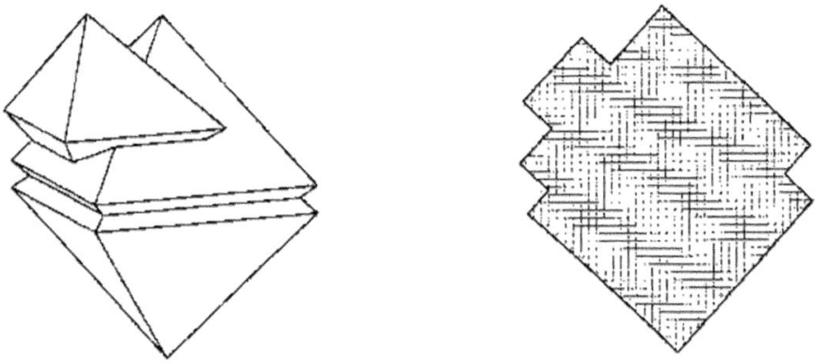

(a)　(b)

图 2-42　磁铁矿八面体平行连生(李国昌和王萍，2019)

(a) 外形；(b) 内部格子构造

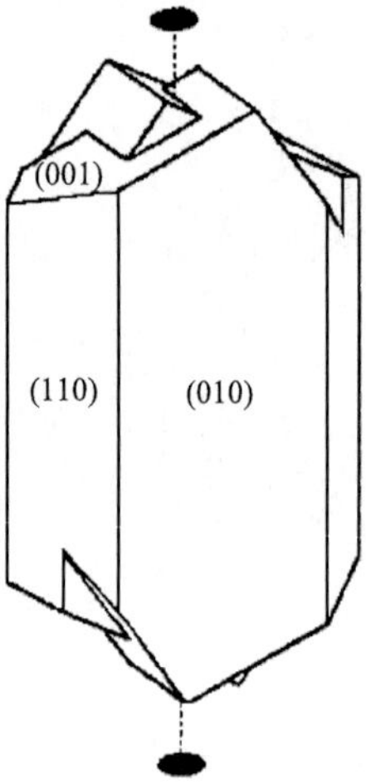

图 2-43　正长石的卡斯巴双晶(秦善，2004)

2. 双晶

两个或两个以上同种晶体按一定的对称关系形成的规则连生称为双晶(图 2-43)。构成双晶的两个单体通过对称操作彼此重合或平行。

(1)双晶面　为一假想平面，通过它的反映，可以使双晶的两个相邻个体重合或平行。

(2)双晶轴　为一假想直线，双晶的一个个体绕此直线旋转一定角度(一般 180°)可使两个个体重合、平行或连成一个完整的单晶体。

基转角为 180° 的双晶轴不能平行于单晶体的偶次轴，否则会使两个个体处于平行位置，形成平行连生。

(3)双晶律　双晶结合的规律称为双晶律，用双晶面、双晶轴和双晶结合面表示，有时赋予特殊的名称，如钠长石律(特征矿物名)、巴西律(发现地名)、菱面体双晶(双晶结合面)等。

(4)双晶类型　根据双晶个体的连生方式，可将双晶分为以下两种类型。

接触双晶：双晶个体为简单的平面接触连生关系；

穿插双晶：两个或多个双晶个体为相互穿插的关系。

第3章 原子键合

晶体结构是结构基元在三维空间作有规律的分布。结构基元之间存在着相互作用力，称为键力，是由原子的核外电子相互作用而产生的。根据晶体结构基元之间不同的键合方式可划分为不同的键型，如离子键、共价键、金属键、范德瓦耳斯力和氢键等。不同晶体，其基元间的键型(键力性质和大小)不同，键型直接影响着结构基元的结合方式，从而对晶体的物理、化学性质都有重要影响。结构基元间的键型与原子结构直接有关，因此必须先清楚了解原子结构。本章将分为八个小节，分别介绍原子结构及相关规律、离子键和离子晶体、共价键和共价晶体、金属键和金属晶体、分子键和分子晶体、氢键、氘键和中间型键。

3.1 原子结构

原子由原子核和核外电子组成。原子核由带正电的质子和不带电的中子组成。虽然原子核直径只有 10^{-12}～10^{-13}cm(原子直径约为 10^{-8}cm)，但原子的质量几乎都集中在原子核。原子核的正电荷数(质子数)等于其核外电子的负电荷数，等于原子的原子序数 Z。原子的核外电子对原子的键合起着重要的作用。

3.1.1 原子核外电子的运动状态

原子核外电子的运动服从什么样的规律?从经典力学角度，电子运动只能属于波动性或粒子性中的一种。玻尔(Bohr)从经典力学的角度首先提出了原子结构的行星模型(即玻尔行星模型)，其要点为：

(1) 氢原子中电子以圆形轨道绕核运动，其特定轨道上的电子在运动时不辐射能量，这种状态称为稳定态；

(2) 电子辐射或吸收能量，表示稳定态的电子轨道间跃迁；

(3) 稳定态电子的运动服从牛顿运动定律；

(4) 在能量最低的稳定轨道上运动的电子，其角动量 $mvr=\frac{h}{2\pi}$，任何其他能量较高的稳定轨道上电子的角动量是它的整数倍，即 $\frac{nh}{2\pi}$，或 $n\hbar$，$\hbar=\frac{h}{2\pi}$，n 为整数($h=6.625\times10^{34}\text{J}\cdot\text{s}$)。

根据玻尔模型，电子的能量为

$$E = h\nu = \eta 2\pi\nu = \eta\omega = \frac{-13.6}{n^2}$$

式中，n 为一只能取整的量子数；ω 为角频率。

电子与原子核的距离 r 为

$$r = n^2 a_0$$

式中，a_0 为玻尔半径(基态半径)。

可见原子核外电子在与原子核距离不等的轨道中运动，轨道能量称为能级，为不连续的值，与原子核越远(即 n 越大)的轨道能量越大。能量最低的轨道称为基态，电子从基态跃迁到较高能级上，称为激发态。跃迁所需能量称为激发能。

玻尔原子结构能解释很多实验现象，因此有坚实的实验基础。

从量子力学的角度，玻尔模型必须进行修正。因为电子的运动实际上具有波粒二象性。电子的质量相当于氢原子质量的 1/1838，即 m=9.107×10^{-28} g。电子的运动速度 $v \approx \sqrt{5} \times 10^8$ cm • s^{-1}，为光速的一半。因此，电子的动能 $p = mv$。这一公式反映了电子的粒子性。电子的波动性可通过电子衍射实验证实，而且 $p = \frac{h}{\lambda}$，h 为普朗克常量，λ 为电子波波长。电子的粒子性和波动性可由下式相联系：

$$\lambda = \frac{h}{p} = \frac{h}{mv} = 4.85\text{nm}$$

玻尔将原子中的电子描绘成在简单的轨道上运动，即在任一瞬时，电子都有确定的坐标位置和确定的动量。根据测不准原理(由下式表示)，这种情况实际上是不存在的。

$$\Delta x \cdot \Delta p \geqslant \frac{h}{2\pi}, \quad \Delta x \geqslant \frac{h}{2\pi m \Delta v}$$

Δx、Δp 为位置和动量的不准量，m 越小，Δx、Δv 越大，位置和速度越不准。因此，质量 m 很小的电子的运动状态必须用量子力学中的波函数 ψ (x,y,z,t) 来描述。对于能量一定的恒稳体系，电子出现的概率不随时间变化，其运动状态可用 ψ (x,y,z) 来表示(不含时间 t 项)。电子在空间的分布概率密度与 $|\psi(x,y,z)|^2$ 成正比，因此，电子的空间分布概率表示为

$$\mathrm{d}p(x,y,z) = \left|\Psi(x,y,z)\right|^2 \mathrm{d}\tau$$

ψ (x,y,z) 可通过解体系的薛定谔(Schrödinger)方程求得：

$$\nabla^2\Psi + \frac{8\pi m}{h^2}(E - V)\Psi = 0$$

式中，∇^2 为拉普拉斯算符；E 为体系的总能量；V 为电子的位能。解薛定谔方程可求得一系列的波函数 ψ (x,y,z) 和相应的能量 E。就一个电子而言，每种运动状态都有一个 ψ_i 及相应的能量 E_i 与之对应。对薛定谔方程无需进行复杂的具体求

解，但有必要了解用来确定该方程求解波函数 ψ 的一套参数，即量子数。

3.1.2　量子数与轨道

将薛定谔方程中粒子坐标 x、y、z 改用球坐标表示，变量分离后可表示成

$$\Psi(r,\theta,\phi)=R(r)\,Y(\theta,\phi)$$

$R(r)$ 为径向部分，$Y(\theta,\phi)$ 为角度部分。角度部分可进一步分离成：

$$Y(\theta,\phi)=\Theta(\theta)\,\Phi(\phi)$$

因此

$$\Psi(r,\theta,\phi)=R(r)\,\Theta(\theta)\,\Phi(\phi)$$

得到三个只含一个变量的常微分方程。解 $R(r)$ 方程引入参数 n，解 $\Theta(\theta)$ 方程引入参数 l，解 $\Phi(\phi)$ 方程引入参数 m。换句话说，三个量子数 n、l、m 决定了电子的运动状态 $\Psi_{n,l,m}$。

参数 n、l、m 之间的关系如下：

$$n=1,2,3,\cdots$$

$$n=l+1,\ l=0,1,2,3,\cdots,(n-1)$$

$$l=|m|,\ m=0,\pm1,\pm2,\pm3,\cdots$$

式中，n 称为主量子数，它决定体系的能量，同时也表示电子在空间运动时所占有的有效体积和在周期表中的周期位置；l 称为角量子数，它决定体系的角动量，同时也标志着轨道的分层(亚层轨道)数；m 称为磁量子数，它决定体系的角动量在磁场方向的分量，同时也表示原子轨道在空间的伸展方向(即每种类型轨道的取向和数目)。

可见每一套量子数 n、l、m 表示一个电子的运动状态或电子绕原子核运动的一个轨道。习惯上，主量子数 n 常用大写字母 K、L、M、N 等主层符号代表，角量子数 l 常用小写字母 s、p、d、f 等分层符号代表。n、l、m 所表征的电子运动轨道列在表 3-1 中。

表 3-1　三个量子数(n、l、m)所表征的原子轨道(张克从，1987)

n	l	分层符号	m	分层中的轨道数	主层中的轨道数
1-K	0	1s	0	1	1
2-L	0	2s	0	1	4
	1	2p	−1，0，+1	3	

续表

n	l	分层符号	m	分层中的轨道数	主层中的轨道数
3-M	0	3s	0	1	9
	1	3p	−1，0，+1	3	
	2	3d	−2，−1，0，+1，+2	5	
4-N	0	4s	0	1	16
	1	4p	−1，0，+1	3	
	2	4d	−2，−1，0，+1，+2	5	
	3	4f	−3，−2，−1，0，+1，+2，+3	7	
⋮	⋮	⋮	⋮	⋮	⋮

每一主层中轨道的个数等于 n^2。每个特定的原子轨道都可用一套 n、l、m 量子数描述，如某一原子轨道的 n=2、l=1、m=0，可描述成 2p。

泡利(Pauli)不相容原理规定，每个轨道最多只能占据着两个自旋方向相反的电子，因此第 n 层中最多只能容纳 $2n^2$ 个电子，如 n=4 的 N 层中最多只能容纳 32 个电子。

原子中的电子除绕核运动外，还做自旋运动，自旋运动的角动量 P_s 为

$$P_s = \frac{m_s h}{2\pi}$$

h 为普朗克常量；m_s 称为自旋量子数，等于 $\pm\dfrac{1}{2}$，表示两个电子自旋方向相反(这一结果非薛定谔方程导出，但已被实验所证实)。

综上所述，决定电子运动状态的有 n、l、m、m_s 四个量子数。量子力学已经证明，在同一个原子中，不可能有四个量子数完全相同的电子或其运动状态。

3.1.3 电子云及其分布

电子是具有波动性的粒子，因而它服从测不准关系，即不能同时有确定的坐标和动量，它的某个坐标被确定得越准确，则相应的动量就越不准确，反之亦然。测不准关系只说明波动状粒子不服从经典力学，但不等于没有规律，相反，说明微观体系的运动有更深刻的规律在起作用，这就是量子力学。例如，电子在空间某点 (r,θ,ϕ) 的出现就可以用概率密度来表示，它与 $|\Psi(x,y,z)|^2$ 的数值大小成正比，即 $\Psi(x,y,z)$ 值越大，电子所出现的概率越大。电子的这种分布特征形象地称为电子云。电子云的密度与电子出现的概率成正比。$\Psi(x,y,z)$ 是坐标 x、y、z 的函数，因此电子云密度在空间不同点的分布是不相等的。图 3-1 和图 3-2 分别为 s、p、d

基态电子云的角度分布和径向分布情况。p、d、f的轨道数分别为3、5、7，对应着它们 *m* 值的个数。

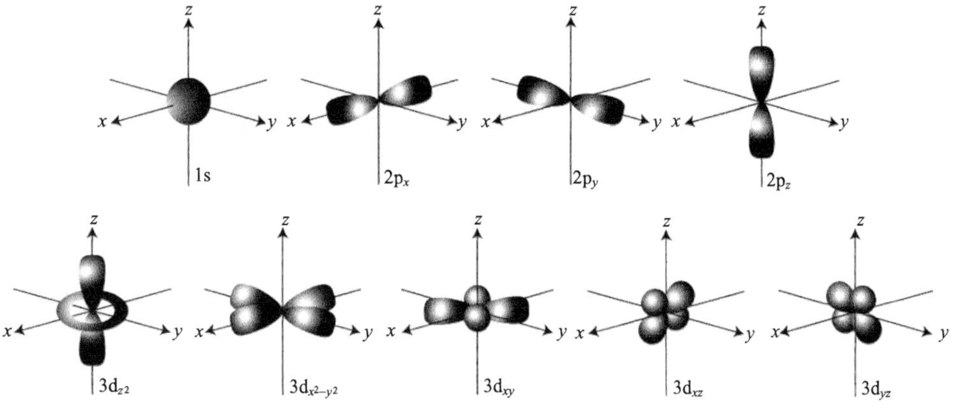

图3-1 原子的s、p、d基态电子云的角度分布示意图（谢有畅等，1991）

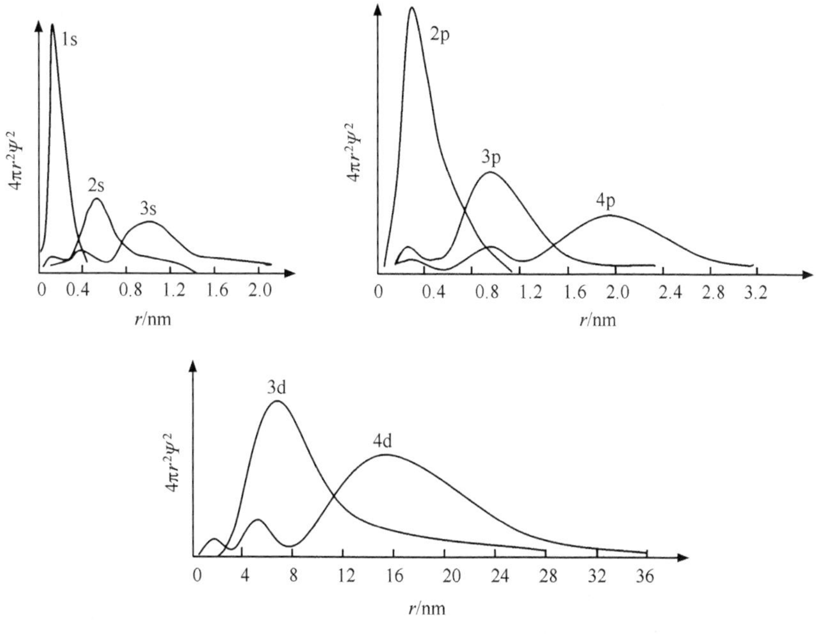

图3-2 原子的s、p、d基态电子云的径向分布示意图(张克从，1987)

常用概率密度的界面来表达电子云图像，在界面内电子出现的概率大致为90%～99%，习惯上将这一界面所包含的整个空间称为电子轨道，界面的形状和大小当作轨道的形状和大小，这样便与前述的玻尔模型相衔接。但不同的是，玻尔模型中轨道均为球形，量子力学中电子概率轨道只有 s 轨道为球状，其余 p、d、f 等轨道均不为球状。由径向分布函数可算出电子概率分布的最大值，即电子轨道半径。

3.1.4　原子的电子排布

前面介绍了原子核外电子轨道数目及轨道形状，下面讨论原子核外电子在这些轨道中的排布。

多电子原子的核外电子数等于其原子序数 Z，Z 个核外电子的排布遵循以下三条原则。

(1) 能量最低原理　在不违反泡利不相容原理的条件下，电子的排布尽可能使体系的能量最低，因此能量最低的轨道首先为电子所占据。

(2) 泡利不相容原理　同一原子的同一轨道上最多只能为两个自旋方向相反的或成对电子所占据。

(3) 洪德(Hund)规则　在 p、d 等能量相等的简并轨道中，电子将尽可能占据不同的轨道，而且自旋相互平行。简并轨道中的等价轨道为全充满、半充满或全空时的状态是比较稳定的。

电子所处的能级可用下式表示：

$$E = -R(Z - \sigma_i)^2 / n^2 = -13.6(Z - \sigma_i)^2 / n^2 \quad \text{(eV)}$$

式中，r 为电子与核的距离(轨道半径)；Z 为原子序数；n 为主量子数；σ_i 为屏蔽常数，与角量子数 l 有关。σ_i 表示其他电子对原子核有效正电核的影响，即屏蔽效应(内层电子对外层电子的排斥作用看成是对核电荷的抵消或屏蔽，相当于核电荷数减小：$Z^*=Z-\sigma_i$，Z^*为有效核电荷)。一般说，主量子数 n 相同，角量子数 l 越大，E 越大；角量子数 l 相同，主量子数 n 越大，E 越大。如 E(3d)＞E(3p)＞E(3s)，E(4s)＞E(3s)。如果 n 和 l 都不同，如何判别 E 的大小呢？例如 E(4s)与 E(3d)哪个大？此时可遵循如下原则：

(1) 对于原子的外层电子来说，(n+0.7l)越大，则能量越高；

(2) 对于离子的外层电子来说，(n+0.4l)越大，则能量越高；

(3) 对于原子或离子较深层的电子来说，能级的高低基本上取决于主量子数 n。

根据以上原则，电子填充原子轨道的顺序是：1s、2s、2p、3s、3p、4s、3d、4p、5s、4d、5p、6s、4f、5d、6p、7s、5f、6d…，如表 3-2 所示。

例如，Zn(Z=30)：1s(↑↓) 2s(↑↓) 2p(↑↓↑↓↑↓) 3s(↑↓) 3p(↑↓↑↓↑↓) 3d(↑↓↑↓↑↓↑↓↑↓) 4s(↑↓)

表3-2 原子中的电子排布顺序(张克从，1987)

轨道	s	p	d	f	总电子数目
轨道中电子的最大数目	2	6	10	14	
1	1				2
2	2	3			8
3	4	5	7		18
4	6	8	10	13	32
5	9	11	14	17	32
6	12	15	18	⋮	⋮
7	16	19	⋮		
8	⋮	⋮			

元素周期系的理论基础是元素的基态核外电子排布的周期性。从元素周期表中元素的电子排布可以看出，惰性气体元素除He外，最外层电子排布都是s^2p^6，符合洪德规则全充满的要求，最为稳定；电子数比此数多的金属原子易于失去最外层电子，电子数比此数少的非金属原子则易与其他原子共用电子以满足这种形式的电子排布。周期表中，主族元素与副族元素的性质差别也可从它们的电子排布特点反映出来。主族元素的次外层电子排布为s^2p^6，电子云较密集于核的附近，对最外层电子有较大的屏蔽作用，致使核电荷对最外层电子的吸引力较小，易于失去最外层电子。而副族元素的次外层电子排布为$s^2p^6d^{10}$，由于d电子云伸展较远，对最外层电子的屏蔽作用较小，核电荷对外层电子有较大的吸引能，不易失去外层电子。过渡元素含不同数目的d电子，最外层电子为1～2个，3d与4s能级相近，4d与5s能级相近，d电子和s电子与核电荷的吸引力相近，因此可失去s电子和不同数目的d电子而成为不同价态的离子(同一原子可有不同价态)。

3.1.5 原子的电离能、电子亲和能及电负性

1. 原子的电离能

电离能指气态原子失去电子变为气态离子所需要的能量。失去一个电子形成一价正离子所需能量称为第一电离能I_1，即$A(g)+I_1 \longrightarrow A^+(g)+e^-$，g表示气态。依此类推，可有第二电离能$I_2$，第三电离能$I_3$等。电离能单位为电子伏特(eV)或每克原子若干千卡。第一电离能与原子的原子序数Z有关。惰性气体原子的第一电离能最大，碱金属原子的第一电离能最小。对于同一原子，电离能的大小顺序总是$I_1<I_2<I_3<\cdots<I_n$。

2. 原子的电子亲和能

气态原子获得一个电子成为一价负离子时，所放出的能量称为电子亲和能 E(eV)，即 $A(g)+e^- \longrightarrow A^-(g)+E$。

电子亲和能一般随原子半径减小而增加，因为半径减小，核电荷对电子的吸引力增加。同族元素的电子亲和能一般按照由上到下的方向减小，如 H(0.75)→Li(0.62)→Na(0.55)→K(0.50)→Rb(0.49)→Cs(0.47)等(也符合半径变小、亲和能变大的规律)，电子亲和能实测困难，数据不准。

3. 原子的电负性

原子的电负性(鲍林提出)指分子中一个原子将电子吸向自己的能力。在 AB 双原子分子中，电负性大的原子成为负离子，电负性小的原子成为正离子。

原子的电负性 X 可用原子的第一电离能 I_1 和电子亲和能 E 之和来衡量：

$$X=(I_1+E)$$

习惯上，将 Li 的电负性定为 1，X 单位取 eV 时

$$X=0.18(I_1+E)$$

也可用公式 $X=0.359Z^*/r^2+0.744$ 计算，Z^*为作用在价电子上的有效核电荷，r 为原子的共价半径。

某些原子的电负性值见表 3-3。

表 3-3　原子的电负性(张克从，1987)

H																
2.1																
Li	Be	B											C	N	O	F
1.0	1.5	2.0											2.5	3.0	3.5	4.0
Na	Mg	Al											Si	P	S	Cl
0.9	1.2	1.5											1.8	2.1	2.5	3.0
K	Ca	Sc	Ti	V	Cr	Mn	Fe	Co	Ni	Cu	Zn	Ga	Ge	As	Se	Br
0.8	1.0	1.3	1.5	1.6	1.6	1.5	1.8	1.8	1.8	1.9	1.6	1.6	1.8	2.0	2.4	2.8
Rb	Sr	Y	Zr	Nb	Mo	Tc	Ru	Rh	Pd	Ag	Cd	In	Sn	Sb	Te	I
0.8	1.0	1.2	1.4	1.6	1.8	1.9	2.2	2.2	2.2	1.9	1.7	1.7	1.8	1.9	2.1	2.5
Cs	Ba	La～Lu	Hf	Ta	W	Re	Os	Ir	Pt	Au	Hg	Tl	Pb	Bi	Po	At
0.7	0.9	1.1～1.2	1.3	1.5	1.7	1.9	2.2	2.2	2.2	2.4	1.9	1.8	1.8	1.9	2.0	2.2
Fr	Ra	Ac	Th	Pa	U	Np～Ne										
0.7	0.9	1.1	1.3	1.5	1.7	1.3										

原子的电负性概念对判断键的性质和键型以及键的极性十分有用。

晶体中结构基元之间的相互作用力，称为键力，是由原子的核外电子相互作用而产生的。根据晶体结构基元间不同的键合方式可划分为不同的键型，如离子键、共价键、金属键、范德瓦耳斯力和氢键等。具有不同键型的晶体，有不同的物理化学性质，下面分别阐述。

3.2 离子键和离子晶体

3.2.1 离子键的性质

1916 年，德国化学家科塞尔(W. Kossel)提出离子键理论，认为离子键是正、负离子之间的静电相互作用力，$F=q^+q^-/R^2$，键力很强，且离子电荷越大，距离越短，离子键越强。由于离子的静电场为球形对称，所以离子键没有方向性，也没有饱和性。

前面已提到，碱和碱土金属元素易形成正离子，电负性小；非金属元素易形成负离子，电负性大；以上两类离子的最高电价等于它们的族数。过渡金属元素可形成不同价态的正离子，最高电价等于 ns 和$(n-1)$d 轨道上电子数之和，但往往由于核引力急增而很难形成太高价的正离子。因此，碱金属、碱土金属和过渡金属元素离子与非金属元素离子间可形成离子键。

当离子电荷和半径大致相同时，不同电子构型的正离子对同种负离子的结合力大小为：8 电子构型离子＜8～17 电子构型离子＜18 或 18＋2 电子构型离子(最外层电子数)。

对于纯粹离子键，理想偶极矩 μ_0 与离子间距 d_0、电子电荷的关系为

$$\mu_0=ed_0$$

但绝大多数离子键并不是纯粹离子键，鲍林建议用离子键百分数 P 来描述非纯粹离子键的键型：

$$P=\frac{\mu}{\mu_0}\times 100\%\text{，}\mu\text{ 为实际偶极矩}$$

μ、μ_0 单位为德拜(deb,1deb=3.33564×10^{-30} C·m，下同)。例如 HF 分子，d_0=0.917Å，$e=4.80325\times 10^{-10}$ esu(静电单位)，$\mu_0=ed_0=4.802\times 0.917=4.4$(deb)，而 μ=1.98 deb，故 P=45%。因此 HF 分子中，离子键占的百分数为 45%。

μ 与成键离子间的电负性差成比例：

$$\mu=\left|X_A-X_B\right| \qquad \text{(经验公式)}$$

所以，$P=\dfrac{\left|X_A-X_B\right|}{\mu_0}\times 100\%$。史密斯等也曾提出一个计算离子键百分比的公式：

$$P = 16(\Delta X) + 3.5(\Delta X)^2\text{，}\quad \Delta X = (X_A - X_B)$$

而比较准确的经验公式是

$$P = 1 - e^{-\frac{1}{4}(X_A - X_B)^2}$$

根据以上公式，当$|X_A - X_B| \approx 3.0$时，P接近于90%，几乎为纯离子键；当$|X_A - X_B| < 1$时，P在20%以下(一般以1.7为界，此时离子键百分数为40%，大于40%时为离子键)。鲍林还认为，离子键键能约为$30|X_A - X_B|$ kcal $\cdot$ mol^{-1} (1 cal=4.1868 J，下同)，所以离子键键能一般大于$30 \times 1.7 \approx 50$ kcal · mol^{-1}。应注意，μ指成键原子间的偶极矩，不是分子的总偶极矩，如$(SiO_4)^{4-}$的偶极矩为0，但Si—O的偶极矩为1.7 deb。

孤立离子的电场为球形，将它置于外电场中时，离子外层电子云将发生变形，这种现象称为离子的极化效应(polarization effect)。在晶体中每个离子都处在其他离子形成的电场中，所以离子晶体中离子极化效应是普遍存在的。法扬斯(Fajans)认为离子极化可导致离子间电子云重叠，使离子键逐渐向共价键转变。而离子极化对共价键的影响正好相反，会产生偶极矩，使共价键向离子键转变。

正离子对周围负离子电子云变形影响的大小称为该离子的极化力。极化力可用正离子的离子势W_+/r_+ (或W_+/r_+^2等) 来表示，W_+为正离子电价，r_+为正离子半径。离子势大的正离子与易被极化的负离子结合后，因极化效应明显，往往形成部分共价键。$\alpha = \frac{\bar{\mu}}{E}$称为极化率(或可极化性)，$\bar{\mu} = l \cdot e$称为诱导偶极矩($l$为离子极化后正负电荷间距离，$e$为电荷)，$E$为离子所在位置的有效电场强度。表3-4为常见离子的极化率。

表3-4　常见离子的极化率(单位：10^{-24} cm)　(郑辙，1992)

	Li^+	Be^{2+}	B^{3+}	Si^{4+}	O^{2-}	F^-
	0.075	0.03	0.01	0.043	3.12	0.99
半	Na^+	Mg^{2+}	Al^{3+}	Ti^{4+}	S^{2-}	Cl^-
径	0.21	0.12	0.065	0.27	7.25	3.05
增	K^+	Ca^{2+}	Sc^{3+}	Zr^{4+}	Se^{2-}	Br^-
大 ↓	0.87	0.57	0.38	0.80	8.4	4.17
	Rb^+	Sr^{2+}	Y^{3+}	Ce^{4+}	Te^{2-}	I^-
	1.81	1.38	1.04	1.26	9.6	6.28
	Cs^+	Ba^{2+}	La^{3+}			
	2.79	2.08	1.56			

→ 核电荷增加

离子的极化能力大小存在如下规律：

(1) 离子半径越大，极化率越大，极化力越小；

(2) 负离子的极化力一般小于正离子的极化力，极化率大于正离子的极化率；

(3) 正离子电价越高，极化力越大，极化率越小；

(4) 负离子电价越高，极化率越大；

(5) 原子的最外层具有 d^x(即 d 轨道中有 x 个电子) 的正离子，极化率较大且随 x 的增大而增大，极化力较小且随 x 增加而减小；最外层具有 18 或 18+2 个电子的正离子，极化力更大，而最外层具有 8 个电子的正离子，极化力最小。

从以上规律可知，负离子半径一般较大，易于变形(被极化)，且电荷越多，变形性越大，极化力越小；正离子半径一般较小，电荷集中，极化力大，被极化程度弱。因此晶体中正离子总是极化者，负离子总是被极化者。但铜型离子既易于被极化又有较大的极化作用。

络合离子中一般都存在强烈的极化作用，如 CO_3^{2-}、NO_3^-、SO_4^{2-}、PO_4^{3-} 等。

晶体中离子极化受晶体对称性的制约，晶体中存在极轴(对称分布者除外)时，离子极化是不对称的，使晶体中存在自发极化，晶体宏观物理性质表现出极性，如晶体的压电效应、热释电效应等都与晶体的自发极化有关。在外场影响下，由于晶体离子极化的结果，也会呈现出极化现象。晶体极化是产生一些物理效应的根源，特别是一些晶体的非线性极化现象所引起的一些效应，如电光、变频等效应，这些效应在激光调制、倍频等新技术中得到越来越多的应用。

3.2.2　离子半径

作为一级近似，可以将离子周围电子云的大小作为离子的半径。与原子半径相似，离子半径也有加和性，即 $d=r_++r_-$，r_+、r_-分别为正、负离子半径，d 为两离子间距离。由于标定离子半径的方法不同，目前存在着若干套离子半径的值。

1. 哥尔德施密特(Goldschmidt)半径

1923 年，Wasastjerna 根据分子体积与分子折射度成比例原理，得到氟离子半 $r(F^-)=0.133$ nm，氧离子半径 $r(O^{2-})=0.132$ nm。1926 年，哥尔德施密特以该氧离子半径作为参考，根据各种氧化物、卤化物晶体的 d_0 值，求出各种离子半径，称为哥尔德施密特半径。

2. 朗德(Landé)半径

正、负离子的接触可有三种情况(图 3-3)。其中图 3-3(b)是一种临界的稳定结构。此时有

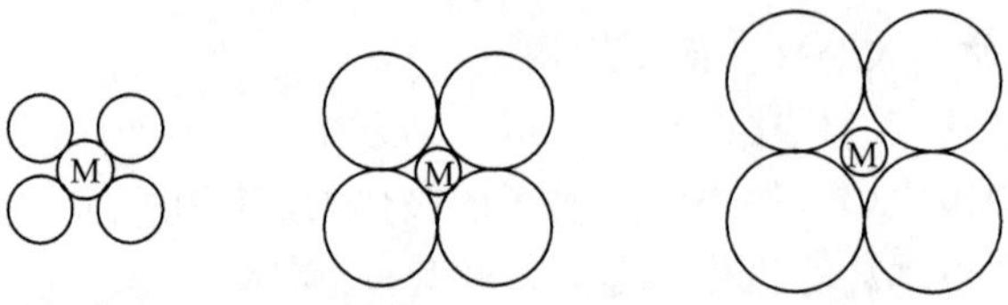

(a) 稳定结构　(b) 介稳结构　(c) 不稳定结构

图 3-3　正、负离子接触的三种形式(郑辙，1992)

$$d_0 = r_+ + r_- \tag{3-1}$$

$$r_- = \frac{\sqrt{2}d}{2} \tag{3-2}$$

表 3-5 为六种 NaCl 型结构晶体的离子间距变化情况，MgO→MgSe、MnO→MnSe 离子间距增大，说明离子间的接触形式由图 3-3(a)向图 3-3(c)发展。MgSe 和 MnSe 的离子间距相等，说明此时阴离子已相互接触，离子间距已不受阳离子大小的影响，即图 3-3(b)和图 3-3(c)情况。可计算得

$$r(Se^{2-}) = \sqrt{2} \times 0.273 / 2 = 0.1930(nm)$$

表 3-5　六种 NaCl 型结构晶体的离子间距(郑辙，1992)

晶体	d_0/nm	晶体	d_0/nm
MgO	0.210	MnO	0.224
MgS	0.260	MnS	0.259
MgSe	0.273	MnSe	0.273

通过 CaSe 求得 $r(Ca^{2+})$=0.104 nm，再通过 CaO 求得 $r(O^{2-})$=0.134 nm。以此氧离子半径作为基础，利用氧化物晶体的 d_0 数据得到一套离子半径，称为朗德半径。

3. 理论半径

鲍林指出，离子半径大小取决于它的最外层电子分布。对于惰性气体型离子，其单价离子半径与有效核电荷 Z^*成反比：

$$r_1 \propto \frac{1}{Z^*} \quad 或 \quad r_1 = \frac{C}{Z^*} \tag{3-3}$$

式中，C 为与离子电子构型有关的常数。有效电荷是考虑屏蔽效应后的电荷。屏蔽效应是指其他电子抵消了核电荷对第 i 电子的吸引作用，使核电荷减少了电价 σ_i 的现象，即 $Z^* = Z - \sigma_i$，Z 为元素的原子序数。σ_i 的计算方法为：i 电子的外层电

子对 σ_i 的贡献为 0；同组电子对 σ_i 的贡献为 0.35，但 1s 电子对 σ_i 的贡献为 0.30；i 电子为 s、p 电子时，其内层电子对 σ_i 的贡献为 0.85，更内层电子贡献为 1.0；i 电子为 d、f 电子时，其内层电子对 σ_i 的贡献为 1.0。

电价为 W 的离子，其半径 r_W 的表达式可以从晶格能公式引出：

$$r_W = r_1 \cdot W^{-\frac{2}{(m+1)}} \tag{3-4}$$

以 NaF 为例，已知 Na^+和 F^-间距为 0.231nm，从屏蔽常数 $\sigma_i=(2\times0.85)+(8\times0.35)=4.5$（即 1s 组 2 个电子，每个电子对 σ_i 的贡献为 0.85，2s+2p 组 8 个电子，每个电子对 σ_i 的贡献为 0.35），求得 F^-的 $Z^*=9-4.5=4.5$。Na^+的 $Z^*=11-4.5=6.5$（自洽场方法的计算结果分别为 4.55 和 6.55）。代入式(3-3)，得

$$\frac{C}{6.55}+\frac{C}{4.55}=2.31$$

$$C=6.20$$

计算得 $r_{Na^+}=0.095$ nm，$r_{F^-}=0.136$ nm，O^{2-}也为 Ne 电子构型，$Z_{O^-}=3.5$，算得 $r_{O^-}=0.177$ nm。代入式(3-4)得 $r_{O^{2-}}=0.140$ nm。以此氧离子半径为基础引出的一套离子半径称为理论半径或晶体半径，它与哥尔德施密特半径间的相对误差仅为 10%。

4. 轨道半径和物理半径

原子和离子都有轨道半径(r_0)。正离子的轨道半径与其原子的轨道半径不等，因为它们对应的是不同的轨道(失去电子前后的轨道)，如 Na 对应的是 3s 轨道半径，Na^+对应的是 2p 轨道半径。但负离子的轨道半径与其原子半径近于相等，因为它们对应着相同的轨道，如 Cl 和 Cl^-均对应着 3p 轨道，只差一个电子而已。正、负离子成键后，离子间距等于两原子的半径之和，不等于它们的离子的外轨道的轨道半径之和，差值 Δ 是原子外轨道和其正离子化后的外轨道之间的最短距离：

$$\Delta=r_0(\mathrm{A})-r_0(\mathrm{A}^+)$$

由 X 射线衍射得到的电子密度图算出的离子半径称为 X 射线半径或物理半径，以 r_{ph} 表示。一般来说负离子的 r_{ph} 比其他方法得到的半径小 10%左右，正离子的 r_{ph} 则比其他方法得到的半径大 10%左右。物理半径 r_{ph} 与轨道半径间的关系为

$$r_{ph}(\mathrm{A}^+)=r_0(\mathrm{A})+K\Delta \qquad K\approx0.5$$

5. 有效半径

有效半径是指以键长的实验数据为基础得出的半径。1969 年，Shanon 和 Previtt 以碱金属卤化物的高分辨电子密度图为基本依据，并考虑到每种正、负离

子在不同配位情况下的半径数值，总结出了一套有效离子半径。以六配位 F^-和O^{2-}的物理半径和有效半径为基础，编制了离子半径表(如附录 4)，离子配位数为 n 时的半径与配位数为 6 时的半径关系为

$$r(n)=\left(\frac{n}{6}\right)^{\frac{1}{8}}\bullet r(6)$$

从离子半径表可知：

(1) 负离子半径多在 0.12 nm 以上，正离子半径多在 0.12 nm 以下。

(2) 同周期元素离子半径随原子序数增加而减小。因为原子序数增加，有效核电荷 Z^*增加，$r=\dfrac{C}{Z}$分母变大，r 变小。但负离子得到电子，情况与正离子不同。

(3) 同族元素的离子半径随周期数的增加而增大。

(4) 同种元素的离子半径随它的电价增加而减小。

(5) 镧系元素离子半径随原子序数增加而缓慢递减，即镧系收缩。结果是镧系内元素离子半径相近，第六周期与第五周期的同族元素离子半径相近。

(6) 相邻族左上方和右下方斜对角线上的正离子半径相近。

3.2.3　离子半径比与配位数的关系

如图 3-3 所示，正负离子间的接触有三种形式：(a) 为稳定结构，(b) 为介稳结构，(c) 为不稳定结构，此时负离子间的斥力起了主导作用，只有减小负离子数目才能使(c) 回到稳定状态。可见晶体中每一个离子一方面力求与尽可能多的异号离子相接触，另一方面又受正、负离子相对大小的制约。离子或原子周围最邻近的异号离子或原子称为该离子或原子的配体，配体的个数称为配位数，以 CN 表示。离子可近似地视为球体，离子的 CN 受正负离子半径比的制约(半径比规则)。如图 3-4 所示，当 $r_+/r_-=1$ 时，正、负离子等大，为最紧密堆积，每个离子周围都有 12 个等大的异号离子，所以 CN=12。正离子减小，结构变为不稳定，正离子小到一定程度时，其周围离子个数需要调整，形成 CN 更小的稳定结构，因此每

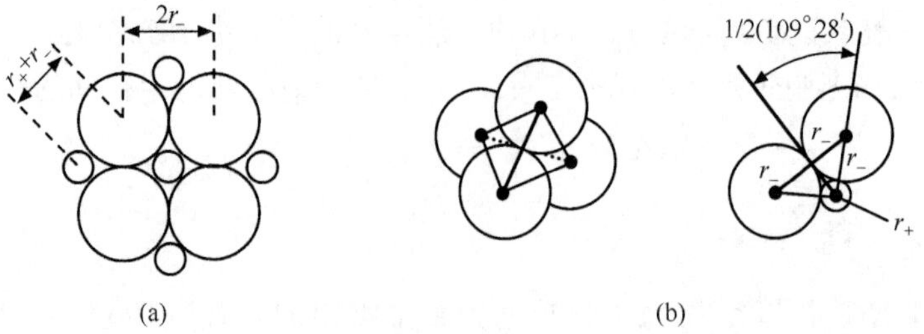

图 3-4　(a) CN=6 的原子间临界接触图形；(b) CN=4 的原子间临界接触图形(郑辙，1992)

一配位数都有一相应的最小 r_+/r_-临界值。当 r_+/r_-小于此数值时，该配位数结构变为不稳定。如 CN=8 的 r_+/r_-临界值为 0.732，CN=6 的 r_+/r_-临界值为 0.414，CN=4 的 r_+/r_-临界值为 0.225，CN=3 的临界值为 0.155。半径比与配位数的关系见表 3-6。

表 3-6 半径比与配位数的关系(郑辙，1992)

r_+/r_-	r_-/r_+	配位数	配位多面体理想形状
0～0.155	∞～6.45	2	哑铃形
0.155～0.225	6.45～4.55	3	三角形
0.225～0.414	4.55～2.41	4	四面体
0.414～0.732	2.41～1.73	6	八面体
0.732～1	1.73～1	8	立方体
1	1	12	立方八面体

3.2.4 球体紧密堆积原理

按照晶体的最小内能性和稳定性，晶体结构中的质点存在尽可能相互靠近以占有最小空间的趋势。考虑到以金属键或离子键为主的晶体中质点间的联系没有方向性和饱和性，且一个金属原子或离子与其他金属原子或异号离子相结合的能力并不受方向和数量的限制，因而从几何角度来看，金属原子或离子间的相互结合，便可以看成是球体的堆积。原子和离子相互结合时，要求彼此间的引力和斥力达到平衡，使晶体具有最小的内能，因此我们可以用球体的紧密堆积原理来对其结构进行分析。球体的紧密堆积分为等大球和不等大球的紧密堆积。

1. 等大球的最紧密堆积

1) 堆积方式

(1) 第一层：等大球在一个平面内的紧密堆积方式只有一种，即每个球周围有六个球围绕，并形成两套数目相等、指向相反的弧面三角形空隙，记为 B 和 C(图 3-5)。

(2) 第二层：球只有落在第一层的空隙上才是最紧密的，即落在 B 或 C 上(两者的结果相同)。因此，两层球的最紧密堆积方式也只有一种。第二层球堆积以后，有两种形式的空隙产生：与第一层球的球心相对的空隙和贯穿两层的空隙(图 3-6)。

(3) 第三层球：球要落在第二层球的空隙上才是最紧密的。因此有两种不同的堆积方式：

a. 第三层球与第一层球的球心(A 位置)相对，即第三层球重复第一层球的位置，然后第四层球重复第二层球的位置，并按 AB AB…两层重复一次的规律堆积。此时球的分布恰与空间格子的六方格子一致，故称为六方最紧密堆积(图 3-7)。

b. 第三层球不与第一层球重复，而是落在贯穿第一、第二层球的空隙上，然后第四层与第一层球的球心重复，并按 ABCABC…三层重复一次的规律堆积(图 3-8)。此时，球的分布恰与空间格子中的立方面心格子一致，故称为立方最紧密堆积，其堆积方向垂直(111)，堆积层平行(111)，从中可以划分出立方面心格子(图 3-9)。

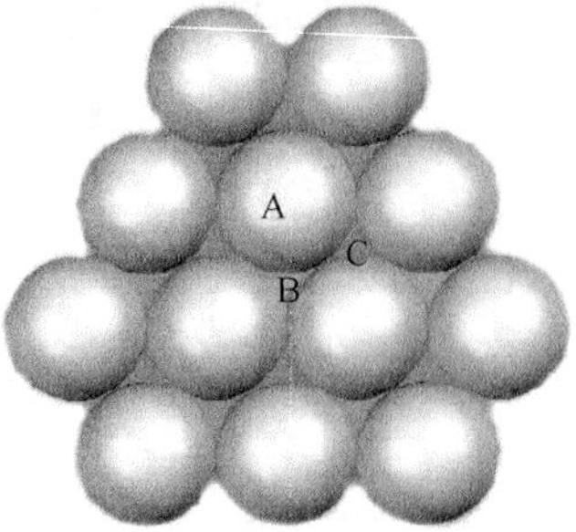

图 3-5　一层球的最紧密堆积

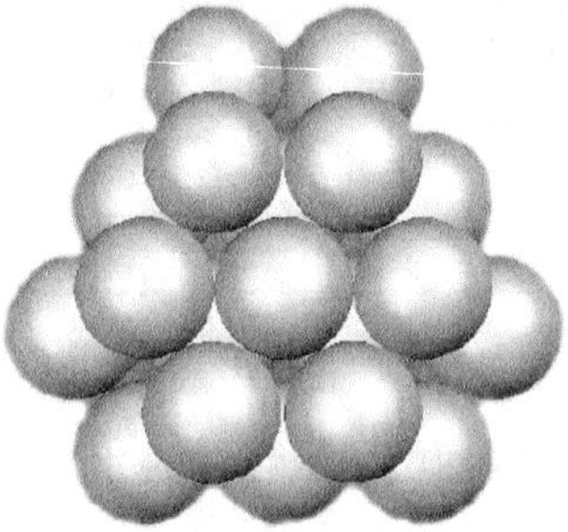

图 3-6　两层球的最紧密堆积

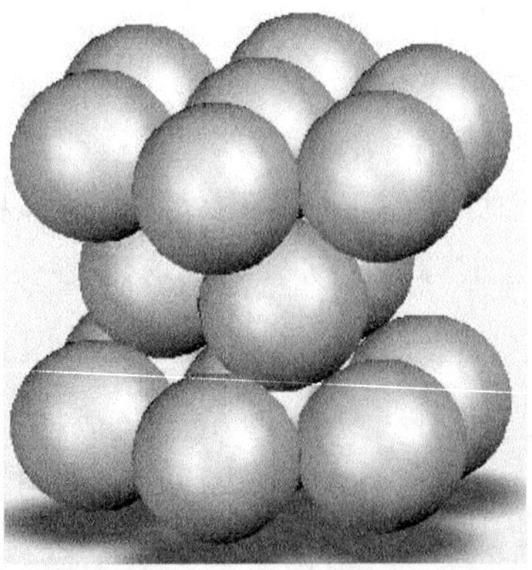

图 3-7　六方最紧密堆积

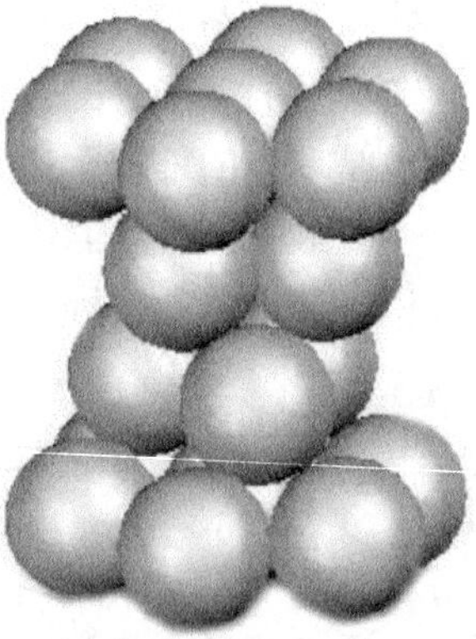

图 3-8　立方最紧密堆积

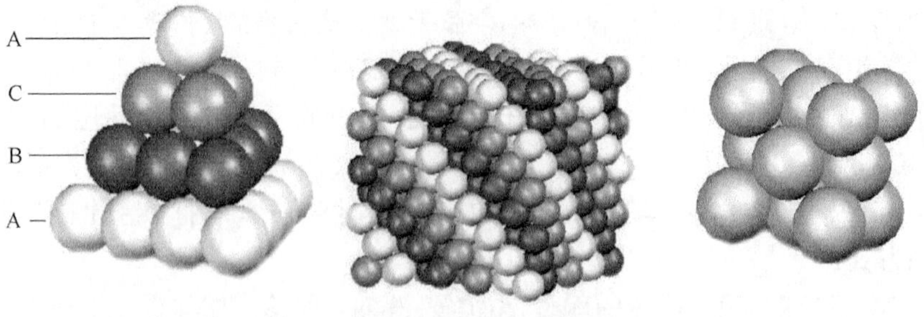

图 3-9　立方最紧密堆积球体堆积的重复规律

以上两种方式是最基本、最常见的重复方式。此外，还可以有其他的重复方式，如 ABACABAC…四层重复一次，ABABCABABC…五层重复一次等。在等大球的最紧密堆积中，球只可能落在 A、B、C 三种位置上，因此用 A、B、C 三个字母的组合，就可以表示任何最紧密堆积层的重复规律。

2) 空隙

等大球最紧密堆积中，球体之间仍存在空隙，空隙占整体空间的 25.95%，空隙的类型有以下两种：

(1) 四面体空隙　处在四个球包围中的空隙，四个球球心的连线构成一个四面体形状[图 3-10(a)和(b)]。

(2) 八面体空隙　处在六个球包围中的空隙，六个球球心的连线构成八面体形状[图 3-10(c)和(d)]。由图 3-6 和图 3-11 可以看出：在两层球作最紧密堆积时，每个球下部周围有 3 个八面体空隙和 4 个四面体空隙；当在其上堆积第三层球时，该球上部周围同理将有 3 个八面体空隙和 4 个四面体空隙，故无论何种堆积方式，每个球周围共有 6 个八面体空隙和 8 个四面体空隙。

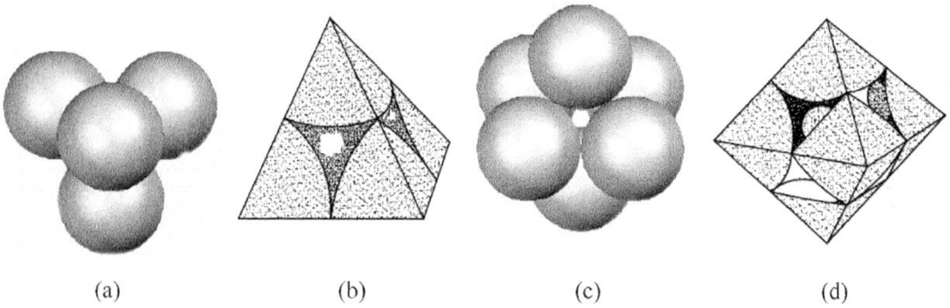

图 3-10　四面体空隙(a，b)和八面体空隙(c，d)

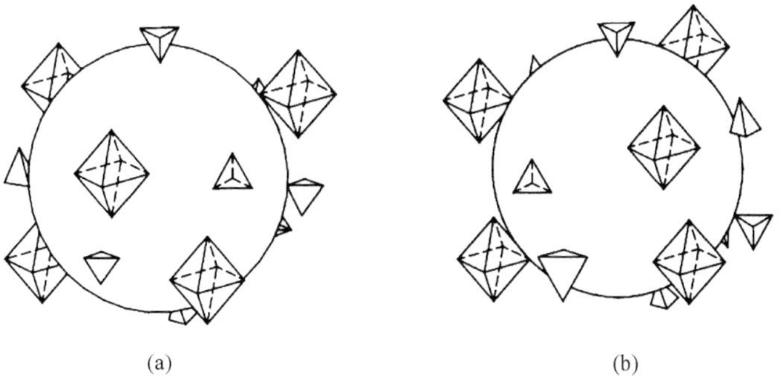

图 3-11　在六方(a)和立方(b)最紧密堆积中任意球周围的四面体空隙与八面体空隙分布情况

由于八面体空隙由 6 个球围成，每个球所占有的空隙数为 1/6 个。一个球周围有 6 个八面体空隙，属于这个球的八面体空隙数为 6×1/6=1 个，即 1 个。四面体空隙由 4 个球围成，每个球所占有的空隙数为 1/4 个，一个球周围有 8 个四面体空隙，属于这个球的四面体空隙数为 8×1/4=2 个。因此，n 个球作最紧密堆积时，一定会产生 n 个八面体空隙和 $2n$ 个四面体空隙。

2. 不等大球的最紧密堆积

在不等大球的堆积中，较大的球作最紧密堆积，较小的球视半径大小填充在四面体或八面体空隙中，形成不等大球的最紧密堆积。在金属的晶体结构中，金属原子的结合可视为等大球的最紧密堆积。在离子化合物晶体中，一般阴离子作最紧密堆积，阳离子填充在四面体或八面体空隙中，从而形成不等大球的最紧密堆积。例如，在石盐的晶体结构中，Cl^-作立方最紧密堆积，Na^+填充全部的八面体空隙，Na^+与 Cl^-个数比为 1∶1。

3. 实际晶体中质点的堆积

对等大球最紧密堆积及其空隙的研究有助于理解许多晶体特别是以金属键或离子键为主要键型的晶体结构。金属键晶体中原子的堆积是较典型的等大球最紧密堆积。但金属原子不呈最紧密堆积的情况也有，如 α-Fe 的晶格中，Fe 原子作立方体心式堆积，此时其空隙占整个堆积空间的 31.18%，显然，它不是一种最紧密的堆积形式。离子键晶体中阴、阳离子半径差异较大，阴离子作近似紧密堆积，阳离子填充其空隙，往往阳离子稍大于空隙而将阴离子略微撑开，称为不等大球的紧密堆积。以共价键为主的原子晶格，由于共价键有方向性和饱和性，其组成原子不能作最紧密堆积。虽然在分子化合物的晶体结构中分子也作紧密堆积，但因分子的形状常为非球形，情况较为复杂。

4. 紧密堆积的表示方法

1) 球位表示法

按堆积顺序写球位符号的表示方法，如 ABAB…、ABCABC…。

2) hc 表示法

hc 表示法规定如果一密积层之上下紧邻层球位相同，该密积层以 h 标记，否则以 c 标记。例如：

二层密积	ABAB...
	hhh...
三层密积	ABCABC...
	ccc...
四层密积	ABACABAC...
	chchchch...

五层密积 ABCABABCAB…

hccchhccch…

六层密积 ABACBCABACBC…

chcchcchcch…

九层密积 ABABCBCACABABCBCAC…

chhchhchhchhchhch…

这种表示方法不仅可以表达球密积的重复周期，还可以判别球密积的对称和所属的空间群。例如，在等大球的紧密堆积中共有三种球位置，A 位的对称为 C_{6v}，B、C 的对称为 C_{3v}。因此等大球紧密堆积结构的对称必定包含 C_{3v} 子群，即必属于如下几种空间群中的某种或某几种。

$$C_{3v}^1 - P\overline{3}m \quad C_{3v}^5 - R3m \quad D_{3d}^3 - P\overline{3}m\mathrm{C} \quad D_{3d}^5 - R\overline{3}m$$

$$D_{3h}^1 - P\overline{6}m \quad C_{6v}^4 - P6mc \quad D_{6h}^4 - P6/mmc \quad O_h^5 - Fm3m$$

根据球体周围孔隙对称分析可知，h 球只有一个垂直堆积层的三次或六次对称轴，c 球有四个三次对称轴，因此不含 h 的表达式属于立方对称 $O_h^5 - Fm3m$，其他堆积均属三方、六方对称。

进一步分析可知，在 hc 表达式中若过 h 球能划出一对称线，则在相应的紧密堆积中有一过 h 球并垂直三次(或六次)轴的对称面，如过 c 球能划一对称线，则 c 球处是对称中心，若过 hh 中间或 cc 中间能划一对称线，则在该位置上有一对称中心。例如：

表达式	ABAB···	= h | h | h | h…
对称		‖ o ‖ o ‖ o ‖ …
表达式	ABCABC···	=c | c | c | c | c | c…
对称		o o o o o o o o o o o…
表达式	ABACABAC···	= chchchch…
对称		o‖o ‖o‖ o‖…
表达式	ABCABABCAB···	=hccchhccch…
对称		o o o …

等等。式中“‖”表示对称面，“o”表示对称中心。根据以上分析，二、四层重复的密积中有垂直三次或六次对称轴的对称面和对称中心，故它们属于 $D_{6h}^4 - P6/mmc$ 群。ABABACABABAC···六层重复的密积中只有垂直三次或六次对称轴的对称面，故它属于 $D_{3h}^1 - P\overline{6}m$ 群。同理可得七层重复堆积为 $D_{3d}^3 - P\overline{3}m$ 群，八层重复堆积为 $D_{6h}^4 - P6/mmc$、$D_{3d}^3 - P\overline{3}m$ 和 $D_{3h}^1 - P\overline{6}m$ 群；九层重复堆积为 $C_{3v}^1 - P\overline{3}m$、$D_{3d}^3 - P\overline{3}m$ 和 $D_{3d}^5 - R\overline{3}m$ 群；二十一层重复堆积中则出现 $C_{3v}^5 - R3m$ 群。

3)图形表示法(或数字表示法)

等大球紧密堆积还可用图形表示，如图 3-12 所示。可见每种类型的密积都由“之”字链组成(三层密积除外，为直线)，有的链由等长的链节构成，有的则由不等长的链节构成。如果每一链节均以构成其的线段数表示，则“之”字链可用一数列表示，例如：

四层密积	ABCBABCB···	=hchchc···=2222···
九层密积	ABABCBCAC···	=hhchhchhc···=121212···
十层密积	ABACBACABC···	=hccchcccc···=5555···

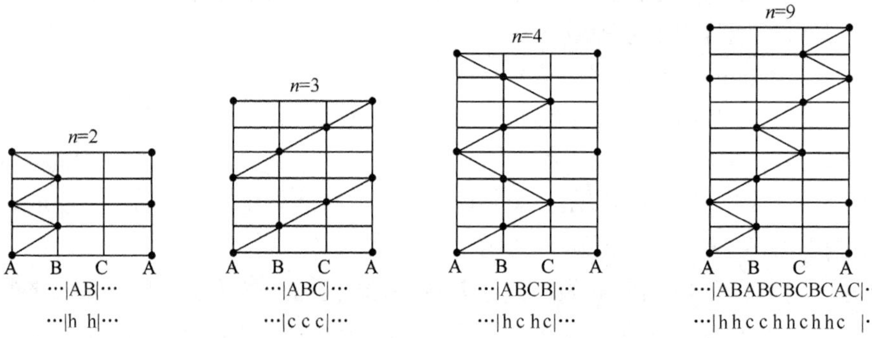

图 3-12　紧密堆积结构的图形表示(郑辙，1992)

数字表示方法的一个优点是能算出堆积周期重复层数 n(hc 表示法无此特点)。n 等于数字表示法中一个重复周期内数字之和的整数倍。具体算法如下：

(1)若数字表示式中一个周期由奇数个数字组成，则 $n=2m$，m 为数字表示式中一个周期内的数字之和。例如，数字表达式为 222···的堆积，一个周期内只有一个数字 2，因此 $m=2$，$n=2m=4$, 为四层密积。

(2)若数字表达式中一个周期由偶数个数字组成，且如果 $\Delta=\sum P_{偶}-\sum P_{奇}$($P_{偶}$、$P_{奇}$分别为一个周期内偶位上数字之和及奇位上数字之和)为 3 的倍数，$n=m$；Δ 不是 3 的倍数时 $n=3m$。例如有一数字表达式为 121212···，每一周期为 12，由两位数组成(偶数个数字)，$\sum P_{偶}=2$，$\sum P_{奇}=1$，$\Delta=2-1=1$，不是 3 的倍数，因此 $n=3m=3\times(2+1)=9$，为九层堆积。

4)HD 表示法(由 Ho 和 Douglas 于 1969 年提出)

以上表达式只考虑球体的堆积，如果将球体间的孔隙也考虑进去，则得到另一种表达式即 HD 表达式。密堆积结构的孔隙有两种：八面体和四面体，分别用 O 和 T 表示。密堆积中每两层球体间均有两层四面体孔隙夹一层八面体孔隙。如果以 P 表示球体层，则 hcp 密积可表示成 P_ATOTP_BTOT(AB 分别表示球位)，ccp 密积表示成 $P_ATOTP_BTOTP_CTOT$。这种表达式仅从形式上看显不出优点，但如果应用到实际结构中，因扩大到了不等大球的情况，孔隙中填充了不同的离子且不同结构填充情况不同，用 HD 表达式便一目了然。例如，常见的矿物晶体结构堆垛式有 PO、PT 和 PTT 结构。NaCl、NiAs(红砷镍矿)为 PO 结构，分别为 6 层重复和 4 层重复，因此表示成 6PO 和 4PO。Al_2O_3为 4 层重复的 PO 结构，但 Al 只占据 2/3 的八面体孔隙，因此表达式写成 $4PO_{2/3}$。同理 TiO_2 可写成 $4PO_{1/2}$。ZnS 为 6 层重复的 PT 结构，记为 6PT。CaF_2(萤石)为 9PTT 结构。此外，还有 P、PO、PTOT 结构等。将 HD 表达式进一步推广还可用于表示那些不同离子占据相同位置或较大离子占据孔隙位置而形成的非紧密堆积结构，但此时表达式较为复杂。如 CsCl 晶体，HD 表达式为 3 • 2PTOT，P、O 位均由 Cl^-占据。从堆积的几何形式上看 PT 和 OT 层是一样的，6 层堆积可看成由 3 组 2 层堆积构成，因此写成 3 •2。$CaTiO_3$ 为 $6PO_{1/4}$ 结构，Ca^{2+}和 O^{2-}共同构成密积层。极化力强的离子组成的化合物形成一种“夹心”层结构，也可用 HD 表示。如 $CdCl_2$ 晶体，Cl^-占据 P 位；中间夹一层 O 位的 Cd，夹心层之间无阳离子，其 HD 表达式为 9PPO。表 3-7 为一些主要的堆垛结构。

表 3-7　几种主要堆垛结构(郑辙，1992)

堆垛式	立方堆垛结构	六方堆垛结构
P	Cu,ccp (3P)	Mg,hcp (2P)
PO	NaCl (6PO)	NiAs (4PO)
PPO	$CdCl_2$ (9PPO)	CdI_2 (2 • 3/2PPO)
	$CrCl_3$ ($9PPO_{2/3}$)	
PT	ZnS (6PT)	ZnS (4PT)
PTT	CaF_2 (9PTT)	无
	PtS ($9PT_{1/2}T_{1/2}$)	
	SnI_4 (3 • $6PT_{1/8}T_{1/8}$)	Al_2Br_6 (2 • $6PT_{1/6}T_{1/6}$)
PTOT	Na,bcc (3 • 2PTOT,P=T=O)	无
	CsCl (3 • 2PTOT,P=O)	Mg_2SiO_4 ($8PT_{1/8}O_{1/2}T_{1/8}$)
	BiF_3 (12PTOT,T=O)	—

3.2.5　离子晶体的特点

以离子键为主结合形成的晶体称为离子晶体。由于离子的静电场为球形对称，所以离子键没有方向性，也没有饱和性，离子晶体中离子被当作球体，力求作最紧密堆积，形成对称性高的晶体。

离子键晶体的物理性质与离子键的特性密切相关。由于离子晶体中电子皆属于一定的离子，质点间电子密度很小，对光的吸收较小而使光易于通过，因此离子晶体在光学性质上表现为折射率及反射率低、透明或半透明、非金属光泽等。由于不存在自由电子，故离子晶体一般为不良导体，但熔化后可以导电。由于离子键的键力一般来说比较强，所以离子晶体硬度大、熔点高、膨胀系数较小。但因为离子键的强度与电价的乘积成正比，与正、负离子半径之和成反比，因此，离子晶体的机械稳定性、硬度与熔点等有很大的变动范围。

3.3 共价键和共价晶体

同种原子或电负性相差很小的原子结合成分子或晶体时，原子间的键合不能用离子键的静电作用力来解释，而是形成了另一种键，即共价键。共价键的形成是由于原子在相互靠近时，原子轨道相互重叠变成分子轨道，原子核之间的电子云密度增加，电子云同时受到两种核的吸引，因而使体系的能量降低。共用电子的数目通常是成双的，如单键、双键和叁键。但也有共用一个或三个电子的，称为单电子键或叁电子键。由两个以上原子共用若干个电子构成的共价键称为多原子共价键。主要由共价键结合结构基元所组成的晶体称为共价键晶体。

近代化学键理论中最主要的共价键理论为价键理论(电子配对法)、杂化轨道理论和分子轨道理论。

3.3.1 共价键理论

1. 价键理论

1916 年，美国物理化学家路易斯(Gilbert N. Lewis)提出电子配对法，1927 年海特勒(Walter Heinrich Heitler)、伦敦(London)和 1930 年鲍林(Pauling)、斯莱特(Slater)分别加以发展，形成价键理论(valence bond theory，简称 VB 法)。

价键理论的基本内容是：分子由原子组成，假定原子在未化合前，含有未成对的电子，且如果这些未成对的电子自旋相反，则两个原子间的两个自旋相反的电子可以互相偶合构成电子对，每一个偶合就形成一个共价键。所以价键理论也称为电子配对理论(或电子配对法)。

价键理论要点：

(1) 自旋相反的成单电子相互接近时，可形成稳定的化学键；

(2) 一个电子与另一个电子配对后，就不能再与第三个电子配对(共价键有饱和性)；

(3) 电子云最大重叠原理：电子云重叠越多，键能越大，共价键越牢固(共价键有方向性)；

(4) 如果 A 有两个未成对电子，B 只有一个，则 A 可与两个 B 化合形成 AB_2。

根据电子云最大重叠原理，可推论出不同原子轨道具有不同的成键能力，即

s 电子的成键能力 $f_s = 1$

p 电子的成键能力 $f_p = \sqrt{3}$

d 电子的成键能力 $f_d = \sqrt{5}$

f 电子的成键能力 $f_f = \sqrt{7}$

成键能力大，形成的共价键就牢固。对于主量子数 n 相同的原子轨道形成的共价键来说，p-p 键一般要比 s-s 键稳固。

根据电子云最大重叠原理，两个原子为了形成一个稳定的键必须使用相对于键轴具有相同对称性的原子轨道。例如，对于具有成单 s 与 p 电子的原子来说，能形成共价键的原子轨道为 s-s、p_x-s、p_x-p_x、p_y-p_y、p_z-p_z。构成共价键的电子云(或配对电子)处于两原子中间(两原子相同)时，偶极矩为零，称为非极性键；电子云偏离中点时，偶极矩不为零，称为极性键。前者是纯粹的共价键，后者是以共价键为主的混合键，但习惯上仍称为共价键。共价键中的共用电子对通常由两个原子提供，但也可以由一个原子单独提供，这种共价键称为共价配键，以 A→B 表示。形成共价键的分子中不存在离子而只有原子，因此共价键也称原子键。共价键结合力的本质是电性的，但不是静电的。

2. 杂化轨道理论

杂化轨道理论是价键理论的发展。对于一些多原子分子，价键理论有时出现与实验的矛盾。例如金刚石(C)，碳的外层电子构型为 $2s^2 2p_x^1 2p_y^1$，只有两个未成对电子，所以只能构成两个共价键。显然与金刚石中 C 为四次配位的现实不符。即使把一个 2s 电子激发到 $2p_z$ 上，即 C 的外层电子构型成为 $2s^1 2p_x^1 2p_y^1 2p_z^1$，有四个未成对电子，可形成四个共价键，但这四个共价键中有三个由 p_x、p_y、p_z 轨道形成的共价键相互垂直而且稳定和有方向性，由一个 s 电子参与形成的共价键相对不够稳定且无方向性。这与金刚石中存在的四个等性，交角为 109°28′ 的化学键的事实也不符。为了解决理论与事实的矛盾，鲍林和斯莱特于 1931 年提出了杂化轨道理论。这个理论认为原子轨道在成键过程中不是一成不变的，同一原子中能级相近的各原子轨道可以线性组合产生新的原子轨道，新原子轨道成键能力更强。能量相近的原子轨道组合产生新轨道的过程称为原子轨道的“杂化”，所得到的新的原子轨道称为杂化原子轨道或杂化轨道。杂化轨道的数目等于参与杂化的轨道数目。只有形成分子过程中才会形成杂化轨道(孤立原子不会形成杂化轨道)。只有能量相近的轨道才能杂化。

常见的杂化轨道有 sp、sp^2、sp^3 型，元素周期表中第一、二周期元素的杂化轨道均属以上类型。第三周期及以后的一些元素，由于 d、f 轨道参与杂化，因此出现了

dsp^2、dsp^3、d^2sp^3等类型杂化轨道(在络合物中)。杂化轨道的成键能力顺序：

$$sp < sp^2 < sp^3 < dsp^2 < dsp^3 < d^2sp^3$$

不同杂化轨道的几何特征及形状示意见表 3-8。

表 3-8 常见杂化轨道的几何特征和轨道图像(郑辙，1992)

名称	原子轨道成分分数			轨道对称轴夹角	轨道形状	轨道图像举例
	s	p	d			
sp	$\frac{1}{2}$	$\frac{1}{2}$	0	180°	直线形	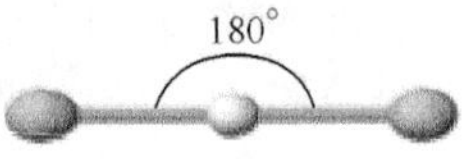 $BeCl_2$
sp^2	$\frac{1}{3}$	$\frac{2}{3}$	0	120°	三角形	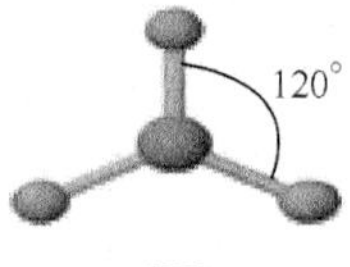 BF_3
sp^3	$\frac{1}{4}$	$\frac{3}{4}$	0	109°28′	四面体	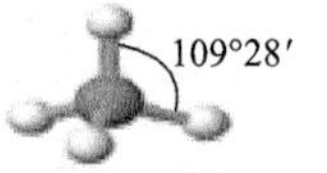 CH_4
dsp^2	$\frac{1}{6}$	$\frac{1}{2}$	$\frac{1}{3}$	90°,180°	正方形	
dsp^3	$\frac{1}{5}$	$\frac{3}{5}$	$\frac{1}{5}$	<120°	三角双锥体	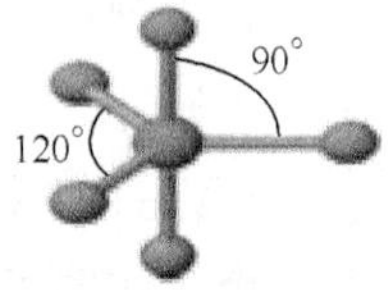 PF_5
d^2sp^3	$\frac{1}{6}$	$\frac{1}{2}$	$\frac{1}{3}$	90°,180°	八面体	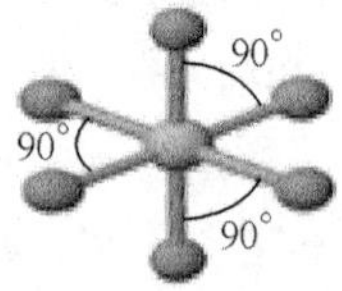 SF_6

注：s+p+d=1。

轨道间沿轴形成的键，习惯上称为σ键，从侧面重叠形成的键称为π键。

3. 共价键的离子性

价键理论认为共价键和离子键之间不存在鸿沟，它们是连贯的系列。一般将离子键称为极性键，纯粹的共价键称为非极性键。但实际上大多数共价键，尤其是由不同原子构成的共价分子中的共价键都为极性键。共价键中的离子键成分与双原子电负性差值有关。

4. 分子轨道理论

分子轨道理论(molecular orbital theory，简称 MO 理论)认为原子形成分子后，电子不再属于原子轨道，而是在一定的分子轨道中运动，其情况宛如原子中的电子在原子轨道中运动，价电子不再认为是定域在个别原子内，而是在整个分子中运动，可以按照原子中电子分布的原则(如能量最低原理和泡利不相容原理)来处理分子中电子的分布。

1)分子轨道理论的要点

(1)分子中每一个电子的状态，可用分子轨道，即用一个波函数 ψ 来描述，而电子在微体积内出现的概率，可用 ψ^2 来表示。

(2)分子的总能量 E 可用下式表示：

$$E=\sum_i N_i E_i$$

式中，E_i 为第 i 个分子轨道 ψ_i 相应的能量；N_i 为在分子轨道 ψ_i 上的电子数目，N_i=0、1、2。

(3)每一分子轨道 ψ_i 上只能容纳 2 个自旋方向相反的电子，服从泡利不相容原理。

(4)在不违反泡利不相容原理的前提下，分子中的电子将尽先占据能量最低的轨道，服从能量最低原理。

(5)分子轨道 ψ 可近似地用原子轨道的线性组合来表示，即

$$\psi = C_1\psi_a + C_2\psi_b$$

或(同核双原子分子)

$$\psi = C_1(\psi_a \pm \lambda\psi_b)$$

式中，ψ_a 为 a 原子的原子轨道；ψ_b 为 b 原子的原子轨道；C_1、C_2 为线性函数，$\lambda = \dfrac{C_2}{C_1}$。“+”号代表成键分子轨道，“−”号代表反键分子轨道。成键分子轨道的能量比原子轨道的能量低，而反键分子轨道的能量比原子轨道的能量高。原子轨道和分子轨道的相对能级如图 3-13 所示。

(6)分子轨道 ψ 也可由 3 个以上原子的原子轨道组成，即

$$\psi = C_1\psi_a + C_2\psi_b + C_3\psi_c + \cdots$$

这就是通常所说的多中心分子轨道，意思是分子轨道中包含数个核。

原子轨道线性组合的原则：能量近似原则；最大重叠原则；对称原则(只有对称性相同的轨道才能组合)。

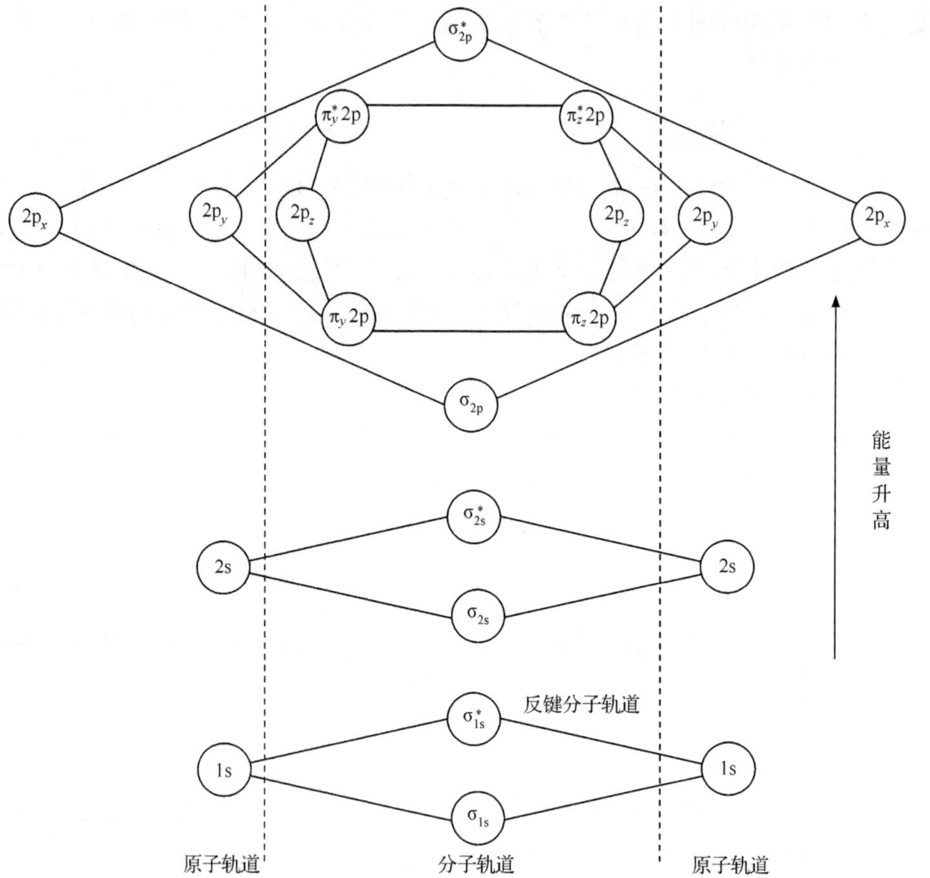

图 3-13 原子轨道与分子轨道相对能级图(张克从，1987)

2) 分子轨道的种类和能级

(1) σ 键和 σ^*键，是一类具有圆柱对称的分子轨道。σ 键是成键轨道，又记作 σ_g 或 σ_g^b[g 为 gerade(偶的), b 为 bond(成键)]。根据构成 σ 键的原子轨道种类又分为 σ_{1s}、σ_{2p}、σ_{sp} 等。σ^*键是 σ 的共轭反键分子轨道，又记为 σ_u^* (u 为 ungerade，奇的)，也分为 σ_{1s}^*、σ_{2p}^*、σ_{sp}^* 等。

(2) π 键和 π^*键，是一类平面对称的分子轨道。π 是中心反对称的成键轨道，也记为 π_u。主要有 π_p 键，也有由 p- d_{z^2} 以及 d_{xz}-d_{xz} 轨道等重叠形成的 π 键。π^*是与 π 键对等的共轭反键轨道，有 $\pi_p{}^*$键等。

(3) δ 键和 δ^*键，是 d 轨道沿其两个节面重叠产生的一对共轭分子轨道——成键和反键轨道。有 d_{xy}-d_{xy}、 $d_{x^2-y^2}$ - $d_{x^2-y^2}$ 组成的 δ 键。

各种分子轨道的能级见图 3-13。d 轨道参与形成的分子轨道情况复杂。

电子在分子轨道中的排布与在原子轨道中的排布一样。因此只要写出分子的电子构型，其电子排布情况便一目了然。如水分子的电子构型为

$$[\sigma^{b}(s)]^{2}\ [\sigma^{nb}(z)]^{2}\ [\sigma^{b}(x)]^{2}\ [\pi^{b}(y)]^{2}$$

nb 表示不成键的分子轨道(非键轨道)。水分子的电子构型表明水分子的电子有四种状态，它的光电子能谱也正好有四个谱带，因此分子轨道理论很好地解释了水分子的光电子能谱。可见在处理多原子体系时，价键理论的定域轨道概念不适用。

3.3.2 键参数

1. 键长与原子共价半径

在共价键晶体中，共价键内部作用力是主要的，而键与键间的相互作用力是次要的。因此，同类原子的共价键在不同的化合物中几乎保持一定键长，而且在 A—B 型共价键中，原子 A 与原子 B 间的距离大多等于 A—A 及 B—B 键长的算术平均值：$r_{AB}=\frac{1}{2}(r_{A-A}+r_{B-B})$。同类原子间键长的 1/2 即称为该原子的共价半径，因而键长近似等于共价半径之和，即 $r_{A-B}=r_{A}+r_{B}$。一些原子的共价半径(nm)列于附录 5 中。原子共价半径还与共价键的键态和杂化轨道类型有关，表 3-9 为几种不同杂化轨道的原子共价半径值。

表 3-9 原子的共价半径(郑辙，1992)

(a)正常半径(单位：nm)

	H	Li	Be	B	C	N	O	F
单键	0.030	0.134	0.090	0.088	0.077	0.074	0.074	0.072
双键	—			0.076	0.067	0.062	0.062	0.054
三键	—			0.068	0.060	0.055	0.050	
		Na	Mg	Al	Si	P	S	Cl
单键		0.154	0.130	0.118	0.117	0.110	0.104	0.099
双键					0.107	0.100	0.094	0.089
三键					0.100	0.093	0.087	
		K	Ca	Ga	Ge	As	Se	Br
单键		0.196	0.174	0.126	0.122	0.121	0.117	0.114
双键					0.112	0.111	0.107	0.104
		Rb	Sr	In	Sn	Sb	Te	I
单键		0.211	0.192	0.144	0.140	0.141	0.137	0.133
双键					0.130	0.131	0.127	0.123
		Cs	Ba	Tl	Pb	Bi		
单键		0.225	0.198	0.148	0.147	0.146		

(b) 四面体半径(sp^3 杂化)(单位：nm)

	Be 0.106	B 0.088	C 0.077	N 0.070	O 0.066	F 0.064
	Mg 0.140	Al 0.126	Si 0.117	P 0.110	S 0.104	Cl 0.099
Cu 0.135	Zn 0.131	Ga 0.126	Ge 0.122	As 0.118	Se 0.114	Br 0.111
Ag 0.152	Cd 0.145	In 0.144	Sn 0.140	Sb 0.136	Te 0.132	I 0.128
Au 0.150	Hg 0.148	Tl 0.147	Pb 0.146	Bi 0.146		

(c) 八面体半径(d^2sp^3 杂化)(单位：nm)

Fe^{II} 0.123	Co^{II} 0.132	Ni^{II} 0.139	Ru^{II} 0.133			Os^{II} 0.133			
	Co^{III} 0.122	Ni^{III} 0.130		Rh^{III} 0.132			Ir^{III} 0.132		
Fe^{IV} 0.120		Ni^{IV} 0.121			Pd^{IV} 0.131			Pt^{IV} 0.131	Au^{IV} 0.140

(d) 八面体半径(dsp^3 杂化)(单位：nm)

Ti^{IV} 0.136	Zr^{IV} 0.148	Sn^{IV} 0.145	Te^{IV} 0.152	Pb^{IV} 0.150

原子共价半径的加和原则对于某些情况是合适的，但对另一些情况则有偏差，影响因素有：

(1) 键型的影响。π 键的双键和三键的键长与单键不同，双键和三键各有一套共价半径。

(2) 键极性的影响。原子间电负性差值 Δ 越大，键极性越强，键长 r_{A-B} 比共价半径 r_A、r_B 加和值越短：

$$r_{A-B} = r_A + r_B - 0.09\Delta$$

(3) 键性质的影响。当轨道的杂化稍有改变时也会影响键长。

(4) 电荷的影响。凡是能改变有效核电荷对价电子影响的因素，均会改变键长。如同一周期中的元素，共价半径常随原子序数的增加而变小。

2. 键能

共价键的键能是将处于基态的双原子分子 AB 拆开成也处于基态的 A、B 原子所需的能量。共价键的键能反映共价键的牢固程度。表 3-10 为一些原子间的共价键的键能数值。

表 3-10　原子间共价键的键能数值(单位：$kcal·mol^{-1}$，25℃)(张克从，1987)

原子间的键型	键能	原子间的键型	键能
H—H	104.2	N—H	93.4
F—F	36.6	P—H	76.8
Cl—Cl	58.0	As—H	66.8
I—I	36.1	Sb—H	60.9
O—O	31.1	C—H	98.8
O═O	118.3	Si—H	76.5
S—S	50.9	Ge—H	69.0
Se—Se	44.0	Sn—H	60.4
Te—Te	33	O—F	44.2
N—N	38.4	N—F	64.5
N≡N	226.0	P—F	116
P—P	46.8	As—F	120
As—As	32.1	Sb—F	107
Sb—Sb	30.1	C—F	117
Bi—Bi	25	Si—F	143
C—C	82.6	B—F	153
C═C	147	O—Cl	48.5
C≡C	194	O—H	110.6
Si—Si	46.4	S—Cl	59.7
Ge—Ge	38.2	N—Cl	47.7
Sn—Sn	34.2	Si—Cl	85.7
B—B	79.3	Ge—Cl	97.5
Li—Li	26.3	N—O	46
Na—Na	18.0	N═O	146
K—K	13.2	C—O	84
Rb—Rb	12.4	C═O	174
Cs—Cs	10.7	Si—O	88.2
S—H	81.1	C═N	147
Se—H	66.1	C≡N	213
Te—H	57.5	C═S	119

影响键能的因素如下：

(1)原子轨道重叠越多，键能越大。

(2)一般来说，原子半径越小，键能越大。

(3)孤对电子间的引力可能超过键与键的作用，特别是在原子半径很小的情况下更加显著。空轨道可以容纳相邻原子的孤对电子，从而减少了孤对电子的相互作用。

(4)一般来说，随着键极性的增大，键能也逐渐增大。

3. 键角

在具有共价键的晶体结构中，键与键之间的夹角称为键角。目前一般通过光谱和晶体的衍射实验等来测定键角。

键角主要取决于各原子轨道或电子云分布的方向性。

下面介绍杂化轨道键角的计算方法。

1) s-p 杂化轨道间的夹角

若已知两个 s-p 杂化轨道所含 s 成分的百分比各为α_1、α_2，根据下式

$$\cos\theta = \sqrt{\frac{\alpha_1\alpha_2}{(1-\alpha_1)(1-\alpha_2)}}$$

即可求出键角 θ。一般情况下$\alpha_1=\alpha_2$，因此

$$\cos\theta = \frac{\alpha}{1-\alpha}$$

例如，金刚石中$\alpha=\frac{1}{4}$，θ=109°28′。

2) d-s-p 杂化轨道间的键角

设α、β、γ分别代表 s、p、d 电子在 d-s-p 杂化轨道中所占的百分比，则

$$\alpha+\beta\cos\theta+\gamma\left(\frac{3}{2}\cos^2\theta-\frac{1}{2}\right)=0$$

例如，对于 dsp^2 杂化轨道，总电子数为 4，其中 1 个 s 电子，2 个 p 电子，1 个 d 电子，即

$$\alpha=1/4, \qquad \beta=1/2, \qquad \gamma=1/4$$

代入上式得 θ=90°。

在 d^2sp^3 轨道中

$$\alpha=1/6, \qquad \beta=1/2, \qquad \gamma=1/3$$

代入上式得 θ=90°或 180°。

4. 键级(键数)

键数=(成键电子数－反键电子数)/2

5. 键的极性

同种原子形成非极性共价键，不同种原子形成极性共价键。

3.3.3 共价键晶体的特点

(1)在共价键晶体中，既无自由电子，又无离子，故典型的共价键晶体应呈现为一种绝缘体。

(2)共价键晶体对光具有较大折射率及大的吸收系数。

(3)共价键晶体由于键强很大，因而很坚固，熔点和硬度也比较高。

(4)当共价键晶体中仅含有成对的电子时，这些晶体不具有磁力矩，是抗磁性的，它们不被磁场所吸引，却为磁场所排斥。被磁场吸引的物质称为顺磁性物质。

3.4 金属键和金属晶体

德鲁德(Paul Karl Drude)和洛伦兹(Hendrik Antoon Lorentz)在20世纪初首先从金属晶体中的电子状态来认识金属键。金属晶体中的金属原子最外层电子的电离势较低，易于脱离原子的束缚，在整个晶体内运动，形成自由电子。它们和晶体中金属“正离子”构成的体系能有效地降低体系的能量，因而，金属晶体被描述为浸泡在自由电子气中的金属正离子集合，而金属正离子和自由电子之间的静电相互作用力被看作是金属键。由此可见金属键一方面和共价键类似，靠共用自由电子产生原子间的凝聚力；另一方面又和离子键类似，是正、负电荷之间的静电作用力。自由电子理论较好地说明了金属键的无方向性特点和金属趋向于形成紧密堆积结构以及具有优良的导电、导热、延展性能，然而它并未指出电子的具体状态，在解释一些高熔点、高强度的金属及导电性能不太好的金属方面遇到麻烦。要从本质上深刻地揭示晶体周期势场中金属键的本质，必须了解晶体的能带理论。

3.4.1 能带理论

能带理论是描述固体电子运动规律的理论，是一个近似理论。因为实际晶体是由大量电子和原子核组成的多粒子体系，由于电子与电子、电子与原子核、原子核与原子核之间存在着相互作用，一个严格的固体电子理论必须求解多粒子体系的薛定谔方程，这是不可能的，因此必须对薛定谔方程进行简化或近似处理。

1. 绝热近似

电子质量远小于原子核的质量，电子运动速度远大于原子核的运动速度，因此考虑电子运动时可以认为核是不动的，即电子在固定不动的原子核产生的势场中运动。因为价电子对晶体性能的影响最大，并且在结合成晶体时原子价电子的状态变化最大，内层电子状态变化最小，所以可以把内层电子和原子核看成一个离子实，价电子在固定不变的离子实场中运动。以上近似处理称为绝热近似。

2. 平均场近似

因为电子之间的运动是相关联的，只作绝热近似仍无法求解薛定谔方程。可用一种平均场(自洽场)来代替价电子间的相互作用，即假定每个电子所处的势场都相同，使每个电子间相互作用势能仅与该电子的位置有关，而与其他电子的位置无关。这种近似使一个多电子体系问题简化成一个单电子体系问题，因此也称单电子近似。

3. 周期势场假定

薛定谔方程中的势能项具有晶格周期性，而且假定晶格是严格周期性的，那么势能项也是严格周期性的。

经以上假设和近似处理，多电子体系问题简化成了在晶格周期势场 $V(r)$ 中的单电子态问题：

$$\left[-\frac{\hbar^2}{2m}\nabla^2+V(r)\right]\psi(r)=E\psi(r)$$

这种建立在单电子近似基础上的固体电子理论称为能带理论。

即使如此，由于周期势场的形式复杂，仍不可能严格求解薛定谔方程。为了计算晶体能带，还需作各种近似处理。

1)近自由电子近似

如果周期场随空间的起伏较弱，认为电子的行为接近自由电子，作为零级近似，可用势场的平均值代替晶格势，进一步还可把周期势的起伏 $V(r)-V_0$ 作为微扰处理。

2)紧束缚近似

设想晶体是由相互作用较弱的原子组成的，此时周期势场随空间的起伏显著，电子在某一个原子附近时，将主要受到该原子场的作用，其他原子场的作用可以看作一个微扰作用，基于这种设想所建立的近似方法称为紧束缚近似。可见紧束缚近似实际上是自由原子近似。

在自由电子情况下，假定电子的状态与原子核、其他电子无关，即势能函数 $V(X)=0$，所以薛定谔方程中能量 E 代表电子的动能：

$$E=\frac{1}{2}mv^2=\frac{h^2}{2m\lambda^2},\qquad \lambda=\frac{h}{mv}$$

式中，m 为电子质量；v 为电子的运动速度；h 为普朗克常量。设 $K=\frac{2\pi}{\lambda}=\frac{2\pi}{h}\cdot mv$，得

$$E=\frac{h^2}{8\pi^2 m}K^2$$

式中，K 称为波矢。对于一个边长为 l 的立方体晶体，可推得其中电子的能量为

$$E=\frac{h^2}{8ml^2}(n_x^2+n_y^2+n_z^2),\qquad n \text{ 为自然数}$$

由以上公式可得到金属晶体中不同能级电子能量。最高能级能量为

$$E_{\max}=\frac{h^2}{8m}\left(\frac{3N}{\pi V}\right)^{\frac{2}{3}}\qquad \text{为 } 1.5\sim7\ \text{eV}$$

式中，V 为晶体体积，N/V 相当于晶体中自由电子密度，为 $10^{22}\sim10^{23}\ \text{cm}^{-3}$。能级间隔约为 6×10^{-15} eV(10^{-33} J)，这是一个很小的量值，可以认为自由电子的能量有如图 3-14(a)所示的连续曲线。如果将晶体周期势场 $V(X)$ 的影响考虑进去，电子能量表达式写成：

$$E=E_n\pm|V_n|$$

因 V_n 很小，E 非常接近自由电子的能量，E 称为准自由电子能量。电子只能占据 $E_n+|V_n|$ 或者 $E_n-|V_n|$ 能级，其间不存在能级。每一个 E_n 包含大量能级，可看成是一个连续的带，故将 $E_n\pm|V_n|$ 称为能带。$E_n+|V_n|$ 与 $E_n-|V_n|$ 之间是不允许的能态，称为禁带。禁带的能量宽度为 $2|V_n|$，称为能隙。可见周期势场的微扰导致自由电子的连续能量曲线被分成一系列的能带，如图 3-14(b)所示，这些能带的位置由波矢 K 决定，在 $K=\pm n/2a$ 处，a 为晶格常数，即

$$-\frac{1}{2a}\sim\frac{1}{2a}\qquad \text{能带 1}$$

$$-\frac{2}{2a}\sim\frac{2}{2a}\qquad \text{能带 2}$$

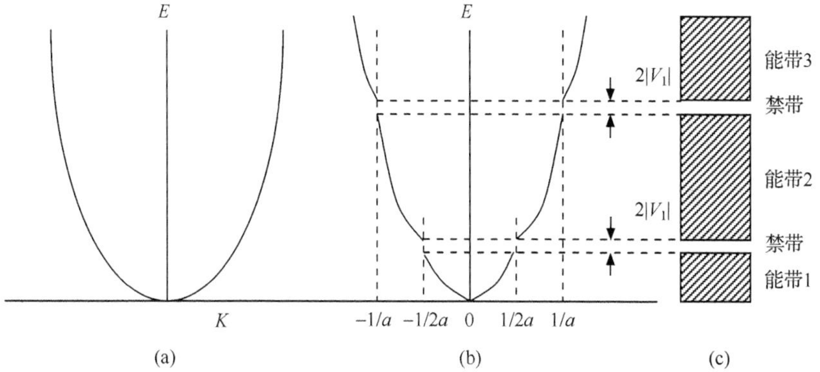

图 3-14　自由电子的能量曲线(a)、准自由电子的能量曲线(b)及其对应的能带(c)(郑辙，1992)

$$-\frac{3}{2a} \sim \frac{3}{2a} \qquad 能带 3$$

能带与能带之间是禁带。

能带的形成也可以从“能级分裂”的角度理解。当两个原子靠近到一定程度时，原子的每个单能级将分裂成两个能级，能级分裂的程度与原子间距离成反比。对于多原子体系，分裂的能级相互作用而展宽，出现称为能带的能量区域，其中允许的能量几乎是连续的，它们被一些非允许电子占据的能级区域(禁带)分隔。

K 是一个含有极为重要物理内容的参量。由布拉格方程 $n\lambda=2a\sin\theta$ 可知，当 $\theta=90°$ 时

$$n\lambda = 2a, \qquad \frac{n}{a}=\frac{2}{\lambda}, \qquad \frac{n\pi}{a}=\frac{2\pi}{\lambda}=K$$

可见 K 代表晶体的倒易空间，当上式成立时，准电子就像入射 X 射线一样被反射出去，说明电子这一能量状态是不允许的。即准自由电子的能量是“准连续”的，存在 π/a、$2\pi/a$、$3\pi/a$ 等一系列断点，将连续的能带分为若干个能带[图 3-14(c)]。对于三维晶体，准自由电子能量存在一系列 K 断面，这些 K 断面位于 $K=\pi/a(\pi/b,\pi/c)$、$2\pi/a(2\pi/b,2\pi/c)$、$3\pi/a(3\pi/b, 3\pi/c)$等处，并构成一系列的多面体，称为布里渊(Brillouin)区。布里渊区的构筑很简单，自倒易格子坐标原点引至各第一级倒易点的径向矢量，作径向矢量的垂直平分面，诸平面交割得到的多面体就是第一布里渊区，如图 3-15 所示。若用第二级倒易点作图则得到第二布里渊区，等等。电子能量在布里渊区内连续，在界面处不连续。当第一和第二布里渊区间的能隙较小时，三维晶体的准自由电子能带可以相互重叠，即第一布里渊区最高能级能量可以比第二布里渊区最低能级能量高。电子占据能级时首先占据低能量的第一布里渊区大部分和第二布里渊区底部，两区部分重叠，电子可在第一布里

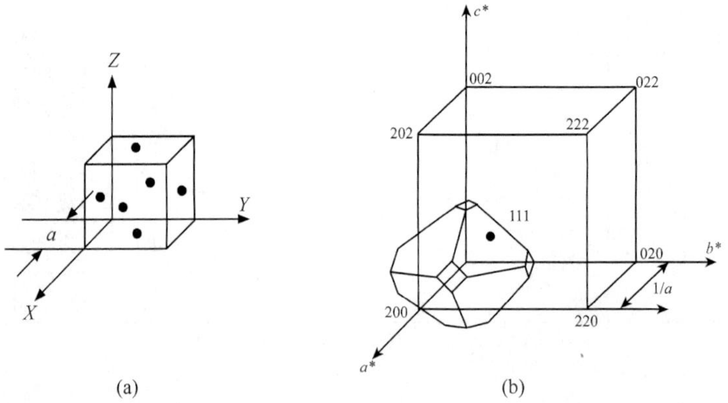

图 3-15　面心立方格子对应的体心立方倒易格子(a)以及第一布里渊区的形状(b)(郑辙，1992)

渊区的能级间跃迁或从第一布里渊区进入重叠的第二布里渊区。金属晶体都属这种情况，为良导体。如果第一布里渊区被占满，第二布里渊区全空，禁带又比较宽，电子难以超越，不能流动，这种情况属绝缘体。如果禁带较窄，可依赖热(光)激发使电子越过禁带进入空带，则晶体属于半导体。

第一布里渊区最高满带中的电子是原子的价电子，此带也称为价带。如果某种能量将价带中的电子激发到第二布里渊区的空带上，空带上的电子就能在该带尚未占有的能级间由外电场加速而成为一个载流子，因此，最高满带以上的第一个空带也称为导带。

3.4.2 分子轨道理论与能带的关系

分子轨道理论假设金属原子最外层电子(价电子)基本上和“金属正离子”紧密结合，其他原子只对其产生轻微影响，即所谓的“紧束缚近似”。分子轨道理论对能带的解释为：金属晶体由许许多多金属原子组成的金属大分子所构成，每一种原子轨道发展成相应的分子轨道，原子越多，形成的分子轨道数越多。而相邻分子轨道间的能量差很小，以致可以认为各能级间的能量变化基本上是连续的，称为能带。根据原子轨道能级的不同，金属晶体中可以有不同的能带，第一能带中包含许多非常靠近的能级，电子稍受激励，即可以从一个能级移向另一个能级。由已充满电子的原子轨道能级所形成的低能量能带称为价带，由未充满电子的原子轨道能级所形成的低能量能带称为导带。这两种能带能量差通常很大，电子很难逾越，称为禁带。图3-16为金属Li的能带模型。

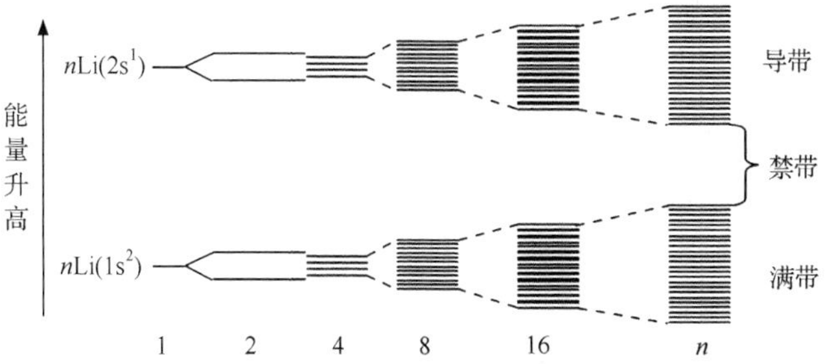

图3-16 金属锂(Li)的能带模型(张克从，1987)

3.4.3 金属原子半径

金属原子半径可以根据晶体的晶格常数计算(因为金属均为最紧密堆积结构)。例如Cu，a=0.3614 nm，Cu—Cu键长$=\dfrac{0.3614}{\sqrt{2}}$=0.2556nm，Cu的金属原子半径为 0.1288 nm。金属原子半径与配位数有关。表 3-11 为配位数为 12 时的金属原子半径。可见金属原子半径大多数大于它们的离子半径而与其共价半径相近。这从另一个侧面说明了金属的离域共价键本质。周期表中金属原子半径的变化规律与离子半径相似。

表 3-11　金属的原子半径(配位数为 12，单位：nm)(郑辙，1992)

Li 0.157	Be 0.112													
Na 0.191	Mg 0.160	Al 0.143												
K 0.235	Ca 0.197	Sc 0.164	Ti 0.147	V 0.135	Cr 0.129	Mn 0.137	Fe 0.126	Ce 0.125	Ni 0.126	Cu 0.128	Zn 0.137	Ca 0.153	Ge 0.139	
Rb 0.250	Sr 0.215	Y 0.182	Zr 0.160	Nb 0.147	Mo 0.140	Tc 0.135	Ru 0.134	Rh 0.134	Pd 0.137	Ag 0.144	Cd 0.152	In 0.167	Sn 0.158	Sb 0.161
Cs 0.272	Ba 0.224	La 0.188	Hf 0.159	Ta 0.147	W 0.141	Re 0.137	Os 0.135	Ir 0.136	Pt 0.139	Au 0.144	Hg 0.155	Tl 0.171	Pb 0.175	Bi 0.182
镧系:	Ce ～ Lu (Eu 0.206,Yb 0.194) 0.182 0.172													
锕系:	Th 0.180	Pa 0.163	U 0.156	Np 0.156	Pu 0.164									

3.4.4 金属晶体的特点

金属晶体中原子倾向于最紧密堆积，绝大多数单质晶体都分属立方密积(ccp)、体心立方密积(bcp)和六方密积(hcp)结构。由于金属键的无方向性、无饱和性和高配位数的特征，金属晶体大多数为良导体、不透明、反射率高、有金属光泽、有延展性，硬度一般较小。

3.5 分子键和分子晶体

3.5.1 分子键

分子键是一种比离子键、共价键和金属键弱得多，键能比这三种键键能小 1～2 个数量级(约几 kcal · mol^{-1})的化学键，它不会引起分子晶体内任一原子的电子运动状态出现实质性的改变。

分子键主要来源于以下三种力。

1) 取向力

取向力又称静电力，由极性分子永久偶极矩之间的相互作用而产生，大小与偶极矩的相对取向有关。这种作用的平均能量为

$$E_1(r) = -\frac{2}{3}\cdot\frac{\mu_1^2\mu_2^2}{k_B T r^6}$$

对于同类分子，$\mu_1=\mu_2$

$$E_1(r) = -\frac{2}{3}\cdot\frac{\mu^4}{k_B T r^6}$$

式中，μ_1、μ_2 为两个相互作用分子的偶极矩；r 为相互作用分子间的距离；k_B 为玻尔兹曼常量；T 为热力学温度；“–”代表能量降低。可见温度升高会降低分子定向排列的趋势。

2) 诱导力

由于极性分子的极化作用，非极性分子的电子云发生变形而产生诱导偶极矩，使极性分子与非极性分子相互吸引，此种力称为诱导力。诱导吸引能 E_2 为

$$E_2(r) = -(\alpha_1\mu_1^2 + \alpha_2\mu_2^2)/r^6$$

对于同类分子，$\mu_1=\mu_2$，$\alpha_1 = \alpha_2 = \alpha$，有

$$E_2(r) = -2\alpha\mu^2/r^6$$

式中，μ_1、μ_2、α_1、α_2 为分子 1、分子 2 的偶极矩和极化率。

3) 色散力

惰性气体分子和非极性分子的对称电子云分布只是统计平均值。对于某瞬时来说，电子云分布并不均匀，而存在瞬时偶极矩，它使邻近分子极化，被极化的分子反过来又使瞬时偶极矩的变化幅度增加，分子间的色散力就是在这样的反复作用下产生的。

色散力能量 E_3 表示为

$$E_3(r) = -\frac{3}{2}\cdot\left(\frac{I_1\cdot I_2}{I_1+I_2}\right)\left(\frac{\alpha_1\alpha_2}{r^6}\right)$$

对于同类分子

$$E_3(r) = -\left(\frac{3}{4}\right)\alpha^2\frac{I}{r^6}$$

式中，I 为分子的电离能。

综上所述，分子键的键能 E 为

$$E=E_1+E_2+E_3$$

分子键有如下特性：①是永远存在于分子间或原子间的一种作用力；②是一

种吸引力，能量为每克分子数千卡；③没有方向性与饱和性；④作用范围小于 1 nm；⑤分子键中最主要的是色散力，主要受极化率影响。

3.5.2 分子半径

分子半径是分子间以分子键结合时相邻分子的相互接触的原子所表现出的半径。分子结构会影响分子内的原子半径。分子半径一般大于同种单质原子的共价半径。

3.5.3 分子晶体的特点

由于分子键极弱，分子晶体具有如下基本性质：熔点低，硬度低，热膨胀系数大和压缩率大，折射率和透明度高，电导率低，以及可以溶解在非极性溶剂中等。

由于分子键没有方向性和饱和性，所以一个原子尽可能地被几何学上最大可能数目的邻近原子所包围，因此所有固态惰性气体晶体都是一种最紧密堆积结构。

3.6 氢　　键

H 原子的核带一个正电荷，核外有一个电子，当 H 与电负性高的 X(如 O、S、F、Cl 等)原子以共价键结合成分子时，HX 间共价键是极性键，即 H 核外 1s 电子受 X 原子吸引，使 H 显正电性，因此很容易受到另一个电负性较大的原子或离子所吸引。例如，水、含氧酸等化合物中氢原子可同时与两个电负性较大、原子半径较小的原子 X 和原子 Y 相结合，形成 X—H⋯Y 形式的键，X、Y 一般为 F、O、N 等原子。X—H 基本上是共价键，H⋯Y 则为一种有方向性的弱键，这种因氢原子而引起的键：

$$X—H\cdots Y$$

称为氢键。只有 H 原子才具有形成这种键的独特本领。因为 H 原子体积微小(H 原子半径≈0.03 nm)，X—H 的电偶极矩很大，H 只有一个 1s 电子轨道，不能形成两个共价键，但可以静电吸引方式与带有部分负电荷的 Y 原子形成氢键。这种吸引作用的能量一般在 10 $kcal \cdot mol^{-1}$ 以下，与范德华力同数量级而稍强一些。氢键与分子键相比有两个特点：有饱和性和方向性。饱和性表现为 X—H 只与一个 Y 原子相结合，当第二个 Y 原子与之靠近时，X、Y 对其的排斥力将大于 H 对其的吸引力。方向性表现在 X—H⋯Y 在同一直线上，因为只有如此，X—H 间的电偶极矩与 Y 的相互作用才最强。

氢键的键能指的是 H⋯Y 被破坏时所需要的能量。氢键的键长指的是 X 重心到 Y 重心间的距离。大多数氢键为不对称氢键，即 X—H 间的距离小于 H⋯Y 间的距离。氢键的强弱与 X、Y 的电负性大小，Y 的半径有关，X、Y 的电负性越大，Y 的半径越小，氢键越强。常见的几种氢键的强弱次序为

F—H…F＞O—H…O＞O—H…N＞N—H…N

氢键可分为分子间氢键和分子内氢键。分子间氢键的结构有链状、层状和骨架状等。例如，冰的结构为骨架状，每个氧体现出四面体状定向排列的 sp^3 杂化轨道，被四个氢原子包围，其中两个氢属于同一水分子，另外两个氢则属其他两个邻接的水分子，因此两个氢键较短，两个氢键较长。冰的这种骨架结构使冰的密度小于水。分子内氢键的例子也很多，如 HNO_3 等。

正因为氢键较弱，它特别容易在常温下引起反应与变化，因此在决定物质的性质方面起着重要作用。例如，相对于分子间无氢键的情况，当分子间生成氢键时，一般物质的熔点、沸点升高，熔化热、汽化热、表面张力、黏度等都增大，而蒸气压则减小。例如水，如果没有氢键，沸点和熔点应是–80℃和–100℃。分子内生成氢键时，物质的熔点、沸点等降低。

3.7 氘 键

在含有氢键的化合物中，如果将氘(D)代替氢(H)，则可构成氘键。氘键对晶体性质有重要的影响，如 KD_2PO_4 由于存在氘键而具有压电、非线性光学性质。硫酸三甘肽(TGS)晶体由于具有氘键，其居里点从49℃提高到62℃左右。

3.8 中间型键

由一种键型结合而成的化合物称为单键型化合物，例如 NaCl 为典型的离子键晶体，金刚石为典型的共价键晶体，惰性气体晶体是典型的分子键晶体，金属单质是典型的金属键晶体。除了单键型晶体外，还有许多包含多键型或中间型键的晶体。

1. 离子键与共价键的中间型键

立方硫化锌(ZnS)属闪锌矿结构，根据 Zn^{2+} 与 S^{2-} 离子半径比(0.48)，它应具有 NaCl 型结构，配位数为 6∶6，但实际上 Zn 和 S 均为四面体配位，原子间距明显缩短。这是 Zn、S 原子间共用电子对的结果。但根据查明的物化性质判断，ZnS 也非纯共价键，而是介于共价键和离子键的中间型键，是离子极化使正、负离子电子云相互重叠的结果。

2. 共价键与金属键的中间型键

石墨层内具有良好的导电性，但在垂直层面方向是一种非导体。这是因为在层内碳原子间为金属键和共价键的中间型键，层间为分子键。

石墨层内碳原子间的共价键和金属键之间的中间型键形成的原因，可作如下的解释：在石墨层内，每个碳原子均与周围三个呈三角形分布的碳原子相接触，相邻碳原子间的距离均为 0.142 nm，一般碳原子的电子激发态为 sp^3，当形成石墨时，其中三个电子形成 sp^2 杂化轨道，每个碳原子与三个最邻近的碳原子构成定位的 σ 键，另外一个 π 电子(垂直层的 p 轨道电子)不固定，在碳层上、下一个平面内活动，出现的概率处处相同，类似于金属键中的电子，在层内起着金属电子的传导作用，而层间电子并不流动，因此在垂直层面方向石墨不导电。

中间型键指某种键含有不同比例的若干种键的成分，有别于“混合键”的概念。混合键指一种晶体中同时存在几种不同的键型，如石墨，平行层和垂直层为不同的键型；$CaCO_3$，CO_3^{2-} 中及 CO_3^{2-} 与 Ca^{2+} 间为不同的键型。混合键晶格类型划分主要依据晶体中主导地位的键型来定，如 $CaCO_3$，虽然 CO_3^{2-} 中为共价键，但占主导地位的是 Ca^{2+} 与 CO_3^{2-} 间的离子键，因此 $CaCO_3$ 属于离子晶体。又如卤素元素(Cl、Br、I)的双原子分子为共价键，但晶体中占主导地位的是分子间的范德华力，因此它们属分子晶体。

第 4 章　晶体场理论及配位场理论

前面章节介绍了各种类型的化学键及相关化学键理论，这些化学键理论主要研究中心离子与配体之间结合力的本质，对于过渡元素络合物，这些化学键理论虽然也能说明一些性质，但存在着许多问题。例如，价键理论不能解释一些过渡元素配位多面体偏离正八面体构型的原因，不能解释过渡元素络合物的紫外-可见光谱和络合物的稳定性问题等。

配位场理论是关于过渡金属络合物的化学键理论，它把配体和过渡金属中心离子间的作用看作是配体的“力场”和中心离子产生的相互作用。早期发展的是静电晶体场理论(CFT)，1929 年由汉斯·贝特(Bethe)和约翰·哈斯布鲁克·范扶累克(John Hasbrouck van Vleck)提出，后来与分子轨道理论相结合，称为配位场理论。由于晶体场理论比较简单而且能得到大部分结论，本书主要介绍晶体场理论及其在某些方面的应用，最后简单介绍配位场理论。

4.1　晶体场理论

晶体场理论是一种静电作用理论，即把中心离子与周围配体的相互作用，看作类似离子晶体中正、负离子间的静电作用。由于过渡金属元素电子壳层的特殊性，它们在晶格中的结合规律显示出明显的特殊性。

4.1.1　过渡金属元素电子壳层结构的特点

过渡金属元素的电子壳层结构特征是 d(或 f)亚层只部分地为电子所填充。如第一系列过渡金属元素电子排布的一般形式为

$$1s^2 2s^2 2p^6 3s^2 3p^6 3d^{10-n} 4s^{1\text{或}2}$$

闭合电子壳层的电子排布为 $1s^2 2s^2 2p^6 3s^2 3p^6$，相当于惰性气体氩(Ar)的电子构型，称为氩实。如果去掉 4s 电子及某些 3d 电子便形成过渡金属元素的离子及不同的氧化态。在一个孤立的过渡金属离子中，五个 d 轨道的能量相等(称为五重简并)，电子处于任一轨道的概率相等，但依洪德规则，电子占据尽可能多的轨道，且自旋方向相同。

4.1.2　晶体场分裂及晶体场稳定能

在晶体结构中，阳离子周围的配体，即与阳离子呈配位关系的阴离子或负极朝向中心阳离子的偶极分子，所形成的静电势场称为晶体场。

当过渡元素进入晶体场时，受静电场的影响，五个能量相同的 d 轨道围绕能级重心发生分裂，其分裂的方式和程度将取决于配体的种类和配位多面体的形状。

1. 正八面体配位中的晶体场分裂

正八面体配位中配体和过渡金属离子 d 轨道的方位如图 4-1 所示。在正八面体中过渡金属的五个 d 轨道都受到配体负电荷的排斥。但属于 e_g 或 d_γ 组的 $d_{x^2-y^2}$、d_{z^2} 两个轨道静电斥力较大，能量较高，属于 t_{2g} 或 d_ε 组的 d_{xy}、d_{yz} 和 d_{xz} 轨道受排斥较小，能量较低(因 d_{z^2} 可以由 $d_{z^2-x^2}$、$d_{z^2-y^2}$ 线性组合得到，而 $d_{z^2-x^2}$、$d_{z^2-y^2}$ 的能量与 $d_{x^2-y^2}$ 相同，因此 d_{z^2} 与 $d_{x^2-y^2}$ 能量相同)。因此五重简并的 d 轨道分裂成 e_g 与 t_{2g} 两组能量不等的轨道，e_g 与 t_{2g} (或 d_γ 与 d_ε) 轨道的能量间距称为晶体场分裂，分裂参数以 Δ_o 表示。能级分裂遵循重心规则，即如果以未分裂时 d 轨道的能量为 0，则 $4E(e_g)+6E(t_{2g})=0$，所以 $E(e_g)=\frac{3}{5}\Delta_o$，$E(t_{2g})=\frac{2}{5}\Delta_o$，即 e_g 轨道中每个电子使过渡金属离子稳定性降低 $\frac{3}{5}\Delta_o$，而 t_{2g} 轨道中每个电子使过渡金属离子的稳定性升高 $\frac{2}{5}\Delta_o$，盈负相抵，所得的净能量称为“晶体场稳定能”(crystal field stablization energy, CFSE)。电子构型为 d^3、d^8 和低自旋 d^6 的离子在正八面体中稳定能最大。

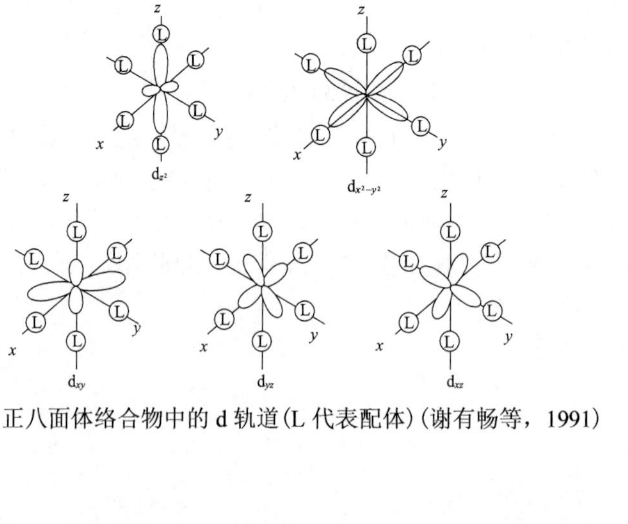

图 4-1　正八面体络合物中的 d 轨道(L 代表配体)(谢有畅等，1991)

2. 四面体配位中的晶体场分裂

四面体配位如图 4-2 所示，可以把配体看成是位于相间的立方体顶点上，这种配位没有对称中心。在四面体配位中，四个配体正好与坐标轴 x、y、z 错开，避开了 d_{z^2} 和 $d_{x^2-y^2}$ 的极大值而靠近 d_{xy}、d_{yz}、d_{xz} 的极大值，五个 d 轨道能级的分裂次序正好与八面体场时相反，其分裂能量间距也比八面体配位小。四面体场分裂参数用 Δ_t($\Delta_t=\frac{4}{9}\Delta_o$) 表示，$e_g$ 轨道的每个电子使过渡金属离子稳定性增加 $\frac{3}{5}\Delta_t$，而 t_{2g} 轨道的每个电子使它的稳定性降低 $\frac{2}{5}\Delta_t$。具有 d^2、d^7 和低自旋 d^4 构型的离子(V^{3+} 和 Co^{2+})在四面体配位中有较高的稳定能。

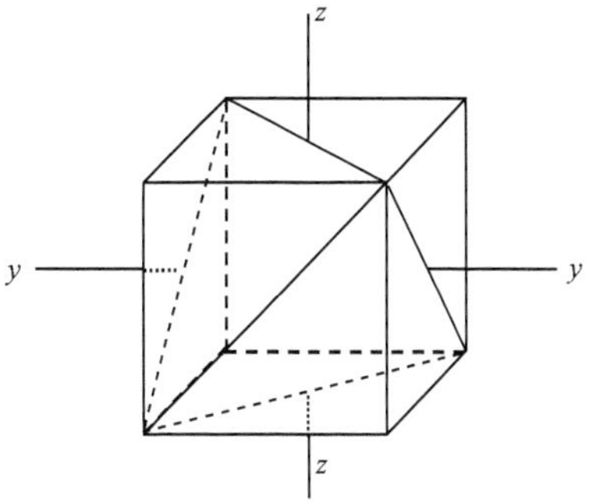

图 4-2　四面体、立方体配位中配体的分布(潘兆橹等，1994)

3. 立方体配位中的晶体场分裂

在立方体配位中，配体位于立方体的八个角顶上(图 4-2)，e_g 与 t_{2g} 轨道及配体的分布情况与四面体配位相似，晶体场分裂方式相似，但配体数量较四面体配位多一倍，因此分裂参数 Δ_c($\Delta_c=\frac{8}{9}\Delta_o$) 较四面体配位的分裂参数大一倍。

4. 正方形配位中的晶体场分裂

在正方形配位中，四个配体沿 $\pm x$、$\pm y$ 方向与中心离子接近，五个 d 轨道能级分裂为四组，$d_{x^2-y^2}$ 最高，d_{xy} 次之，d_{z^2} 更次之，d_{yz}、d_{xz} 最低。

图 4-3 总结了立方体、四面体、八面体和正方形配位晶体场中 d 轨道能级分裂的情况。

4.1.3　10*Dq* 参数

以八面体晶体场为例，6 个配体产生的静电场可表示为

$$V_{oct}=\frac{6Z_{Le}}{R}+\frac{35Z_{Le}}{4R^5}\left(X^4+Y^4+Z^4-\frac{3}{5}r^4\right)$$

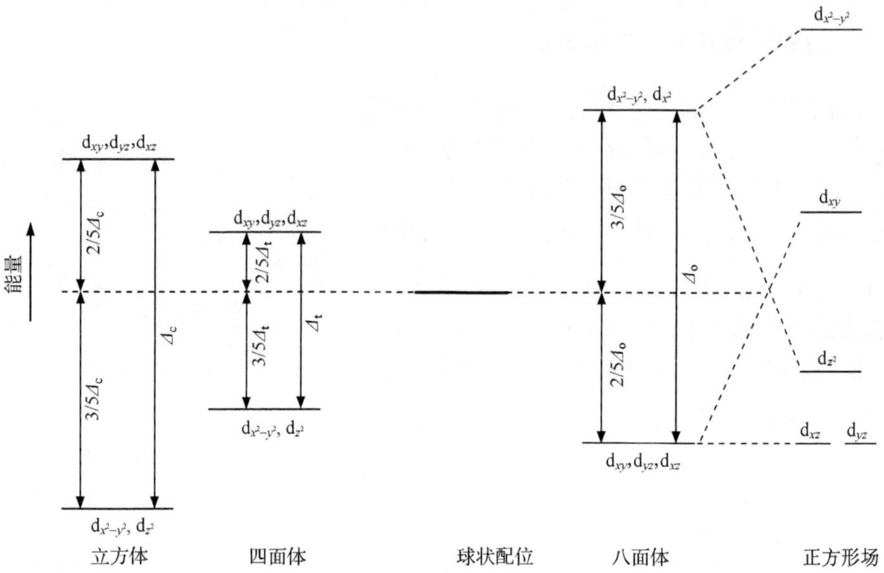

图 4-3　在立方体、四面体、八面体和正方形晶体配位场中 d 轨道能级分裂

其中，Z_{Le} 为配体电荷；R 为配体与中心离子间距离；x、y、z、r 为电子极坐标；$\dfrac{6Z_{Le}}{R}$ 是氩实电子的贡献，对过渡金属化合物的热力学性质和 3d 轨道能级有重要影响。但因其为球形对称，对 3d 能级分裂无贡献。因此在晶体场理论中常将其忽略，只考虑能量差时，该项不重要。

第二项可表示为

$$V'_{oct}=D\left(X^4+Y^4+Z^4-\frac{3}{5}r^4\right),\quad D=\frac{35Z_{Le}}{4R^5}$$

当 V'_{oct} 与 t_{2g}、e_g 中的电子作用时，t_{2g}、e_g 的能量分别为

$$E(t_{2g})=-4Dq,\qquad E(e_g)=+6Dq$$

其中 $q=\dfrac{2e}{105}\displaystyle\int_0^{\infty}r_{3d}^2(r)r^4r^2\mathrm{d}r=\dfrac{2e\langle r^4\rangle}{105}$，因此，$t_{2g}$ 和 e_g 的能量差为

$$E(e_g)-E(t_{2g})=10Dq$$

与晶体场分裂参数 Δ_o 相等，因此 $10Dq$ 即为晶体场分裂参数 Δ。

$\langle r^4\rangle$ 是 3d 轨道与核距离的四次方的平均值，其准确值尚无法得知。

4.1.4　影响 Δ 值的因素

1. 阳离子类型

对相同的配体，同一金属元素的络合物，高价离子比低价离子的 Δ 值大。不同的金属离子，一般三价离子比二价离子的 Δ 值大，即存在如下关系：

$$Mn^{2+}<Ni^{2+}<Co^{2+}<Fe^{2+}<V^{2+}<Fe^{3+}<Cr^{3+}<V^{3+}<Co^{3+}<Mn^{4+}$$

这一顺序对氟化物络合物中的第一过渡元素的高自旋离子特别明显。对于相邻系列的过渡金属元素，后一系列比前一系列的 Δ 值增加 30%～50%。

2. 配体类型

同一过渡金属离子的 Δ 值还随配体种类变化。例如，对于八面体配位的 Cr^{3+} 和 Co^{3+}离子，Δ 值随配体变化的顺序为

$I^-<Br^-<Cl^-<SCN^-<$urea(脲)$=OH^-<CO_3^{2-}=$草酸盐$<O^{2-}<H_2O<$吡啶$<NH_3<$乙二胺$<SO_3^{2-}<NO_2^-<HS^-<S<CN^-$

这一序列又称化学谱系(spectrochemical series)，因为它反映了某一离子的化合物的颜色(色谱)随配体的变化。

$3d^4$、$3d^7$ 构型的过渡金属离子与此化学谱系前端的配体配位时常为高自旋态，与后端配体配位时常为低自旋态。因此氟化物中的离子(第一过渡系列)为高自旋态，氰化物中的离子则为低自旋态。从高自旋到低自旋的转折点，随离子种类不同而不同，可通过实验测量确定。第一过渡系列的多数离子在常压下的氧化物中为高自旋态，但 Co^{3+}、Ni^{3+}例外，为低自旋态 $(t_{2g})^6$ 和 $(t_{2g})^6(e_g)^1$。

相同配体(如 O)以不同形式存在(如 O^{2-}、OH^-、非桥氧 Si—O^-、桥氧 Si—O—Si 或 H_2O)时，其 Δ 值也有小的变化。

3. 原子间距

Δ_o 与原子间距 R 之间有如下关系：

$$\Delta_o=\frac{Q\langle r^4\rangle}{R^5}$$

可见 Δ 与中心离子与配体间的距离有紧密关系。

4. 压力

Δ 随压力的变化可表示成

$$\frac{d\Delta}{dP}=\frac{5}{3}\frac{\Delta}{\kappa}$$

式中，κ 为配位多面体的不可压缩系数。

5. 温度

温度对 Δ 的影响可表示为

$$\frac{\Delta_T}{\Delta_0}=\left(\frac{V_0}{V_T}\right)^{\frac{5}{3}}$$

Δ_T、Δ_0、V_T、V_0 分别表示温度 T 和 T_0 时的晶场分裂能和摩尔体积。因为一般情况下 $V_T>V_0$，所以一般 $\Delta_T<\Delta_0$，即 Δ 随温度升高而减小。

6. 配体环境的对称性

由 4.1.2 小节已知，在不同对称性的配位多面体中，过渡金属离子的 Δ 值不同。几种常见的对称性不同的配位多面体的晶场分裂值 Δ_o(八面体)、Δ_c(立方体)、Δ_d(菱形十二面体)、Δ_t(四面体)间的关系为

$$\Delta_o : \Delta_c : \Delta_d : \Delta_t = 1:\left(-\frac{8}{9}\right):\left(-\frac{1}{2}\right):-\frac{4}{9}$$

4.1.5　低对称环境的晶场分裂——Jahn-Teller 效应

前面讨论的都是由同种配体组成的规则多面体晶场，这种情况在水溶液、熔融盐、硅酸盐熔体中存在，但在大多数含过渡金属元素的晶体结构中是很少存在的。首先中心离子与每一角顶的距离可能不等，其次配体种类可能不同，使配位多面体对称性降低，导致 3d 轨道能级进一步分裂。

Jahn 和 Teller 于 1937 年首先指出，如果分子的基态或最低能级是简并的，那么它将会自动畸变而解除简并，并使一个能级更稳定。例如，当一个过渡金属离子的 d 轨道为全空或全满，而另一个能量相等的轨道为半充满，那么可预言该过渡金属离子的周围环境将会扭曲，使半充满的轨道能量更低，以形成更稳定的电子构型。这一现象即称为 Jahn-Teller 效应。

Jahn-Teller 效应可用群论和量子力学方法证明，但这里仅以氧八面体中的 Mn^{3+}为例简单说明。Mn^{3+}为高自旋构型$(t_{2g})^3(e_g)^1$，t_{2g} 被三个电子占据，第四个电子既可占据 e_g 中的 $d_{x^2-y^2}$，也可占据 e_g 中的 d_{z^2}。如果 x-y 平面的四个氧同时移向 Mn^{3+}，而 z 轴的两个氧移离 Mn^{3+}，即 x-y 平面上的 Mn—O 比 z 轴上的 Mn—O 短，八面体被拉长，那么单个的 e_g 电子将占据 d_{z^2}，因为它受到的斥力比 $d_{x^2-y^2}$ 小，能量较低。因此 e_g 分裂为两个能级，d_{z^2} 比 $d_{x^2-y^2}$ 更稳定。同时 t_{2g} 也分裂为两个能级，d_{xz}、d_{yz} 比 d_{xy} 更稳定。如果 z 轴的氧移向 Mn^{3+}，x-y 平面的 O 移离 Mn^{3+}，

即八面体被压偏，情况正好相反，见图 4-4。

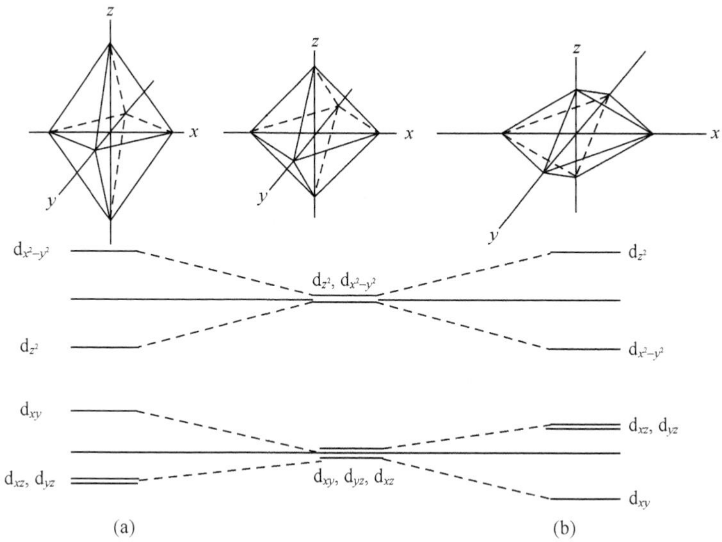

图 4-4　四方畸变八面体配位中配体排布和过渡金属离子 d 轨道的相对能级(潘兆橹等，1994)
(a) 八面体沿 z 轴(四次对称轴)拉长；(b) 八面体沿 z 轴(四次对称轴)压偏

具有 $3d^4$、$3d^9$ 和低自旋 $3d^7$ 构型的离子在氧化物结构中的八面体内最易发生 Jahn-Teller 变形。因此在变形的环境中，Cr^{2+}、Mn^{3+}、Cu^{2+}、Ni^{3+}更稳定。

一些过渡金属离子的 t_{2g} 轨道也存在电子分布不均匀的现象，例如 $3d^1$、$3d^2$、高自旋 $3d^6$、$3d^7$ 构型离子，也发生 Jahn-Teller 分裂。但很多例子证明 t_{2g} 的分裂程度与 e_g 相比很小。

四面体也可发生 Jahn-Teller 畸变。高自旋 $3d^2$、$3d^5$、$3d^7$、低自旋 $3d^4$ 构型的离子在四面体中不发生 Jahn-Teller 畸变，而 $3d^3$、$3d^4$、$3d^8$、$3d^9$(如 Cr^{3+}、Mn^{3+}、Ni^{2+}、Cu^{2+})构型的离子在畸变的四面体中则更稳定。但 Cr^{3+}、Mn^{3+}有很高的八面体晶体场稳定能，所以很少出现在四面体中。

Jahn-Teller 理论只能预测那些具简并电子构型的离子配位多面体会发生畸变，但它不能预测畸变的量和几何性质。例如，它不能预测 Mn^{3+}将畸变成拉长的或是压偏的八面体。畸变量和几何性质只能通过实验测定。

Jahn-Teller 理论还可预测离子处于短暂激发态时的能级分裂情况。如 Ti^{3+} $3d^1(t_{2g})^1$，当可见光将$(t_{2g})^1$激发到 e_g 轨道上时，d_{z^2}、$d_{x^2-y^2}$ 发生分裂(只 10^{-15}s)，这种现象称为动态 Jahn-Teller 分裂，它引起过渡金属离子晶场谱峰出现不对称现象。

畸变位置中的离子 d 轨道能级进一步分裂也遵守重心规则，因此稳定能也很容易算出。除了正四面体、正八面体和沿四次轴畸变的四面体、八面体外，过渡金属离子也可以处于其他几何形状的低对称位置，这时 d 轨道的分裂更为复杂，分裂成多组能级，如图 4-5 所示。

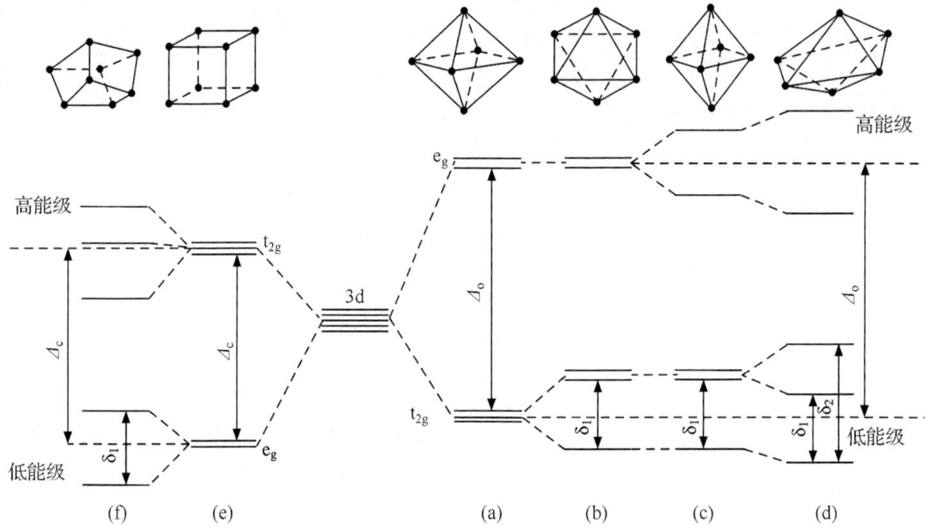

图 4-5　畸变位置中过渡金属离子 3d 轨道的相对能级(Burns R G，1993)

(a)规则八面体；(b)三方畸变八面体；(c)四方畸变八面体；(d)高度畸变的六次配位位置；(e)规则立方体；(f)畸变立方体

4.2　电子轨道和原子态的对称变换

晶体场理论也可以认为是研究晶体对称性对元素的电子轨道和原子态(谱项)的影响，这种影响可以通过直观的几何学方法讨论(如上一节讨论的不同配位环境对电子轨道能级的影响)，也可用群论方法来表示。当讨论对称性对原子态(谱项)的影响时，群论方法具有优势。

与描述元素的电子态类似，描述原子态也有一组相应的量子数。描述电子态和原子态的量子数对比如下。

电子的量子数	**原子的量子数**
n：主量子数	
l：轨道量子数	L：轨道量子数　$L=l_1+l_2+\cdots=\sum l$
l=s,p,d,f,⋯(0, 1, 2, 3, ⋯)	L=S，P，D，⋯(0, 1, 2, 3, ⋯)

m_l：磁轨道量子数	M_L：磁轨道量子数
$m_l=l, l-1, \cdots, -l$	$M_L=L, L-1, \cdots, -L$
s：自旋量子数	S：自旋量子数
$s=\dfrac{1}{2}$	$S=s_1+s_2+\cdots=\Sigma s=0, \dfrac{1}{2}, 1, \cdots$
m_s：磁自旋量子数	M_s：磁自旋量子数
$m_s=\pm\dfrac{1}{2}$	$M_s=S, S-1, S-2, \cdots, -S$
j：总量子数(内量子数)	I：总量子数
$j=l+s, \cdots, l-s$	$I=L+S, \cdots, L-S$
m_j：磁总量子数	M_I：磁总量子数
$m_j=j, j-1, \cdots, -j$	$M_I=I, I-1, \cdots, -I$

为方便用群论方法表示电子轨道和原子态在对称作用下的变化，先简单介绍原子态(谱项)和群论的基础知识。

4.2.1　谱项

谱项是考虑到电子间的相互作用而给予原子态的标记。由 L 和 S 值(原子轨道量子数和自旋量子数)描述，写成 ^{2S+1}L。

L=S，P，D，F，G，H，I

S=总自旋量子数

$2S+1$=自旋多重度

例如，Cr^{3+}的 ^{4}F 谱项对应的态为 $L=F=3$，$2S+1=4$，$S=\dfrac{3}{2}$。

多重态能级谱项符号写成 $^{2S+1}L_I$，I 的取值由$(L+S)$到$(L-S)$，因此 ^{3}F 谱项的 I=4、3、2，有三个多重能级：$^3F_4$、$^3F_3$、$^3F_2$。可见谱项符号左上角的数目即多重能级数，如 $^6H_{5/2}$ 谱项，$L=H=5$，$2S+1=6$，$S=\dfrac{5}{2}$，$I=\dfrac{5}{2}$，有 6 个可能的多重能级：$I=L+S, \cdots, L-S=5+\dfrac{5}{2}, \cdots, 5-\dfrac{5}{2}=\dfrac{15}{2}, \dfrac{13}{2}, \dfrac{11}{2}, \dfrac{9}{2}, \dfrac{7}{2}, \dfrac{5}{2}$，写成 $^6H_{15/2}$，$^6H_{13/2}$，$^6H_{11/2}$，$^6H_{9/2}$，$^6H_{7/2}$，$^6H_{5/2}$。

1. 基态谱项推导

↑	↑	↑		

例 4-1　nd^3 电子组态

$l=d=2$　　$m_l=2,1,0,-1,-2$　　$(2l+1=5$ 个值)

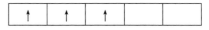

$L=\sum l=2+1+0=3=F$　(3 个电子填充 3 个轨道，自旋平行)

$$S=\sum s=\frac{1}{2}+\frac{1}{2}+\frac{1}{2}=\frac{3}{2}\qquad 2S+1=4$$

$$I=L+S,\ \cdots,\ L-S=3+\frac{3}{2},\ \ \cdots,\ 3-\frac{3}{2}=\frac{9}{2},\ \frac{7}{2},\ \frac{5}{2},\ \frac{3}{2}$$

所以 nd^3 的基态谱项是 ^4F，有 4 个多重能级：$^4F_{9/2}$、$^4F_{7/2}$、$^4F_{5/2}$、$^4F_{3/2}$。

例 4-2　np^2 电子组态

↑	↑	

$l=p=1$　$m_l=1,0,-1$　$L=\sum l=1+0=1=P$

$$S=\sum s=\frac{1}{2}+\frac{1}{2}=1\qquad 2S+1=3$$

$I=L+S,\ \cdots,L-S=2,1,0$

所以 np^2 的谱项为 ^3P，多重能级为 $^3P_2$、$^3P_1$、$^3P_0$。

1) 几种特殊电子组态的基态谱项

(1) 对于全满亚层 ns^2、np^6、nd^{10}、nf^{14}，因为 $M_L=\sum m_l=0$，$L=0=S$，$M_S=\sum m_s=0$，$S=0$，$2S+1=1$，$I=L+S$，…,$L-S=0$，所以基态谱项均为 $^1S_0$。因此在确定原子或离子谱项时只需讨论未充满的亚层电子。

(2) 对半充满的亚层 ns^1、np^3、nd^5、nf^7，$M_L=\sum m_l=0$，$L=0=S$，S 由电子数确定：对 s、p、d、f 轨道分别为 $\frac{1}{2}$、$\frac{3}{2}$、$\frac{5}{2}$、$\frac{7}{2}$，$2S+1$ 分别为 2、4、6、8，因此基态谱项分别为 ^2S、^4S、^6S、^8S。

(3) 对一个电子的组态 ns^1、np^1、nd^1、nf^1，$L=l$(分别为 0、1、2、3)，$S=\frac{1}{2}$，$2S+1=2$，基态谱项分别为 ^2S、^2P、^2D、^2F。

(4) p^1 和 p^5、d^1 和 d^9、f^1 和 f^{13} 的谱项相同。

2) 基态谱项的特征

(1) 原子自旋 S 值最大，多重度 $2S+1$ 最大。对于一定的多重度，L 值最大(即电子占据 l 值大的轨道)。

(2) 尚未达到半填满的亚层基态的多重度能级，I 值最小的能级为最低能级，如 d^2，多重态为 $^3F_2$、$^3F_3$、$^3F_4$，其中 $^3F_2$ 为最低能级。

(3) 超过半填满的亚层基态的多重能级，I 值最大的能级为最低能级，如 d^8，多重态为 $^3F_4$、$^3F_3$、$^3F_2$，其中 $^3F_4$ 为最低能级。

2. 激发态谱项推导

对应于同一电子组态存在具有不同 m_l 和 m_s 值的若干个态，态的个数由 $M_I=I$，…，$-I$ 确定，数值上等于 $(2L+1)(2S+1)$ (如对于 $3d^1$，$L=2$，$S=\frac{1}{2}$，(2L

+1)(2S+1)=5×2=10，存在 10 个态)。能量最低的态为基态，其他谱项即为激发态谱项。

由以上分析可知，谱项 ^{2S+1}L 由电子库仑相互作用形成，多重能级 $^{2S+1}L_I$ 是自旋轨道相互作用的结果，多重能级态 M_I 是外磁场作用分裂造成的，态的个数=(2L+1)(2S+1)。

原子外层电子跃迁产生发射光谱、吸收光谱，内层电子跃迁产生 X 射线光谱。

4.2.2　群论基础

群论是代数学的分支，从应用角度，群论是处理与对称性紧密联系的课题的有力工具。

群的定义：如果一个体系中的元素(数、矩阵、置换操作或对称操作)由特定的乘法运算彼此联系，而且具备封闭性、结合律，具有单位元素和逆元素四个性质，则这组元素的集合称为群。

(1)封闭性：即群 G 的任意两元素 A_i、A_j 的乘积必定是群的一个元素 A_k，即 $A_iA_j=A_k$，记为 $A_i,A_j\in G$，$A_k\in G$。

(2)结合律：$A_i(A_jA_k)=(A_iA_j)A_k=A_iA_jA_k$，即只要保持三个元素的顺序不变，它们的乘积是唯一的，与哪两个元素先乘无关。

(3)单位元素：与群中任一元素相乘都等于被乘元素本身的元素称为单位元素 E，即

$$EA_i=A_iE=A_i$$

(4)逆元素：群中任一元素与其逆元素的乘积等于单位元素(逆元素记为 A_i^{-1}，与 A_i 属同一群)，即

C_{3v}		第一操作					
		E	C_3	C_3^2	σ_v	σ_v'	σ_v''
第二操作	E	E	C_3	C_3^2	σ_v	σ_v'	σ_v''
	C_3	C_3	C_3^2	E	σ_v''	σ_v	σ_v'
	C_3^2	C_3^2	E	C_3	σ_v'	σ_v''	σ_v
	σ_v	σ_v	σ_v'	σ_v''	E	C_3	C_3^2
	σ_v'	σ_v'	σ_v''	σ_v	C_3^2	E	C_3
	σ_v''	σ_v''	σ_v	σ_v'	C_3	C_3^2	E

注：对称操作常用的熊夫利斯符号如下：E 为恒等操作；i 为反演(伸)操作；$\sigma=iC_2$ 为反射(影)操作；σ_h 为镜面垂直主轴的反射操作；σ_v 为镜面包含主轴的反射操作；σ_d 为镜面包含主轴且平分垂直于主轴的两个二次轴所成夹角的反射操作；$I_n=iC_n$ 为旋转反演操作；$S_n=\sigma C_n$ 为旋转反射操作。

$$A_i A_i^{-1}=E=A_i^{-1}A_i$$

这里所说的乘法运算是指两个元素结合成有序对子的规则，可以代表不同的意义，如普通数的加法，矩阵的乘法或相继进行的两个对称操作，等等。

群的阶：群中包含的元素的数目(有限群，无限群)。

群的乘法表：将群的所有元素按顺序排成行和列并逐一进行乘法运算得到的表。以 C_{3v} 群为例，C_{3v}：$\{E, C_3, C_3^2, \sigma_v, \sigma_v', \sigma_v''\}$乘法表如下：

同构群：乘法表相同的群。

同态群：有相似乘法表，但阶数不同的群。

共轭：　如 $B=X^{-1}AX$，则 A 与 B 共轭，这种变换称相似变换。如 $A_i=X^{-1}A_iX$，称为自轭。

类：群中某个元素 A_i 的所有共轭元素的集合称为以 A_i 为代表的一个类(或级)。类中所有元素都是互相共轭的，类的阶数必是它所属的群的阶数的一个因数，因此一个群可以分成若干类。

子群：若在群 G：$\{E, A_2, A_3, \cdots, A_n\}$中有部分元素的集合对于群 G 的乘法运算也构成一个群，即 H：$\{E, A_2, A_3, \cdots, A_{n'}\}$ $(n'<n)$，则称 H 为 G 的一个子群。n'必是 n 的一个因数，即 $n/n'=k$，k 为整数。

由单位元素 E 和群 G 本身组成的集合也是 G 的子群，称为平凡子群(非真子群)，其余子群称为非凡子群(真子群)。

陪集：左陪集 XH：$\{XE, XA_2, XA_3, \cdots, XA_{n'}\}$，$X$ 不为 H 中的元素，XH 也不属 H。

右陪集 HX：$\{EX, A_2X, A_3X, \cdots, A_{n'}X\}$，$X$ 不为 H 中的元素，HX 也不属 H。

共轭子群：子群 H'与 H''的元素一一共轭，则 H'与 H''共轭，共轭子群同构。

自轭子群(正规子群，不变子群)：如果上面 H''中的元素与 H'中的元素重合，H'为自轭子群，即

$$X^{-1}H'X=H', \quad X\in G$$

可见，H'为自轭子群的条件是其左陪集等于右陪集。

因子群：群 G 可以看成是其不变子群 H 及其所有陪集的和，若把 H 和其陪集用一元素表示，得到的集合也是一个群，称为因子群，记作 G/H，其阶数为 $k=n/n'$。

互换群：如果 $A_iA_j=A_jA_i$，则 G 为互换群，$A_i, A_j\in G$。互换群中每一元素都自轭，因此自成一类。

轮回群：由 A，A^2，A^3，…，$A^n=E$ 组成的群。轮回群是互换群。

对称操作的矩阵表示：对称操作可以用晶体上任一点的位置变换来表示，点的位置变换可以用坐标变换表示，坐标变换可以用线性组合形式表示。线性组合

的系数方阵称为坐标变换矩阵或表示方阵，记作 $D(R)$。

正交变换：保持体系间距离不变的坐标变换。因此对称操作具有正交变换的性质。

群的表示：与一个群 G 同态(或同构)的由矩阵组成的群，称为群 G 的一个表示(同态的矩阵群称为不确实的表示，同构的矩阵群称为确实的表示，表示矩阵的阶数称为表示的维数)。

表示的基：群元素作用的对象，如 x，y，z，…(不严格的表述)。

可约表示：如果三维表示方阵 $D(R)$是由表示方阵 $D_2(R)$和 $D_1(R)$ 在对角线方向串起来构成，则称 $D(R)$是 $D_2(R)$和 $D_1(R)$的直和，表示成 $D(R)=D_2(R)\oplus D_1(R)$。普遍地说，如果 G 的一个表示 Γ 中的所有方阵$\{D(R)\}$都可以被同一个正交矩阵(应为幺正矩阵，即方阵的转置=方阵的逆)作相似变换为对角方块串形式，就称此 Γ 表示为可约表示，否则为不可约表示。

一个可约表示被约化成由不可约表示方阵构成的对角方块串的形式就称为完全约化了的可约表示方阵，表示成

$$D(R)=n_1D_1(R)+n_2D_2(R)+\cdots=\sum_i n_iD_i(R)$$

一个群的不可约表示的数目和各不可约表示的维数都是一定的。

特征标：表示矩阵的迹(对角线元素之和)称为该表示矩阵的特征标。

特征标系：一个不可约表示的所有元素的特征标的集合(或称不可约表示的特征标)。

恒等操作的特征标等于这个不可约表示的维数。一个不可约表示中的同类元素有相同的特征标。各不可约表示的维数的平方和等于群的阶。

同一不可约表示中各元素的特征标的平方和等于群的阶(可作为判别是否为不可约表示的判据)。

不可约表示的数目=群中类的数目

直积群：如果群 G_1：$\{E, A_1, A_2,\cdots, A_n\}$($n$ 阶群)和群 G_2:$\{E, B_1, B_2, \cdots, B_m\}$($m$ 阶群)的任意两元素都可互换，则由 G_1 的任一元素与 G_2 的任一元素的乘积组成的一个 $n\times m$ 个元素的集合，也构成一个群，称为 G_1 与 G_2 的直积群，记作 $G_1\times G_2$，为 $n\times m$ 阶群。

32 个结晶学点群中的直积群：

$C_{2h}=C_2\times C_i$　$C_{4h}=C_4\times C_i$　$C_{6h}=C_6\times C_i$　$C_{3h}=C_3\times C_s$

$D_{2h}=D_2\times C_i$　$D_{4h}=D_4\times C_i$　$D_{6h}=D_6\times C_i$　$D_{3d}=D_3\times C_i$　$D_{3h}=D_3\times C_s$

$S_6=C_3\times C_i$　$T_h=T\times C_i$　$O_h=O\times C_i$

$C_s=\{E, \sigma_h\}$　$C_i=\{E,i\}$

如果 G_1 有 k_1 个类，G_2 有 k_2 个类，则 $G_1 \times G_2$ 有 $k_1 \times k_2$ 个类。

矩阵的内积：$[AB]=C$，$c_{ij} = \sum_{k=1}^{n} a_{ik} b_{kj}$。要求 A 的列数=B 的行数，因此 $AB \neq BA$。

矩阵的外积(直积)：两个方阵(必须是方阵)A 与 B 的直积等于 A 的每一矩阵元直接与 B 的各矩阵元相乘的结果。s 维方阵与 r 维方阵直积得到 $s \times r$ 维方阵：$c_{ik,jl}=a_{ij}b_{kl}$。

直积群 $G_1 \times G_2$ 表示的特征标等于各群表示的特征标的乘积。若各群的表示是不可约的，则相应的直积群的表示也是不可约的。

直积群的类的数目等于各群不可约表示的数目的积。

直积表示 $\Gamma_i \times \Gamma_j$ 的 A_1 操作的特征标等于这两个表示的同一操作的特征标的乘积。

同一个群的两个不可约表示的直积可以是不可约的，也可以是可约的。

直积基函数：两个不可约表示 Γ_i、Γ_j 的基函数 $\Phi_\lambda(\lambda=1, 2, 3, \cdots, l_i)$ 与 $\Psi_\gamma(\gamma=1, 2, 3, \cdots, l_j)$ 的乘积的线性组合 $\{\Phi_\lambda \Psi_\gamma\}$ 就是直积 $\Gamma_i \times \Gamma_j$ 表示的基函数。

4.2.3 对称操作对电子轨道的作用

任何一个点群都由若干对称要素构成，对称操作对电子轨道的作用可用给定点群的特征标表示(对称操作前和对称操作后电子轨道之间的关系)。电子轨道在对称操作作用下可以是对称的(用+1 表示)或反对称的(用–1 表示)。如果作用既不是对称的，也不是反对称的，如 C_{4h} 群中的 C_4^z 操作，对 d_{xz} 的作用结果是与 d_{yz} 重合，此时特征标是坐标变换矩阵的迹(矩阵左上方到右下方主对角线元素之和)。将所有对称要素对电子轨道作用的结果(即+1 或–1)用表格形式列出，即得到特征标表。特征标表的每一行(所有对称要素对某一或某几个电子轨道操作的结果)为一个不可约表示(或称为对称类型)。

一个点群的不可约表示的数目取决于独立对称操作的特征标组合的数目。以 C_{2h} 点群为例，对称要素为 C_2、σ_h、i，独立对称操作为 C_2、σ_h，因此特征标组合为

C_2	σ_h
+	+
+	−
−	+
−	−

一共 4 种组合，所以 C_{2h} 点群有 4 个不可约表示。

每一个不可约表示都用一专门符号代表：

(1) A 代表非简并的一维类型：绕主轴旋转不改变轨道符号，特征标为＋1；

B 代表非简并的一维类型：绕主轴旋转改变轨道符号，特征标为－1；

E 代表二重简并的二维表示；

T 代表三重简并的三维表示。

(2) A_1，B_1，T_1：对垂直主轴的 $C_2(\perp C_n)$ 或包含主轴的对称面 σ_v 是对称的；

A_2，B_2，T_2：对 $C_2(\perp C_n)$ 是反对称的。

(3) A'，B'：对 σ_h 是对称的(特征标为＋1)；

A''，B''：对 σ_h 是反对称的(特征标为－1)。

(4) A_{1g}，A_{2g}，B_{1g}，B_{2g}，E_g，T_{1g}，T_{2g}：中心对称的，偶的(来自德文 gerade，意为偶的)；

A_{1u}，A_{2u}，B_{1u}，B_{2u}，E_u，T_{1u}，T_{2u}：非中心对称的，奇的(来自德文 ungerade，意为奇的)。

如果群没有对称中心，g、u 不写。因为 s、d 轨道是偶的，中心对称的，故它们的表示及由它们得出的谱项均有 g。p 轨道是奇的，非中心对称的，故它的表示及由它得出的谱项均有 u。A_1 是全对称表示。

(5) 相应的小写字母代表单电子轨道的表示(大写字母为谱项表示)。

(6) Mulliken 记号与 Bethe 记号的对应：

A_1,	A_2,	E,	T_1,	T_2	Mulliken
Γ_1,	Γ_2,	Γ_3,	Γ_4,	Γ_5	Bethe
1	2	3	4	5	简并度

谱项的不可约表示与单电子轨道的不可约表示完全一样，但须将 p^n 组态导出的谱项的下标 u 改为 g(因为 s、d、f 是偶的，p 是奇的)。高于二次的对称轴，顺时针和反时针旋转有所不同。含高于二次轴的点群恒等操作的特征标大于 1，表示存在简并态。特征标数字代表简并度。

下面以点群 C_{2h} (具有非简并的对称类型)和 C_{4h} (具有简并的对称类型)对电子轨道 d_{xy}、d_{yx}、d_{xz}、$d_{x^2-y^2}$、d_{z^2} 的作用为例说明对称操作对电子轨道和谱项的作用。

例 4-3　C_{2h} 点群

C_{2h} 群含有二次轴 C_2、垂直于 C_2 的对称面 σ_h、对称中心和恒等操作 I(它的含义在后面以 C_{4v} 群为例加以阐明)，如图 4-6 所示。点群 C_{2h} 对电子轨道 d_{xy}、d_{yz}、d_{xz}、$d_{x^2-y^2}$、d_{z^2} 作用的全部过程包括点群中每一对称操作对每一轨道的作用。图 4-6 只说明了 C_{2h} 对 d_{xy} 和 $d_{x^2-y^2}$ 的作用，因为对其他 d 轨道以及对 p 和 s 轨道的操作都是类似的。

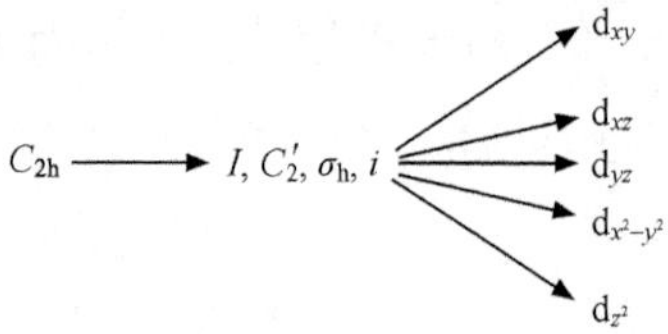

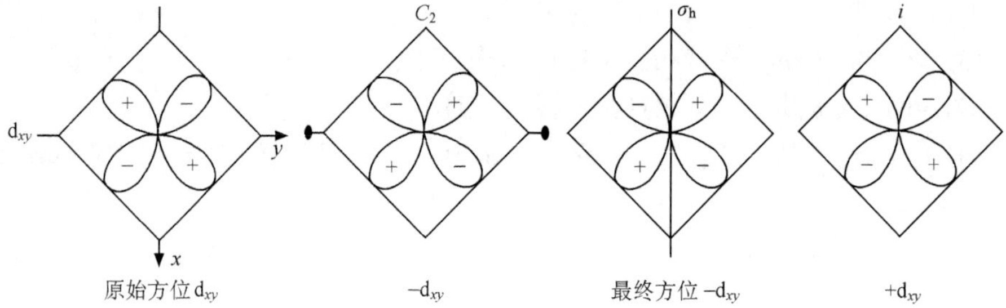

	I	C_2	σ_h	i	
d_{xy}	+1	−1	−1	+1	$=B_{2g}$

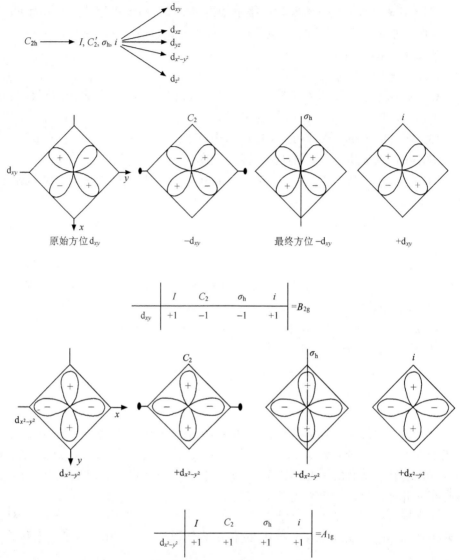

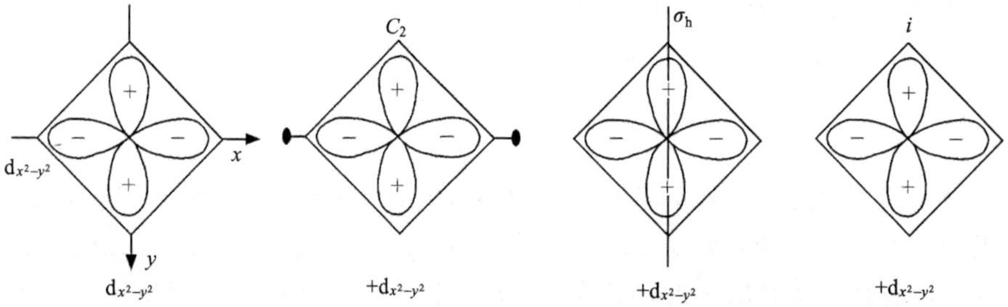

	I	C_2	σ_h	i	
$d_{x^2-y^2}$	+1	+1	+1	+1	$=A_{1g}$

图 4-6 C_{2h}点群的C_2、σ_h、i对称操作对电子轨道$d_{x^2-y^2}$和d_{xy}的作用(B_{2g}和A_{1g}对称类型的确定)

如图 4-6 所示，C_2操作将d_{xy}变成$-d_{xy}$，将$d_{x^2-y^2}$变成$+d_{x^2-y^2}$，不改变轨道的类型。不难发现，C_2对其他轨道作用的结果也一样。可见，对称操作对电子轨道的作用结果表现为电子轨道对于该对称操作是对称的(因子是+ 1)或是反对称的(因子是−1)。因此，给定的对称操作作用于一个已知轨道的结果就可以用所给点群的特征标表来表示(对于C_{2h}，见表 4-1)。

表 4-1　C_{2h} 点群的特征标

C_{2h}	I	C_2	σ_h	i	
A_{1g}	+1	+1	+1	+1	$d_{x^2-y^2}$，d_{xz}，d_{yz}，d_{z^2}，s
A_{2u}	+1	+1	−1	−1	p_z
B_{1u}	+1	−1	+1	−1	p_x，p_y
B_{2g}	+1	−1	−1	+1	d_{xy}

特征标是用来描述在所给定的对称操作作用下，原始的(对称操作前)和最终的(对称操作后)电子轨道之间关系的一些数字(例如，对于C_{2h}，特征标为+1 或−1)。特征标的集合(表 4-1 中的横行)是描述点群的全部对称操作对所给定的电子轨道的作用结果。例如，d_{xy} 在C_{2h} (图 4-6 和表 4-1)中的特征标是+1, −1, −1, + 1，它们对应于 I、C_2、σ_h、i 对称操作的作用结果。所以，d_{xy} 在 C_{2h} 中的不可约表示标记为表 4-1 中的 B_{2g}。同样，可得到$d_{x^2-y^2}$ 在C_{2h} 中的不可约表示为 A_{1g}。

因此，不可约表示是标记晶体场中电子态和原子态的一种方式(表 4-1 中的 A_{1g}、A_{2u}、B_{1u}、B_{2g})，用它来代替对称操作作用后的自由电子轨道(s，p_x，p_y，p_z，d_{xy}，…)和谱项(S，P，D，F，…)。它们表达了在一个已知对称性的晶体场中轨道或谱项的对称性质。在一定对称的结晶环境中，电子态和原子态可以根据它们所属的不可约表示来确定。

在给定的点群中，不可约表示的数目取决于可能的特征标组合的数目。在C_{2h}群中，三个对称操作(C_2、σ_h、i)中，C_2、σ_h是独立的，i 为派生的对称作，C_2和σ_h 的组合数为 4，因而C_{2h} 群有 4 个不可约表示(表 4-1)。

例 4-4　点群C_{4v}

对于C_{4v}群，可做同样的处理。该群的对称要素列于表 4-2 中。三个对称操作对d_{xy} 轨道的作用情况绘制在图 4-7 中。对于某些轨道来说，诸如d_{xy}、$d_{x^2-y^2}$、d_{z^2}、p_z (表 4-2)，对称操作的结果可以简单地表示为对称的(+1)或反对称的(−1)。然而其他的轨道(d_{xz}，d_{yz}，p_x，p_y)不能这样简单确定。例如，d_{xz} 轨道绕C_4^z 旋转 90°，它所达到的位置既不能说是对称的，又不能说是反对称的，因为C_4^z 操作使d_{xz} 与d_{yz} 轨道混合。对于在 xz 平面内的d_{xz} 轨道来说，其特征标可以通过如下程序来获得：

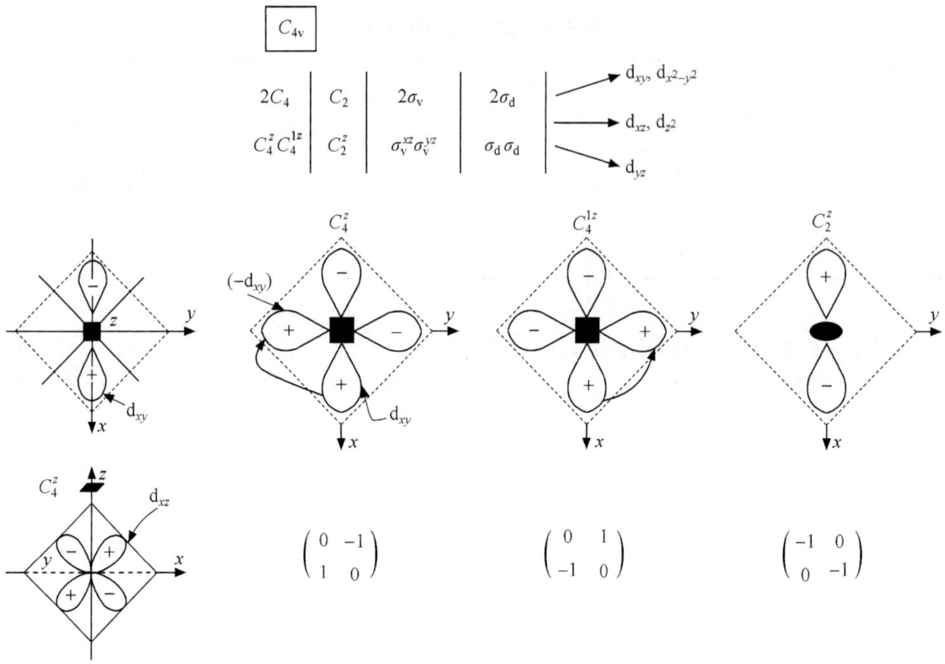

图 4-7　C_{4v} 点群中，C_4^z 、C_4^{1z} 、C_2^z 对称操作对电子轨道 d_{xz} 的作用(对称类型 E 的确定)

表 4-2　C_{4v} 点群的特征标

C_{4v}	I	$2C_4$	C_2	$2\sigma_v$	$2\sigma_d$	轨道
A_1	+1	+1	+1	+1	+1	d_{z^2} ，p_z
A_2	+1	+1	+1	−1	−1	—
B_1	+1	−1	+1	+1	−1	$d_{x^2-y^2}$
B_2	+1	−1	+1	−1	+1	d_{xy}
E	−2	0	−2	0	0	(d_{xz} ，d_{yz})
						(p_x ，p_y)

(1)通过坐标的线性变换来表示对称操作。绕 C_4^z 顺时针旋转，将 x 变成 $-y$，将 y 变成 x。

新的指向 x(标记为 x')是以前 $-y$ 的指向：

$$x'=0\cdot x+(-1)\cdot y$$

新的指向 y(标记为 y')是以前 x 的指向：

$$y'=1\cdot x+0\cdot y$$

写成矩阵形式：

$$\begin{vmatrix} 0 & -1 \\ 1 & 0 \end{vmatrix}$$

(2) 该矩阵的迹(在主对角线上从左上方到右下方所有元素的总和)即为在 C_{4v} 群的 C_4^z 旋转操作下，d_{xz} 轨道的特征标在这个情况下为零。

采用相同的方法对 d_{xz} 轨道作 C_2^z 旋转操作(旋转 180°)，则

$$\begin{array}{ll} x \to -x & x' = -1 \cdot x + 0 \cdot y \\ \underline{y \to -y} & \underline{y' = 0 \cdot x + -1 \cdot y} \\ & \quad -1 \quad 0 \\ & \quad 0 \quad -1 \end{array}$$

其特征标为–2。

恒等对称操作 I，维持 d_{xz} 轨道不变，即转换成自身：

$$\begin{array}{ll} x \to x & x' = 1 \cdot x + 0 \cdot y \\ \underline{y \to y} & \underline{y' = 0 \cdot x + 1 \cdot y} \\ & \quad 1 \quad 0 \\ & \quad 0 \quad 1 \end{array}$$

其特征标为 2。

采用同样方法可得到其他对称操作的变换矩阵。这些变换矩阵集合(对于 d_{xz} 轨道见表 4-3)即为特征标的集合(矩阵的迹的集合)，也就是在所给定的点群中 d_{xz} 轨道的不可约表示。

表 4-3　d_{xz} 轨道的变换矩阵和特征标

对称操作	I	C_4^z	C_4^{1z}	C_2^z	σ_v^{xz}	σ_v^{yz}	σ_d	σ_d
变换矩阵	$\begin{pmatrix} 1 & 0 \\ 0 & 1 \end{pmatrix}$	$\begin{pmatrix} 0 & -1 \\ 1 & 0 \end{pmatrix}$	$\begin{pmatrix} 0 & 1 \\ -1 & 0 \end{pmatrix}$	$\begin{pmatrix} -1 & 0 \\ 0 & -1 \end{pmatrix}$	$\begin{pmatrix} 1 & 0 \\ 0 & -1 \end{pmatrix}$	$\begin{pmatrix} -1 & 0 \\ 0 & 1 \end{pmatrix}$	$\begin{pmatrix} 0 & -1 \\ -1 & 0 \end{pmatrix}$	$\begin{pmatrix} 0 & 1 \\ 1 & 0 \end{pmatrix}$
特征标	2	0	0	–2	0	0	0	0

本例子也说明，恒等操作的特征标表示相互有联系的坐标的数目：不变的坐标——特征标为 1，两个混合的坐标——特征标为 2，三个混合的坐标——特征标为 3。恒等操作特征标的数字代表简并度：如果轨道变换成自身，则它是一个一维表示，为非简并态；两个轨道互相混合，相应于二维表示，为二重简并态；三个轨道混合，相应于三维表示，是三重简并态。

简并不可约表示的出现，把 C_{4v} 群以及具有高于二次对称轴 C_2 的所有点群(所有三方、四方和立方晶系的群)与只有 C_2 轴的较低对称晶系的点群区分开来，这些群只包含非简并的不可约表示。

在 C_{4v} 群中，二重简并的不可约表示 E 将 d_{xz} 和 d_{yz} 两个态混合(在八面体 O_h 中将 d_{z^2} 和 $d_{x^2-y^2}$ 混合)。三重简并的不可约表示 T 则混合 d_{xy}、d_{yz} 和 d_{xz} 三个态，它只在立方晶系中存在。

在许多已出版的著作中可查到各种点群的特征标表，借助特征标表可以确定一个态属于哪个特殊的不可约表示，同样也可以确定在这些态之间跃迁的选律。

4.2.4 对称操作对原子谱项的作用

单电子轨道 s、p、d、f 的对称变换容易用简单的形象化模型来推导，就像在图 4-6 和图 4-7 中对 d 轨道所做的对称变换那样。对于谱项(描述整个原子态)，则没有这样的模型可以推导。

然而 S、P、D、F…谱项只是以字母表示的整个原子轨道量子数 L 为 0、1、2、3…的标记，正如 s、p、d、f 轨道是以字母表示的电子轨道量子数 l 为 0、1、2、3…的标记。对于一个 d 电子(l=2=d)来说其简并度是 5(即 $2l$+1=5)，对应于五个 m_l 值(即 2、1、0、−1、−2 或 d_{xy}、d_{yz}、d_{xz}、$d_{x^2-y^2}$、d_{z^2})。与此类似，由 D 谱项描述的原子态为五重简并($2L$+1=5)，对应于五个 M_L 值(即 2、1、0、−1、−2)。因此 D 谱项的分裂与单电子 d 轨道的分裂完全相同。对于 p 轨道和 P 谱项，s 轨道和 S 谱项，f 轨道和 F 谱项来说，其分裂方式也存在着同样的一致性(表 4-4)。

表 4-4 在八面体晶体场中 s、p、d、f 轨道与 S、P、D、F 原子态的分裂对比

轨道	电子态				谱项	原子态			
	l	$2l$+1	O_h	简并度		L	$2L$+1	O_h	简并度
s	0	1	a_{1g}	1	S	0	1	A_{1g}	1
p	1	3	t_{1u}	3	P	1	3	T_{1u}	3
d	2	5	e_g+t_{2g}	2+3	D	2	5	E_g+T_{2g}	2+3
f	3	7	a_{2g}+t_{1g}+t_{2g}	1+3+3	F	3	7	A_{2g}+T_{1g}+T_{2g}	1+3+3

表 4-5 给出了一些最重要点群的晶体场中谱项的分裂(该表也用于单电子轨道，只需用小写字母代替大写字母)。

S、P、D、F…谱项变换(表 4-5)不取决于电子组态，尽管谱项是从这些电子组态推导出来的(即从 f^n、d^n、p^n 或 s^n 组态推得的)。对于从 p^n 组态导出的谱项只须改变下标以 g 代换 u(在有中心对称的群中这样做)，因为 s、d、f 轨道是偶的而 p 是奇的。

表 4-5　在不同对称点群中 S、P、D、F 谱项变换的不可约表示

谱项	O_h	$D_{3d}D_3C_{3v}C_3S_6$	$D_{4h}D_4C_{4v}C_{4h}C_4S_4$	$D_{2v}D_2C_{2v}$	$C_{2h}C_2C_s$	C_i
S	A_{1g}	$A_{1g}A_1A_1AA_g$	$A_{1g}A_1A_1A_gAA$	A_gAA_1	A_gAA'	A_g
P	T_{1g}	$A_{2g}A_2A_2AA_g$	$A_{2g}A_2A_2A_gAA$	$B_{3g}B_3B_1$	B_gBA'	A_g
		E_gEEEE_g	E_gEEE_gEE	$B_{2g}B_2B_2$	A_gAA''	A_g
				$B_{1g}B_1A_1$	A_gAA''	A_g
D	T_{2g}	$A_gAA_1AA_g$	$B_{2g}B_2B_2B_gBB$	$B_{1g}B_1A_2$	A_gAA'	A_g
		E_gEEEE_g	E_gEEE_gEE	$B_{2g}B_2B_1$	B_gBA''	A_g
				$B_{3g}B_3B_2$	B_gBA''	A_g
F	E_g	E_gEEEE_g	$A_{1g}A_1A_1A_gAA$	A_gAA_1	A_gAA'	A_g
			$B_{1g}B_1B_1B_gBB$	A_gAA_1	A_gAA'	A_g
	A_{2g}	$A_{2g}A_2AAA_g$	$A_{2g}A_2A_2A_gAA$	$B_{1g}B_1A_2$	A_gAS'	A_g
	T_{2g}	$A_{1g}A_1A_1AA_g$	$A_{1g}A_1A_1A_gAA$	A_gAA_1	A_gAA'	A_g
		E_gEEEE_g	E_gEEE_gEE	$B_{2g}B_2B_1$	B_gBA''	A_g
				$B_{3g}B_3B_2$	B_gBA''	A_g
	T_{1g}	$A_{2g}A_2A_2AA_g$	$A_{2g}A_2A_2A_gAA$	$B_{1g}B_1A_2$	A_gAA'	A_g
		E_gEEEE_g	E_gEEE_gEE	$B_{2g}B_2B_1$	B_gBA''	A_g
				$B_{3g}B_3B_2$	B_gBA''	A_g

注：(1) 在 T_d 群(四面体)中，具有与 O_h 群相同的不可约表示，只是不带符号“g”。

(2) 在 O_h 中谱项 G 变换成 A_{1g}、E_g、T_{1g}、T_{2g} 不可约表示；谱项 H 变换成 E_g、$2T_{1g}$、T_{2g}；谱项 L 变换成 A_{1g}、A_{2g}、E_g、T_{1g}、$2T_{2g}$；它们的进一步分裂与 A_{1g}、A_{2g}、E_g、T_{1g}、T_{2g} 的进一步分裂相同。

(3) 自由原子的自旋多重度在由相应的谱项导出的不可约表示中保持不变。例如，^{6}S 在 O_h 中变换成 $^6A_{1g}$，而 ^{3}F 变换成 $^3A_{2g}$、$^3T_{1g}$、$^3T_{2g}$ 等。

对于一个给定晶系的所有点群来说，不可约表示的数目和它们的简并度是相同的。在同一晶系不同的点群中，不可约表示的差别只在于一些标记，如表示存在对称中心的标记(在非中心对称群中，去掉下标 g 或 u)和表示与对称面相关的标记，这个对称面平行或垂直于主轴 C_n；表示与 C_2 轴相关的标记，这个 C_2 轴垂直于主轴 C_n。

对于立方、三方和四方晶系的点群，它们的不可约表示之间的相关关系在表 4-6 中给出：在 D_{3d}、S_6、D_{4h}、C_{4h} 点群中，谱项的变换如 A_g 和 E_g；在 D_3、D_{3v}、D_4、D_{4v} 中则如 A_1、A_2（B_1、B_2）；在 C_3、C_4、S_4 中则如 $A(B)$。

表 4-6 立方、三方、四方对称群的不可约表示的相关表

立方	三方	四方
A	A	A
E	E	$A+B$
T_1	$A+E$	$A+E$
T_2	$A+E$	$A+E$

4.2.5 与不可约表示有关的光谱学选律

晶体场跃迁多发生在可见光波长范围，因此光学吸收谱是晶体场研究的重要手段。根据不可约表示的相关表(或根据特征标表)可以确定哪些原子态(谱项)之间能发生引起光学吸收的跃迁，还可以确定偏振的方向，即光谱学选律。

能量为 E_1、波函数为 φ_1 的基态和能量为 E_2、波函数为 φ_2^* 的激发态之间的跃迁由以下两个条件决定：

(1)跃迁频率 ν 等于这些态的能量差：

$$h\nu = E_2 - E_1$$

(2)跃迁强度 I 与跃迁矩一样，由基态和激发态的波函数 φ_1、φ_2 及偶极矩算符 P 确定：

$$I = \int \varphi_1 P \varphi_2^* \mathrm{d}\tau$$

如果积分为零，即 $\int \varphi_1 P \varphi_2^* \mathrm{d}\tau = 0$，则在所给定的态之间没有跃迁，即这种跃迁是禁止的；如果积分不为零，即 $\int \varphi_1 P \varphi_2^* \mathrm{d}\tau \neq 0$，则跃迁是允许的。

以上跃迁强度表达式可用群论方法计算：

(1)把 φ_1 和 φ_2^* 态(它们可以是单电子轨道 d_{xy}、$\mathrm{d}_{x^2-y^2}$ …或是多电子原子态 S、P、D、F…)变换为所给定的点群的不可约表示 A_1、A_2、B_1、B_2、E、T_1、T_2(表 4-5)。

(2)把跃迁矢量 P 展开成沿 x、y、z 坐标轴的分量($P \rightarrow P_x + P_y + P_z$)，并把这些分量如同 P_x、P_y、P_z 轨道那样(表 4-1 和表 4-2 的例子)变换成同一点群的不可约表示。

(3)求出 φ_1、φ_2^* 和 P 的不可约表示的乘积(称为直积)，它们也是同一点群的不可约表示。可用两种方法计算直积：①对于每个对称操作，计算 φ_1、φ_2^* 和 P 的特征标(表 4-1、表 4-2)的乘积以求得直积；②借助直积计算的简单规则(表 4-7)由不可约表示本身的乘积求得。

表 4-7　计算不可约表示直积的规则

$A\times A=A$	$B\times A=B$	$E\times A=E$	$T\times A=T$	$g\times g=g$	$'\times'='$	$1\times1=1$
$\times B=B$	$\times B=A$	$\times B=E$	$\times B=T$	$g\times u=u$	$'\times''=''$	$1\times2=2$
$\times E=E$	$\times E=E$	$\times E=$[a]	$\times E=T_1+T_2$	$u\times g=u$	$''\times'=''$	$2\times1=2$
$\times T=T$	$\times T=T$	$\times T=T_1+T_2$	$\times T=$[b]	$u\times u=g$	$''\times''='$	$2\times2=1$[c]

注：a. O_h、T_d、C_{3v}：$E_1\times E_1=E_2\times E_2=A_1+A_2+E_2$；$E_1\times E_2=E_2\times E_1=B_1+B_2+E_1$；$C_{4v}$、$D_4$ 等：$E\times E=A_1+A_2+B_1+B_2$。

b. $T_1\times T_2=T_2\times T_2=A_1+E+T_1+T_2$；$T_1\times T_2=T_2\times T_1=A_2+E+T_1+T_2$。

c. D_{2h}、D_2：$1\times2=3$；$2\times3=1$；$1\times3=2$。

(4) 如果 $\varphi_1\cdot P\cdot\varphi_2^*\neq A_1$，则积分 $\int\varphi_1P\varphi_2^*\mathrm{d}\tau=0$，相应的跃迁是禁止的；如果 $\varphi_1\cdot P\cdot\varphi_2^*=A_1$，积分 $\int\varphi_1P\varphi_2^*\mathrm{d}\tau\neq0$，则该跃迁是允许的。也就是说如果 φ_1、φ_2^* 和 P 变换所得的三个不可约表示的直积是 A_1 不可约表示，则跃迁强度的积分不为零，该跃迁是允许的。

不可约表示 A_1 (或在其他群中的 A_g、A_1、A) 是一特殊的不可约表示，它是唯一的全对称表示，即对于所有的对称操作来说它都是对称的，其全部特征标均为 +1。然而，如果这个直积 $\varphi_1\cdot P\cdot\varphi_2^*$ 不属于 A_1 (表 4-1、表 4-2 的实例)，那么总有一个特征标是−1 (即有一种对称操作把一个态与另一个相同但符号相反的态联系起来)，因而被积函数在整个空间的积分将为零。

下面以 C_{2v} 点群为例说明。可有以下两种不同情况：

(1) 已知这一点群的特征标 (表 4-8)。其特征标表可像在 C_{2h} 点群中所做过的那样，用同样的程序推导出来 (图 4-6)。全部点群的特征标表可从许多晶体学相关著作中获得，这里不再赘述。

表 4-8　C_{2v} 点群的特征标表

C_{2v}	I	$C_2(z)$	$\sigma_v(xz)$	$\sigma_v(yz)$	
A_1	+1	+1	+1	+1	d_{z^2}，$d_{x^2-y^2}$，p_z
A_2	+1	+1	−1	−1	d_{xy}
B_1	+1	−1	+1	−1	d_{xz}，p_x
B_2	+1	−1	−1	+1	d_{yz}，p_y

(2) 已知这个点群的不可约表示 (表 4-5)。

计算 $I=\int\varphi_1P\varphi_2^*\mathrm{d}\tau$ 的具体步骤如下：

第一步，计算 C_{2v} 点群所有各对不可约表示的直积：$A_1\times A_2$、$A_1\times B_1$、$A_1\times B_2$、$A_2\times A_1$ 等 (这相当于积分中的 $\varphi_1\cdot\varphi_2^*$)。

例如求 $B_1 \times B_2$ 的直积，假如已知 C_{2v} 点群的特征标表(第 1 种情况)，则对 C_{2v} 点群的每一个对称操作 I、$C_2(z)$、$\sigma_v(xz)$、$\sigma_v(yz)$，将 B_1 的特征标与相应的 A_2 的特征标相乘：所得到的特征标+1、−1、−1、+1 相当于 B_2 不可约表示(见表 4-8)，因此，$B_1 \times A_2 = B_2$。以同样的方法可得到其余不可约表示的直积，计算结果见表 4-9。

	I	$C_2(z)$	$\sigma_v(xz)$	$\sigma_v(yz)$
$B_1 \times A_2$	$(+1)\times(+1)=+1$	$(-1)\times(+1)=-1$	$(+1)\times(-1)=-1$	$(-1)\times(-1)=+1$

当已知的是不可约表示时(第 2 种情况)，借助直积计算的规则(表 4-7)也可以很快得出这个结果。

第二步，根据特征标表(表 4-8)得出在 C_{2v} 点群中跃迁分量是按下述不可约表示变换的：

$$p_x \rightarrow B_1$$

$$p_y \rightarrow B_2$$

$$p_z \rightarrow A_1$$

(3)将 φ_1 和 φ_2^* 的不可约表示的各个直积(表 4-9 的结果)分别乘以 B_1（p_x 按此变换）、B_2（p_y 按此变换）、A_1（p_z 按此变换），得到三个不可约表示的乘积（$\varphi_1 \cdot \varphi_2^* \cdot P$）。

在三个不可约表示的乘积（$\varphi_1 \cdot \varphi_2^* \cdot P$）中，那些肯定是 A_1 的乘积对应于允许跃迁并沿着一定方向偏振：如果 A_1 是与 $p_x(B_1)$ 相乘获得的，则沿 x 轴偏振；如果 A_1 是与 $p_y(B_2)$ 相乘获得的，则沿 y 轴偏振；如果 A_1 是与 $p_z(A_1)$ 相乘得到的，则沿 z 轴偏振。由表 4-9 不难发现，只有当一个不可约表示与自身相乘时才能得到 A_1，因此很容易确定哪些不可约表示的乘积分别乘以 $p_x(B_1)$、$p_y(B_2)$、$p_z(A_1)$ 能得到 A_1。例如，从表 4-9 中找到那些($\varphi_1 \cdot \varphi_2^*$)乘积等于 B_1 的，它们与 $p_x(B_1)$ 相乘应等于 A_1，因此 $B_1 \rightarrow A_1$、$B_2 \rightarrow A_2$、$A_1 \rightarrow B_1$、$A_2 \rightarrow B_2$ 的跃迁是沿 x 轴方向允许的跃迁；同样，表 4-9 中等于 B_2 的乘积($\phi_1 \cdot \phi_2^*$)再乘以 $p_y(B_2)$ 时可得到 A_1，因此 $A_1 \rightarrow B_2$、$A_2 \rightarrow B_1$、$B_1 \rightarrow A_2$、$B_2 \rightarrow A_1$ 的跃迁是沿 y 轴方向允许的跃迁；对于表 4-9 中等于 A_1 的乘积，则有 $A_1 \times A_1(p_z) = A_1$，因此 $A_1 \rightarrow A_1$、$A_2 \rightarrow A_2$、$B_1 \rightarrow B_1$、$B_2 \rightarrow B_2$ 的跃迁为沿 z 轴方向允许的跃迁。

表 4-10 给出了 C_{2v} 群的光谱学选律，即在由给定的不可约表示所确定的两个态之间，沿着哪个方向跃迁是允许的。

表 4-9　C_{2v} 点群的直积

C_{2v}	A_1	A_2	B_1	B_2	
A_1	A_1	A_2	B_1	B_2	$p_x \to B_1$
A_2	A_2	A_1	B_2	B_1	$p_y \to B_2$
B_1	B_1	B_2	A_1	A_2	$p_z \to A_1$
B_2	B_2	B_1	A_2	A_1	

表 4-10　C_{2v} 点群的光谱学选律

C_{2v}	A_1	A_2	B_1	B_2
A_1	z	—	x	y
A_2	—	z	y	x
B_1	x	y	z	—
B_2	y	x	—	z

4.2.6　其他光谱学选律

光谱学研究中在讨论谱项间的跃迁时，除了考虑与不可约表示有关的选律外，还可参考以下选律。

1. 宇称选律(又称 Laporte 选律)

具有相同宇称(即奇偶性)的态之间的跃迁是“宇称禁戒”的，或表示成 $\Delta l=\pm 1$ 的跃迁是允许的。这意味着 d-d、p-d、s-s 跃迁是禁戒的，s-p、p-d、d-f 跃迁是允许的。

但晶体场跃迁恰好是 d-d 跃迁，因而是“宇称禁戒”的。晶体场跃迁之所以发生，可能是因为：

(1) 无对称中心(放宽了这种选律)；

(2) d 和 p 态混合(使 d 轨道失去了偶的特征)；

(3) d 电子态与奇振动态的相互作用。

2. 自旋(多重度)选律

在具有相同自旋的态($\Delta S=0$)之间，跃迁是允许的。自旋轨道偶合可使这种选律减弱。

3. 参与跃迁的电子数选律

单个电子的跃迁是允许的，两个电子的跃迁是禁戒的。

以上选律中，宇称允许的跃迁强度最大，其他选律只引起吸收强度小的变化。

4.3　晶体场的理论计算

以上对晶体场理论的介绍和讨论均从定性的角度，晶体场还可以进行理论计算。晶体场理论开始于对 d 族元素的研究，20 世纪 30 年代约翰·哈斯布鲁克·范扶累克用晶体场理论成功处理了 d 族元素的磁学问题。后来发展到对 f 族元素的研究。1952 年埃利奥特(Elliot)和史蒂文斯(Stevens)首先用顺磁共振和磁化率数据对稀土材料的晶体场进行计算，1955 年贾德(Judd)用光谱数据进行了晶体场的理论计算。之后，开展逐步晶体场理论计算工作，提出了各种计算方法和物理模型。

由量子力学可知，体系的状态可由哈密顿量确定。晶体中的顺磁性离子(过渡金属元素、稀土元素)的哈密顿量可表示为

$$H=H_o+H_c+H_{so}+H_{cr} \tag{4-1}$$

其中，H_o、H_c、H_{so}、H_{cr} 分别为中心场作用、电子间库仑作用、自旋-轨道作用和晶体场作用的哈密顿量。在点电荷模型中(将配体看成点电荷)，若令第 j 个配体的电荷为 q_je，则晶体场的哈密顿量可表示为

$$H_{cr}=\sum_{i,j}\frac{-q_je}{\left|r_i-R_j\right|} \tag{4-2}$$

式中，r_i、R_j 分别为第 i 个电子和第 j 个配体的坐标矢量；e 为元电荷。可以用球谐函数(拉普拉斯方程的球坐标系形式解的角度部分)展开为多极矩形式：

$$H_{cr}=\sum_{K,q}A_{Kq}\langle r^K\rangle\ C_q^K=\sum_{K,q}B_{Kq}C_q^K \tag{4-3}$$

$$B_{Kq}=A_{Kq}\langle r^K\rangle \tag{4-4}$$

$$C_q^K=\sum_i C_q^K(\theta_i\bullet\phi_i) \tag{4-5}$$

$$C_q^K(\theta_i\cdot\phi_i)=\sqrt{\frac{4\pi}{2K+1}}Y_{Kq}(\theta_i\bullet\phi_i) \tag{4-6}$$

式中，$Y_{Kq}(\theta_i\bullet\phi_i)$ 为球谐函数；θ_i、ϕ_i 为第 i 个电子的球坐标；$\langle r^K\rangle$ 为径向积分。晶体场参数的表达式为

$$A_{Kq}=\sqrt{\frac{4\pi}{2K+1}}\sum_j\frac{-q_ie^2}{R_i^{K+1}}Y_{Kq}(\theta_j-\phi_j) \tag{4-7}$$

其中，θ_j、ϕ_j 为第 j 个配体的球坐标；R_i 为第 i 个配体到中心离子的距离。显然，晶体场参数只与配体有关。

各哈密顿量之间的关系有三种情况：

(1) 弱场情况：$H_c>H_{so}\geqslant H_{cr}$。具有未充满 f 轨道电子的镧系、锕系元素属于此种情况。

(2) 中间场情况：$H_c>H_{cr}>H_{so}$。具有 3d 壳层电子的元素属于此种情况。

(3) 强场情况：$H_{cr}>H_c>H_{so}$。具有 4d、5d 壳层电子的元素属于此种情况。

晶场参数的计算有两种方法：

(1) 从头算法。要从薛定谔方程入手求出波函数，然后计算有关参数。

(2) 参数拟合法。根据实验数据（如光谱数据）利用量子力学和群论方法计算角度部分，把径向部分作为参数进行拟合。

“从头算法”依赖于对物理过程的了解和物理模型的合理性，计算复杂。“参数拟合法”计算结果与实验吻合较好，但只能给出综合的结果。

晶体场参数的个数取决于晶体对称性和模型。对称性低，模型复杂，参数可多达数百个。对称性高，模型简单，参数只有两三个。

在进行晶体场理论计算时首先要将物理问题抽象为数学模型。晶体场理论模型有点电荷模型、重叠模型、络合模型、独立体模型、叠加模型等，每种模型都有各自的优缺点。此外，计算过程还要考虑很多因素，如配体点电荷、其他电荷、偶极极化、四极极化、电荷穿透、共价等。

以绿松石为例简单说明晶体场的计算过程。

根据晶体场理论，绿松石中 Cu^{2+}的电子组态为 $3d^9$，在晶体场作用下五重简并全部解除，分裂为 5 个能量不同的 d 轨道。根据跃迁选律，从基态到 4 个激发态的跃迁均为自旋允许跃迁，因此 Cu^{2+}的吸收谱有 4 个谱带。

晶体场理论把过渡金属络合物分为两个部分：中心过渡金属离子，其外层电子作为量子体系处理；配体，作为点电荷体系处理。配体在中心离子处产生的晶体场能量算符（晶体场哈密顿量）如式(4-2)～式(4-7)，对称变换后可简化形式。

绿松石中 Cu^{2+}为六次配位，C_i对称。配体 1～4 为 OH，配体 5～6 为 H_2O。Cu^{2+}与 $(OH)_1$、$(OH)_2$的距离为 R_a，与 $(OH)_3$、$(OH)_4$的距离为 R_b，与 $(H_2O)_1$、$(H_2O)_2$的距离为 R_c。各配体在笛卡儿坐标系中的位置如图 4-8 所示，球坐标如下：

$$\theta_1=\theta_2=\theta_3=\theta_4=\frac{\pi}{2}；\ \theta_5=\Delta\theta；\ \theta_6=\pi-\Delta\theta；$$

$$\phi_1=0；\ \phi_2=\pi；\ \phi_3=\frac{\pi}{2}+\Delta\phi；\ \phi_4=\frac{3\pi}{2}+\Delta\phi；\ \phi_5=\Delta\xi；\ \phi_6=\Delta\xi；$$

$$R_1=R_2=R_a；\ R_3=R_4=R_b；\ R_5=R_6=R_c。$$

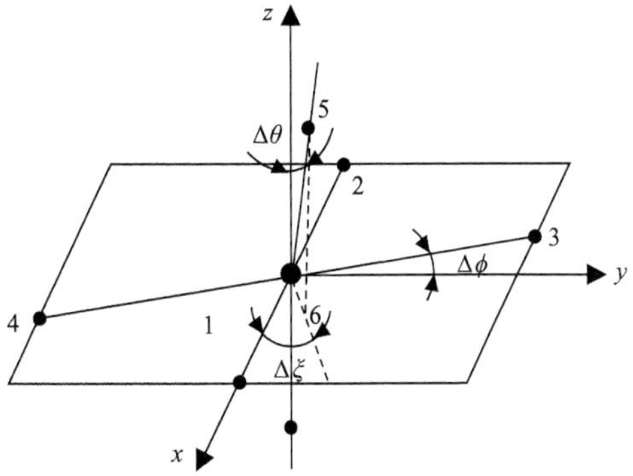

图 4-8　绿松石中 Cu^{2+}配体在笛卡儿坐标系中的位置

查球谐函数表，将各配体的球坐标值代入式(4-2)～式(4-7)，得到晶体场能量算符表达式。根据一些角度函数的积分值和晶体场能量算符表达式，可得到 C_i 对称下的晶体场微扰矩阵元 $\left\langle d_{x^2-y^2}\middle|V\middle|d_{x^2-y^2}\right\rangle$、$\left\langle d_{z^2}\middle|V\middle|d_{z^2}\right\rangle$、$\left\langle d_{xy}\middle|V\middle|d_{xy}\right\rangle$(非对角矩阵元 $\left\langle d_{z^2}\middle|V\middle|d_{xy}\right\rangle$、$\left\langle d_{x^2-y^2}\middle|V\middle|d_{xy}\right\rangle$、$\left\langle d_{yz}\middle|V\middle|d_{xz}\right\rangle$ 数值很小，忽略不计)，然后解 5×5 久期方程：

$$\begin{vmatrix} H_{11}-\Delta E & H_{12} & 0 & 0 & 0 \\ H_{21} & H_{22}-\Delta E & 0 & 0 & 0 \\ 0 & 0 & H_{33}-\Delta E & 0 & 0 \\ 0 & 0 & 0 & H_{44}-\Delta E & 0 \\ 0 & 0 & 0 & 0 & H_{55}-\Delta E \end{vmatrix}$$

式中，矩阵元 $H_{11}=\left\langle d_{z^2}\middle|V\middle|d_{z^2}\right\rangle$，$H_{12}=\left\langle d_{z^2}\middle|V\middle|d_{x^2-y^2}\right\rangle$，$H_{22}=\left\langle d_{x^2-y^2}\middle|V\middle|d_{x^2-y^2}\right\rangle$，$H_{33}=\left\langle d_{xy}\middle|V\middle|d_{xy}\right\rangle$，$H_{44}=\left\langle d_{yz}\middle|V\middle|d_{yz}\right\rangle$，$H_{55}=\left\langle d_{xz}\middle|V\middle|d_{xz}\right\rangle$。解以下方程即可求出各 d 轨道能量：

$$\begin{vmatrix} H_{11}-\Delta E & H_{12} \\ H_{21} & H_{22}-\Delta E \end{vmatrix}=0$$

$$H_{33}-\Delta E=0$$

$$H_{44}-\Delta E=0$$

$$H_{55}-\Delta E=0$$

由绿松石结构数据可知，R_a=0.1915 nm，R_b=0.2109 nm，R_c=0.2422 nm, $\Delta\phi$=6.5°, $\Delta\theta$=14.9°, $\Delta\xi$=148.2°。晶体场能量算符表达式中的 $\langle r^2\rangle=3.11a_0^2$，$\langle r^4\rangle=44.80\,a_0^4$，$a_0$=0.05292 nm，$e=4.80325\times10^{-10}$ esu。计算结果见表 4-11。

表 4-11　绿松石中 Cu^{2+} 的晶体场谱带位置

轨道相对能量计算/cm^{-1}	资料光谱数据/cm^{-1}	谱带位置计算结果/cm^{-1}	实测吸收光谱位置/cm^{-1}
$E\left(d_{x^2-y^2}\right)=-9821$			
$E\left(d_{z^2}\right)=-1527$	6100	$\Delta_1=8294$(1206 nm)	
$E\left(d_{xy}\right)=3296$	11000	$\Delta_2=13117$ (762 nm)	
$E\left(d_{yz}\right)=4295$	13500	$\Delta_3=14116$(708 nm)	
$E\left(d_{xz}\right)=6066$	15400	$\Delta_4=15887$(629 nm)	15625(640 nm)

4.4　晶体场理论的应用

利用晶体场理论可以说明许多过渡元素离子晶体（包括过渡元素络合物）的结构与性能关系，解释很多理论问题和实验现象。以下是晶体场理论的一些应用。

4.4.1　晶体颜色和多色性的解释

晶体颜色的产生是由于晶体吸收了一定波长的光而使透过光呈现出某种颜色。晶体多色性是非立方对称晶体的一种性质，是某种波长的偏振光在不同结晶学方向被吸收的量不同而产生的现象。因此，非立方对称晶体在偏振光中不同结晶学方向有不同的颜色。在一轴晶中，多色性表现为二色性。多色性的产生由阳离子占据低对称位置引起。发生在可见光区之外的多色性称为不可见多色性。

晶体颜色多是由于其中存在过渡金属或镧系元素(常量或痕量)。颜色的成因主要与电子的辐射吸收有关，还受一些物理效应影响，如内散射和反射可引起晖彩现象。由于可见光区的电子吸收产生有颜色的透射光和反射光。能引起电子在300～1000 nm 波长范围(紫外、可见、近红外)内产生吸收的过程包括：

(1) 过渡金属元素离子的晶场跃迁。

(2) 相邻过渡金属离子间的电子转移或价电荷转移跃迁。

(3) 与中心离子和周围阴离子有关的价电荷转移跃迁。

此外，还有由于晶体缺陷引起的跃迁和半导体、金属的带隙跃迁。

1. 晶场跃迁

过渡金属离子 d、f 轨道能级差在可见光区时，可见光可引起离子内 d、f 轨道的电子跃迁，即晶场跃迁(crystal field transition, CF)，从而吸收部分波长的光(在晶体的可见光吸收谱上出现吸收峰)产生有色的透射光。吸收峰的位置决定晶体的颜色。例如绿帘石族晶体，Al-Fe 绿帘石以紫光、蓝光区的吸收为主，透过光为黄-绿或黄色。黄光区的 600 nm 吸收峰(γ 谱)使其添加了蓝色调的补色，形成一种淡黄绿色的颜色。Al-Fe 绿帘石的多色性为：α =浅黄，β =绿黄，γ =黄绿。

色调与吸收峰强度有关，如 Al-Fe 绿帘石中 Fe^{3+}的相对弱的自旋-禁止跃迁使其色调较柔和，而 Al-Mn-Fe 绿帘石由于畸变八面体 M3 位置中的 Mn^{3+}的自旋-允许跃迁产生强的吸收峰而使其颜色明亮。

图 4-9 是红宝石$(Al,Cr)_2O_3$的吸收光谱。晶场峰位于 18000 cm^{-1} 和 24500 cm^{-1} 处。最小吸收出现在 21000 cm^{-1}(蓝)和小于 16000 cm^{-1}(红)处。透射光以红光为主，红宝石呈现“鸽血红”。而 Cr_2O_3 中 Cr^{3+}的强自旋允许跃迁峰位于 16600 cm^{-1}、21700 cm^{-1} 处，最小吸收位于 20000 cm^{-1}(绿)附近，结果产生绿色。很多学者对

Al_2O_3-Cr_2O_3 固溶体系列的颜色变化进行过研究，结果表明，红色吸收峰随 Cr^{3+} 代替 Al^{3+}的增多，八面体增大(Cr^{3+} r_{oct}=0.0615 nm，Al^{3+} r_{oct}=0.0535 nm)，而向低能方向位移。Cr_2O_3 含量在 20%～40%(摩尔分数)时，颜色开始由红色向绿色变化，并且受温度影响，因此红宝石有热致变色(thermochromic effect)。加热至足够高时也可使其颜色由红色变绿色，颜色转变的温度受 Cr 含量影响。例如，含 1%的 Cr 时，加热至 450℃，红宝石变成灰色而不是绿色。

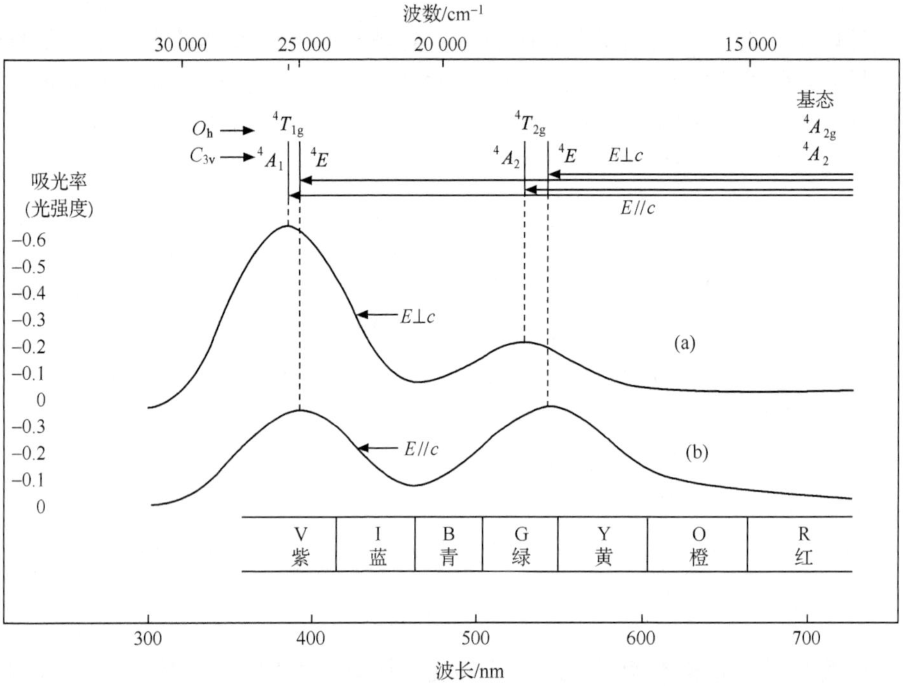

图 4-9 红宝石的偏振光吸收谱(Burns R G, 1993)

(a)偏振方向平行结晶轴 c；(b)偏振方向垂直结晶轴 c

入射光类型对颜色也有影响，此现象称“变石效应”。如金绿宝石在日光下为绿色，在白炽光下为红色。含 Cr^{3+}、V^{3+}的刚玉、尖晶石、石榴石等都有变石效应。金绿宝石变石效应的产生与畸变八面体中的 Cr^{3+}有关。它的最强吸收位于紫-蓝、黄-橙区，最小吸收窗口位于红区和绿区。日光在可见光区的所有波长都同样丰富，红光、绿光透过金绿宝石的量相等，但人眼对绿光更敏感，因此给人的感觉是金绿宝石为绿色。荧光下也是绿色为主。白炽光以低能的红光为主，透过金绿宝石的光线以红光为主，所以金绿宝石在白炽光下为红色。

由于氧化，离子价态发生变化，也可改变晶体的颜色。如含 V^{3+}的黝帘石 $Ca_2(Al,V)_3Si_3O_{12}(OH)$，加热使 V^{2+}、V^{3+}变为 V^{4+}，颜色由紫色变成宝石蓝色。

镧系元素是通过 4f 轨道间的电子跃迁来改变晶体的颜色。4f 轨道间跃迁产生的吸收峰尖锐而弱，颜色色调较淡，如一些含镧系元素的萤石、方解石。

2. 价电荷转移跃迁

晶场跃迁是单个离子中 3d 电子的跃迁，以及由相邻离子磁相互作用引起的成对跃迁。另一种重要的跃迁是相邻离子间的 3d 电荷转移跃迁，也称阳离子-阳离子价电荷转移(intervalence charge transfer, IVCT)跃迁。这种跃迁使离子电价发生暂时的改变(10^{15} s)。IVCT 又可根据涉及的两个阳离子是否相同进一步分为同核价电荷转移(如 $Fe^{2+}\rightarrow Fe^{3+}$)和异核价电荷转移(如 $Fe^{2+}\rightarrow Ti^{4+}$)。IVCT 跃迁多发生在八面体配位的阳离子间，而且以共棱八面体为主。阳离子-阳离子间距短以及平行阳离子-阳离子连接方向的偏振光都对 IVCT 有利。IVCT 峰强与相邻 Fe^{2+}-Fe^{3+}、Ti^{2+}-Ti^{4+}等离子对的数量有关。IVCT 峰与 CF 峰的特征不同，加热可增强 CF 峰，但减弱 IVCT 峰。加压虽对 CF 峰、IVCT 峰均有增强作用，但相对而言，对 IVCT 峰影响小。因此通过测量不同温度、压力下晶体的吸收光谱，可区别 IVCT 峰与 CF 峰。

此外，还存在中心离子和周围阴离子间的价电荷转移跃迁，如氧-金属离子电荷转移(oxygen-metal charge transfer，OMCT)跃迁。黑云母、角闪石等一些含低价过渡金属离子的晶体的深褐色与 OMCT 有关。

4.4.2　过渡金属元素离子半径变化规律的解释

过渡金属离子与晶体场相互作用关系密切的一个性质是离子半径。图 4-10 是第一系列过渡元素在氧化物中呈高自旋态的二价阳离子的半径变化情况，表现出明显的“双峰”特征。这一现象可用晶体场理论解释。

以氧八面体配位为例，阳离子 e_g 轨道中的电子与氧离子的作用斥力比 t_{2g} 轨道中的电子强。周期表从左到右，元素核外电子数增加。如果增加的电子填充到 t_{2g} 轨道，阳离子-氧离子间距应比电子填充到 e_g 轨道中小。t_{2g} 轨道填充 1、2、3 个电子时，原子间距急剧减小，第 4、5 个电子填充到 e_g 轨道中，原子间距减小程度减弱，甚至增加。第 6～10 个电子填充的情形与此相似。

三价离子半径变化情况与二价离子相似，如图 4-10(b)所示，但趋势不如二价离子明显。因为缺少 Cu^{3+}、Zn^{3+}的数据；Fe^{3+}-Co^{3+}之间离子的电子构型从高自旋变成了低自旋态。

一些畸变位置的过渡金属离子的半径还可用 Jahn-Teller 效应解释。

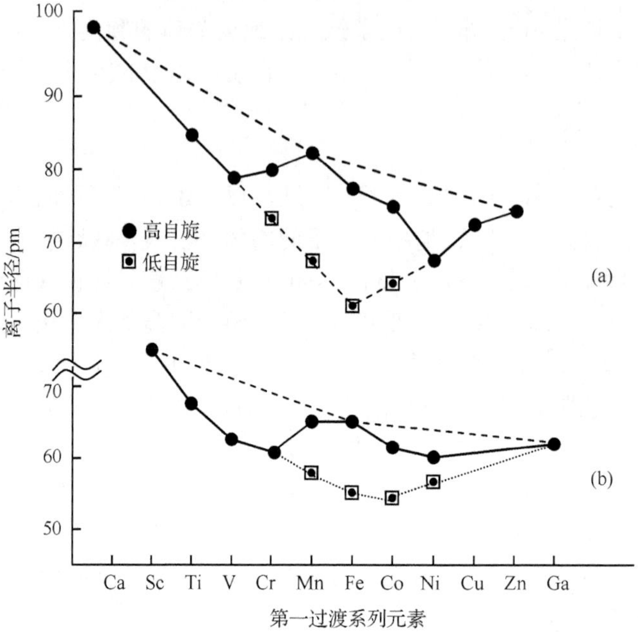

图 4-10　第一系列过渡金属离子的八面体配位离子半径(Burns R G, 1993)

(a)二价离子；(b)三价离子

4.4.3　过渡元素晶体的磁性

过渡金属离子在自由状态时五个 d 轨道能量相等，根据洪德规则，d 电子将尽可能分占 d 轨道并使自旋平行，这样能量最低，如果迫使两个自旋平行、分占两个轨道的电子挤到同一轨道上，则自旋必须相反，能量会升高，这个升高的能量被称为“电子成对能”P，这是电子自旋运动引起的一种重要的量子力学效应。

有晶体场存在的情况下，d 轨道能级分裂，这时电子的分布受到两个对立因素的影响，一方面电子将尽可能挤到能量较低的轨道上；另一方面电子自旋配对需克服电子成对能 P 而将尽可能占据较多的轨道，保持较多的未成对、自旋平行的电子。因此电子的具体分布将取决于以上两个因素哪个占优势。当分裂能 Δ 较大，超过电子成对能 P 的影响，电子将尽可能占据能量较低的轨道，d 电子数为 d^4～d^7 时，未配对电子数目将减少，形成低自旋络合物晶体。相反，弱场情况下得到高自旋络合物晶体。

晶体的磁性与其中离子的电子排布(未成对电子数)有关。如八面体配位中 d^4～d^7 的络离子，在强场和弱场中电子排布有高自旋和低自旋之分，因此磁性也不同。而 d^1～d^3、d^8～d^{10} 的络离子在强场和弱场中电子排列无高低自旋之分，磁性变化不大。

四面体络合物大多是高自旋络合物，也可以由四面体场的能级分裂 Δ_t 比八面体场的 Δ_o 小得多$\left(\Delta_t = \frac{4}{9}\Delta_o\right)$得到解释，$d^8$ 离子的正方形络合物大多是低自旋络合物也可由它的 d 轨道能级分裂图中 $d_{x^2-y^2}$ 轨道能量特别高得到解释。

4.4.4　尖晶石晶体化学

尖晶石型化合物的化学式为 $A^{2+}B_2^{3+}O_4$。其结构中氧做最紧密堆积，阳离子填充四面体、八面体空隙。每个晶胞中 8/64 的四面体空隙和 16/32 的八面体空隙被填充。尖晶石族结构由于阳离子占位的不同而分为：

(1) 正尖晶石型 $A[B_2]O_4$，二价离子 A 填充四面体空隙，三价离子 B 填充八面体空隙。

(2) 反尖晶石型 $B[AB]O_4$，一半三价离子 B 填充四面体空隙，另一半三价离子 B 和二价离子 A 填充八面体空隙。

(3) 随机尖晶石型 $(A_{1/3}B_{2/3})[A_{2/3}B_{1/3}]O_4$，1/3 的二价阳离子和 2/3 的三价阳离子占据四面体空隙，2/3 的二价阳离子和 1/3 的三价阳离子占据八面体空隙。

(4) 过渡尖晶石型 $(A_{1-n}B_n)[A_nB_{2-n}]O_4$，$n = 0$，2/3，1 分别对应正、随机和反尖晶石型。例如，当八个四面体中的七个被二价离子占据，一个被三价离子占据时，n=1/8，称为 1/8 反尖晶石型。

以镁铝尖晶石 $MgAl_2O_4$ 为例，晶体结构如图 4-11 所示。等轴晶系，空间群为 $Fd\bar{3}m$ (227)，面心立方格子，a=0.7978 nm，Z=8。O 作立方紧密堆积，二价阳离子 Mg^{2+}填充 1/8 四面体空隙，CN=4；三价阳离子 Al^{3+}填充 1/2 八面体空隙，CN=6。属正尖晶石型结构。

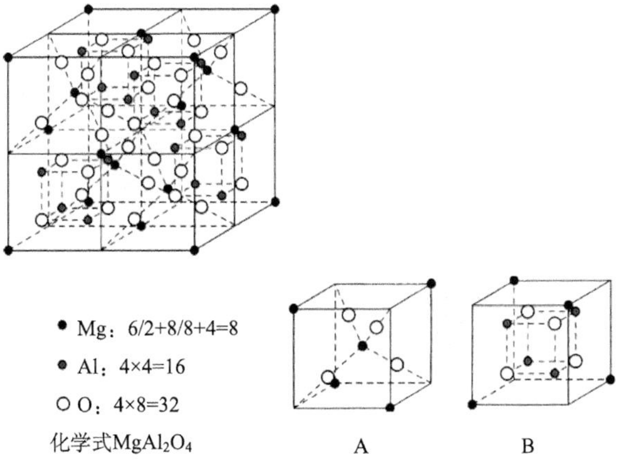

图 4-11　镁铝尖晶石 $MgAl_2O_4$ 的晶体结构

根据含过渡金属离子晶体的吸收光谱，可以分别算出过渡金属离子四面体、八面体的晶体场稳定能(CFSE)。它们之差称为八面体择位能(octohedral site preference energy, OSPE)，如表 4-12 所示。OSPE 可作为氧化物结构中过渡金属离子亲八面体位置的度量。因此具有高 OSPE 的三价离子，如 Cr^{3+}、Mn^{3+}、V^{3+}、Co^{3+}(低自旋)形成正尖晶石型结构。具有高 OSPE 的二价阳离子，如 Ni^{2+}、Cu^{2+} 等形成反尖晶石型结构。而 OSPE 为零的 Fe^{2+}、Mn^{2+}形成正或反尖晶石型结构则取决于其他离子的占位。

表 4-12 氧化物结构中过渡金属离子的八面体择位能(Burns R G, 1993)

3d 轨道电子数	离子			八面体 CFSE (E_0)/(kJ·mol^{-1})	四面体 CFSE (E_t)/(kJ·mol^{-1})	八面体择位能 OSPE/(kJ·mol^{-1})	n_o/n_t*
0	Ca^{2+}	Sc^{3+}	Ti^{4+}	0	0	0	0
1		Ti^{3+}		–87.4	–58.6	–28.8	15
2		V^{3+}		–160.2	–106.7	–53.5	158
3		Cr^{3+}		–224.7	–66.9	–157.8	2.9×10^6
4	Cr^{2+}			–100.4	–29.3	–71.1	829
4		Mn^{3+}		–135.6	–40.2	–95.4	8208
5	Mn^{2+}	Fe^{3+}		0	0	0	0
6	Fe^{2+}			–49.8	–33.1	–16.7	5
6		Co^{3+}		–188.3	–108.8	–79.5	1827
7	Co^{2+}			–92.9	–61.9	–31.0	19
8	Ni^{2+}			–122.2	–36.0	–86.2	3440
9	Cu^{2+}			–90.4	–26.8	–63.7	407
10	Zn^{2+}	Ga^{3+}	Ge^{3+}	0	0	0	0

* $n_o/n_t=\exp\{-[(E_o-E_t)/RT]\}$ (T=1000 ℃)。

磁铁矿(Fe_3O_4)、黑锰矿(Mn_3O_4)也是尖晶石型结构，可用同样方法解释前者为反尖晶石型结构，后者为正尖晶石型结构的原因。

4.4.5 一些硅酸盐结构中离子占位有序现象的解释

由于离子在结构中的占位存在择位情况，加上 Jahn-Teller 效应的影响，硅酸盐结构中常出现阳离子占位的有序现象。例如，橄榄石中，Ni^{2+}、Co^{2+}、Zn^{2+}有在 M1 位富集的趋势，Mn^{2+}则易于在 M2 位富集；斜方辉石中，Fe^{2+}、Mn^{2+}、Co^{2+}、Zn^{2+}、Cr^{2+}富集于 M1 位，Ni^{2+}富集于 M2 位等。

对以上离子占位有序现象的解释，可从以下几方面进行。

1. 阳离子半径

在铁镁硅酸盐和铝硅酸盐中，过渡金属离子与 Mg^{2+}、Al^{3+}相比在某些位置富集首先受离子半径的影响。例如，比 Mg^{2+}小的 Ni^{2+}比 Mg^{2+}更易于在小的八面体(橄榄石中的 M1 位，辉石中的 M1 位，见第 6 章橄榄石、辉石结构)中富集，而 Zn^{2+}、Co^{2+}等比 Mg^{2+}大的离子易于在大的八面体(橄榄石中的 M2 位，辉石中的 M2 位)中富集。但是结构中不同位置的大小是有一定变化范围的，因此一些离子可占据若干个不同的位置。所以，仅从离子半径不能解释所有现象。

2. 晶体场稳定能

Ni^{2+}、Co^{2+}、Fe^{2+}、Cr^{2+}、Mn^{2+}与 Mg^{2+}的半径差别不大，它们间的占位有序不能用离子半径很好地解释。但它们的电子构型差别很大，因而 CFSE 值差别很大：

$$Ni^{2+}(-29.6) > Cr^{2+}(-23.8) > Co^{2+}(-21.3) > Fe^{2+}(-11.9) > Mn^{2+}、Zn^{2+}、Mg^{2+}(0)\ [单位是\ kJ/mol]$$

而且 CFSE 与原子间距的五次方成反比，因此 Ni^{2+}、Cr^{2+}、Co^{2+}、Fe^{2+}趋于占据小的 M1 位。富集的顺序为

$$Ni^{2+} > Cr^{2+} > Co^{2+} > Fe^{2+} > Mn^{2+}、Zn^{2+}$$

一些三价阳离子代替八面体中的 Al^{3+}也可类似地解释。

3. 位置畸变——Jahn-Teller 效应

配位多面体畸变产生的 Jahn-Teller 效应可使 CFSE 值增大，占位有序更明显。例如 Fe^{2+}：$3d^6$ 构型，5 个电子分占 5 个 d 轨道，第 6 个电子如果占据因位置畸变而更稳定的某个轨道时，将获得更大的 CFSE 值，假设原子间距不变时更是如此，因此 Fe^{2+}倾向于占据畸变的位置。

实际结构中，位置畸变不可能保持不同配位多面体的平均原子间距不变，而往往是畸变越严重，平均原子间距越大，CFSE 值降低越多。畸变还会使不同配位多面体的金属-氧键类型不完全相同。但这些因素与因畸变而增加的 CFSE 值相比要小，因而畸变仍能使 CFSE 值总体增加。

4. 化学键性

如果仅从离子半径、位置对称性、CFSE 值考虑，Ni^{2+}在橄榄石 M1 位的富集程度应比辉石弱，但事实正好相反。此外，辉石中 Fe^{2+}在 M1 位的 CFSE 值比 M2 位大，但 Fe^{2+}仍富集于 M2 位。这些现象可从化学键性来解释。

从电荷平衡角度，辉石中 M2 位的电荷是平衡的，M1 位则带负电。因此离

子性强的离子易于进入 M1 位，共价性强的离子易于进入 M2 位。例如，比 Mg^{2+} 共价性明显的 Fe^{2+}、Co^{2+}、Ni^{2+}优先占据 M2 位。但对于 Ni^{2+}，高 CFSE 值因素占主导，因此 Ni 仍占 M1 位。

橄榄石中 M1 位共价性比 M2 位明显，Mg^{2+}优先占据 M2 位，Ni^{2+}、Co^{2+}、Zn^{2+}优先占据 M1 位。但对半径大的 Mn^{2+}、Fe^{2+}，这一因素被半径因素抵消，它们仍优先占据大的 M2 位。

在含羟基的铁镁硅酸盐中，Mg/Fe 值高时，F^-代替 OH^-也随之明显，称为“Fe-F 回避”，在角闪石、云母等中常见，即 Fe^{2+}避免与 F^-直接配位。这一现象也可用晶体场理论解释。因为 F^-的 Δ 值比 O^{2-}小得多，所以 Fe^{2+}与 OH^-配位时比与 F^-配位时有更高的 CFSE 值。

4.4.6　稀土掺杂发光材料的发光性能调控

绝大多数无机发光材料由基质、激活剂(和敏化剂)组成，其通式为：(基质分子式):(激活剂离子),(敏化剂离子)。例如彩电荧光屏用红色荧光粉 Y_2O_3:Eu^{3+}，其含义是：Eu^{3+}以固溶的形式进入 Y_2O_3 晶格(占据 Y^{3+}位置)，并在其中发生光的吸收和发射过程。基质是发光材料的主体，通常由结构稳定的晶体充当。稀土发光离子通过取代基质中某个阳离子格位而进入基质晶格，如图 4-12 所示。发光离子占据了基质晶格中的离子格位，并在基质离子格位上发生能量的吸收(即激发过程)、能量的传递以及能量的释放(即发射过程)。因此，稀土离子的发光必然受基质晶格中晶体场的作用。也就是说，某一发光跃迁的光谱位置受晶体场的强度影响。例如，虽然 Cr_2O_3 和 Al_2O_3:Cr^{3+}两种物质具有相同的晶体结构，但 Cr_2O_3 是绿色的，而 Al_2O_3:Cr^{3+}却是红色的。晶体场理论的定性解释是，在红宝石(Al_2O_3:Cr^{3+})

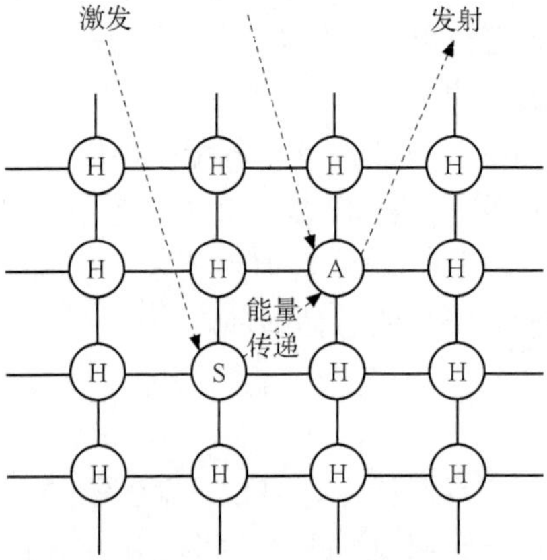

图 4-12　发光晶体的构成及其基本发光过程示意图(余泉茂，2010)

H：基质离子；A：激活剂离子；S：敏化剂离子

中，Cr^{3+}占据了体积较小的Al^{3+}的格位，所以与Cr_2O_3中的Cr^{3+}相比，红宝石中的Cr^{3+}处于更强的晶体场中，因此两者的颜色不同。

通常，发光晶体有两种类型的激活剂离子。第一种类型，激活剂离子的能级在发射过程中与基质晶格的相互作用较弱，受晶体场影响小。许多镧系元素(Ln^{3+})就是典型的例子，它们的电子跃迁发生在 4f 轨道之间。该类激活剂具有明锐的特征发射谱线。第二种类型，激活剂离子与基质晶格发生较强的作用，这种情况下 d 电子也参与其中，受晶体场影响较大。例如 Eu^{2+}、Ce^{3+}、Mn^{2+}等，或一些复杂离子如MoO_4^{2-}或NbO_4^{3-}，这些离子的电子态与晶格振动间产生较强的偶合作用而形成宽带发射光谱。

以 Eu^{2+}和 Ce^{3+}为代表的稀土离子具有带状发射峰，对应于电子从 5d 轨道返回 4f 轨道的跃迁，而 5d 轨道能级极易受晶体场的影响。Ce^{3+}($4f^1$)是最简单的例子，因为它只含有一个 4f 电子，激发态的电子构型为 $5d^1$，如图 4-13(a)所示。八面体晶体场中，5d 轨道可被晶体场分裂为 2 个 e_g轨道和 3 个 t_{2g}轨道。相对于自由离子的状态，在强晶体场作用下，Ce^{3+}的 $5d^1$ 轨道重心虽然保持不变，但随着能级分裂的增大，3 个 t_{2g}轨道能量降低，$5d^1 \rightarrow 4f$ 的跃迁能量降低，从而导致 Ce^{3+}的发射光向长波移动。进一步地，当晶体场发生扭曲变形时，$5d^1$ 能级将进一步降低，Ce^{3+}的发射光也进一步向长波移动[图 4-13(c)]。因此，可用晶体场调控稀土离子的发光性能。

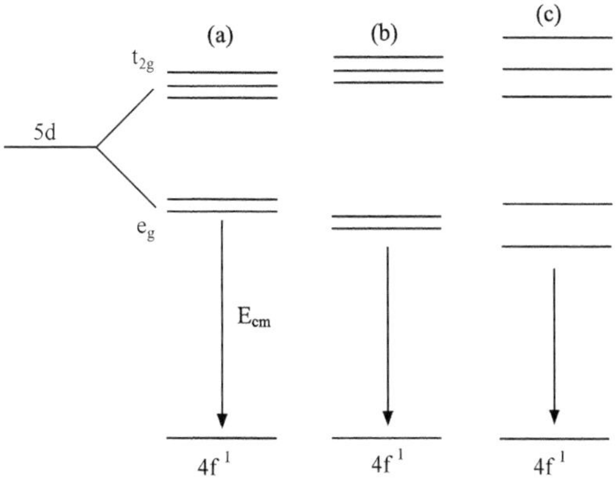

图 4-13 Ce^{3+}离子的 f-d 跃迁及 5d 能级在晶体场中的分裂(Le Toquin R and Cheetham A K, 2006)

(a)初始态；(b)强晶体场；(c)扭曲的晶体场

4.5 配位场理论

晶体场理论虽然可以得到大部分的结论，但仍有一些现象无法解释，如为什

么中性的 NH_3 引起的 Δ 值特别大？这需要结合分子轨道理论才能解释。

由前面介绍的分子轨道法已知，中心离子的电子轨道与配体的 σ 型(即对键轴圆柱对称)轨道经线性组合后可得到数目相等的分子轨道(图 4-14)，其中一半分子轨道能量比原子轨道中能量较低的还低，称为成键轨道，另一半分子轨道能量比原子轨道中能量较高的还高，称为反键轨道(带*号者)，结果得到如图 4-15 所示的能级图。按照量子力学原理，如果一个分子轨道的能级接近于构成它的某一方原子轨道的能级，则此分子轨道就具有与该原子轨道特性相近的性质。因此在图 4-15 中，成键轨道具有较多的配体原子轨道的特性，反键轨道具有较多的中心金属原子轨道的特性，非键轨道 t_{2g} 保持中心金属原子轨道的特性，e^*_g、t_{2g} 分子轨道分别相当于晶体场分裂中的 d_γ 和 d_ε 轨道，由中心离子电子占据，其能量间距相当于晶场分裂参数 Δ。由于 e^*_g 已掺有配体原子轨道特性，e^*_g 与 t_{2g} 的能量间距或大于或小于晶场分裂参数 Δ，取决于金属-配体键强度，它对电子排布所起的作用与晶场分裂参数完全相同。与晶体场相对应，晶体场稳定能在配位场中称为配位场稳定能(ligand field stabilization energy，LFSE)。因此晶体场理论得到的结

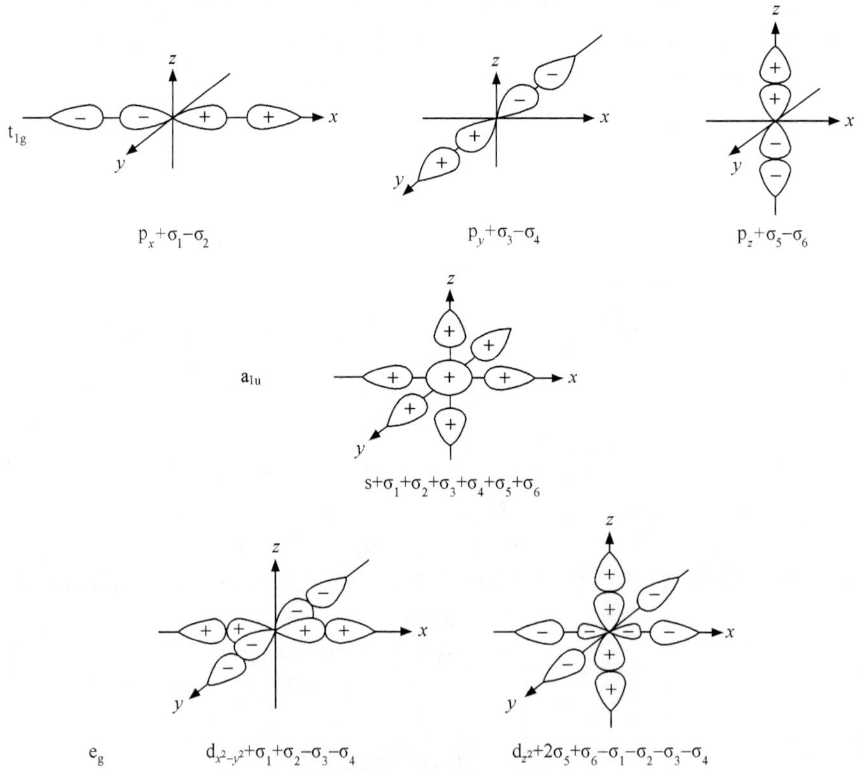

图 4-14　八面体络合物中心离子与配体 σ 轨道的匹配(谢有畅等，1991)

σ_1、σ_2、σ_3、σ_4、σ_5、σ_6 分别代表 x、y、z 轴正、反方向配体的 σ 轨道

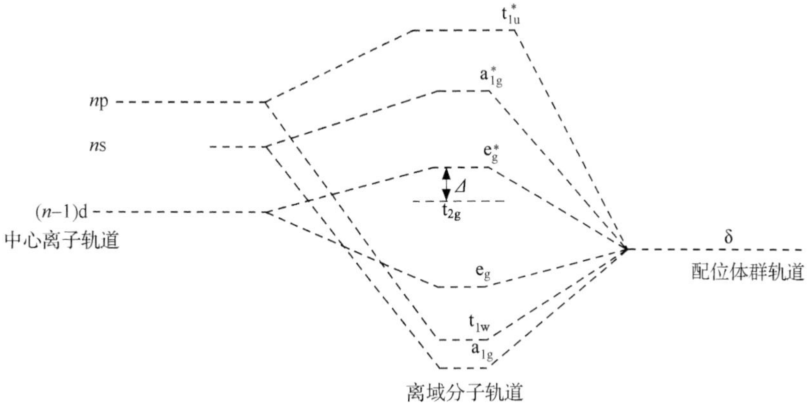

图 4-15　八面体络合物离域 σ 分子轨道的形成(谢有畅等，1991)

论用分子轨道理论也能得出。如果将配体的 π 型轨道的影响也考虑进去，中心离子 t_{2g} 轨道将不再是非键的，它参与组成 t_{2g}^{b} 和 t_{2g}^{*} 两组成键和反键轨道，能级将发生变化(依配体的不同而变高或变低)。这是晶体场理论所没有考虑的。

综合考虑静电晶体场和分子轨道理论的结果称为配位场理论。

第5章　晶 体 成 分

5.1　晶体的化学组成

晶体的化学组成和晶体结构决定晶体的性质。晶体可以由一种元素构成，也可以由两种或两种以上元素构成，前者为单质晶体，后者为化合物晶体。一般来说，一种晶体通常以一种化学键为主，其物理性质也由这种占主导地位的化学键决定。因此，可根据晶体内占主导地位的化学键类型划分晶体，单质晶体可分为共价键单质晶体、金属键单质晶体、分子键单质晶体和混合键单质晶体，而化合物晶体可分为离子键化合物晶体、共价键化合物晶体、金属键化合物晶体、分子键化合物晶体和混合键化合物晶体等。

影响化学键形成的主要内因是元素的外电子层构型，外因则是晶体形成时的温度、压力、组分浓度和氧化还原条件等。通常将电负性大于 2 的元素规定为非金属元素，小于 2 的元素规定为金属元素；习惯上，化合物中的金属元素被称为阳离子，非金属元素称为阴离子，而将构成单质的元素称为原子。人们通常将晶体的化学组成分为五类：阴离子、阳离子、原子、分子以及水。本章将讨论以上各种成分的特性，进而讨论它们在组成晶体结构时的相互作用和规律。

5.1.1　阴离子

阴离子是指原子得到一个或几个电子，使其最外层电子达到稳定结构时形成的离子。半径越小的原子，其得电子能力越强，金属性越弱。阴离子是带负电荷的离子，核电荷数＝质子数＜核外电子数，所带负电荷数等于原子得到的电子数。常见阴离子有卤素(F^-、Cl^-、Br^-、I^-)和氧(O^{2-})，其次是硫(S^{2-}和S_2^{2-})，再其次是硒和碲。

1. 卤素阴离子

主要指 F、Cl、Br、I 四种元素，外电子层构型为 s^2p^5，离子的电子构型为 s^2p^6。相关参数见表 5-1。

从 F^-到 I^-，离子半径逐渐增大，离子的可变形性(极化率)也逐渐增大，电负性逐渐减小。一般情况下认为氟化物晶体是离子键晶体，而碘化物晶体是共价键晶体。例如，AgF 具有氯化钠结构(氯化钠结构见第 6 章相关部分)，Ag^+填充在 F^-

立方最紧密堆积的全部八面体空隙中，其中 Ag—F 键长为 0.246 nm，小于其他卤化银。

表 5-1　卤素和卤素阴离子的基本化学参数(何涌和雷新荣，2008)

原子	原子外电子层构型	共价半径/nm	电负性	离子	离子外电子层构型	离子半径/nm
F	$2s^22p^5$	0.072	4	F^-	$2s^22p^6$	0.125
Cl	$3s^23p^5$	0.099	3	Cl^-	$3s^23p^6$	0.172
Br	$4s^24p^5$	0.114	2.8	Br^-	$4s^24p^6$	0.188
I	$5s^25p^5$	0.133	2.5	I^-	$5s^25p^6$	0.213

氯化银和溴化银也都具有氯化钠结构。根据 a_0 计算得到的 AgCl 和 AgBr 的离子间距比用两种离子的理论半径计算得到的离子间距要小，但远大于用两种原子的共价半径计算得到的原子间距。Ag 的外电子层构型为 $5s^1$，共价半径为 0.134 nm，电负性为 1.8，六次配位 Ag^+半径为 0.123 nm。外电子层为 18 电子的 Ag^+具有大的极化力和变形性，表 5-2 中的数据显示，Ag^+与 Cl^-和 Br^-之间的极化作用使 Ag—Cl 和 Ag—Br 的离子键中加入了相当程度的共价键成分(表 5-3)。当 Ag^+与半径更大的 I^-化合时，它们之间的强烈极化作用使两者的电子云充分重叠而形成共价键，

表 5-2　卤化物晶体的结构参数(R_{Ag^+} =0.123 nm) (何涌和雷新荣，2008)

名称	分子式	结构型	a_0/nm	配位数 Ag/F	正负离子间距/nm			电负性差值
					实测	离子键	共价键	
氟化银	AgF	氯化钠	0.493	6/6	0.246	0.248	0.206	2.2
氯化银	AgCl	氯化钠	0.555	6/6	0.278	0.295	0.233	1.2
溴化银	AgBr	氯化钠	0.576	6/6	0.288	0.311	0.248	1
碘化银	AgI	闪锌矿	0.650	4/4	0.281	0.336	0.267	0.7

表 5-3　离子极化对卤化银晶体的影响

	AgCl	AgBr	AgI
Ag^+和 X^-的半径之和/nm	0.123+0.172=0.295	0.123+0.188=0.311	0.123+0.213=0.336
Ag^+—X^-的实测距离/nm	0.277	0.288	0.299
极化靠近值	0.019	0.023	0.036
r_+/r_-值	0.715	0.654	0.577
实际配位数	6	6	4
理论结构类型	NaCl	NaCl	NaCl
实际结构类型	NaCl	NaCl	立方 ZnS

Ag^+与 I^-的配位数也都降为 4(ZnS 型结构，见第 6 章相关部分)。另外，从 AgF 到 AgI，4 种卤化物晶体熔点升高的趋势也证明晶体中共价键成分不断增加，但其中 AgBr 熔点下降的原因尚不清楚。

通常情况下卤素 F、Cl、Br、I 主要以阴离子的形式存在于晶体中。F^-既作为晶体的主要成分出现，也常以附加阴离子的形式参与晶体的构成，如金云母($Mg_3[(Si_3Al)_4O_{10}]F_2$)，而 Cl^-则常以附加阴离子的形式出现，如氯磷灰石($Ca_2Ca_3[PO_4]_3Cl$)。

2. 氧阴离子

氧原子的原子核有 8 个带正电的质子，核外有两个电子层，K 层有 2 个电子，L 层有 6 个电子，电负性为 3.5，外电子层构型为 $2s^22p^4$，容易获得 2 个电子形成 $2s^22p^6$ 构型。氧阴离子在晶体中的成键方式见表 5-4。

表 5-4　氧阴离子在晶体中的成键方式

氧离子成键方式	符号	举例
从电负性小、半径大、变形性小的原子处获得 2 个电子形成离子键	O^{2-}	尖晶石 $MgAl_2O_4$
一个 $2p^1$ 电子与一个原子的电子形成一个共价键，用“↓”表示；另一个 $2p^1$ 轨道接受 1 个电子，形成 1 个离子键，用“–”表示	$O^{\downarrow -}$	方解石 $Ca[CO_3]$
与其他原子的未成对电子形成 2 个共价键	$O^{\downarrow\downarrow}$	石英 SiO_2

当 O^0 与那些电负性小、半径大、无变形性或变形性小的原子(如碱金属和碱土金属元素)结合时，O^0 获得 2 个电子形成氧阴离子(O^{2-})，其价电子构型为惰性气体型 $2s^22p^6$。O^{2-}通常作立方或六方，或近似立方或六方的最紧密堆积(当阳离子半径较大时)，与填充其中空隙的阳离子以离子键的形式结合形成晶体，如钙钛矿($CaTiO_3$)和尖晶石($MgAl_2O_4$)，其中 O^{2-}的配位数分别是 6 和 4。

氧在晶体结构中的第二种常见形式是提供一个($2p^1$)电子与电负性及变形性都较大的原子的一个电子形成共价键(符号上用“↓”表示)：$O^{\downarrow}$；剩下那个($2p^1$)轨道接受的电子只起一个负电荷的作用，符号上用“–”表示：$O^{\downarrow -}$，原则上 $O^{\downarrow -}$还是阴离子。这时，氧的价电子构型在形式上还是 $2s^22p^6$，但意义与 O^{2-}有很大差别，$O^{\downarrow -}$表示氧阴离子具有混合键性。例如，酸根$[CO_3]^{2-}$、$[NO_3]^-$、$[PO_4]^{3-}$、$[SO_4]^{2-}$、$[SO_4]^{4-}$和$[MoO_4]^{2-}$等中的氧就是以 $O^{\downarrow -}$的方式存在，中括号表示是络离子。O 先与 C、N、P、S、Si、Cr、Mo 等原子以共价键形成络阴离子，络阴离子再以离子键的方式与其他阳离子结合形成晶体，如方解石($Ca[CO_3]$)、硬石膏($Ca[SO_4]$)和橄榄石($Mg_2[SiO_4]$)等。氢氧根(OH^-)中氧的形式也呈$O^{\downarrow -}$形式：氧原子的一个$2p^1$电子与一个H原子的(s^1)电子形成一个共价键($p^{\downarrow\uparrow}$)，OH再从其他金属原子获得一个电荷以离子键的方式结合形成晶体，如水镁石[$Mg(OH)_2$]。在这类晶体中O的配位数一般大于或等于3。

氧在晶体结构中的第三种存在形式是用$2(p^{\downarrow\uparrow}p^1p^1)$轨道中的两个未成对电子与其他原子的未成对电子形成两个共价键$O^{\downarrow\downarrow}$。例如，石英晶体中Si^0的价电子轨道($3s^23p^2$)杂化成($3s^13p^3$)，并分别与4个O^0形成4个共价键(呈四面体)，而每个O^0则分别接受2个Si^0提供的电子形成2个共价键，即$2(p^{\downarrow\uparrow}p^{\downarrow\uparrow}p^{\downarrow\uparrow})$。事实上，石英中O的配位数正好是2。因此，石英应该是共价键晶体，其中O和Si都应该是原子，但人们习惯把它们看作是离子：O^{2-}和Si^{4+}。

3. 硫阴离子

硫的价电子构型为$3s^23p^4$，电负性为2.5，容易变形，存在S^{2-}和$S^{\downarrow -}$两种成键形式。硫多与电负性大和变形性大的金属原子结合，由于原子之间发生极化作用，因此硫化物晶体基本上都含有相当程度的共价键成分，即含共价键的离子键晶体，如方铅矿(PbS)，其中S^{2-}的配位数为6。

通常，大多数硫化物晶体为共价键晶体，如闪锌矿ZnS，其中Zn和S的配位数$CN^+=CN^-=4$，[ZnS_4]四面体在空间以共顶方式相连接，Zn—S为极性共价键，闪锌矿为配位型共价晶体，晶体结构见第6章相关部分。

4. 其他阴离子

其他常见形成阴离子的非金属元素包括Se、Te、N、P、As和C，其中N、P和As的价电子构型为s^2p^3。N与S和O不同，电负性为3，它可以获得单个电子形成三个共价键，也可以形成四个共价键(其中一个为配位键)，因此氮化物晶体多为共价键晶体(如AlN)。由于P和As与N的价电子构型相同，因此磷化物和砷化物也都是共价键晶体。

Se和Te的化学性质与S相似，但电负性小，半径和变形性大，与其他元素以共价键的形式结合形成晶体。

C的价电子构型为$3s^22p^2$，电负性为2.5。C常以sp^3形式的杂化轨道接受电子，与提供电子的原子以共价键的方式形成晶体，如SiC。

碳化硅(SiC)在功能陶瓷、高级耐火材料、磨料及冶金原料等领域被广泛应用。

5.1.2 阳离子

阳离子是指原子由于外界作用失去一个或几个电子，使其最外层电子数达到

8 个或 2 个电子的稳定结构而形成的离子。半径越大的原子，其失电子能力越强，金属性也越强。根据阳离子外电子层构型，将阳离子分为惰性气体型离子、铜型离子和过渡型离子三种类型(图 5-1)。

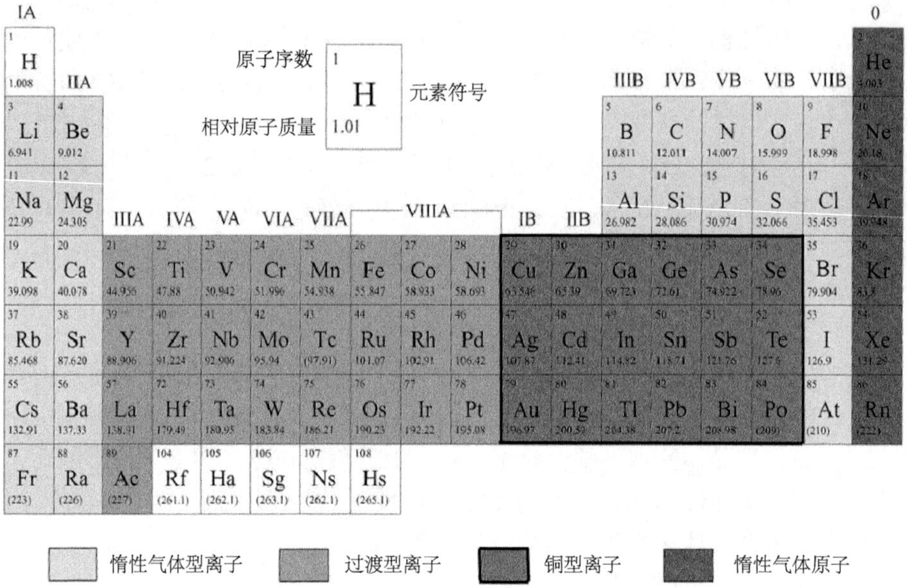

图 5-1　元素的离子类型

1. 惰性气体型离子

离子外层具有 8 个电子(ns^2np^6)。主要包括碱金属和碱土金属离子，离子的最外层电子结构与惰性气体原子相似，具有 2 个或 8 个电子，共有 25 种。离子半径一般较大，而极化性较小，易与 O 结合形成以离子键为主的氧化物或含氧盐。

2. 铜型离子

外层具有 18 个电子($ns^2np^6nd^{10}$)或(18+2)个电子[$ns^2np^6nd^{10}(n+1)s^2$]的离子，包括周期表中 I B、II B 族元素的离子。当其失去电子成为阳离子时，与 Cu^{2+} 相似，外层电子结构较稳定，除个别离子外，一般情况下不变价，或只在 18 和 18+2 两种构型间变化(如 Pb^{4+}、Pb^{2+})。铜型离子的离子半径小，外层电子多，极化性能很强，易与半径较大、易被极化的 S^{2-}结合形成以共价键为主的化合物。

3. 过渡型离子

外层具有 9～17 个电子($ns^2np^6nd^{1\sim9}$)的不稳定电子构型，为周期表中副族元素的离子。性质介于惰性气体型离子和铜型离子之间。过渡型离子的结合性质受环境的影响。例如，Fe 在还原条件下多与 S 结合，生成黄铁矿或白铁矿(FeS_2)；当 O 的浓度很高时，便与 O 结合生成赤铁矿(Fe_2O_3)、磁铁矿(Fe_3O_4)、菱铁矿($FeCO_3$)。

过渡型离子的半径与极化性质介于惰性气体型离子和铜型离子之间。最外层电子数越接近 8 的离子，亲氧性越强，易形成氧化物和含氧盐；最外层电子数越接近 18 的离子，亲硫性越强，易形成硫化物。居于中间位置的 Mn 和 Fe 与 O 和 S 均可结合，如 Fe 可与 S 结合形成黄铁矿(FeS_2)，又可与 O 结合形成赤铁矿(Fe_2O_3)。离子的电价比较容易变化，如 Fe^{2+}、Fe^{3+}以及 Mn^{2+}、Mn^{3+}、Mn^{4+}等都是常见的变价过渡型离子。

5.1.3 原子

单质晶体的元素以原子形式存在，原子的结合方式有共价键和金属键，所以元素半径有共价半径和金属半径的区别。由于形成共价键时电子云有相当大的重叠，所以元素的共价半径小于它的金属半径。实际上，在晶体结构中原子或离子与周围的质点以不同的键力连接时，它的有效半径会有明显的差异。此外，离子的有效半径与离子在晶体结构中的配位数有关，配位数大时半径大，配位数小时半径小。对于过渡金属离子，其有效半径还随氧化态及自旋状态的不同而不同。

非金属元素单质晶体中的原子以共价键结合，所以它们的配位数小，晶体结构是非最紧密堆积，如金刚石、单质硅等均为原子晶体。金刚石为目前所知的硬度最高的材料，纯净的金刚石具有极好的导热性和半导体性能，晶体结构见第 6 章。同结构的晶体包括硅、锗、灰锡(α-Sn)以及人工合成的立方氮化硼(BN)。

金属元素单质晶体中的原子以金属键结合，原子通常作等大球最紧密堆积，所以它们的配位数大，价电子为所有原子共有。半金属元素单质晶体(As、Sb、Bi)中的原子主要以共价键结合，但都含有一定成分的金属键，所以半金属元素单质的晶体结构也是非等大球最紧密堆积。还有一类以原子形式存在的晶体是金属互化物，如铜金矿(CuAu)和一些合金等。

5.1.4 分子

由分子组成的晶体主要包括分子晶体和超分子晶体。

分子晶体是由原子先通过化学键结合成分子，分子再通过分子间作用力(包括范德华力和氢键等)结合成的晶体。因分子间作用力较小，分子晶体具有熔点低、沸点低、硬度小、易挥发等特点。分子晶体主要包括：所有非金属氢化物；大部分非金属单质(稀有气体形成的晶体也属于分子晶体)，如卤素(X_2)、氧气(O_2)、硫(S_8)、氮(N_2)、白磷(P_4)、C_{60}等(金刚石和单晶硅等是原子晶体)；部分非金属氧化物，如 CO_2、SO_2、P_4O_6、P_4O_{10} 等(SiO_2 是原子晶体)；几乎所有的酸；绝大多数有机化合物；所有常温下呈气态的物质、常温下呈液态的物质(除汞外)、易挥发的固态物质。图 5-2 为 CO_2 分子晶体的结构。

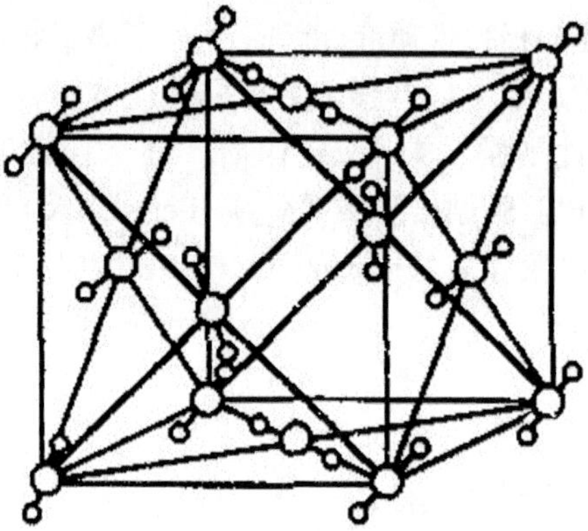

图 5-2　CO_2 分子晶体的结构示意图(朱一民和韩跃新，2007)

超分子晶体是指分子依靠分子间的弱相互作用力结合在一起组装成的复杂的、有组织的整体，整体中各组分还保持某些固有的物理和化学性质，同时又因彼此间的相互影响或扰动而表现出某些整体功能。超分子体系的微观单元由若干乃至许许多多个不同化合物的分子或离子或其他可单独存在的具有一定化学性质的微粒聚集而成。

超分子大环是一类具有内孔的超分子受体，可用于构建很多固体材料，包括多孔有机聚合物(POPs)、金属-有机骨架(MOFs)和结晶有机材料(COMs)。特别是 COMs，这是一类制备简单、结晶度高的有机超分子晶体材料。与由无机(金属离子)和有机物种(有机配体)通过配位组成的 MOFs 不同，COMs 是一种由共价键或非共价键连接的纯有机物组成的结晶材料，具有结构多样性、化学稳定性、溶液加工性等特点。对于非共价键连接的 COMs，典型的材料是有机分子晶体，由于晶体状态下有机组块堆积效率低，一些分子晶体表现出外部孔隙，通常被称为氢键有机框架(HOFs)或超分子有机框架(SOFs)。根据组成，超分子-大环基 COMs 可分为两大类，一类由纯大环组成，另一类由大环和其他简单有机构件组成。由于具有一定类型的预制腔，一些大环 COMs 在固态下表现出本征微孔隙，一些大环 COMs 则可能具有“没有孔”的多孔性，因为由于软大环的结构适应性，在对特定客体的吸收上产生了一定的空隙。超分子-大环基 COMs 的结构多样性和展现出的优异性能在很大程度上促进了 COMs 的发展。图 5-3 是一种有机杂环超分子的结构示意图。

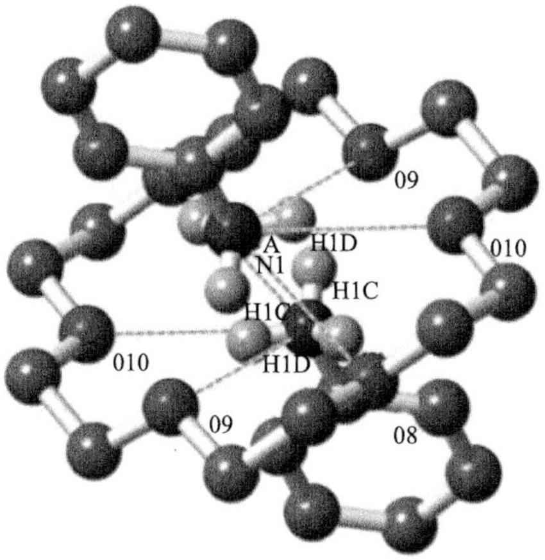

图5-3 C_6C_3P超分子的三聚体结构(朱春立等，2019)

5.1.5 晶体中的水

晶体中通常含有大量不同形式的水，主要分为吸附水、结晶水、结构水三种基本类型，以及性质介于吸附水与结晶水之间的层间水和沸石水两种过渡类型。

1. 吸附水

晶体中的吸附水是吸附在晶体表面或裂隙里的水分子(H_2O)。附着于颗粒表面的称为薄膜水；填充在颗粒间细微裂隙中的称为毛细管水；作为分散媒介吸附在胶粒表面上的称为胶体水。

吸附水对晶体的结构无影响，也不会改变晶体的性质。但吸附水对晶体的风化起着很重要的作用。晶体中的吸附水通常可通过加热去除，脱除温度一般在100～110 ℃之间。但当晶体的微粒达到纳米尺寸时，吸附水的脱除温度会大幅度提升。

2. 结晶水

结晶水是在晶体中占据一定结构位置的水分子，其数量与晶体中其他组分之间有一定的比例，以确定的化学计量比存在。晶体内的结晶水也可通过加热的方法脱除，不同晶体结晶水的脱除温度不尽相同，通常在 100～200 ℃之间。结晶水脱除后会破坏原有的晶体结构，但某些特殊晶体可以重新获得结晶水而恢复原有结构，如石膏($CaSO_4 \cdot 2H_2O$)脱水后变为硬石膏($CaSO_4$)，而硬石膏还可重新获得结晶水转变为石膏。

结晶水大多出现在具有大半径络阴离子的含氧盐中。出现这种现象是因为阴、阳离子结合成稳定结构时其半径必须相互适应。与大半径络阴离子相适应的应该是大半径的阳离子，如果介质中缺乏大阳离子，而存在大量与络阴离子的电价适应但半径较小的阳离子时，小半径的阳离子在不改变电价的同时借助水化使自身体积增大，从而与大的络阴离子结合成稳定的化合物。例如，六水硫镍矿[$Ni(H_2O)_6SO_4$]，其中SO_4^{2-}的半径为0.295 nm，而Ni^{2+}的半径为0.077 nm，二者相差近四倍，不能形成稳定结构。于是在不改变Ni^{2+}离子电价的前提下，借助六个水分子的包围来增大体积并与SO_4^{2-}构成六水硫镍矿。通过控制晶体中结晶水的含量可以对晶体的性质进行调控，例如精确控制乙酸铅中结晶水的含量，可以优化钙钛矿结构乙酸铅薄膜的质量，从而获得高效的太阳能电池材料。

3. 结构水

结构水是以OH^-、H_3O^+形式存在于晶格内部的水，其中OH^-最为常见。结构水在晶格中占据严格的位置并有确定的含量比，与其他离子的连接也相当牢固(H_3O^+离子除外)。含结构水的矿物晶体有滑石($Mg_3[Si_4O_{10}](OH)_2$)、蛇纹石($Mg_6[Si_4O_{10}](OH)_8$)、高岭石($Al_4[Si_4O_{10}](OH)_8$)等。从图5-4中可以看到类水滑石中含有大量的OH^-。

晶体中的结构水可在高温条件下从晶格中逸出(一般在600～1000 ℃之间)，结构水逸出后晶体结构遭到破坏。不同晶体失去结构水的温度大不相同，如高岭石失结构水的温度为580 ℃，而滑石失结构水的温度则为950 ℃。有些结构水可一次全部析出，有的则分几次，每次都有一个确定的温度与之对应。例如，镁蠕绿泥石在610 ℃时析出“水镁石层”中的$(OH)^-$，而后在820 ℃时再析出八面体层中的$(OH)^-$。

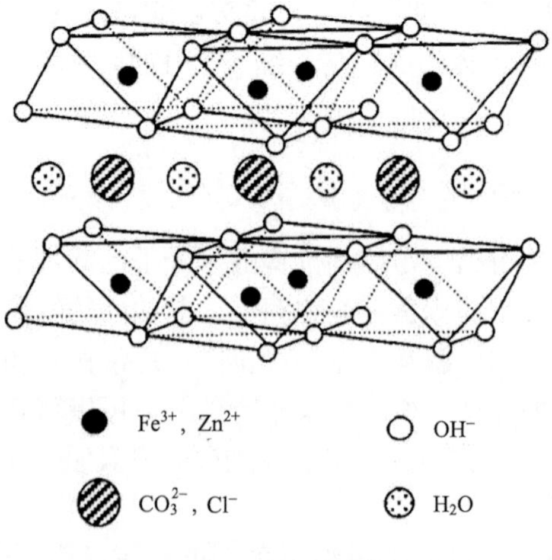

图5-4　类水滑石的层状结构图(董延茂等，2010)

橄榄石、辉石和石榴石等理想化学式中不含氢的矿物被称为“名义无水矿物”，因为它们实际上含有一定量与氢有关的以点缺陷形式存在的结构水(以 OH^- 为主，也可以 H_2O、H_2、CH_4、NH_4^+ 等形式存在)。这些矿物具有庞大的体积和质量，可能构成地球深部最重要的储水库并参与全球水循环。近几十年的研究表明，名义无水矿物中的水可以影响矿物和岩石的许多物理化学性质，并对地球深部很多地质作用有重要的制约。即使名义无水矿物只含有很少量的水(＜0.005 wt%)，也会对降低地幔的熔融温度和黏度、提高矿物导电性和离子扩散速率等有显著影响。

4. *层间水*

层间水是以水分子(H_2O)的形式存在于某些层状结构的结构层之间。层间水在晶体中的含量不定，随外界条件的变化而改变。当温度升高时，水分子会逐渐逸出，直至 110 ℃左右时全部逸出。失水并不导致晶格的破坏，仅相邻结构层之间的距离减小，同时折射率、密度增大。在适当的外界条件下，结构层又会吸水膨胀，并相应地改变晶体的物理性质。

层间水的含量与晶体结构层间阳离子种类有关。例如，在蒙脱石中，当层间吸附的阳离子为 Na^+ 时，结构层之间常形成单层水分子，若为 Mg^{2+} 离子则经常形成两层水分子。层间水和吸附水类似，含量随外界温度、湿度的变化而变化。因此，层间水的性质介于结晶水与吸附水之间。

含有层间水的晶体，结构层之间的距离常随含水量的变化而改变，如蒙脱石吸水后晶胞的 c 值可由 0.96 nm 增加到 2.84 nm，因而具有吸水膨胀的特性。有的含层间水的晶体，由于层间水的存在，加热时水的汽化压力可使层间距离扩大而发生热膨胀，如蛭石。层间水的脱水温度一般在 100～250 ℃之间。层间水脱失后，晶体的层状结构不会被破坏，但层间距离缩小，密度和折射率提高。

地表中广泛存在的蒙脱石层间水经干燥或加热即可脱去，使层间距离缩小，吸收湿气或浸于水中又可使层间距增大，因此用蒙脱石层间水的失去与增加，可解释某些地面下沉与溶胀的现象。

层间水通常也可被一些极性有机分子溶液所置换。层间水的这一特性对石油等的形成以及对某些含层间水晶体的应用都具有重要意义。

5. *沸石水*

沸石水是以水分子形式存在于沸石族晶体晶格中的水，其性质与层间水类似，也是介于结晶水与吸附水之间的一种特殊类型。沸石水存在于沸石族晶体结构大小不等的孔道中，常集结在占据晶格一定位置的阳离子周围，并与之发生配位，其含量存在上限值，此数值与晶体其他组分的含量有简单的比例关系。沸石晶格中的各种孔道都与外界相通(见图 6-80)，水可以通过孔道逸出或进入，因此沸石水的含量可在一定范围内变化。

沸石族晶体一般从 80 ℃开始失水，至 400 ℃左右时水全部析出，其析出过程是连续的。失水后晶体的晶格不发生变化，但一些物理性质如透明度、折射率和密度随失水量的增加而降低。失水后的沸石可以重新吸水，并恢复到原来的含水量，从而恢复晶体原来的物理性质。

含有层间水和沸石水的晶体，大部分具有吸附性阳离子，而这些吸附性阳离子又可伴随着水分子逸出或进入晶体并与介质中的阳离子发生交换，所以通常把这种吸附性阳离子称为可交换阳离子，此类晶体的这种特性称为阳离子交换性质。

5.1.6 化学计量性与非化学计量性

1. 化学计量性

化学组成遵守化学定比和倍比定律的晶体称为化学计量晶体。结构上各等效点系的重复点数之比一定是定比和倍比关系，如 NaCl 和 SiO_2 等。天然矿物晶体并非理想化学纯的物质，由于外界环境的复杂性，大多数矿物因类质同象替代，其化学组成在一定范围内变化，但各晶格位置上呈类质同象关系的各组分数量总和之间仍遵循定比定律。

2. 非化学计量性

化学组成不遵守化学定比和倍比定律的晶体称为非化学计量晶体。非化学计量晶体结构上的某些等效点系位置未被完全占满，结构中出现缺位。如许多含变价元素的晶体，因其形成过程常处于不同的氧化还原条件，变价元素的价态会发生变化，由于受化合物电中性的制约，晶体内部必然存在某种晶格缺陷(如空位、填隙离子等点缺陷)，致使其化学组成偏离理想化合比，不遵循定比定律。

例如，FeS 在高温条件下暴露于真空或高硫蒸气环境中，其化学计量性极易改变，可能会变为磁黄铁矿($Fe_{1-x}S$)。由于部分 Fe^{3+}的存在，铁原子数少于硫原子数，晶格中产生阳离子空位，x 值取决于结构中 Fe^{3+}离子数的多少。高温下 x 值介于 0～0.125，阳离子空位随机分布。

类质同象替代和非化学计量性是引起晶体成分在一定范围内变化的主要因素。影响晶体成分的其他因素包括阳离子的可交换性、胶体的吸附作用、晶体中含水量的变化及以显微包裹体形式存在的机械混入物等。

5.2　晶体成分的研究意义

晶体成分的准确测定在晶体学研究中具有很重要的意义。首先，分析晶体成分可以判断晶体的形成条件，地质学中矿物成分研究可以为地质演化过程提供重要信息。金红石通常以副矿物的形式广泛分布于岩浆岩、中高级变质岩和沉积岩中，其主要化学成分为 TiO_2。金红石中的 Ti^{4+}与 W^{6+}、Nb^{5+}、Zr^{4+}、V^{3+}、Fe^{3+}、Fe^{2+}等半径相近的离子之间存在非常普遍的类质同象替代，甚至在超高压的情况下，还可以与半径远小于 Ti^{4+}的 Si^{4+}发生类质同象替代，如中国西藏罗布莎蛇绿岩铬铁矿中就发现有硅-金红石[$(Ti_{0.82}Si_{0.18})O_2$]。由于这些元素的地球化学属性不同，与金红石发生类质同象替代的条件不同，所以可以通过测定它们在金红石中的含量和价态，分析其寄主岩石的成分、变质条件和地质演化过程。

其次，结合晶体物相与结构分析得到的晶体结构式可以更精确地反映晶体的内部结构，因为晶体中所含元素或组分稍有变化，都会对晶体的内部结构产生很大影响，甚至会影响到晶体的宏观形貌。如图 5-5 所示的 10 Å 埃洛石与 7 Å 埃洛石(10 Å 与 7 Å 代表埃洛石的层间距)的区别，可以看到 10 Å 埃洛石[$Al_2Si_2O_5(OH)_2 \cdot 2H_2O$]经过煅烧失去一分子层间水后变为 7Å 埃洛石[$Al_2Si_2O_5(OH)_2 \cdot H_2O$]，层间距减小，并且埃洛石纳米管的层状管结构会变得松散，管直径增大。

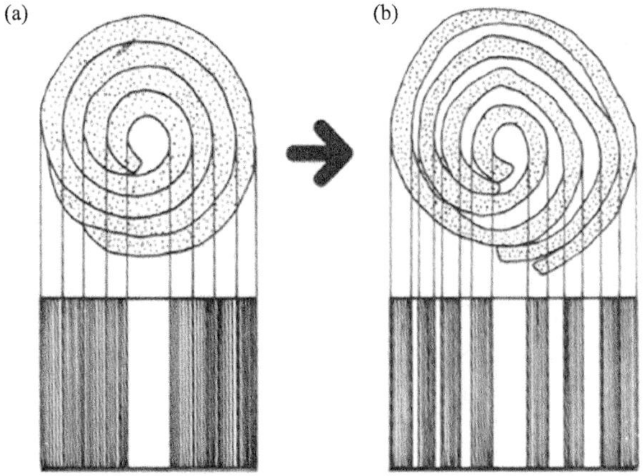

图 5-5　(a) 10 Å 埃洛石；(b) 7 Å 埃洛石(Yuan P et al., 2016)

蓝晶石族晶体的化学成分为 Al_2SiO_5，但其中铝元素的配位不同展现出不一样的结构，如图 5-6 所示。三种晶体的相对密度分别为：红柱石 3.13～3.16，蓝晶石 3.53～3.65，硅线石 3.23～3.27。蓝晶石最紧密，其结构表现为氧离子作最紧密堆积；硅线石结构则略松散；红柱石结构的紧密程度最低，导致其中的 Al 作罕见的五次配位。

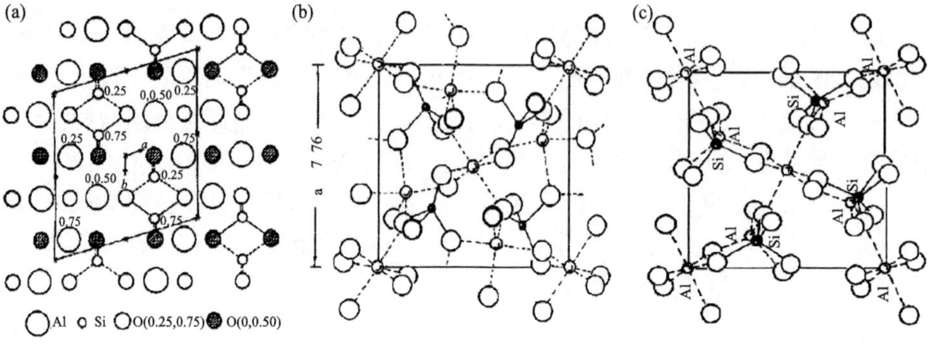

图 5-6 (a)蓝晶石($Al_2^{VI}[SiO_4]O$)；(b)红柱石($Al^{VI}Al^{V}[SiO_4]O$)；(c)硅线石($Al^{VI}[Al^{IV}SiO_4]O$)

最后，晶体结构式还可以用于预测晶体的物理化学性能，并且设计具有相应性能的晶体材料。蓝宝石属于刚玉类，其化学成分为$(Al^{3+}, Fe^{3+}, Ti^{4+})_2O_3$，$Fe^{3+}$的含量对蓝宝石的结构和颜色有很大的影响。$Fe^{3+}$替代 Al^{3+}后，金属阳离子与 O^{2-}的距离及作用力发生变化，偏离原来的位置，这种变化导致$[AlO_6]$八面体位置对称性降低，也导致晶体场能量变化，从而导致 Fe^{3+}的轨道分裂变化，造成蓝宝石对光波的选择性吸收。Fe^{3+}在蓝宝石中的含量还会影响其存在形式，这也是蓝宝石呈现不一样光泽的原因。例如，Fe^{3+}、Fe^{3+}-Fe^{3+}离子对、Fe^{3+}-O^{2-}电荷转移的存在会使蓝宝石倾向于呈现黄色，而 Fe^{3+}-Fe^{2+}电荷转移则对呈现蓝色有贡献。可以根据上述机制，通过控制 Fe^{3+}、Ti^{4+}等类质同象替代离子的含量，使蓝宝石呈现出期望的颜色。

尖晶石型锰酸锂($LiMn_2O_4$)材料以其成本低、环境友好、原料来源丰富而成为一种非常有前景的锂离子电池正极材料，但目前仍然存在离子扩散率低、比容量低和充放电循环过程中容量衰减快等需要改善的问题。类质同象替代可以从晶体结构上改造锂锰尖晶石，调控材料的电化学性能，是一种简单有效的提高尖晶石型锰酸锂性能的办法。从表 5-5 中可以看出，材料的晶胞参数 α_0 及真密度 D_0 都随着 Ti^{4+}含量的增加而提高，$Li_{0.99}Ti_{0.09}Mn_{1.91}O_4$ 的首次充放电比容量为 109.91 $mA\cdot h\cdot g^{-1}$，远高于不含 Ti^{4+}的 $Li_{0.94}Mn_2O_4$ 的首次充放电比容量(88.15 $mA\cdot h\cdot g^{-1}$)，循环稳定性也得到很大的提升。适量的 Ti^{4+}类质同象替代会影响材料的晶胞参数、真密度等晶体结构特征，进而影响材料的电化学性能。锰酸锂中的 Mn^{3+}还可以与 Mg^{2+}、Co^{2+}、Ni^{2+}等离子进行类质同象替代，因此通过研究 $Li(Mn,Ti,Mg,Co,Ni)_2O_4$ 的成分、结构与性能之间的关系，可以设计出电化学性能更加优异的锂离子电池正极材料。

表 5-5 Li(Mn, Ti)$_2$O$_4$电极材料的晶体结构参数及电化学性能对比

样品结构式	晶胞参数 α_0 /nm	理论密度 D_r/(g·cm^{-3})	真密度 D_0/(g·cm^{-3})	首次充放电比容量 /(mA·h·g^{-1})	循环 50 次后比容量保持率/%
$Li_{0.94}Mn_2O_4$	0.82358	4.2902	4.154	88.15	81.68
$LiTi_{0.06}Mn_{1.94}O_4$	0.82378	4.2869	4.158	109.84	92.86
$Li_{0.99}Ti_{0.09}Mn_{1.91}O_4$	0.82379	4.2793	4.218	109.91	93.16

5.3 晶体成分的研究方法

想要准确写出晶体的结构式，首先需要对晶体材料的组成及结构进行精确分析。下面介绍几种常用的晶体成分测试方法。

1. X 射线荧光光谱法

X 射线荧光光谱法(X-ray fluorescence spectrometry，XRFS)是利用初级 X 射线轰击样品，使样品中的元素产生各自的特征荧光 X 射线，从而进行物质成分分析的方法。当样品受到 X 射线轰击时，一些原子的内层电子脱离原来的轨道，产生空位，外层电子向内层轨道跃迁，产生荧光 X 射线。不同元素原子轨道之间的能级差不同，所以轨道之间跃迁所产生的 X 射线的波长和能量不同，并且不随元素的价态改变，称为元素的特征 X 射线。

X 射线荧光光谱仪通常由激发系统、分光色散系统、检测和记录系统、数据处理系统以及电源和真空系统等部分组成。根据分光的方式，仪器可分为波长色散型和能量色散型两种。各元素特征 X 射线的强度经过基体校正，并与标样比较，即可计算该元素的含量。

X 射线荧光光谱法的特点是准确、快速、灵敏度高，能对主量、次量、微量组分以及化学性质极为相似的多种元素同时进行分析。缺点是样品用量较大，一般需要 3～10 g。一些实验室合成的产量较低的晶体样品，不适合采用该方法进行分析。

2. 电子探针微区分析仪

电子探针微区分析仪(electron probe microanalyzer，EPMA)，简称电子探针。它与波长色散型 X 射线荧光光谱仪的区别在于：激发源不同。电子探针是用电子束作为 X 射线的激发源，在电子束激发下除产生特征 X 射线外，还产生连续 X 射线，后者形成背景，降低检测灵敏度，因此，电子探针是常量元素分析方法，其检测极限约为 0.01%。电子探针可以在微小的范围内进行原位分析，可以对晶体的生长环带以及混合样品中的各个晶体分别进行分析，不需要进行样品分离。

电子探针与扫描电镜在仪器结构上十分类似，由电子光学系统、信号检测和放大系统、扫描系统、图像显示和记录系统、电源系统和真空系统等组成。它既能直接观看图像，又可分析晶体的元素组成，不受元素化学状态的影响，分析所需样品量少，并且不损害样品。

3. X 射线能谱仪

X 射线能谱仪(X-ray energy dispersive spectrometer，XEDS)，简称能谱仪(EDS)。各种元素都有自己的特征 X 射线，特征 X 射线波长取决于能级跃迁过程中释放出的特征能量 ΔE，能谱仪就是利用不同元素 X 射线光子特征能量不同的特点来进行成分分析。

当 X 射线光子进入检测器后，在 Si(Li) 晶体内激发出一定数目的电子空穴对。产生一个空穴对的最低平均能量 ε 是一定的，而由一个 X 射线光子造成的空穴对的数目为 $N=\Delta E/\varepsilon$，因此，入射 X 射线光子的能量越高，N 越大。利用加在晶体两端的偏压收集电子空穴对，经过前置放大器转换成电流脉冲，电流脉冲的高度取决于 N 的大小。电流脉冲经过主放大器转换成电压脉冲进入多道脉冲高度分析器，脉冲高度分析器按高度将脉冲分类进行计数，这样就可以描绘出一张 X 射线按能量大小分布的谱图。

X 射线能谱仪与电子探针一样都是以高能电子束作为激发源，激发出元素的特征 X 射线，区别在于：X 射线能谱仪本身没有电子光学系统，必须安装在扫描电镜、透射电镜或电子探针上使用。X 射线能谱仪采用 Si(Li) 检测器和多道脉冲高度分析器，能够同时检测样品中各元素的特征 X 射线，可进行无标定样定量分析。但其检测灵敏度为 0.1%，一般不用于晶体样品中微量元素的定量检测，近年来 X 射线能谱仪已经成为扫描电镜和透射电镜的常备配件。

4. 电感耦合等离子体原子发射光谱法

电感耦合等离子体原子发射光谱法(inductively coupled plasma atomic emission spectrometry，ICP-AES)是以等离子体为激发光源的原子发射光谱分析方法，可以进行多元素的同时测定。

ICP-AES 分析包括激发、分光和检测三个主要过程。首先要将样品用盐酸、硝酸、氢氮酸、高氯酸等加热溶解再蒸干，将蒸干后的残渣用盐酸提取，加水定容。液态样品由载气引入雾化系统进行雾化，以气溶胶的形式进入等离子体的轴向通道，在高温和惰性气氛中被充分蒸发、原子化、电离和激发，发射出样品中所含元素的特征谱线。通过检测特征谱线的存在与否以及强度，对样品进行定性及定量分析。ICP-AES 分析速度快、可进行多元素分析、选择性好、灵敏度高，适用于晶体样品中从痕量到常量成分的测定。

5. 原子吸收光谱法

原子吸收光谱法(atomic absorption spectrometry，AAS)是一种基于从光源辐射出具有待测元素特征谱线的光通过样品蒸气时被蒸气中待测元素基态原子所吸收，由特征谱线光被减弱的程度来对样品中待测元素进行定量分析的方法。原子发射光谱法则基于原子的发射现象，原子吸收光谱法和原子发射光谱法是相互联系的两种相反的过程，所以它们在测定过程中所使用的仪器和测定方法都有一定的相似之处，但也有不同。首先，原子的吸收线比发射线的数目少很多，这样谱线之间的重叠与干扰会小很多，这使得原子吸收光谱法测试的灵敏度和选择性都要高很多，样品所需用量少，而且不需要分离共存元素，分析步骤简单。

原子吸收光谱法是一种微量元素或痕量元素的测定方法，其最适宜的测量范围在千分之几至十万分之几之间。它是一种相对的测定方法，不能从测得的吸光度直接推算出样品溶液中元素的含量，必须使用合适的标准样品，在同一台仪器、相同的条件下进行测定。

5.4 晶体结构式及其书写方法

为了明确表达组成晶体的各组分含量比以及它们在晶体中的赋存状态、结构特征和相互关系，需要采用化学式这种简单明确的表达方式。

将晶体的化学组成用元素符号按照一定的原则表示出来，就构成了晶体的化学式。它是以晶体的定量化学全分析数据以及X射线结构分析等实验资料作为基础，并以晶体化学基本原理为依据计算并书写出来的。具体的形式包括化学式和结构式。

化学式是将根据晶体的定量化学全分析数据得到的晶体中各元素的质量分数换算成原子数后，以最简比的形式将元素并列写出。对于含氧晶体，也可按照各元素的简单氧化物的组合形式写出。例如，钾长石的化学式可以写为$KAlSi_3O_8$或者 $K_2O \cdot Al_2O_3 \cdot 6SiO_2$。但是化学式只能从简单意义上表达晶体中包含的化学元素以及各元素原子数的比例，不能显示出晶体中包含哪些组分以及各组分之间的结构关系。

晶体结构式除了能够反映晶体组成元素的种类及其原子数之比外，还能够在一定程度上反映晶体成分与结构之间的关系。例如，根据长石的结构(参见图6-77～图6-79)，钾长石的晶体结构式写为$K[AlSi_3O_8]$。

对于成分简单的晶体，其化学式与结构式在书写形式上一样，但具有不同的意义，如金红石(TiO_2)和钙钛矿($CaTiO_3$)。当TiO_2作为金红石的化学式来理解时，仅仅表明金红石由钛、氧两种元素组成，并且原子数目比为 1∶2。若是作为晶体结构式来理解则包含了很多信息：金红石完全由 TiO_2 构成，其结构为四方体心结构，Ti^{4+}分布于四方晶胞的顶点和中心，晶胞中心的 Ti^{4+}被 6 个 O^{2-}所包围，O^{2-}呈六方紧密堆积，Ti^{4+}填充在其八面体空隙中等(参见图 6-18)；而 $CaTiO_3$ 结构式在表示出钙钛矿元素组成的同时，还表示在钙钛矿结构中，O^{2-}和离子半径较大的 Ca^{2+}一起按照立方最密堆积排列，而离子半径较小的 Ti^{4+}则进入所有的八面体空隙中，即 O^{2-}处在立方晶胞棱的中心，Ca^{2+}位于晶胞体心，而 Ti^{4+}位于晶胞顶角等(参见图 6-27)。

对于成分与结构都更加复杂的晶体，晶体结构式中所包含的信息更加丰富。岛状硅酸盐镁铝石榴石的晶体结构式为$(Mg_3Al_2)[SiO_4]_3$，$[SiO_4]^{4-}$中 O^{2-}作假六方紧密堆积，Si^{4+}位于四面体空隙中，构成独立存在的、不与其他硅氧四面体共用顶点的孤立硅氧四面体，因为它的每个 O^{2-}都有过剩电荷，在结构中与位于氧八面体空隙中的 Mg^{2+}和 Al^{3+}离子相连接。Mg^{2+}和 Al^{3+}则为类质同象替代关系，其原子比为 3∶2。而层状硅酸盐金云母的晶体结构式为 $KMg_3[AlSi_3O_{10}](OH)_2$，其中 $[AlSi_3O_{10}]^{5-}$代表层状硅酸盐骨架，Al^{3+}和 Si^{4+}为类质同象替代关系，每单位的 $[AlSi_3O_{10}]^{5-}$具有三个八面体空隙，在金云母中三个空隙都被 Mg^{2+}填充，形成三八面体结构单元层，单元层间由 K^+相联系，而$(OH)_2$代表金云母中含有两分子结构水。可以看出，晶体的结构式与化学式相比可以提供更多的信息。

5.4.1 晶体结构式的书写规则

晶体结构式的书写通常需要遵循以下规则。

1. 对于由单质元素构成的晶体

(1) 只写元素符号，如金刚石-C，自然金-Au，硫磺-S 等。

(2) 若其中有类质同象替代元素的存在，则按元素含量的多少递减排序，各元素之间用逗号隔开，并用圆括号括起来，如银金矿-(Au, Ag)。

2. 对于金属互化物

按照各金属之间电负性的强弱递减排序，如 Te 和 Ag 的电负性分别为 2.1 和 1.8，所以碲银矿写成 TeAg；Pt 和 As 的电负性分别为 2.28 和 2.0，则砷铂矿写成 PtAs。

3. 对于离子化合物

(1) 结构式书写的基本原则是阳离子在前，阴离子在后。

(2) 阳离子写在结构式的最前面。当存在两种以上的阳离子时，按碱性强弱降序排列，如白云石 $CaMg[CO_3]_2$。当阳离子为同一种元素但具有不同价态或具有不同配体时，要将低价离子置于高价离子之前，如磁铁矿 $FeFe_2O_4$(即 $Fe^{2+}Fe_2^{3+}O_4$)，低配位置于高配位之前，如孔雀石 $CuCu[CO_3](OH)_2$。

(3)阴离子或络阴离子要写在阳离子之后，络阴离子要用方括号括起来，如锆英石写成 $Zr[SiO_4]$，硅灰石写成 $Ca_3[Si_3O_9]$。

(4)若有附加阴离子，需将它写在主要阴离子或主要络阴离子的后面，如浅闪石写成 $NaCa_2Mg_5[Si_7AlO_{22}](OH, F)_2$。

(5)互为类质同象的离子用圆括号括起来，并按其含量多少降序排列，中间用逗号隔开，如铁闪锌矿写成(Zn, Fe)S。类质同象系列晶体，可以用其两个端元组分来表示，如镁直闪石-铁直闪石系列可写为 $Mg_7[Si_8O_{22}](OH)_2$-$Fe_7[Si_8O_{22}](OH)_2$。

4. 晶体结构中的水

(1)结构水以(OH)或(H_3O)的形式写在化学式的最后，如白云母写成 $KAl_2[AlSi_3O_{10}](OH)_2$。

(2)结晶水写在结构式的最后面，用"·"与其他组分隔开，如石膏写成 $Ca[SO_4]\cdot 2H_2O$。

(3)层间水用圆括号括起来，写在可交换阳离子的后面，如蛭石写成 $(Mg, Ca)_{0.3\sim0.45}(H_2O)_n\{Mg_3(Si_4O_{10})(OH)_2\}$。

(4)吸附水不属于晶体本身的化学组成，且含量不确定，在化学式中一般不予表示，或以"nH_2O"的形式写在结构式的最后。

5.4.2 晶体结构式的计算

对晶体的结构式进行计算，首先要掌握晶体的化学全分析数据、晶体结构资料以及晶体的化学成分通式。晶体的化学全分析数据中各组分的百分含量总和，允许误差一般小于1%。因此，化学全分析数据的总量不应该低于99%以及不得高于101%。有时可能要求误差不得大于0.5%，这要视实验条件和测定精度而定。因为获得的化学全分析数据为不同元素的质量分数，而不是不同原子或分子数目之比，所以必须经过计算。下面介绍一些常用的晶体结构式计算方法。

1. 原子-分子计算法

直接把元素的质量比换算成原子比或分子比。在计算较为简单的硫化物、卤素化合物和金属互化物的晶体结构式时常采用这种方法。

计算步骤：

(1)检查化学分析结果是否符合精度要求，清除明显不属于该晶体的机械混入组分；

(2)按照各组分的质量分数和相对原子质量计算原子或分子数之比；

(3)将各组分的分子数化为最简整数比；

(4)按照晶体结构特点和类质同象规律，写出晶体的结构式。

例 5-1　某黄铜矿的结构式计算

通过元素分析测试得到黄铜矿中 Cu、Fe、S 元素的质量分数(表 5-6)，通过计算得出其总和为 99.87%(在 99%～100%的误差范围内)。将各元素的质量分数分别除以相应的相对原子质量得到各元素的原子数之比，原子数的近似整数比为 Cu∶Fe∶S=1∶1∶2，所以得出黄铜矿的结构式为 $CuFeS_2$，结果见表 5-6。

表 5-6　原子–分子计算法计算黄铜矿的晶体结构式

组分	质量分数/wt%	相对原子质量	原子数之比	原子数近似整数比	晶体结构式
Cu	34.54	63.55	0.5435	1	
Fe	30.30	55.85	0.5425	1	$CuFeS_2$
S	35.03	32.06	1.0926	2	
合计	99.87	—	—	—	

例 5-2　某砷铂矿晶体结构式的计算

表 5-7 的第一列和第二列为某砷铂矿的电子探针分析结果。经过计算得出 Pt、As 的原子数近似整数比为 1∶2。在砷铂矿中 Fe、Ni 等元素通常被认为是杂质元素，不被计入结构式中，所以砷铂矿的晶体结构式为 $PtAs_2$。

表 5-7　原子–分子计算法计算砷铂矿的晶体结构式

组分	质量分数/wt%	相对原子质量	原子数之比	原子数近似整数比	晶体结构式
Pt	55.73	195.08	0.2856	1	
As	42.60	74.92	0.5686	2	$PtAs_2$
Fe	0.95	55.85	0.0170	—	
Ni	0.72	58.69	0.0123	—	
合计	100	—	—	—	

2. 氧原子计算法

氧原子计算法的理论基础是晶体单位晶胞中所含的氧原子数目固定，它不因阳离子相互间的类质同象替代而改变。

1)已知氧原子数的一般计算法

该方法是在已知晶体成分通式，以及已知氧原子数或假定氧原子数的情况下，求阳离子在单位晶胞中的数量。

例 5-3 计算表 5-8 某辉石族晶体的晶体结构式

已知辉石族晶体的化学通式为 $XY[Z_2O_6]$，其中，X 表示 Ca^{2+}、Na^+等；Y 表示 Ti^{4+}、Cr^{3+}、Fe^{3+}、Fe^{2+}、Al^{3+}、Mg^{2+}、Mn^{2+}、Ni^{2+}等；Z 表示 Si^{4+}和 Al^{3+}。

表 5-8 氧原子数计算法计算辉石族晶体的晶体结构式

组分	质量分数/wt%	相对分子质量	分子数	原子数		阳离子系数
				氧原子	阳离子	
SiO_2	52.5	60.09	0.8736	1.7472	0.8736	1.9233
TiO_2	0.72	79.89	0.0091	0.0182	0.0091	0.0200
Al_2O_3	2.54	101.96	0.0249	0.0747	0.0498	0.1096
Fe_2O_3	1.81	159.69	0.0113	0.0339	0.0226	0.0497
FeO	1.95	71.85	0.0271	0.0271	0.0271	0.0596
MnO	0.64	70.94	0.0090	0.0090	0.0090	0.0198
MgO	14.97	40.31	0.3713	0.3713	0.3713	0.8174
CaO	24.39	56.08	0.4349	0.4349	0.4349	0.9575
Na_2O	0.56	61.98	0.0090	0.0090	0.0180	0.0396
合计	100.08	—	—	2.7253	—	—
公约数	—	—	—	0.4542	—	—

计算步骤：

(1)将各组分的质量分数除以该组分的相对分子质量求出各组分的分子数；

(2)用每个组分的分子数乘以相应的氧原子数，求出每个组分的氧原子数，同时每个组分的分子数再乘以相应的阳离子数，得到各组分中阳离子的原子数；

(3)计算氧原子数的总和，用氧原子数总和除以晶体化学通式中的氧原子数(本例子中为 6)，得到一个公约数(0.4542)；

(4)用各组分的阳离子的原子数除以这个公约数，得到各组分的阳离子系数；

(5)根据辉石族晶体的化学通式，以及辉石晶体结构特点和类质同象替代规律，得出该晶体的结构式为：$(Ca_{0.96}Na_{0.04})(Mg_{0.82}Fe^{2+}_{0.06}Fe^{3+}_{0.05}Al_{0.03}Ti_{0.02}Mn_{0.02})[(Si_{1.92}Al_{0.08})O_6]$。

2)含$(OH)^-$的晶体结构式计算

若晶体结构中含有氢氧根，则需要根据下式进行换算：

$$2(OH)^- = H_2O+O^{2-} \tag{5-1}$$

即检测到的每 1 个水分子都对应于 2 个$(OH)^-$。

例 5-4 计算某白云母的晶体结构式

白云母的化学通式为$XY_{2\sim3}T_4O_{10}(OH)_2$，其中 X 为十二配位的层间阳离子，如$K^+$、$Na^+$、$Ca^{2+}$、$Ba^{2+}$等；Y 为占据八面体中心位置的阳离子，如$Al^{3+}$、$Mg^{2+}$、$Fe^{2+}$、$Fe^{3+}$、$Mn^{2+}$、$Cr^{3+}$、$Ti^{4+}$等；T 为占据四面体中心位置的$Al^{3+}$、$Si^{4+}$等。晶体成分分析结果见表 5-9。

表 5-9 氧原子计算法计算白云母的晶体结构式

组分	质量分数/wt%	相对分子质量	分子数	原子数		阳离子系数
				阴离子	阳离子	
SiO_2	38.32	60.09	0.6377	1.2754	0.6377	2.8392
TiO_2	2.89	79.89	0.0361	0.0723	0.0361	0.1607
Al_2O_3	15.21	101.96	0.1492	0.4476	0.2984	1.3285
Fe_2O_3	1.49	159.69	0.0093	0.0279	0.0186	0.0828
FeO	15.58	71.85	0.2168	0.2168	0.2168	0.9652
MnO	0.22	70.94	0.0031	0.0031	0.0031	0.0138
MgO	13.17	40.31	0.3267	0.3267	0.3267	1.4545
CaO	0.74	56.08	0.0131	0.0131	0.0131	0.0583
Na_2O	0.20	61.98	0.0032	0.0032	0.0064	0.0284
K_2O	8.01	94.20	0.0850	0.0850	0.1700	0.7569
H_2O^+	4.04	18.02	0.2241	0.2241	$(OH)^-$/0.4482	$(OH)^-$/1.9955
合计	99.87	—	—	2.6952	—	—
公约数	—	—	—	0.2246	—	—

计算步骤与例 5-3 基本一致。不同之处在于通过H_2O^+计算得到的不是氢离子的原子数，而是通过式(5-1)的换算关系得到的$(OH)^-$数目，再将其除以氧原子的公约数得到$(OH)^-$的离子系数。所以根据计算结果可以得出白云母的晶体结构式为：$(K_{0.76}Ca_{0.06}Na_{0.03})(Mg_{1.45}Fe^{2+}_{0.97}Al_{0.17}Ti_{0.16}Fe^{3+}_{0.08}Mn_{0.01})[(Si_{2.84}Al_{1.16})_4O_{10}](OH)_{2.00}$。

3) 含F^-、Cl^-的晶体结构式计算

如果晶体组成中含有F^-、Cl^-，这些阴离子会替代氧与部分阳离子结合，导致分析总量超过 100%，计算得到的阴离子总原子数会比实际值高很多。因此必须进行矫正，从总质量分数中扣除过量的部分。因为F^-、Cl^-为一价阴离子，所以以氧原子为标准，需要扣除的氧的质量分数为

$$O(wt\%)=[16\div(2\times35.45)]Cl(wt\%)=0.23Cl(wt\%) \tag{5-2}$$

$$O(wt\%)=[16\div(2\times19)]F(wt\%)=0.42F(wt\%) \tag{5-3}$$

例 5-5 计算某磷灰石的晶体结构式

已知磷灰石的化学通式为 $Ca_5(PO_4)_3F$。Ca^{2+}可被其他阳离子类质同象替代，而少量的 Cl^-、OH^-可以替换 F^-。晶体成分分析结果见表 5-10。

表 5-10 氧原子计算法计算磷灰石的晶体结构式

组分	质量分数/wt%	相对分子质量	分子数	原子数		阳离子系数
				阴离子	阳离子	
P_2O_5	42.00	141.94	0.2959	1.4795	0.5918	2.9874
Fe_2O_3	0.03	159.69	0.0001	0.0003	0.0002	0.0010
MnO	0.01	70.94	0.0001	0.0001	0.0001	0.0005
MgO	0.02	40.31	0.0004	0.0004	0.0004	0.0020
CaO	55.88	56.08	0.9964	0.9964	0.9964	5.0298
F	3.72	19	0.1957	0.1957	0.1957	0.9879
F=O	–1.56	16	–0.0975	–0.0975	—	
合计	100.1	—	—	2.5749	—	—
公约数	—	—	—	0.1981	—	—

含有 F^-、Cl^-的晶体结构式计算不同于一般氧原子计算法，在质量分数总量以及阴离子总量的计算中，需要根据矫正系数公式(5-2)、公式(5-3)减去被 F^-、Cl^-所替代的氧的含量，然后再计算阴离子的公约数，进而求得阳离子的系数。该磷灰石的晶体结构式计算结果见表 5-10，晶体结构式为 $Ca_5(PO_4)_3F$。

3. 阳离子计数法

还可以采用固定阳离子总数的方法计算晶体结构式，可以固定整个晶体中的阳离子总数，也可以固定某一结构位置上的阳离子总数，但都必须保证阳离子在所涉及的结构位置上总数固定不变。

例 5-6 计算某辉石族晶体的结构式

已知辉石族晶体的化学通式为 $XY[Z_2O_6]$，其中，X 表示 Ca^{2+}、Na^+等；Y 表示 Ti^{4+}、Cr^{3+}、Fe^{3+}、Fe^{2+}、Al^{3+}、Mg^{2+}、Mn^{2+}、Ni^{2+}等；Z 表示 Si^{4+}和 Al^{3+}。辉石的化学分析结果见表 5-11。

表 5-11 阳离子计算法计算辉石的晶体结构式

组分	质量分数/wt%	相对分子质量	分子数	离子数		阳离子系数	阴离子系数
				阳离子	阴离子		
SiO_2	54.47	60.09	0.9064	0.9064	1.8128	1.8778	3.7555
Al_2O_3	3.88	101.96	0.0381	0.0762	0.1143	0.1579	0.2367

续表

组分	质量分数/wt%	相对分子质量	分子数	离子数		阳离子系数	阴离子系数
				阳离子	阴离子		
TiO_2	0.06	79.89	0.0007	0.0007	0.0014	0.0015	0.0029
FeO	7.34	71.85	0.1021	0.1021	0.1021	0.2115	0.2115
MnO	0.24	70.94	0.0033	0.0033	0.0033	0.0068	0.0068
MgO	32.82	40.31	0.8141	0.8141	0.8141	1.6866	1.6865
CaO	0.78	56.08	0.0139	0.0139	0.0139	0.0288	0.0287
Na_2O	0.41	61.98	0.0066	0.0132	0.0066	0.0273	0.0136
K_2O	0.04	94.20	0.0004	0.0008	0.0004	0.0017	0.0008
合计	100.04	—	—	1.9307	—	—	5.9434
公约数	—	—	—	0.4827	—	—	—

阳离子计算法的计算过程与氧原子计算法十分相似，都是先根据各组分的质量分数以及相对分子质量求出分子数，再将分子数乘以各离子的系数，得到相应的离子数。此时，不再对氧离子数进行求和，而是对所有的阳离子数进行求和(1.9307)，得到的合计值除以化学通式中阳离子总数(本例子中为 4)，得到公约数 0.4827。用各组分的阴、阳离子数除以该公约数得到各组分的阴、阳离子系数。结合辉石的化学通式，阴离子都为氧，对阴离子系数直接求和即得到氧离子系数，晶体结构式(表 5-11)为：

$$(Na_{0.021}K_{0.002}Ca_{0.0029}Mg_{1.687}Fe_{0.212}Mn_{0.007}Al_{0.0035}Ti_{0.002})[(Si_{1.877}Al_{0.123})O_{5.945}]$$

第 6 章　晶 体 结 构

晶体结构是晶体化学与晶体物理学研究的基础。本章首先介绍晶体结构的类型，然后介绍元素单质和无机化合物的典型晶体结构。考虑到硅酸盐不仅是岩石的主要物相，也是一类重要的人工晶体材料，而且其晶体结构类型完整，分类自成体系，因此本章对硅酸盐的晶体结构分类及各类型的典型晶体结构进行专门介绍。

6.1　晶体结构的类型

晶体结构的分类方法有很多种，常用的分类方法如下。

(1) 按照化合物中各类原子的种类和数目进行分类。如单质晶体、二元化合物与多元化合物晶体等。这种分类方法存在以下缺点：①一些形式上相同，对称性和其他性质都截然不同的化合物常被归属于一类。例如 NaCl、NiAs 均为二元化合物，而晶体结构类型是不同的。②一些同型结构晶体则被分为不同的类型，如 $LiFeO_2$ 和 NaCl 为同型结构(晶体结构基元排列方式相同，且具有相同的空间群为同型结构，例如 AX 型卤化物与 NaCl 结构为同型)，但分属三元和二元化合物。

(2) 根据晶体结构中化学键类型进行分类，如离子键型、共价键型、金属键型等。这种分类存在以下不足：①许多晶体是多键型的，无法划分，如石墨层内为中间型键，层间为分子键；②同一结构型的晶体可以有不同的化学键，如 NaCl、TaC 均为 AX 型晶体，但前者为离子键，后者为金属键；③许多化合物晶体为混合键型。

(3) 基于以上方法的优缺点，同时考虑到晶胞的形状、大小和晶体生长习性间的相互关系的分类法。此分类法将晶体结构分为等向型、层型和链型三种主要类型，而这三种类型又以等大球的六方和立方最紧密堆积为基础。

由此可见，上述三种分类方法各有优缺点，因此以下的介绍是将以上三种分类方法结合，首先将晶体结构分为单质晶体、二元化合物晶体和多元化合物晶体，然后再按化学键型、结构型等分别介绍典型晶体结构。硅酸盐则按岛、链、层、架结构型单独分类介绍。

6.2 元素单质的晶体结构

单质的晶体结构可分为金属、惰性气体和非金属单质三类。

6.2.1 金属单质的晶体结构

元素周期表中，共有 70 多种金属元素。典型的金属单质晶体，其原子与原子间的结合力为金属键，由于金属键没有方向性，故可把典型的金属单质晶体结构看作是由等大球紧密堆积而成。按堆积方式可分为三种类型：A_1 为立方最紧密堆积，A_2 为立方体心紧密堆积，A_3 为六方最紧密堆积。它们的典型结构如下：

1）铜型结构

属 A_1 型，空间群为 $Fm3m$，a_0=0.3608 nm，CN=12，晶胞中原子数目 Z=4。晶体结构如图 6-1 所示。

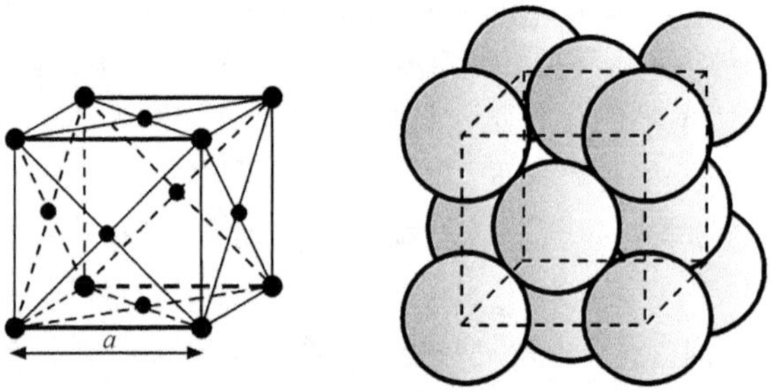

图 6-1 铜（Cu）的晶体结构模型（张克从，1987）

属铜型结构的有 Au、Ag、Pb、Ni、Co、Pt、γ-Fe、Al、Sc、Ca、Sr 等单质晶体。

2）α-Fe 型结构

属 A_2 型，空间群 $Im3m$，a_0=0.2860nm，CN=8，Z=2，结构如图 6-2 所示。

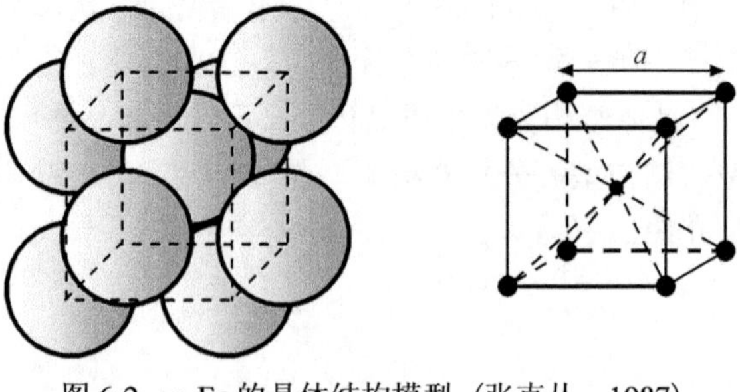

图 6-2 α-Fe 的晶体结构模型（张克从，1987）

属 α-Fe 型结构的有 W、Mo、Li、Na、K、Rb、Cs、Ba 等。

3) Os 型结构

属 A_3 型，空间群为 $P6/mmc$，a_0=0.2712nm，c_0=0.4314nm，CN=12，Z=2，结构如图 6-3 所示。

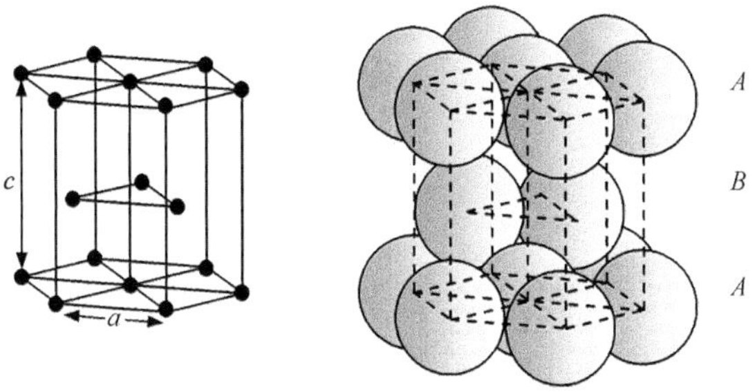

图 6-3 锇(Os) 的晶体结构模型（张克从，1987）

属 Os 型结构的有 Mg、Zn、Rh、Sc、Gd、Y、Cd 等。

过渡金属由于 d 层电子的缘故，其晶体结构有多种变体，如 Fe 有四种变体：

$$\alpha\text{-Fe(bcc)} \xrightarrow{770^\circ\text{C}} \beta\text{-Fe(bcc)} \xrightarrow{920^\circ\text{C}} \gamma\text{-Fe(fcc)} \xrightarrow{1400^\circ\text{C}} \delta\text{-Fe(bcc)}$$

稀土金属最外层电子为 s 电子，均属等大球最紧密堆积结构。

氢电子构型与 Li 相似，但 H_2 晶体为 hcp 结构，无导电性。

6.2.2 稀有气体的晶体结构

稀有气体以单原子分子存在。稀有气体原子有全充满的电子层，在低温下，原子与原子间通过微弱的范德华力凝聚成晶体。晶体结构作等大球紧密堆积。He 属 A_3 型结构(参见图 6-3)，其余稀有气体氖(Ne)、氩(Ar)、氪(Kr)、氙(Xe)均属于 A_1 型，参见图 6-1。

6.2.3 非金属单质的晶体结构

非金属单质的分子或晶体结构中，原子间多为共价键结合。共价键有饱和性，其数目受原子自身电子组态的限制，一般符合 CN=8–N 的规则，N 为非金属元素在周期表中所处的族数。ⅦA 族卤素原子的配位数或共价键数目为 8–7=1，F、Cl、Br、I 通过共用一个电子对而形成双原子分子，分子间则靠分子键结合。I_2 晶体结构如图 6-4 所示。

ⅥA 族 S、Se、Te 等原子的配位数或共价键数目为 8–6=2(氧除外，为双原子分子)。

S 的同素异构体极多(近 50 种)，可构成 S_n(n=1, 2, 3, …)分子，它们之间的关系极其复杂。同一种分子又有几种晶体结构型式，例如 S_8 分子可以是斜方也可以是单斜。S_6 三方晶体结构如图 6-5 所示。

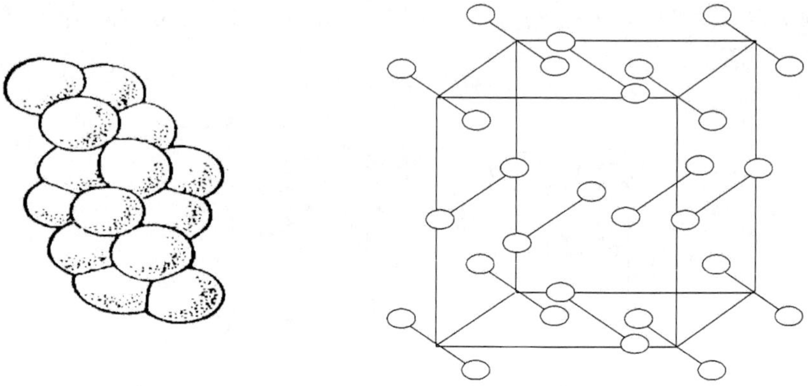

(a)　　(b)

图 6-4　碘(I_2)的晶体结构模型 (张克从，1987)

(a) I_2 分子的堆积；(b) 晶胞中 I_2 分子的排列

Se、Te 均具有多种同质多象变体，Se 有 6 种晶型(三方、α-单斜、β-单斜、三种立方晶系)。Te 有三种晶型(三方及两种高压下出现的晶型)。三方 Se、Te 在常温常压下稳定，空间群为 $D_3^4-P3_121$ 或 $D_3^6-P3_221$，结构如图 6-6 所示。

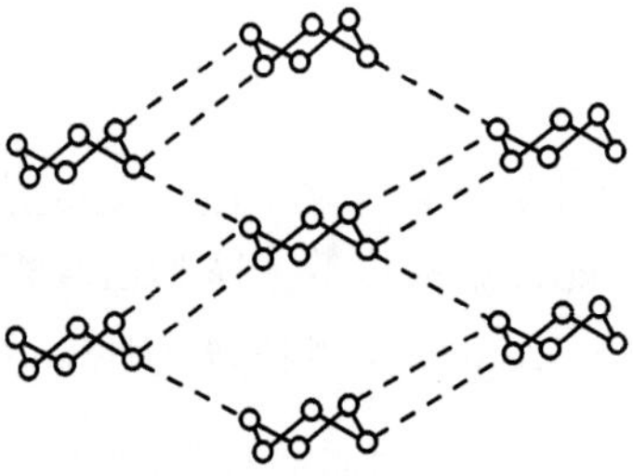

图 6-5　S_6 的三方晶体结构模型(张克从，1987)

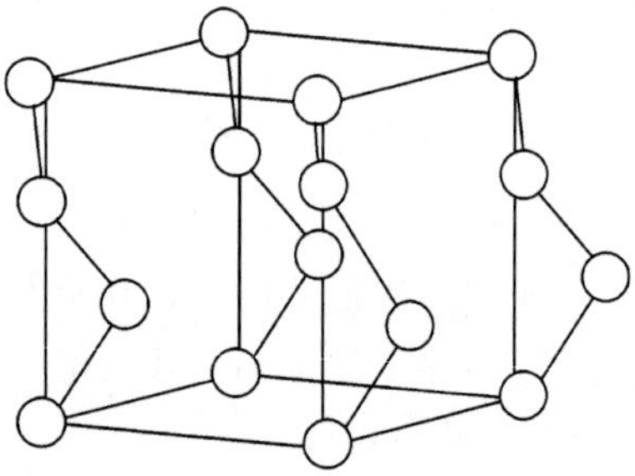

图 6-6　三方硒与碲的晶体结构模型(张克从，1987)

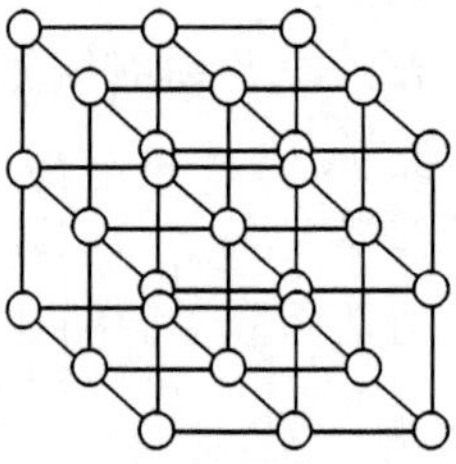

图 6-7　三方磷、砷、锑、铋的晶体结构模型(张克从，1987)

ⅤA 族的 P、As、Sb、Bi 的共价键数目为 8−5=3(氮除外)，它们也有多种同质多象变体，如磷有四种：黑磷(斜方)、单斜磷、三方磷、六方磷；砷有六种：α-As、β-As、γ-As、δ-As、ε-As、黄砷，其中三方 As、Sb、Bi 在常温常压下稳定，P 的常温常压变体为黑磷，常温加压(50 kbar)后变为三方。三方 P、As、Sb、Bi 的结构如图 6-7 所示，空间群为 $D_{3d}^5-R\overline{3}m$。

ⅣA 族的 C、Si、Ge、Sn 原子的共价键数目为 8–4=4。C 的多型体包括：立方金刚石、六方金刚石、六方石墨、三方石墨、巴基碳、石墨烯，以六方石墨和立方金刚石最为常见。石墨是常温下稳定的多型体，金刚石是高温高压下稳定的多型体。

立方金刚石空间群为 $Fd\bar{3}m$，a=0.357 nm，CN=4，Z=8。C 原子位于立方面心格子的所有结点位置和立方体晶胞分成的四个小立方体的中心，每个碳原子周围都有四个碳，碳原子之间通过 sp^3 轨道形成共价键[结构见图 6-8(a)]。

六方石墨为 2H 多型，空间群 $P6_3/mmc$，a=0.246 nm，c=0.6708 nm，Z=4。碳原子排列成六方网状层，面网结点上的碳原子相对于上下邻层网格的中心。石墨层内碳原子以 sp^2 杂化轨道成键，配位数为 3，碳原子间距为 0.142 nm。近邻碳原子的 p_z 轨道可侧向重叠形成与碳层垂直的 π 键，π 键中的电子为层内碳原子共有，因此碳层内具有共价键、金属键的性质，层与层间以分子键相连，间距为 0.340 nm，结构如图 6-8(b)所示。此种特殊的晶体结构和化学键性使石墨具有特殊的性能。

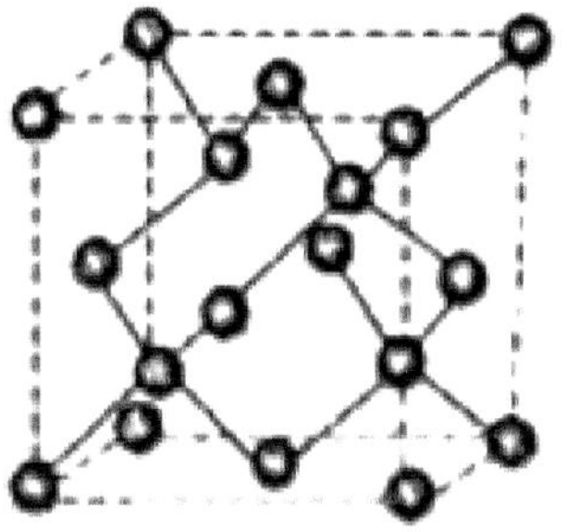

(a)

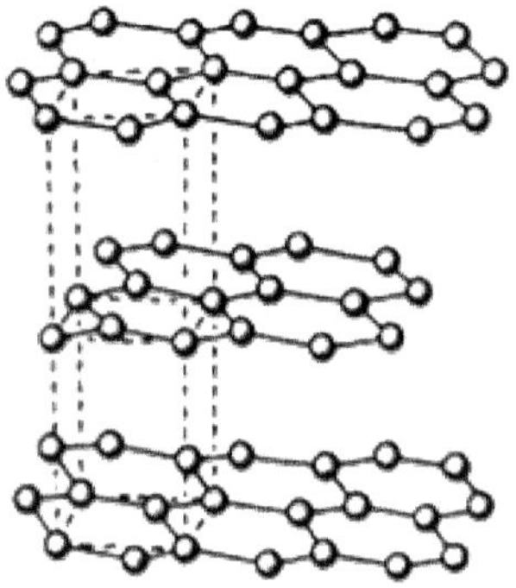

(b)

图 6-8 立方金刚石(a)和六方石墨(b) 的晶体结构模型

巴基碳是 1984 年 Rhfing 等发现的新型碳分子，最早发现的是 C_{60}，后来相继发现了一系列 C_n 分子。C_n 分子结构均为封闭的笼形，由一些六边形环和五边形环包围而成。如 C_{60} 分子是由 20 个六边形环和 12 个五边形环组成的三十二面体，其中五边形环只与六边形环相邻，互不连接。三十二面体共有 60 个角顶，每个角顶上占据一个碳原子。这种三十二面体也可看成是由二十面体经截顶后形成，故又称为截顶二十面体。C_{60} 分子的结构与建筑学上的富勒(B. Fuller)结构十分相似，故也称 C_{60} 为富勒稀(Fullerene)，又由于 C_{60} 分子结构酷似足球，故又称其为足球稀(Footballeren)或巴基球(Buckyball)。

后来的研究发现，C_n 分子不仅可以形成各种巴基球，而且可以形成各种巴基管(单层、多层)、巴基洋葱、巴基绳(n 各不相等)等。图 6-9 为一些巴基球、巴基管晶体结构图。

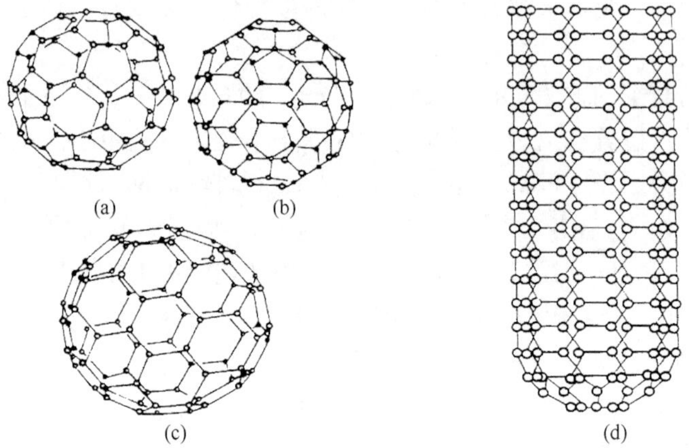

图 6-9　C_{60}(a)、C_{70}(b)、C_{84}(c)和碳纳米管(d) 的晶体结构模型 (吕孟凯，1996)

巴基球还被制成结晶状固体，已证明，C_{60} 晶体由碳三十二面体堆积而成，为立方最紧密堆积结构，在 260K 以上为面心立方结构(fcc), 260K 以下为简单立方结构(sc)，空间群为 $Pa\overline{3}$，a =1.42 nm。C_{60} 的球半径为 0.355 nm。C_{60} 分子内化学键牢固，C_{60} 之间靠分子键结合。

通过对巴基碳掺杂元素，可以获得具有优异特性的材料。

石墨烯是 2004 年由英国曼彻斯特大学的安德烈 • 盖姆(Andre Geim)和康斯坦丁 •诺沃肖洛夫(Konstantin Novoselov)首先制备的仅由一层碳原子构成的新材料。2009 年，安德烈 • 盖姆和康斯坦丁 • 诺沃肖洛夫又在单层和双层石墨烯体系中分别发现了整数量子霍尔效应及常温条件下的量子霍尔效应，他们因此获得 2010 年度诺贝尔物理学奖。在发现石墨烯以前，人们认为热力学涨落不允许任何二维晶体在有限温度下存在。

石墨烯内部碳原子的排列方式与石墨单原子层一样以 sp^2 杂化轨道成键，并有如下的特点：碳原子有 4 个价电子，其中 3 个电子形成 sp^2 键，即每个碳原子都贡献一个位于 p_z 轨道上的未成键电子，近邻原子的 p_z 轨道可形成与碳层垂直的 π 键，新形成的 π 键呈半填满状态。研究证实，石墨烯中碳原子的配位数为 3，每两个相邻碳原子间的键长为 0.142 nm，键与键之间的夹角为 120°，碳层厚度约为 0.335 nm。石墨烯结构如图 6-10 所示。

Si、Ge 为金刚石型结构[图 6-8(a)]，Si 晶体的晶胞参数 a=0.543 nm，Ge 晶体的晶胞参数 a=0.546 nm。Sn 属白锡结构，空间群为 $D_{4h}^{19}-I4_1/amd$ 。每个 Sn 原子有四个配位(扁四面体)，Sn—Sn 间距为 0.3002 nm，另外两个配位 Sn—Sn 间距为 0.3182 nm，CN=6，如图 6-11 所示。

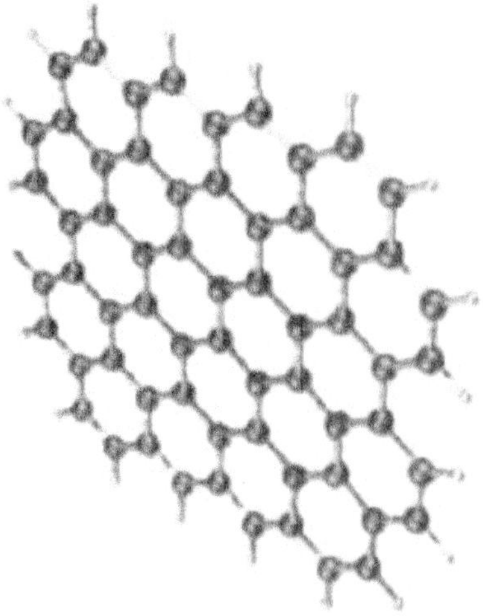

图 6-10 石墨烯结构示意图

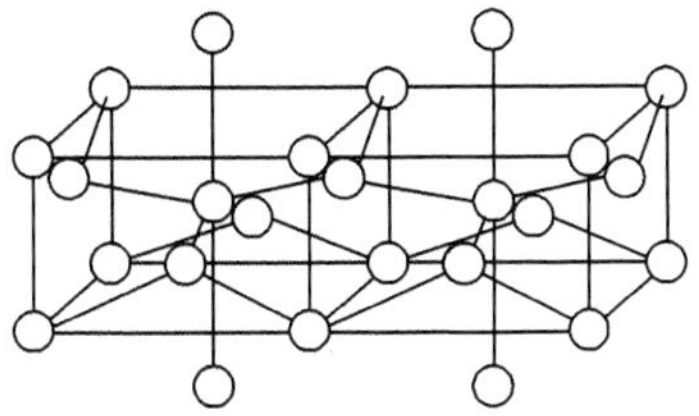

图 6-11 白锡的晶体结构模型(张克从，1987)

单晶硅具有准金属的物理性质，有较弱的导电性，其电导率随温度的升高而增加，有显著的半导体性质。超纯的单晶硅是本征半导体。在超纯单晶硅中掺入微量的IIIA 族元素如硼，可提高其导电性，形成 p 型硅半导体；如掺入微量的ⅤA 族元素如磷或砷，也可提高导电性，形成 n 型硅半导体。

6.3 无机化合物的典型晶体结构

以下将无机化合物晶体中具代表性的结构型按照其所含有的原子种类和比例，分两大类介绍，一类为二元化合物(如 AX、AX_2、…、A_nX_m)，另一类为多元化合物(如 ABX_3、ABX_4、…)。因硅酸盐较特殊和复杂，专门作为一类介绍。

6.3.1 二元无机化合物晶体结构

1. AX 型化合物的晶体结构

AX 型化合物最有代表性的结构型有 NaCl、CsCl、ZnS、NiAs 型等。

1) NaCl 型结构

O_h^5-Fm3m，a_0=0.5628 nm，Z=4。可看成 Cl^-作立方最紧密堆积，Na^+填充全部八面体空隙，正、负离子的 CN 均为 6。NaCl 型结构稳定于 r_+/r_-=0.414～0.73，$r_+>r_-$时，正离子作立方最紧密堆积，负离子填充其中的八面体空隙。图 6-12 给出了 NaCl 晶体结构示意图。

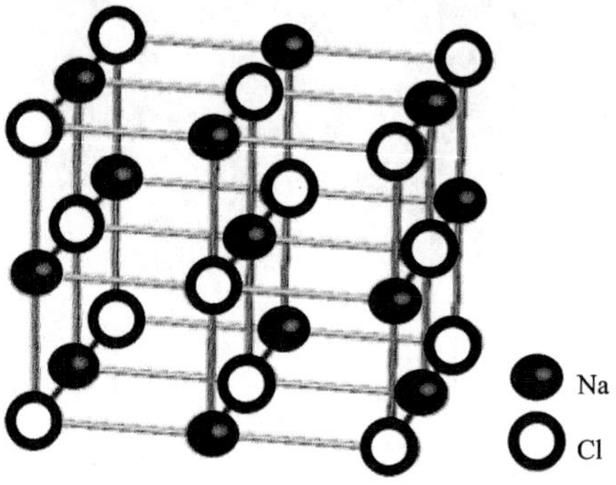

图 6-12　NaCl 晶体结构模型

属 NaCl 型结构的二元化合物有：

(1) 卤化物(AX)，A=Li、Na、K、Rb、Ag、…，X=F、Cl、Br、…；

(2) 氢化物(AH)，A=Li、Na、K、Rb、Cs；

(3) 氧化物(AO)，A=Sr、Ba、Ca、Ti、Sn、Pb、…；

(4) 硫化物(AS)，A=Pb、Ca、Mn、Ba、Mg、…；

(5) 硒化物(ASe)，A=Pb、Ba、Mg、Ca、…；

(6) 碲化物(ATe)，A=Ca、Sr、Ba、Ti、…；

(7) 碳化物(AC)，A=Ti、Zr、Hf、V、Nb、Ta、Th、…；

(8) 氮化物(AN)，A=Sc、Y、Ti、Zr、V、Nb、Cr、Np、Pu、Th、U、…；

(9) 镧系、锕系元素的氮、磷、砷、锑、铋等化合物；

(10) 过渡金属元素的氧化物。

NaCl 型晶体也含一些离子性成分较小的晶体，如钛族和钒族元素的氮化物、碳化物。

以上晶体中，LiF、KCl、KBr、NaCl 等为重要的光学材料，LiF 适用于紫外光段，KCl、KBr、NaCl 适用于红外光波段，PbS 是重要的红外探测材料。

2) CsCl 型结构

O_h^1-Pm3m，a_0=0.4110 nm，Z=1。结构如图 6-13 所示。CsCl 结构可看成是由 Cl^-的立方初基点阵与 Cs^+的立方初基点阵套叠而成，一套点阵配置在另一套点阵的立方晶胞体心，两种离子的 CN=8。

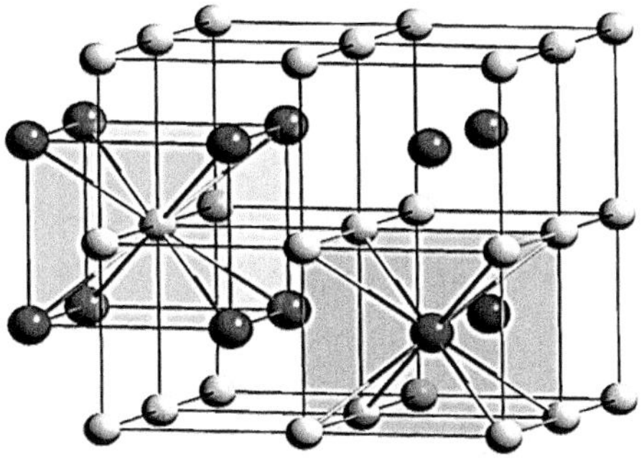

图 6-13　CsCl 晶体结构模型

当 AX 化合物中 $r_+/r_- > 0.73$ 时多为 CsCl 型结构。

属于这种结构型的有 CsBr、CsI、RbCl、ThTe、TlCl、TlBr、TlI、NH_4Cl、NH_4Br、NH_4I 以及 AgCd、AgMg 等一些合金晶体和高压下除 Li 以外的碱金属卤化物。图 6-14 为碱金属卤化物的结构、离子半径与温度和压力之间的关系。

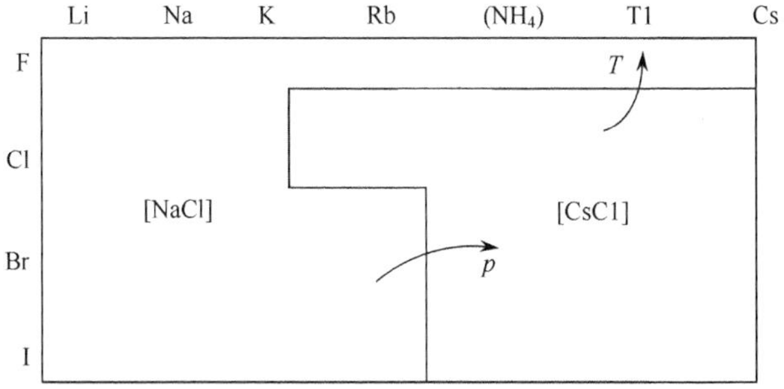

图 6-14　碱金属卤化物的结构、离子半径与温度(*T*)和压力(*p*)间的关系(吕孟凯，1996)

3) ZnS 型结构

有两种主要变体：α-ZnS 和 β-ZnS。

α-ZnS(闪锌矿)：$T_d^2 - F\bar{4}3m$，a_0=0.5420 nm，*Z*=4。结构见图 6-15。

S^{2-}为立方紧密堆积，Zn^{2+}占有 1/2 的四面体空隙，S^{2-}和 Zn^{2+}的 CN 均为 4。结构与金刚石非常相似，将 Zn、S 换成 C 即为金刚石结构。

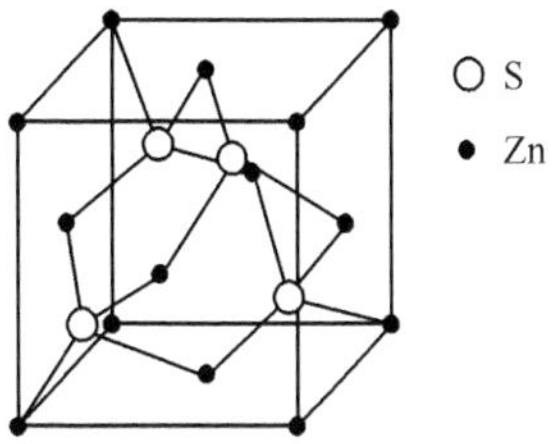

图 6-15　闪锌矿的晶体结构模型(张克从，1987)

属 α-ZnS 型结构的有：CaF、CuCl、CuBr、CuI、BeV、BeS、CdS、HgS、BeSe、BeTe、ZnSe、HgSe、ZnTe、CdTe、MgTe、AlP、GaP、AlAs、GaAs、AlSb、GaSb、InSb、BAs、BN、SiC、BeB 等。其中 InSb、

GaAs、GaP、CdS、CuCl 等为红外半导体和电光晶体，立方 BN 为超硬晶体。

α-ZnS 结构的衍生结构有：黄铜矿($CuFeS_2$)结构、脆硫锑铜矿(Cu_3SbS_4)结构(Cu^+、Sb^{5+}取代了黄铜矿中的 Fe^{3+})等。

β-ZnS(纤锌矿)：$C_{6v}^4-P6_3mc$，a_0=0.384 nm，c_0=0.518 nm，Z=2。

S^{2-}为六方紧密堆积，Zn^{2+}占有 1/2 四面体空隙，四面体共角顶相连，两种离子的 CN 均为 4。

属 β-ZnS 型结构的有：CuCl、NH_4F、CuBr、CuI、AgI、MnS、MnSe、MnTe、NbN、TaN、ZnO、BeO、CdS、CdSe、ZnS、ZnSe、ZnTe、BN、AlN、GaN、InN 等。

ZnS 型结构稳定区为 r_+/r_-=0.414～0.225，但具体属于 α-ZnS 或 β-ZnS 很难预言。一般硫族化合物倾向于形成 α-ZnS 型，氧化物倾向于形成 β-ZnS 型。

实际上 ZnS 晶体有多种多层重复堆积的变体，有的多达 50 层。α-ZnS 和 β-ZnS 为这些变体的两种极限情况，因此其他变体的结构介于这二者之间。

有些含氢键的化合物如 LiSH、$LiNH_2$ 属 α-ZnS 型结构，NH_4F 则属 β-ZnS 型结构，这取决于氢键的方向。

4) NiAs(红砷镍矿)型结构

$D_{6h}^4-P6_3/mmc$，a_0=0.3062 nm，c_0=0.5009 nm，Z=2。结构如图 6-16 所示。

Ni 位于六方柱大晶胞的各个角顶、底心、体心以及棱的中央，这样相邻的六个 Ni 原子构成一个三方柱，大六方柱分成上下各 6 个这样的三方柱。As 位于其中相间的六个三方柱的体心，为三方柱配位，CN=6。Ni 为八面体配位，CN=6，Ni-As 八面体共面连接形成平行六次轴的链，c 轴方向 Ni—Ni 间距为 0.252 nm，远小于 a 轴方向的 Ni—Ni 间距(0.361 nm)。因此平行 c 方向的链内为共价键和金属键的中间型键。测量表明，许多这类晶体具有大的铁磁或反铁磁性。

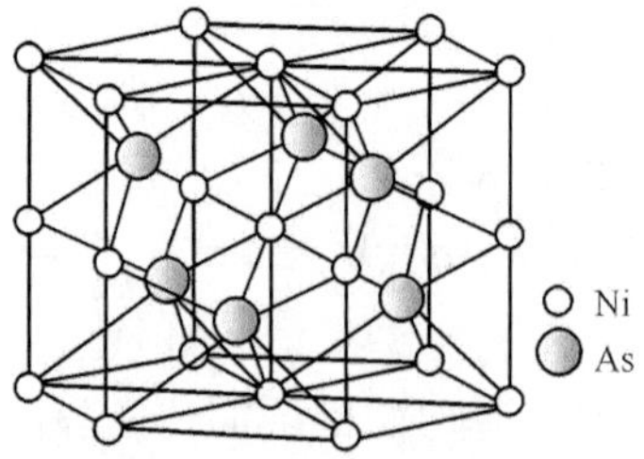

图 6-16 红砷镍矿的晶体结构模型（王濮等，1984）

一些比较重要的 NiAs 型结构的 AX 型化合物晶体见表 6-1 。

如将 NiAs 型结构中 Ni 和 As 原子位置互换，所得结构称为反 NiAs 型。属这类结构的有 NbN、PtB、RhB 等。

AX 型化合物晶体结构递变规律可总结如下：

负离子 小 ------------------ 大
正离子 大 ------------------ 小
离子极化 弱 ------------------ 强
典型离子晶体 ------------------ 共价键层状结构(包含金属键成分)
CsCl ---NaCl ---- α-ZnS
| β-ZnS
|------ NiAs
配位数 8 — — — 6 — — — 4

表 6-1 一些重要的 NiAs 型结构的 AX 型化合物晶体(张克从，1987)

TiS	TiSe	TiTe				
VS	VSe	VTe	VP	VAs*		RhBr
CrS	CrSe	CrTe	CrP*	CrAs*	CrSb	
FeS	FeSe	FeTe	FeP*	FeAs*	FeSb	
CoS	CoSe	CoTe	CoP*	CoAs*	CoSb	FeSn
NiS	NiSe	NiTe		NiAs*	NiSb	NiSn
		MnTe	MnP*	MnAs*	MnSb	
		RhTe			RhSb*	RhSn
		PdTe			PdSb	PdSn
					PtSb	PtSn

* 表示畸变的 NiAs 型结构。

2. AX_2 型化合物的晶体结构

主要包括氟化物和氧化物等，最典型的结构有两种：萤石(CaF_2)和金红石(TiO_2)。

1) CaF_2 型结构

$O_h^5 - Fm3m$，a_0=0.545 nm，Z=4。F 为四面体配位，CN=4，Ca 为立方体配位，CN=8。或看成 Ca 作立方紧密堆积，F 填充全部四面体空隙。Ca^{2+}位于立方面心格子的角顶和面心，F^-位于其晶胞所等分的 8 个小立方体体心。结构模型如图 6-17 所示。

萤石型结构的稳定范围为 $r_+/r_->0.732$。

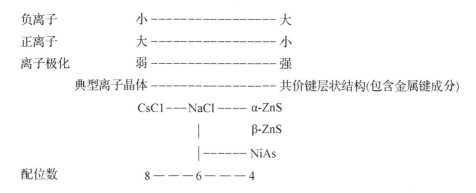

优质的 CaF_2 晶体不仅是重要的光学材料，而且是激光基质晶体，掺 Sm^{2+}的 CaF_2 是第一次出现四能级系统的激光工作物质，而掺 Dy^{2+}的 CaF_2 晶体是早期实

现激光连续输出的工作物质。

将 CaF_2 中的正、负离子位置颠倒，即 A_2X，则得到反萤石型结构，A 的配位数 CN=4，X 的配位数 CN=8。

属于 CaF_2 型结构的晶体有 CaF_2、SrF_2、BaF_2、PbF_2、HgF_2、$Na^+Y^{3+}F_4$、$KLaF_4$、$NaThF_6$、K_2VF_6、$AuAl_2$、$SiMg_2$、$GeMg_2$、ZrO_2、HfO_2、CeO_2、ThO_2 等。属反 CaF_2 型结构的晶体有 Li_2O、Na_2S、Li_2S、Ag_2S、Cu_2S、Cu_2Se 等。

2) TiO_2 型结构

TiO_2 有三种多形：金红石、锐钛矿和板钛矿。

金红石型结构：$D_{4h}^{14}-P4_2/mnm$，a_0=0.4594 nm，c_0=0.2959 nm，结构如图 6-18 所示。

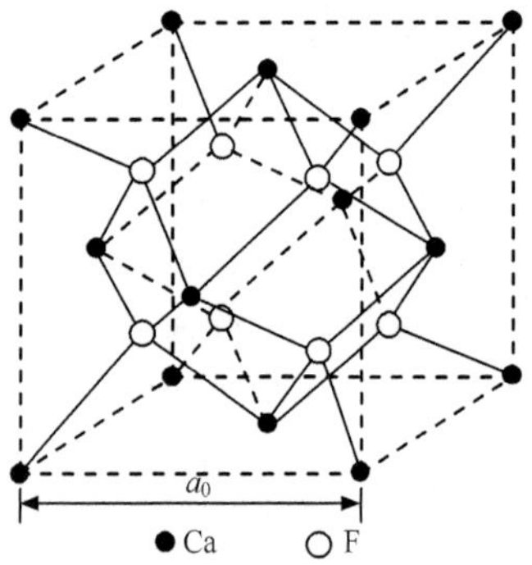

图 6-17　萤石的晶体结构模型(张克从，1987)

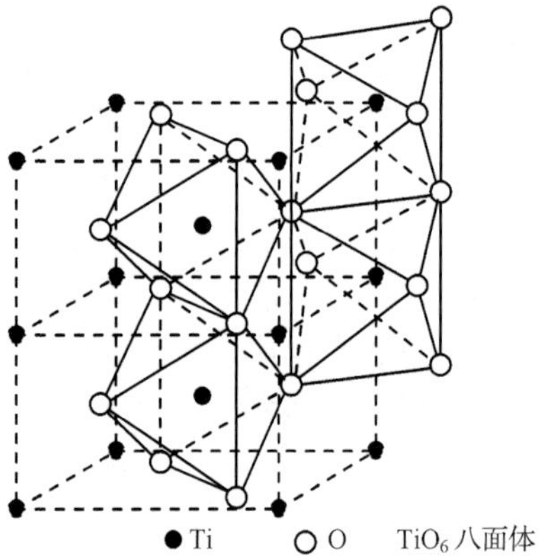

图 6-18　金红石的晶体结构模型(张克从，1987)

O^{2-}形成扭曲的六方紧密堆积，平面三角形配位，CN=3；Ti^{4+}位于半数的八面体空隙中，CN=6。Ti-O 八面体共棱连接成平行 *c* 轴的链。

一些二价金属氧化物、四价金属氧化物具有金红石结构。

MoO_2、VO_2 等过渡元素化合物为扭曲成单斜晶系的金红石型结构，金属离子沿键方向更加接近，具有金属或半导体性质。

金红石型结构的稳定范围；r_+/r_-=0.38～0.732。

锐钛矿型结构：$I4/amd$，a_0=0.373 nm，c_0=0.937 nm，Z=4。

板钛矿型结构：$Pbca$，a_0=0.914 nm，b_0=0.544 nm，c_0=0.515 nm，Z=8。

属于 CaF_2、TiO_2 型结构的晶体见表 6-2。

3) SiO_2 型结构

SiO_2 中 Si 的 4 个 sp^3 杂化轨道分别与 4 个 O 的 p 轨道形成 4 个 σ 键，构成 Si-O 四面体，四面体间共角顶连接。Si 的 CN=4，O 的 CN=2。由于 Si-O 四面体具体连接方式的不同，SiO_2 有一系列变体，这些变体的晶体形态、物理性质也有差异。

表 6-2 具有 CaF_2 与 TiO_2 型结构的 AX_2 型化合物(张克从，1987)

CaF_2 型($r_+/r_->0.732$)				TiO_2 型($r_+/r_-=0.38\sim0.732$)			
BaF_2	0.99	CeO_2	0.72	MnF_2	0.59	PbO_2	0.60
PbF_2	0.88	ThO_2	0.68	FeF_2	0.59	SnO_2	0.51
SrF_2	0.83	PrO_2	0.66	PdF_2	0.59	TiO_2	0.49
($BaCl_2$)	(0.75)	PaO_2	0.65	($CaCl_2$)	(0.55)	WO_2	0.47
CaF_2	0.73	UO_2	0.64	ZnF_2	0.54	OsO_2	0.46
CdF_2	0.71	NpO_2	0.63	CoF_2	0.53	IrO_2	0.46
($SrCl_2$)	(0.63)	PuO_2	0.62	NiF_2	0.51	RuO_2	0.45
		AmO_2	0.61	($CaBr_2$)	(0.51)	VO_2	0.43
		ZrO_2	0.57	MgF_2	0.48	CrO_2	0.40
		HrO_2	0.56			MnO_2	0.39
						GeO_2	0.38

α-SiO_2 为唯一使用的压电晶体，熔点为 1750℃，莫氏硬度为 7，空间群为 $D_3^4-P3_12$ (左形)或 $D_3^4-P3_22$ (右形)，a_0=0.4904 nm，c_0=0.5397 nm。晶体结构在(0001)面上的投影如图 6-19 所示。

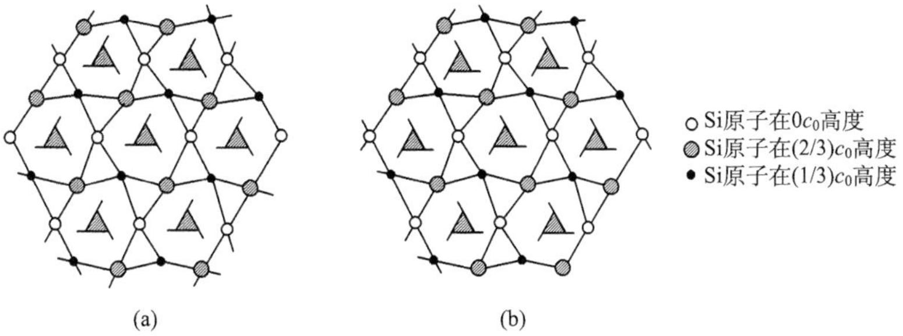

图 6-19 α-石英晶体结构在(0001)面上的投影图(张克从，1987)

(a)左形；(a)右形

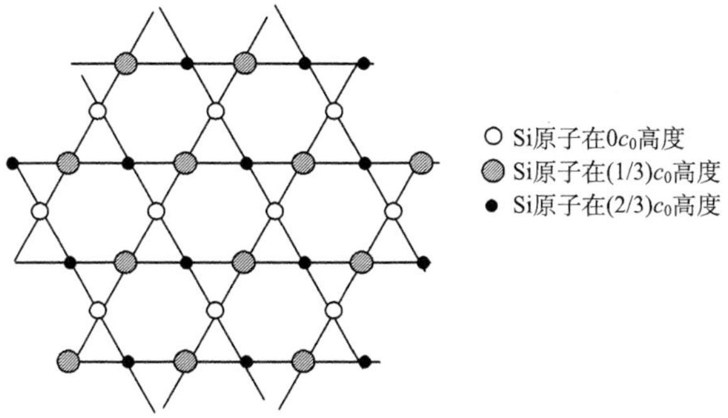

图 6-20 β-石英晶体结构在(0001)面上的投影图(张克从，1987)

当温度高于 573℃时，α-SiO_2 变为 β-SiO_2。β-SiO_2 的空间群为 $D_6^4-P6_22$ 或 $D_6^4-P6_42$ 。对称性高于 α-SiO_2。β-SiO_2 晶体结构在(0001)面上的投影见图 6-20。

当温度高于 870℃时，β-SiO_2 变为鳞石英。温度继续升高，鳞石英转变为方石英。鳞石英与方石英结构见图 6-21。

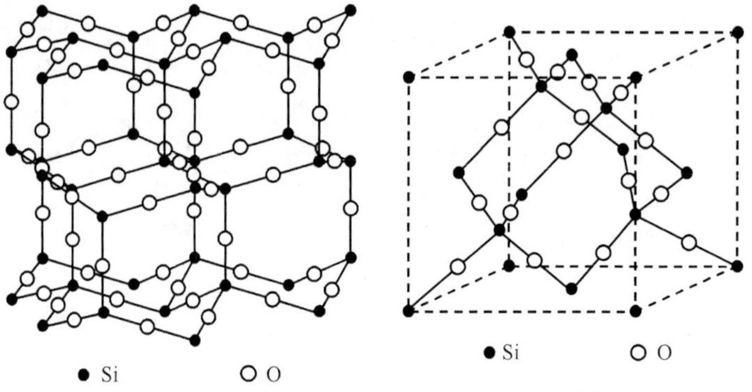

图 6-21　鳞石英和方石英的结构模型(张克从，1987)

(a)鳞石英；(b)方石英

SiO_2 变体间转变可用下式表示：

　　573℃　　870℃　　1470℃

α-石英--------β-石英--------鳞石英--------方石英

(低温石英)　(高温石英)

4)赤铜矿(Cu_2O)型结构

赤铜矿晶体结构如图 6-22 所示，O_h^4-Pn3m，a_0=0.427 nm，Z=2。氧作体心立方堆积，铜占据体心立方晶胞均分为八份中的其中四份的中心。Cu 的 CN=4，O 的 CN=2。

5)黄铁矿(FeS_2)型结构

T_h^6-Pa3，a=0.5417 nm，Z=4。黄铁矿结构可看成是由 NaCl 结构演变而来，即 Fe^{2+}取代 Na^+，S_2^{2-} 取代 Cl^-而得(图 6-23)。Fe^{2+}、S_2^{2-} 的 CN 均为 6，但单个 S 的 CN=4(一个 S 和三个 Fe)。Fe—S 键长为 0.225 nm，S—S 键长为 0.217 nm。[FeS_6]八面体共面连接，且共面的棱比非共面的棱长，说明 Fe—S 键以共价键为主。哑铃状对硫 S_2^{2-} 的轴向与 1/8 晶胞小立方体对角线方向相同，但彼此不割切。

FeS_2 的另一变体是白铁矿，斜方晶系：$D_{2h}^{12}-Pmnn$，a=0.338 nm，b=0.444 nm，c=0.539 nm，Z=2。Fe、S 的配位情况与黄铁矿相同。

具有 FeS_2 型结构的化合物见表 6-3。

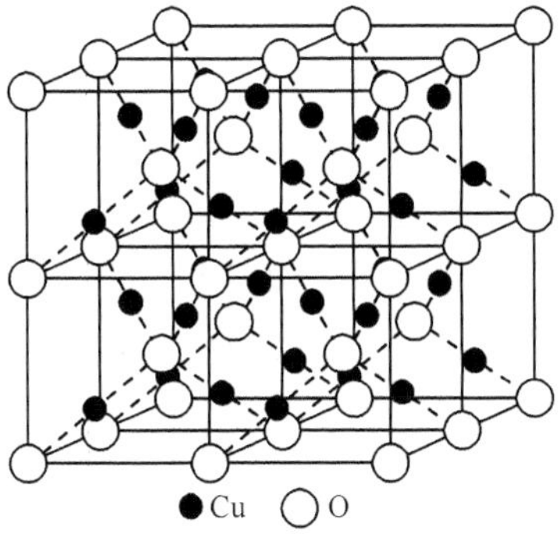

图 6-22　赤铜矿的结构模型(王濮等，1984)

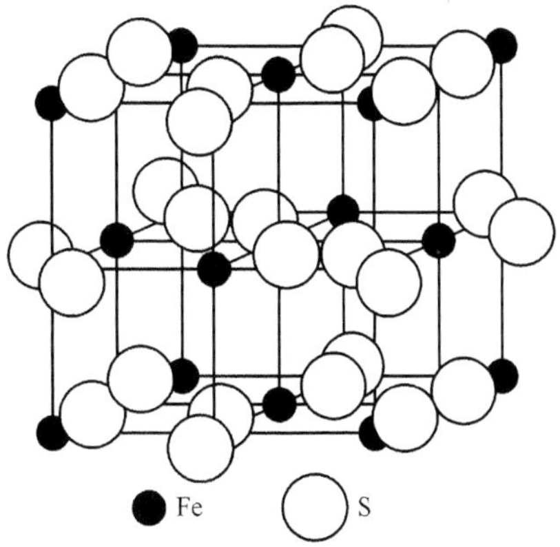

图 6-23　黄铁矿的晶体结构(吕孟凯，1996)

表 6-3　具有 FeS_2 型结构的化合物(吕孟凯，1996)

立方 FeS_2 型化合物				正交 FeS_2 型化合物	
MnS_2	$OsSe_2$	$IrTe_2$	$PtAs_2$	FeS_2	$RuSb_2$
$MnTe_2$	$OsTe_2$	NiS_2	$PtSb_2$	$FeSe_2$	OsP_2
FeS_2	CoS_2	$NiSe_2$	$PtBi_2$	$FeTe_2$	$OsSb_2$
RuS_2	$CoSe_2$	$PdAs_2$	$AuSb_2$	FeP_2	$CoSe_2$
$RuSe_2$	RhS_2	$PdSb_2$	CdO_2	$FeAs_2$	$CoTe_2$
$RuTe_2$	$RhSe_2$	$PdBi_2$		$FeSb_2$	β-$NiAs_2$
OsS_2	$RhTe_2$	PtP_2		RuP_2	$NiSb_2$
					$CrSb_2$

6) CdI_2 型结构(层状结构)

$D_{3d}^{3}-P\overline{3}m$，$a_0$=0.420 nm，$c_0$=0.684 nm，$Z$=1。结构与 MoS_2 相似，I 原子形成一系列六方最紧密堆积层，Cd 交替占据堆积层中八面体空隙，即 ACBACB(A、B 为 I，C 为 Cd)。Cd^{2+}配位数为 6，I^-配位数为 3[图 6-24(a)]。

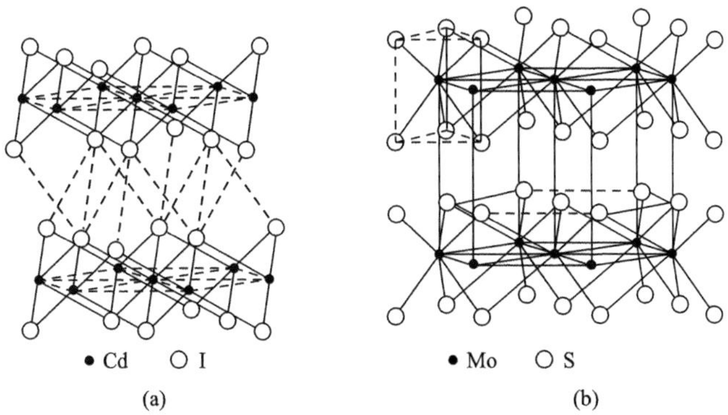

图 6-24　CdI_2(a)和 MoS_2(b)的晶体结构(吕孟凯，1996)

$CdCl_2$ 与之相似，但 Cl 作立方最紧密堆积。溴化物介于它们之间。氟化物多为 CaF_2 型结构。

7) MoS_2 型结构(2H 多型)

$D_{6h}^4-P6_3/mmc$，Mo 为六次配位，位于 6 个 S 组成的三方柱体中心，柱间彼此共棱连接成平行{0001}的层，层间为空心的八面体层。层内 Mo—S 键长为 0.235 nm，主要为共价键。层间距为 0.315 nm，主要为金属键(分子键)。S 为三次配位。结构如图 6-24(b)所示。MoS_2 还有 3R 多型(三方晶系)、1T 多型和 2H+3R 混合多型。

MoS_2 晶体常被用作高压下工作机器的润滑剂。

W、Mo 的硫化物、硒化物、碲化物等为 MoS_2 型结构。

3. A_nX_m 型晶体

在 A_nX_m 型化合物晶体中，随着正离子电价增大，极化性的影响越来越重要，a_0/c_0=1 的等向性结构型式逐渐沦为次要，而层状、链状及分子型的结构型式占据主导地位。

1) AX_3 型

在这类晶体中有等向性离子晶体，如 BiF_3、ScF_3 等；有层状结构的晶体，如 LaF_3、$PuBr_3$ 等；有分子晶体，如 B_3 等。

2) A_2X_3 型

大多是离子化合物，其中最常见的是 α-Al_2O_3 型结构。

α-Al_2O_3，$D_{3d}^6-R\overline{3}c$，a_0=0.5128 nm，α=55°20′，Z=2。其复六方点阵的晶胞参数为 a_0=0.47628 nm，c_0=1.30032 nm，Z=6。O^{2-}作六方最紧密堆积，Al^{3+}占据 2/3 的八面体空隙，在 c 轴方向每隔两个填充 Al 的八面体就有一个空着的八面体。八面体发生扭曲，阳离子位置对称由 C_{3v}—$3m$ 降至 C_3—3。Al—O 八面体沿 c 轴方向构成三次螺旋轴，如图 6-25 所示。

α-Al_2O_3 有着广泛的用途，如钟表轴承、研磨材料。掺入 Cr 的 α-Al_2O_3 可作激光晶体(红宝石)，Cr^{3+}含量在 0.05%～0.1%。

属 α-Al_2O_3 结构的还有 α-Ga_2O_3、α-Fe_2O_3、Ti_2O_3、Cr_2O_3、Rh_2O_3、Co_2O_3 等。Fe、Ti 逐层交替取代 Al 可得到钛铁矿结构。

6.3.2　多元无机化合物晶体结构

1. ABX_3 型化合物

主要的 ABX_3 型化合物见表 6-4。主要的 ABX_3 型化合物的晶体结构分布区域如图 6-26 所示。

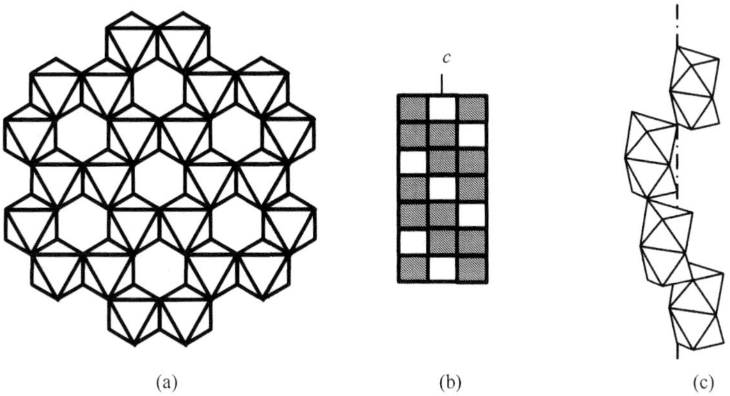

图6-25 刚玉的晶体结构(王濮等，1984)

表6-4 主要的ABX_3型化合物(张克从，1987)

结构型	分子式	结构特性	存在的组成
方解石	$CaCO_3$	高的各向异性	三价硼酸盐
文石(霰石)	$CaCO_3$	高的双折射	二价碳酸盐
钛铁矿	$FeTiO_3$	较方解石堆积紧密	二价碳酸盐、具有较小正离子的硼酸镧系化合物
钙钛矿	$CaTiO_3$	共面八面体	$A^{2+}B^{4+}O_3$(A^{2+}、B^{4+}为较小或中间大小的正离子)
六方结构	$BaMnO_3$	具有共顶点八面体的紧密堆积	$A^{2+}B^{4+}O_3$和$A^{2+}B^{4+}F_3$(A^{2+}、B^{4+}为中间大小的正离子)
辉石及其相关的结构	$MgSiO_3$	具有共面八面体的紧密堆积	类似钙钛矿型，B为较小的正离子

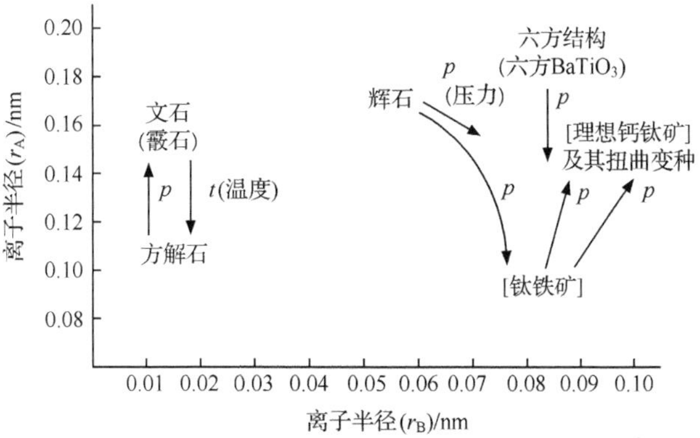

图6-26 ABX_3型化合物晶体结构型分布区域示意图(张克从，1987)

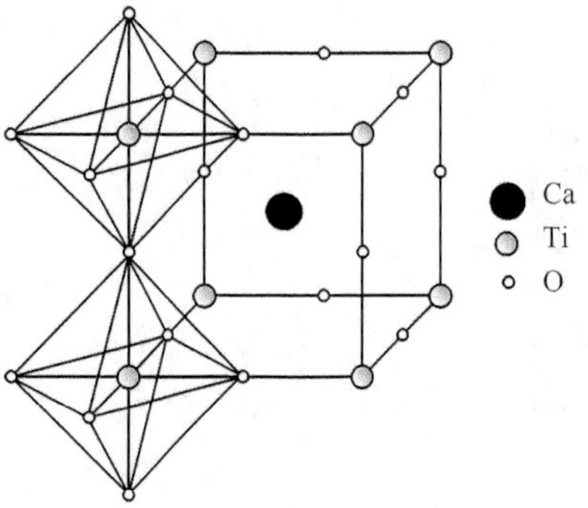

图 6-27　钙钛矿晶体结构模型(张克从，1987)

1) 钙钛矿($CaTiO_3$)型结构

钙钛矿结构可看成是 Ca 和 O 作最紧密堆积，Ti 填充其中的八面体空隙。Ca 的 CN 为 12，O 的 CN 为 4，Ti 的 CN 为 6，如图 6-27 所示。

Ca 与 O 毕竟不是等大球，因此 $CaTiO_3$ 结构的对称性较同种原子构成的紧密堆积结构低，空间群由 $O_h^5 - Fm3m$ 降至 $O_{1h} - Pm3m$。室温下 $CaTiO_3$ 结构为正交晶系。一般将立方晶系钙钛矿结构称为理想钙钛矿结构。

只有当离子半径满足如下关系时才能形成理想的钙钛矿型结构：

$$(r_A + r_X) = \sqrt{2}(r_B + r_X)$$

但实际上只要满足下式就可形成钙钛矿或扭曲的钙钛矿型结构：

$$(r_A + r_X) = t\sqrt{2}(r_B + r_X) \qquad 0.77 < t < 1$$

式中，t 称为容忍因子，对结构有显著影响。钙钛矿型结构分布区域如图 6-28 所示。

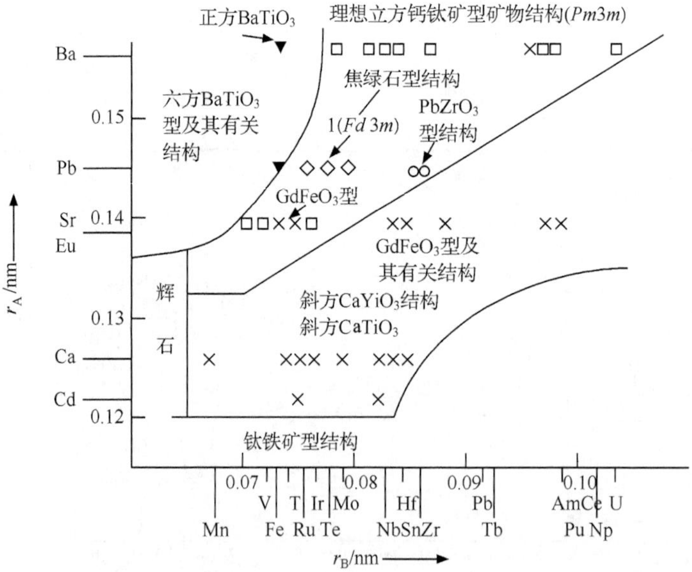

图 6-28　钙钛矿型结构分布示意图（张克从，1987）

理想的钙钛矿型结构属于立方晶系，典型代表是$SrTiO_3$。但有许多这类型结构扭曲成四方、斜方甚至单斜晶系的晶体。当温度升高时，扭曲的结构可以转变为理想的立方钙钛矿结构。

结构扭曲往往导致晶体出现压电、热释电和非线性光学性质，成为十分重要的技术晶体。

一些化学计量比不是ABX_3型的化合物也能形成钙钛矿型结构，如Fe_4N、Mn_4N、Ni_4N等。将以上化合物写成$FeNFe_3$、$MnNMn_3$、$NiNNi_3$就可以与$CaTiO_3$对等。Cs_3CoCl_5、$KMgCl_3 \cdot 6H_2O$为反钙钛矿型结构，将它们的分子式改写成$Cl^-(CoCl_4)^{2-}Cs_3$和$K(Mg \cdot 6H_2O)Cl_3$也可以容易理解。

一些具有理想钙钛矿型结构的ABX_3化合物见表6-5。其中$BaTiO_3$最为重要，它是重要的铁电材料，有强的压电效应。

表6-5 理想钙钛矿型结构的ABX_3化合物(张克从，1987)

正离子电荷组合	化合物	晶胞常数 a_0/nm	其他例子
1-5	KUO_3	0.4290	A^+, $B^{5+}O_3$
			$CsIO_3$, $RbUO_3$, KUO_3, $RbPaO_3$, $KPaO_3$,
			$KTaO_3$, $KNbO_3$, $AgNbO_3$, $AgTaO_3$,
			$NaNbO_3$, $NaTaO_3$等
2-4	$SrTiO_3$	0.3905	$A^{2+}B^{4+}O_3$
			A^{2+}: Ba, Pb, Sr, Eu, Ca, Cd,
			B^{4+}: Ge, Mn, Cr, V, Fe, Ti, Tc, Mo, Nb, Sn, Hf, Zr
			A^{2+}: Ba, Sr
			B^{4+}: Pb, Tb, Pr, Ce, Am, Pu, Np, U, Pa, Th, Co
3-3	$LaAlO_3$	0.3818	$LaYbO_3$, Ln_2O_3(Ln=La→Gd)
1-2	$KMgF_3$	0.3989	$A^+B^{2+}F_3$
			A^+: Cs, Tl, NH4, Rb, K, Ag, Na
			B^{2+}: Mg, Ni, Zn, Co, V, Fe, Cr, Mn, Cd, Ca, Hg, Sr
2-1	$BaLiF_3$	0.3995	
1-2	$KMgH_3$	0.401	
2-1	$SrLiH_3$	0.3833	ABX_3(X=Cl, Br, H)
			$CsPbCl_3$, Cs_3GeCl, $CsHgCl_3$, $CsCaCl_3$, $CsCdCl_3$,
			$TlMnCl_3$, $KMgCl_3$, $CsSrCl_3$, $RbCdCl_3$, $KMnCl_3$
			同上
1-2	$CsCaCl_3$	0.5396	同上
1-2	$CsPbBr_3$	0.5874	Ln_3InC, Ln_3SnC, Ln_3TlC, Ln_3AlC, ···

续表

正离子电荷组合	化合物	晶胞常数 a_0/nm	其他例子
反钙钛矿	$MnGaC_3$	0.3896	Mn_3BN(B=Au, Hg, Sn, Pt, Pd, Rh, Ni, Cu, Zn, Ag, In, Mn), …
反钙钛矿	Mn_3GaN_3	0.3903	Ti_3AuO_{1-x}, V_3AuO_{1-x}, V_3PtO_{1-x}
反钙钛矿	$TiHgO_3$	0.4165	$(Na_{0.5}La_{0.5})TiO_3$, $(Li_{0.5}La_{0.5})TiO_3$,
反钙钛矿	$Ni_3InB_{0.5}$	0.3773	$(K_{0.5}Bi_{0.5})TiO_3$, …
1,3-4	$(K_{0.5}Ce_{0.5})TiO_3$	0.3889	$Sr(Na_{0.25}Ta_{0.75})O_3$, …
			$Ba(B_{0.33}Nb_{0.67})O_3$, B=Ni, Fe, Cd, Pb
			$Sr(Cd_{0.33}Nb_{0.67})O_3$, …
2-1,5	$Ba(Na_{0.25}Ta_{0.75})O_3$	0.4137	$Ba(Ln_{0.67}Mo_{0.33})O_3$, Ln=Ce→Lu
2-2,5	$Ba(Zn_{0.33}Nb_{0.67})O_3$	0.4094	$Sr(Fe_{0.67}W_{0.33})O_3$, …
			$Ba(Ln_{0.5}Bi_{0.5})O_3$, Ln=La→Lu, Y, Sc, In
2-3,6	$Pb(Fe_{0.67}W_{0.33})O_3$	0.3984	$Sr(Ga_{0.5}Nb_{0.5})O_3$, …
			$La(Ni_{0.5}Ti_{0.5})O_3$…
2-3,5	$Ba(Fe_{0.5}Nb_{0.5})O_3$	0.4057	
3-2,4	$La(Mg_{0.5}Ti_{0.5})O_3$	0.3932	
1-3	Tl_2OF_2	0.459	

2) 钛铁矿($FeTiO_3$)型结构

将 α-Al_2O_3 中的 Al 代之以 Fe 和 Ti 就得到钛铁矿结构。$FeTiO_3$ 为 $C_{3i}^2-R\overline{3}$ 空间群，a_0=0.5088 nm，c_0=1.4073 nm，Z=6。

在人工晶体中，铌酸锂($LiNbO_3$)与钽酸锂($LiTaO_3$)为类似钛铁矿型结构(空间群为 $R\overline{3}c$，Z=2)。它们都在相变温度下是位移型铁电体，$LiNbO_3$ 的相变温度为(1210±10)℃，$LiTaO_3$ 相变温度为 665±5 ℃，有优良的压电性和非线性光学性质。

在 $A^{2+}B^{4+}O_3$ 型化合物中，具有钛铁矿型结构的晶体有 A：Ni、Mg、Co、Zn、Fe、Mn、Cd，B：Ge、Mn、Ti、Sn 等氧化物。

与铌酸锂、钽酸锂晶体类似结构的还有 $LiUO_3$、$CuTaO_3$、$NiVO_3$、$CuNbO_3$、$CoVO_3$、$MnVO_3$、$Fe_{0.9}Ti_{1.1}O_3$ 等。

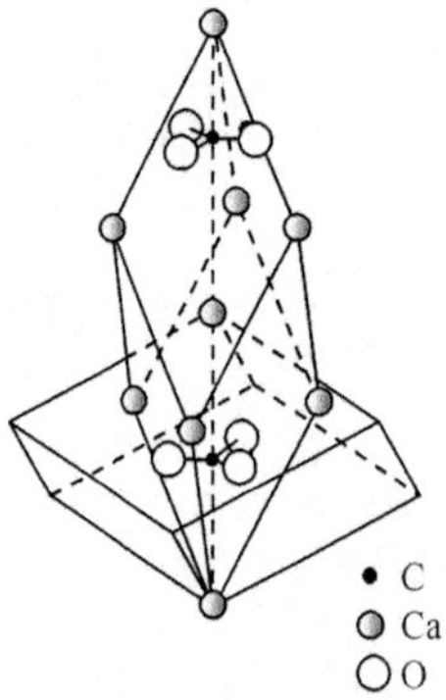

图 6-29　方解石的晶体结构(张克从，1987)

3) 方解石($CaCO_3$)型结构

三方晶系，$D_{3d}^6 - R\bar{3}c$，a_0=0.6361 nm，α=46°7′，Z=2。方解石型结构可看成沿体对角线方向压偏的 NaCl 型结构(各棱间夹角 101°55′)，Ca^{2+}代替 Na^+，CO_3^{2-}代替 Cl^-而得，如图 6-29 所示。

透明的方解石称为冰洲石，具有大的双折射率，可用于制作各种偏光器件和尼科耳棱镜等。

Mg、Fe、Co、Zn、Mn、Cd、Sr、Ba 等的碳酸盐，Li、Na、K、Rb 等的硝酸盐，以及 Sc、Lu、Y 的硼酸盐均为方解石型结构。其中 $NaNO_3$ 可用作光学元件。

$CaCO_3$ 的另一变体为文石。文石的晶体结构为 Ca^{2+}呈六方紧密堆积，CO_3^{2-}位于八面体空隙中(但不在中心，而在沿 c 轴的 1/3 或 2/3 处)。Ca^{2+}的 CN=9，O^{2-}的 CN=4(三个 Ca，一个 C)，C^{4+}的 CN=3，见图 6-30。空间群为 $D_{2h}^6 - Pnna$，a_0=0.4959 nm，b_0=0.7968 nm，c_0=0.5741 nm，Z=4。属文石型结构的有 $LaBO_3$、$CeBO_3$、$PrBO_3$、$NdBO_3$、$PmBO_3$、$EuBO_3$、$AmBO_3$、$SmBO_3$、$BaCO_3$、$PbCO_3$、$SrCO_3$、$CaCO_3$、$SmCO_3$、$EuCO_3$、$YbCO_3$、KNO_3 等。

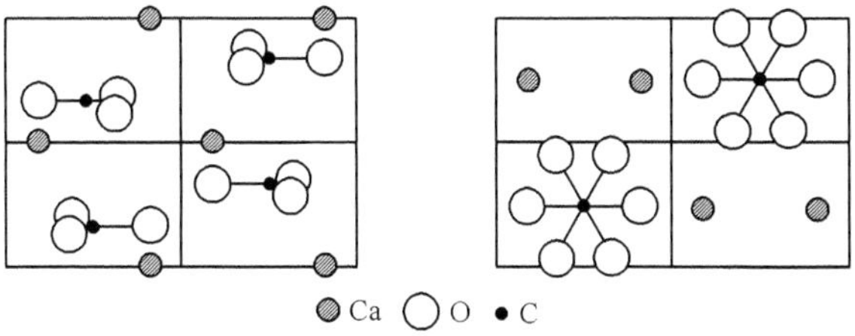

图 6-30　文石的晶体结构(张克从，1987)

2. ABX_4 型化合物

ABX_4 型化合物重要的晶体结构型见表 6-6，较重要的结构型区域如图 6-31 所示。

表 6-6　一些重要的 ABX_4 型化合物的晶体结构型(张克从，1987)

结构型	化学式	结构特性
重晶石	$BaSO_4$	孤岛状的 SO_4 四面体
白钨矿	$CaWO_4$	孤岛状的 WO_4 四面体
锆石	$ZrSiO_4$	孤岛状的 SiO_4 四面体
有序的 SiO_2	$AlPO_4$	三维相连的 AlO_4 和 PO_4 的四面体
金红石(归化为二元化合物的多元化合物)	$Cr_{0.5}Nb_{0.5}O_2$	CrO_6 与 NbO_6 无序混合，以共棱相连的八面体
萤石(归化为二元化合物的多元化合物)	$(Nd_{0.5}U_{0.5})O_2$	无序的 NdO_8 和 UO_8 的立方体

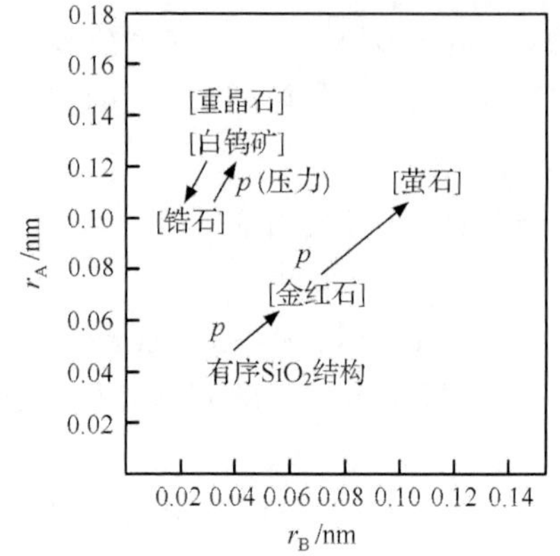

图 6-31　ABX_4 型化合物的结构型区域示意图(吕孟凯，1996)

1) 锆石型 ($ZrSiO_4$) 结构

四方晶系，$D_{4h}^{19}-I4_1/amd$，a_0=0.6607 nm，c_0=0.5982 nm，Z=4。锆石结构可看成是由［SiO_4］变形四面体和［ZrO_8］三角十二面体在 z 轴方向相间排列成链，在 y 轴方向共棱紧密相连而成，见图 6-32。

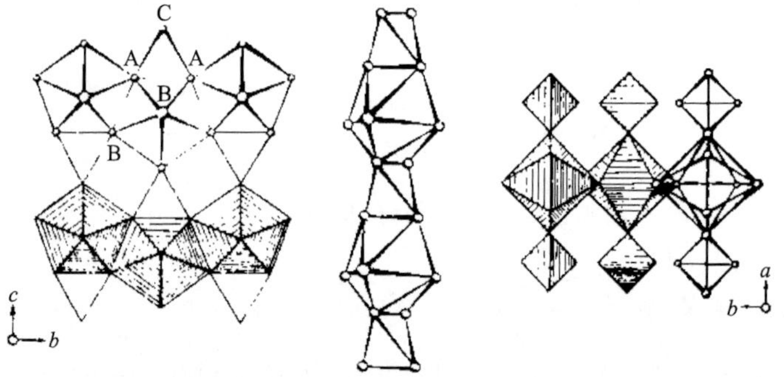

图 6-32　锆石的晶体结构(张克从，1987)

锆石型结构的主要化合物见表 6-7。

表 6-7　一些主要的锆石型结构化合物(张克从，1987)

正离子电荷组合	化合物	晶胞常数	
		a_0/nm	c_0/nm
2-6	$CaCrO_4$	0.7242	0.6290
3-5	YVO_4	0.7123	0.6292
4-4	$HfSiO_4$	0.6573	0.5964
5-3	$TaBO_4$	0.6213	0.5486

续表

正离子电荷组合	化合物	晶胞常数	
		a_0/nm	c_0/nm
2,4-5	$(Sr_{0.5}Th_{0.5})VO_4$	0.7399	0.6545
2-2	$CaBeF_4$	0.690	0.607
4-4	$ThSiO_4 \cdot xH_2O$	0.7668	0.6260
3-5	$YbPO_4 \cdot xH_2O$	0.684	0.599

2) 白钨矿($CaWO_4$)型结构

$C_{4h}^6 - I4_1/a$，a_0=0.5243 nm，c_0=1.1376 nm，Z=4。白钨矿结构由扁平的[WO_4]四面体和Ca^{2+}沿 c 轴相间排列而成，如图 6-33 所示。

白钨矿晶体是一种激光基质晶体，掺入Nd^{3+}(浓度 1%～1.5%)即变为激光工作物质。由于Nd^{3+}半径(0.115 nm)比Ca^{2+}的半径(0.106 nm)大，因此需同时掺入Na^+(0.097 nm)，形成$NdNa(WO_4)_2$。

具有白钨矿型结构的主要化合物见表 6-8。

3) 重晶石($BaSO_4$)型结构

$D_{2h}^{16} - Pnma$，a_0=0.8884 nm，b_0=0.5458 nm，c_0=0.7154 nm，Z=4。$[SO_4]^{2-}$为孤立四面体，Ba 的 CN=12。结构如图 6-34 所示。

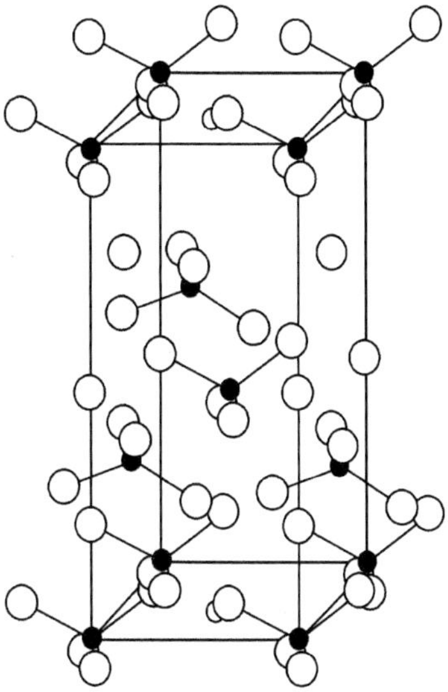

图 6-33 白钨矿的晶体结构(张克从，1987)

表 6-8 一些具有白钨矿型结构的主要化合物(张克从，1987)

正离子电荷组合	化合物	晶胞常数	
		a_0/nm	c_0/nm
1-7	$KRuO_4$	0.5609	1.2991
2-6	$CaWO_4$	0.5243	1.1376
3-5	$YbAsO_4$	0.494	1.117
4-4	$CeGeO_4$	0.5095	1.1167
2,4-5	$(Pb_{0.5}Th_{0.5})VO_4$	—	—
1,3-6	$(Na_{0.5}Dy_{0.5})TeO_4$	0.5251	1.1595
3-4,6	$Y(Si_{0.5}W_{0.5})O_4$	0.500	1.109
1-6	$KCrO_3F$	0.546	1.289
1-8	$KOsO_3N$	0.5706	1.3094

续表

正离子电荷组合	化合物	晶胞常数	
		a_0/nm	c_0/nm
2-2	$CaZnF_4$	0.5323	1.1012
3-1	$YLiF_4$	0.5175	1.074
1-3	$NaAlH_4$	0.5024	1.1353

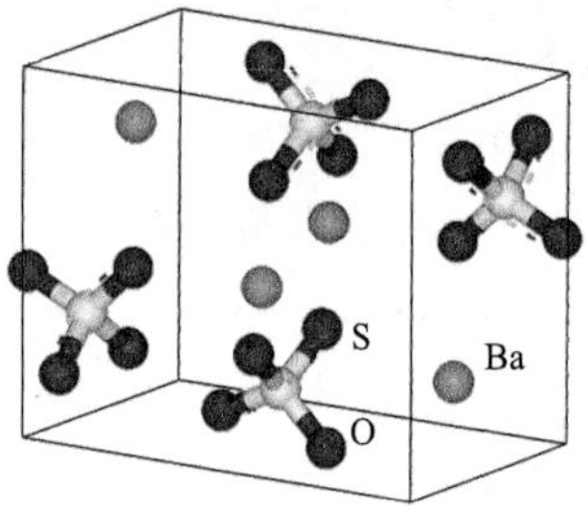

图 6-34　重晶石的晶体结构

具有重晶石型结构的晶体见表 6-9。

表 6-9　一些具有重晶石型结构的化合物晶体(张克从，1987)

正离子电荷组合	化合物	晶胞常数			其他例子
		a_0/nm	b_0/nm	c_0/nm	
1-7	$KBrO_4$	0.893	0.5921	0.7488	$AClO_4$(A=K, Rb, Cs, Ti, NH_4, …), $AMnO_4$ (A=K, Rb, Cs, NH_4), NH_4BrO
2-6	$BaCrO_4$	0.9103	0.5526	0.7337	$ACrO_4$(A=Ba, Sr, Pb, Sm, Eu, Sn) $PbSeO_4$, $BaSeO_4$, $BaMnO_4$, $BaFeO_4$
1-6	KSO_3F	0.862	0.589	0.735	NH_4CrO_3F, KSO_3F, NH_4SO_3F, $RbSO_3F$
2-5	$BaPO_3F$	0.868	0.563	0.728	
1-5	KPO_2F_2	0.8039	0.6205	0.7635	APO_2F_2(A=K, Rb, Cs, NH_4)
2-3	$BaBOF_3$	0.878	0.541	0.716	
2-2	$PbBeF_4$	0.8435	0.5341	0.6875	$BaBeF_4$
1-3	KBF_4	0.8659	0.5480	0.7030	ABF_4 (A=K, Rb, Cs, Tl)
1-3	NH_4AlCl_4	1.1005	0.7065	0.926	

4)具有有序的 SiO_2 型结构的 ABX_4 型化合物

结构与 SiO_2 相似，由各种四面体共角顶规则连接而成。

包括 $AlPO_4$、$AlAsO_4$、$GaPO_4$、$BAsO_4$ 等。其中 $AlPO_4$ 为优良压电晶体(优于

石英)，热稳定性高于 $LiNbO_3$、$LiTaO_3$，可作为声表面波器件材料。

5)可归化为金红石(TiO_2)型结构的 ABX_4 型化合物

包括一些 ABO_4 型锑酸盐、铌酸盐和钽酸盐、钒酸盐($RhVO_4$、$CrVO_4$)，见表 6-10。

表 6-10 一些金红石型结构 ABO_4 型锑酸盐、铌酸盐和钽酸盐(张克从，1987)

B / A	Sb		Nb		Ta	
	a_0/nm	c_0/nm	a_0/nm	c_0/nm	a_0/nm	c_0/nm
In	0.474	0.3215	黑钨矿		黑钨矿	
Sc	0.4705	0.317	黑钨矿		黑钨矿	
Rh	0.4601	0.3100	0.4700	0.3019	0.4696	0.3028
Ti	—	—	0.4712	0.2996	0.4689	0.3070
V	0.458	0.306	0.4681	0.3033	0.4676	0.3043
Cr	0.4577	0.3042	0.4646	0.3011	0.4641	0.3018
Fe	0.4623	0.3011	0.4690	0.3056	0.4683	0.3051
Ga	0.459	0.303	[$AlNbO_4$]		0.4568	0.2964

6)属于萤石(CaF_2)型结构的 ABX_4 型化合物

这类晶体见表 6-11。其中 A、B 离子可以是无序排列(如高温型 $NaYF_4$ 等)，也可以是有序排列(如 $SrCrF_4$ 晶体)。A、B 有序排列时晶胞增大一倍，如图 6-35 所示。

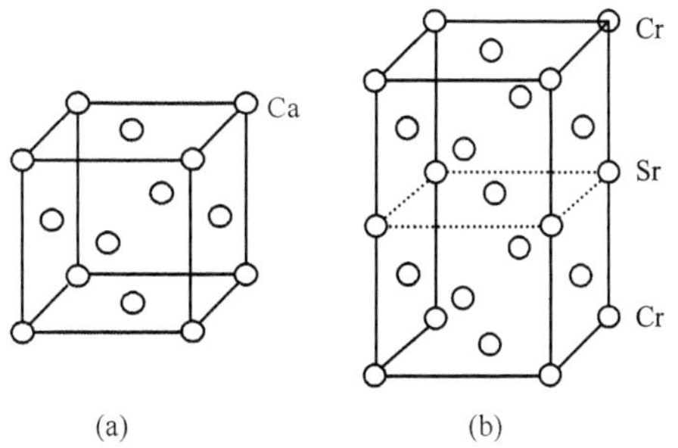

图 6-35 CaF_2 和 $SrCrF_4$ 晶胞中正离子的排列 (张克从，1987)

(a) CaF_2; (b) $SrCrF_4$

3. A_2BX_4(或 AB_2X_4)化合物

主要的 A_2BX_4 型化合物见表 6-12。A_2BX_4 型晶体结构分布区域图如图 6-36 所示。

表 6-11　萤石型结构的 ABX_4 型化合物(张克从，1987)

正离子电荷组合	化合物	晶胞常数 a_0/nm	其他例子
2-6	$PbUO_4$	0.5600 空间群为 O_h^5-$Fm3m$	
3-5	$LaPaO_4$	0.5525	$APaO_4$(A=Pr→Lu, Y, Sc, In, Pu, Am, Cm); $LnUO_4$(Ln=Nd→Lu, Y, Sc, Bi); $LaUO_{4+x}$, $LnNpO_4$(Ln=La, Pr→Lu, Y)
4-4	$CePaO_4$	0.5455	$CeNpO_4$, $UZrO_4$
1-3	$NaTlF_4$	0.5447	$NaLnF_4$(Ln=Tb→Lu), $KlaF_4$, $KCeF_4$
2-2	$SrCaF_4$	0.562	$BaSrF_4$
2-3	$BaCeOF_3$	0.612	

表 6-12　主要 A_2BX_4 型化合物的结构型(张克从，1987)

结构型	结构特性	同型结构
β-K_2SO_4	孤岛状的 SO_4^{2-} 四面体	硫代钼酸盐，硫代钨酸盐，硫代铬酸盐等
K_2NiF_4	包含层状钙钛矿型结构	A_2BF_4 中，A=大的正离子；B=中间大小的正离子
橄榄石	六方最紧密堆积负离子层	A_2BX_4 中，A=Si, Ge; X=S, Se；B=中间大小正离子
尖晶石	立方最紧密堆积负离子层	A_2BO_4 中，A, B=中间大小正离子
$CaFe_2O_4$	充满 Ca^{2+} 离子管道的八面体网络	在 A_2CaO_4 中，A=适中大小的正离子, Ln_2BX_4(B=Sr, Ba；X=O, S, Se；Ln=镧系元素离子)
硅铍石	具有连续圆筒状管道的四面体网络	A_2BO_4 中，A=Be, Zn；B=Si, Ge

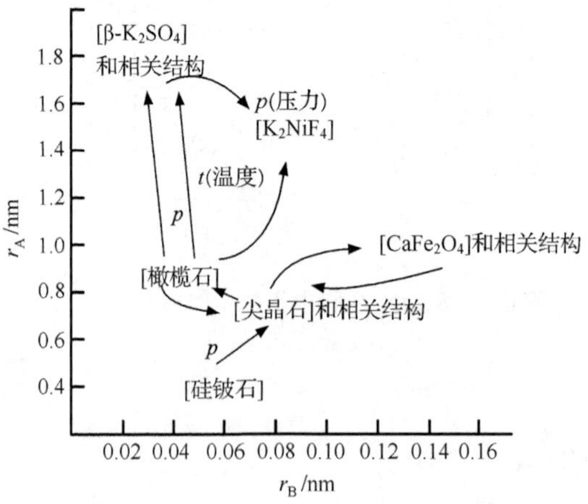

图 6-36　A_2BX_4 型晶体结构型分布区域示意图(张克从，1987)

1)橄榄石(Mg,Fe)$_2$SiO$_4$型结构

$D_{2h}^{16}-Pbnm$，铁橄榄石 Fe_2SiO_4：a_0=0.4820 nm，b_0=1.0485 nm，c_0=0.6093 nm，Z=4。镁橄榄石 Mg_2SiO_4：a_0=0.4756 nm，b_0=1.0195 nm，c_0=0.5891 nm，Z=4。橄榄石结构可近似看成由 O 作六方紧密堆积，二价阳离子填充 1/2 八面体空隙，Si 填充 1/8 四面体空隙。硅-氧四面体为孤立分布。实心八面体和空心八面体平行 *a* 轴连接成锯齿状链，实心和空心八面体链相间排列形成平行(010)的层，实心链间由四面体连接，上下层错开使上层空心链对下层实心链。如图 6-37 所示。橄榄石中存在两种对称非等效八面体，一种称为 M1，它的十二个棱中有六个与四个八面体和两个四面体共用(体积相对较小)；另一种八面体称为 M2，它仅有三个棱与两个八面体和一个四面体共用(体积相对较大)。

属橄榄石型结构的化合物有：$A_2^{2+}B^{4+}O_4$、$A^{2+}B_2^{3+}O_4$、$A^{2+}A^{3+}B^{3+}O_4$、$A^+A^{2+}B^{5+}O_4$、$A^+A^{3+}B^{4+}O_4$(其中 A=Mg、Fe、Mn、Co、Zn、Ca 和 Pb，除 Ca 之外都可以类质同象方式代替)以及少数的氧化物、硫化物和硒化物等。

2)尖晶石($MgAl_2O_4$)型结构

尖晶石结构详见第 4 章($Fd\bar{3}m$，a=0.7978 nm，Z=8)。具有尖晶石型结构的主要氧化物见表 6-13，主要非氧化物见表 6-14。

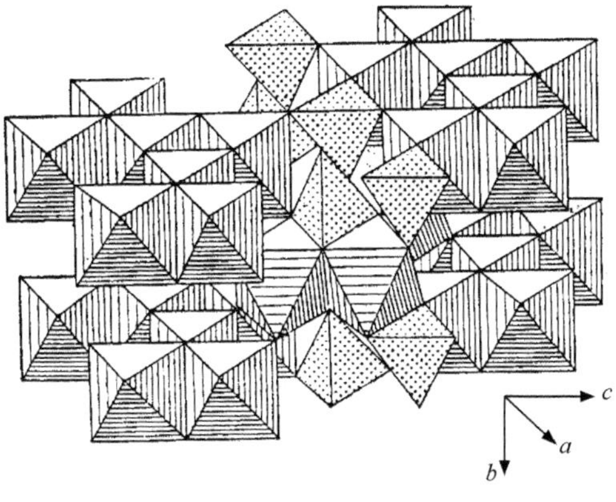

图 6-37 橄榄石的晶体结构(王濮等，1984)

表 6-13 具有尖晶石型结构的主要氧化物(张克从，1987)

正离子电荷组合	化合物	晶胞常数 a_0/Å	其他例子
1-6	Ag_2MoO_4	9.313	Na_2MoO_4, Na_2WO_4, Li_2MoO_4
2-4	Zn_2SnO_4	8.665	$A_2^{2+}B^{4+}O_4$ (A=Ni, Mg, Co, Zn, Fe, Mn; B=Si, Ge, Mn, V, Ti, Tc, Mo, Pd, Pt, Sn)
2-3	$MgCr_2O_4$	8.333	$A^{2+}B_2^{3+}O_4$ (A=Ni, Mg, Co, Zn, Fe, Cu, Mn, Cd; B=Al, Co, Cr, Ga, Fe, V, Mn, Rh)

续表

正离子电荷组合	化合物	晶胞常数 a_0/Å	其他例子
1-3	$LiAl_5O_8$	7.927	$LiFe_5O_8$, $LiGa_5O_8$, $CuFe_5O_8$, $CuGa_5O_8$
1-4	$Li_4Mn_5O_{12}$	8.19	$Li_4Ti_5O_{12}$
2-5	$Zn_7Sb_2O_{12}$	8.594	$Co_7Sb_2O_{12}$, Zn_5Co_2-Ta_2O_{12}
2-6	$Zn_2Co_3TeO_8$	8.548	
1-2-5	$LiMgVO_4$	8.27	$LiNiVO_4$, $LiCoVO_4$, $LiZnVO_4$
1-3-4	$LiCrGeO_4$	8.20	$LiA^{3+}B^{4+}O_4$ (A=Al, Cr, Mn, Fe, Rh;B=Ti, Mn)
1-2-4	$LiCoTi_3O_8$	8.390	α-$Li_2ZnMn_3O_8$

属尖晶石型结构的矿物有：锌尖晶石($ZnAl_2O_4$)、铁尖晶石($FeAl_2O_4$)、锰尖晶石($MnAl_2O_4$)和镁铁尖晶石［$Fe^{3+}(MgFe^{3+})O_4$］等。

尖晶石型结构的铁氧体(包括透明的 $LiAl_5O_8$-$LiFe_5O_8$ 固溶体)可用于电子计算机、电子仪表、电视和微波技术等方面。掺杂着色的尖晶石可用作首饰，人工尖晶石可用作半导体异质外延的衬底。

表 6-14　具有尖晶石型结构的主要非氧化物(张克从，1987)

化合物	晶胞常数 a_0/Å	其他例子
Li_2NiF_4	8.313	
$Fe_3O_{3.50}F_{0.50}$	8.416	Cu_2FeO_3F, $A_{0.80}Fe_{0.20}O_{3.3}F_{0.7}$ (A=Mg, Co, Ni)
Al_3O_3N	7.940	
$ZnCr_2S_4$	9.986	CdY_2S_4, $CdEr_2S_4$, $CdHo_2S_4$, $CrGa_2S_4$, $CuTi_2S_4$, CuV_2S_4, $CuHf_2S_4$, $CuZr_2S_4$, $ZnMn_2S_4$, $CoCu_2S_4$, $FeIr_2S_4$, $CoIr_2S_4$, $NiIr_2S_4$, $CuIr_2S_4$
$LiAl_6S_8$	9.996	AB_5S_8 (A=Ag, Cu；B=Al, In)，$AgInAl_4S_8$, $AgGaCr_4S_8$, $AgAlCr_4S_8$, $CuAlSnS_4$, $CuCrZrS_4$
Y_2MgSe_4	11.57	A_2BSe_4 (A=Al, Cr, Rh, Sc, Lu；B=Mg, Zn, Cu, Mn, Cd, Hg), CdY_2S_4, …
$CuCr_2Te_4$	11.051	$ZnMn_2Te_4$
$CuCr_2Se_3Br$	10.416	$CuCr_2Se_3Cl$, $CuCr_2Fe_3I$, $CuIn_2Se_3Br$, $AgIn_2Se_3I$

6.4　硅酸盐的晶体结构

Si 可以与 O 形成[SiO_4]四面体和[SiO_6]八面体。已知的含[SiO_6]八面体的化合物不多，大约只有 13 种具有独立的结构，另有大约相等数量的类质同象化合物。此外，用光谱法已经证明有 20～30 种硅有机化合物在水溶液中也具有[SiO_6]配位。绝大多数的硅酸盐晶体含[SiO_4]四面体，即晶体结构中的结构基元是硅氧四面体

$[SiO_4]$。由于$[SiO_4]$中 Si^{4+}的化合价是 4，配位数是 4，它赋予每一个氧离子的电价为 1，即等于氧离子电价的一半，氧离子另一半电价可用来联系其他阳离子，也可以与另一个硅离子联系。因此，在硅酸盐结构中，$[SiO_4]$四面体既可以孤立地被其他阳离子包围起来，也可以彼此以共用角顶或共棱的方式连接起来形成各种形式的硅氧骨干。已知的共棱四面体硅氧化合物只有 Weiss 和 Weiss 于 1954 年报道的二氧化硅的纤维状多晶变体，其余均为含共角顶硅氧四面体的硅酸盐。根据硅氧四面体连接方式，硅酸盐晶体可以分为岛状、环状、链状、层状和架状(穿插阴离子硅酸盐、混合阴离子硅酸盐)等。

在硅酸盐晶体结构中，Al 往往替代了部分硅氧四面体中的硅，形成$[AlO_4]$四面体。硅酸盐晶体中还往往含有 F^-、Cl^-、OH^-、O^{2-}等附加阴离子以平衡电荷，也常含结晶水分子和水合氢离子$[H_2O^+]$等。

硅酸盐晶体种类繁多，上节介绍中已涉及几个简单的硅酸盐结构，本节将介绍不同类型硅酸盐中重要的典型结构，其他结构请参见有关书籍。

6.4.1　岛状结构

岛状结构中，硅氧骨干为孤立的$[SiO_4]$单四面体、$[Si_2O_7]$双四面体、三四面体和其他多重四面体，硅氧骨干通式为$[Si_mO_{3m+1}]^{-(2m+2)}$，m 为有限数。多重四面体又分为无枝和有枝两种，如图 6-38 和图 6-39 所示。它们在结构中犹如孤岛，彼此间靠其他阳离子联系。

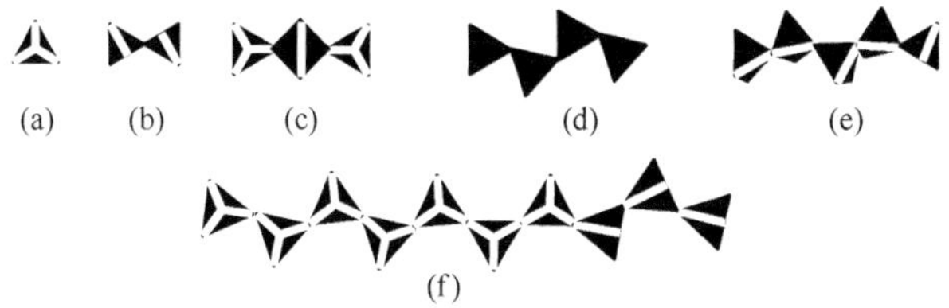

图 6-38　硅酸盐晶体中发现的无枝多重四面体

(a)单四面体；(b)双四面体；(c)三四面体；(d)四重四面体；(e)五重四面体；(f)十重四面体

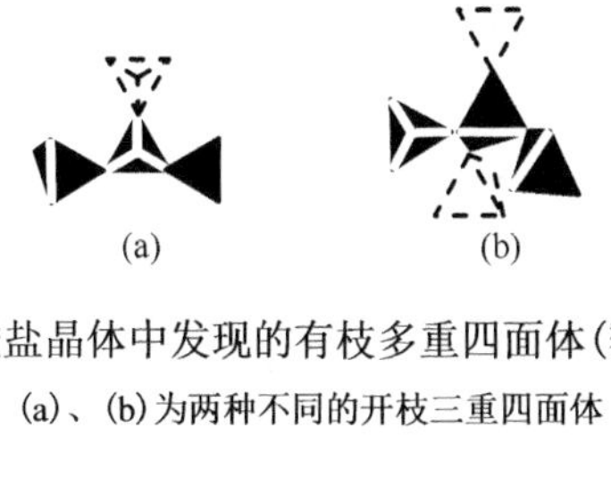

图 6-39　硅酸盐晶体中发现的有枝多重四面体(黎鲍 F，1989)

(a)、(b)为两种不同的开枝三重四面体

1. 橄榄石型结构

橄榄石($(Mg,Fe)_2[SiO_4]$)是一种岛状结构硅酸盐矿物，它是 $Mg_2[SiO_4]$-$Fe_2[SiO_4]$之间的完全类质同象化合物。理论组成(w_B，%)：镁橄榄石(forsterite)，SiO_2 42.7, MgO 57.3；铁橄榄石(fayalite)，SiO_2 29.5，FeO 70.5。少量类质同象替代组分有 Mn、Ca、Al、Ti、Ni、Co、Zn 等。$CaMg[SiO_4]$-$CaFe[SiO_4]$也可形成完全类质同象。其他端员矿物还有锰橄榄石($Mn_2[SiO_4]$)、镍橄榄石($Ni_2[SiO_4]$)、钴橄榄石($Co_2[SiO_4]$)、钙锰橄榄石($CaMn[SiO_4]$)等，以锰橄榄石较为常见。$Mn_2[SiO_4]$与 $Fe_2[SiO_4]$可形成不完全的类质同象，与 $Mg_2[SiO_4]$之间的置换范围更为有限。橄榄石结构详见上节 A_2BX_4 型化合物晶体。橄榄石的结构特点是，硅氧骨干为孤立的$[SiO_4]$四面体(图 6-40)，由骨干外的阳离子连接起来。也可视为氧离子平行(010)呈近似的六方最紧密堆积，Si^{4+}填充 1/8 的四面体空隙，$[(Mg,Fe)O_6]$八面体平行 a 轴连接成锯齿状链。平行(010)的每一层配位八面体中，一半为 Mg、Fe 填充，另一半为空心，均呈锯齿状，但在空间位置上相错 $b/2$。层与层之间实心八面体与空心八面体相对，其邻近层以共用八面体角顶相连；而交替层以共用$[SiO_4]$四面体的角顶和棱连接。$[SiO_4]$四面体的 6 个棱中有 3 个与$[(Mg,Fe)O_6]$八面体共用，而两种对称非等效八面体中，M1 有 6 个棱与 4 个八面体和 2 个四面体共用，M2 仅有 3 个棱与 2 个八面体和 1 个四面体共用，导致配位多面体变形，六方紧密堆积降低为斜方对称。

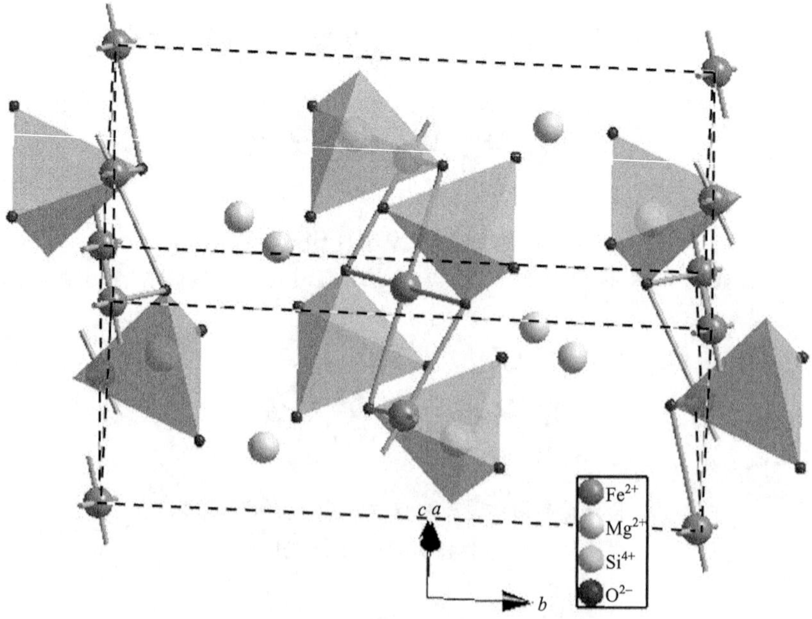

图 6-40　岛状结构橄榄石($(Mg,Fe)_2[SiO_4]$)中的孤立$[SiO_4]$四面体

2. *石榴石型结构*

石榴石包括一系列成分不同的硅酸盐，其化学成分可用通式 $A_3B_2[SiO_4]_3$ 代表，A 为二价阳离子(Mg、Fe、Mn、Ca 等)，B 为三价阳离子(Al、Fe、Cr、Ti、V、Zr 等)。三价阳离子的离子半径接近，彼此间可以发生类质同象置换。二价阳离子中，Mg^{2+}、Fe^{2+}、Mn^{2+}半径相对较小并可相互置换，而 Ca^{2+}半径相对较大，不能与其他二价阳离子相互置换。因此天然石榴石存在两种类质同象系列：

铁铝石榴石系列 $(Mg,Fe,Mn)_3Al_2[SiO_4]_3$：

镁铝石榴石 $Mg_3Al_2[SiO_4]_3$

铁铝石榴石 $Fe_3Al_2[SiO_4]_3$

锰铝石榴石 $Mn_3Al_2[SiO_4]_3$

钙铁石榴石系列 $Ca_3(Al,Fe,Cr,Ti,V,Zr)_2[SiO_4]_3$

钙铝石榴石 $Ca_3Al_2[SiO_4]_3$

钙铁石榴石 $Ca_3(Fe,Ti)_2[SiO_4]_3$

钙铬石榴石 $Ca_3Cr_2[SiO_4]_3$

钙钒石榴石 $Ca_3V_2[SiO_4]_3$

钙锆石榴石 $Ca_3Zr_2[SiO_4]_3$

从材料学角度研究最多的是钙铝石榴石。

石榴石晶体结构：$O_h^{10}-Ia3d$，a_0=1.1459～1.2048 nm，Z=8。孤立的$[SiO_4]$单四面体为三价阳离子的八面体所连接，其间形成一些较大的十二面体空隙(畸变的立方体)，它的每个角顶为O^{2-}所占据，中心为二价阳离子(CN=8)，如图 6-41 所示。

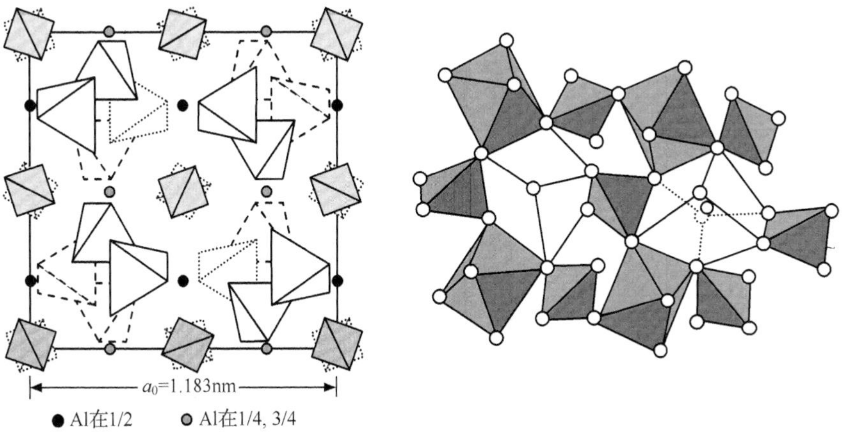

图 6-41 钙铝石榴石的晶体结构(佐尔泰 T 和斯托特 J H，1992)

实验证明，Al、Fe、Ga 可完全取代 Si 和 Al，钇(Y^{3+})及稀土离子可取代 Ca，而得到一系列自然界不存在的人工石榴石晶体，这类晶体通式可写成 $A_3B_5O_{12}$，$A=Y^{3+}$、Lu^{3+}、…，$B=Al^{3+}$、Fe^{3+}、Ga^{3+}、…。其中最重要的是钇铝石榴石($Y_3Al_5O_{12}$)、钇铁石榴石($Y_3Fe_5O_{12}$)以及钆镓石榴石($Gd_3Ga_5O_{12}$)等。钇铝石榴石为最重要的激光基质晶体，钇铁石榴石为重要的铁磁晶体，钆镓石榴石为磁泡衬底晶体，也是激光基质晶体、磁光与制冷晶体等。

3. 红柱石(Al_2SiO_5)型结构

红柱石是含孤立$[SiO_4]$四面体的含铝硅酸盐，正交晶系，*Pnnm*，a_0=0.778 nm，b_0=0.792 nm，c_0=0.557 nm，Z=4。晶体结构如图 6-42 所示，一半 Al 配位数为 6，组成$[AlO_6]$八面体，以共棱方式沿 *c* 轴连接成链。链间以另一半配位数为 5 的 Al-O 多面体和$[SiO_4]$四面体连接。O 有两种配位，一种参加$[SiO_4]$四面体，与两个 Al、一个 Si 连接；另一种不参加$[SiO_4]$四面体，与三个 Al 连接。Al_2SiO_5 有三种基本变体，除红柱石外，还有蓝晶石(三斜)和夕线石(正交晶系)。

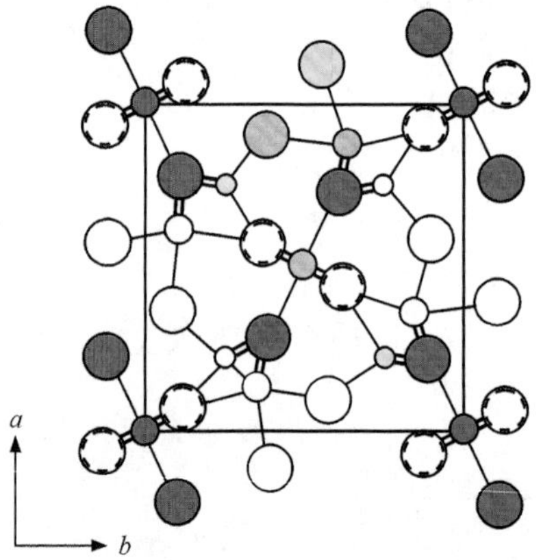

图 6-42 红柱石的晶体结构(王濮等，1984)

6.4.2 环状结构

$[SiO_4]$以共角顶方式连接成封闭的环，根据$[SiO_4]$四面体连接方式和环节的数目，可分为三元环、四元环、六元环等以及单环和双环、无枝环和有枝环，有枝环又进一步分为开枝环和环枝环(但环枝单环晶态硅酸盐至今尚未发现)，如图 6-43～图 6-46 所示。环硅氧骨干的通式为 $[p^{r}Si_pO_{3p}]^{p-2}$, $p=p^{r}\geqslant 3$，有限数，p^{r} 为环单元数。

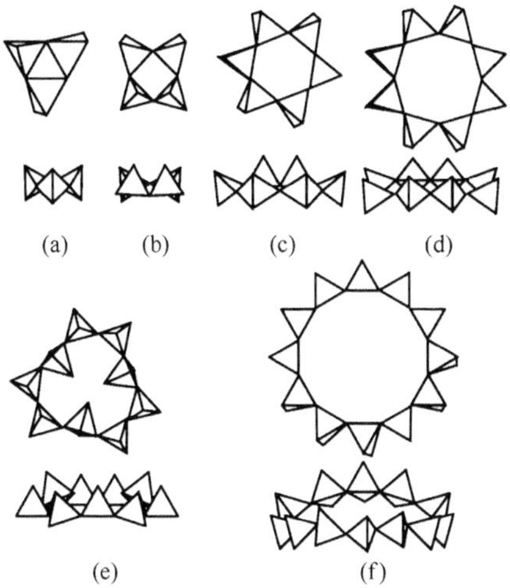

图 6-43　硅酸盐晶体中发现的无枝单环(黎鲍 F，1989)

(a)三节单环；(b)四节单环；(c)六节单环；(d)八节单环；(e)九节单环；(f)十二节单环

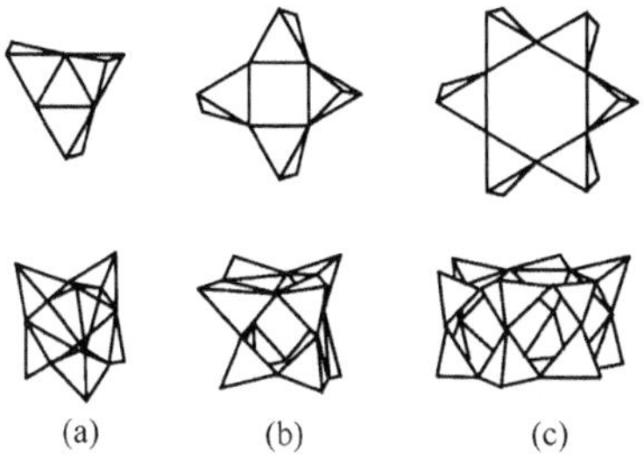

图 6-44　硅酸盐晶体中发现的无枝双环(黎鲍 F，1989)

(a)三节双环；(b)四节双环；(c)六节双环

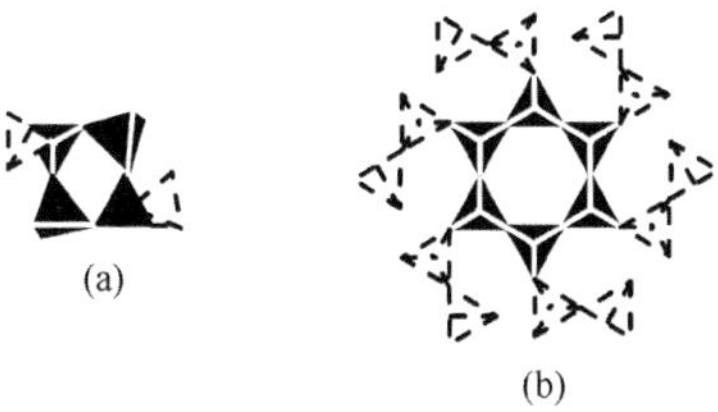

图 6-45　硅酸盐中发现的有枝单环(黎鲍 F，1989)

(a)开枝四节单环；(b)开枝六节单环

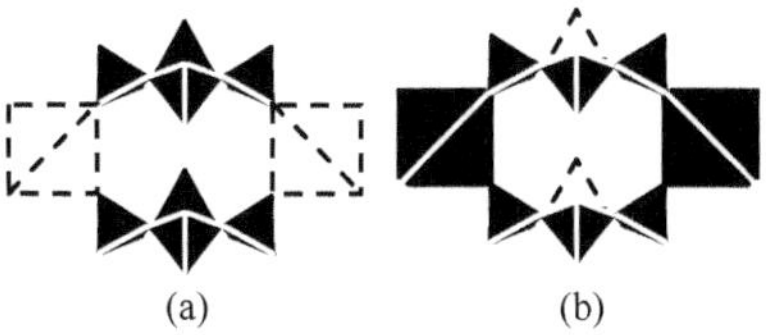

图 6-46　硅酸盐晶体中发现的有枝双环(黎鲍 F，1989)

(a)开枝四节双环；(b)也可画成环枝八节单环

下面介绍电气石型结构。

电气石晶体结构属三方晶系，对称型 $L^3 3P$，空间群 $R3m$，三重对称轴为 c 轴，垂直于 c 轴无对称轴和对称面，也无对称中心。电气石的化学结构通式为 $XY_3Z_6Si_6O_{18}(BO_3)_3W_4$，X=Na，Y=Mg、Fe 等，Z=Al，W=OH、O、F。根据 Y 元素种类不同，分为不同电气石。下面以 Fe-Mg 电气石为例来说明其晶体结构。电气石晶体结构可视为由[Si_6O_{18}]复三方环、[BO_3]三角形和[(Mg,Fe)-$O_5(OH)$]的三重八面体共棱并共用一顶角连接，[Al-$O_5(OH)$]八面体与[(Mg,Fe)-$O_5(OH)$]八面体共棱连接成平行于 c 轴的螺旋柱。如图 6-47(a)所示，第一层由六个较规则的硅氧四面体构成复三方环 [T_6O_{18}]，环的中心被 X 类阳离子占据，这种复三方环

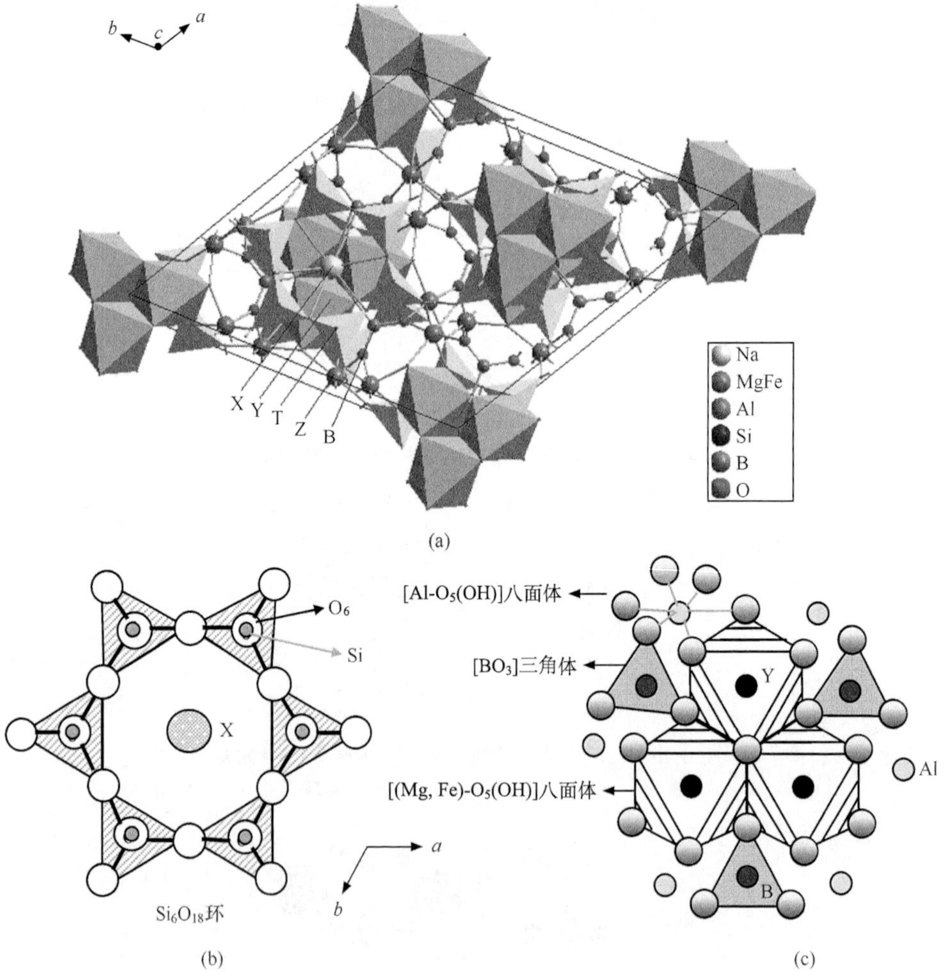

图 6-47　铁-镁电气石的晶体结构（赵长春，2011）

又沿三次轴形成电气石的隧道结构；第二层为八面体层，有大八面体和小八面体之分。三个大八面体由 Y 类阳离子和氧离子组成，小八面体由 Z 类阳离子和氧离子组成，位于大八面体的周围稍偏下方，三个大八面体的交点位于复三方环的中轴线上，被 O^{2-}、OH^-、F^-类阴离子占据。三个硼原子则位于大八面体之间，形成三个$[BO_3]^{3-}$三角形，如图 6-47(b)和(c)所示。

6.4.3 链状结构

$[SiO_4]$四面体以共角顶连接成沿一个方向无限延伸的链，分开枝和无枝的单链、双链、三重链、四重链、五重链等多重链和杂化枝多重链，如图 6-48～图 6-54。

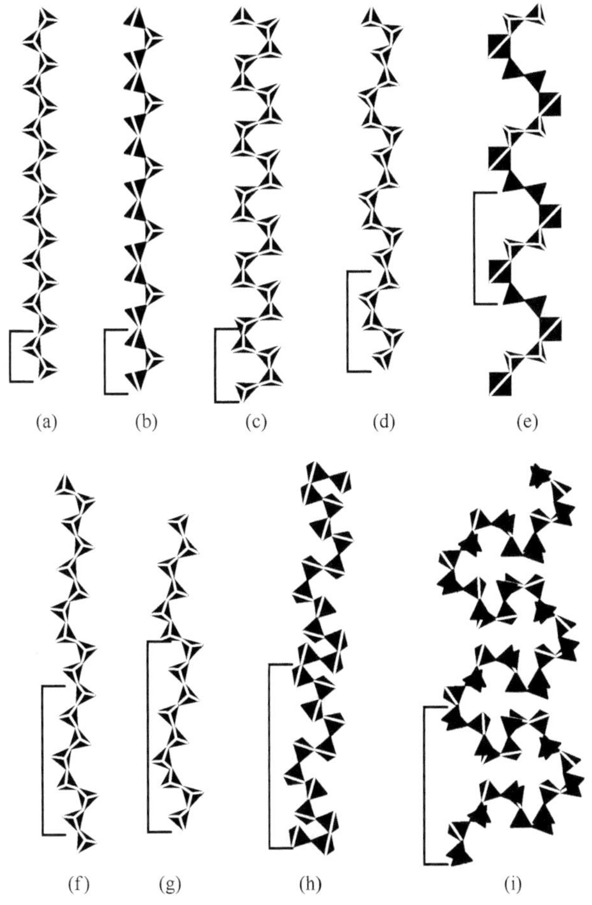

图 6-48　硅酸盐晶体中发现的无枝单链(黎鲍 F，1989)

(a)二节单链；(b)三节单链；(c)四节单链；(d)五节单链；(e)六节单链；(f)七节单链；(g)九节单链；(h)十二节单链；(i)二十四节单链

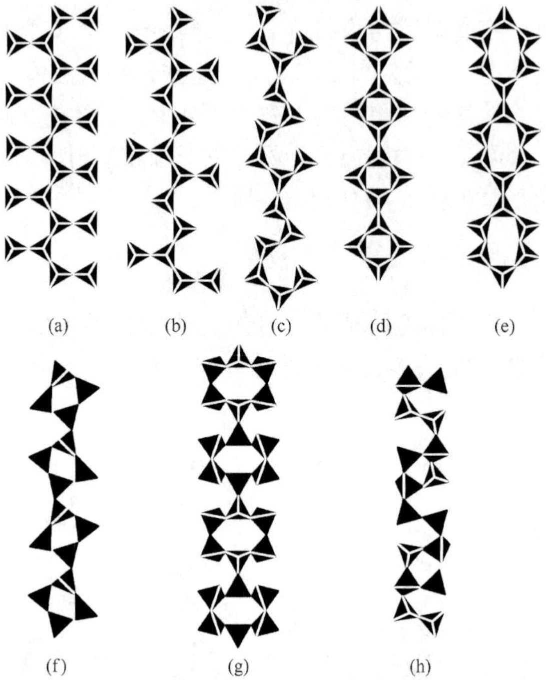

图 6-49　硅酸盐晶体中发现的有枝单链(黎鲍 F，1989)

(a)开枝二节单链；(b)开枝四节单链；(c)开枝五节单链；(d)环枝三节单链；(e)环枝四节单链；(f)环枝六节单链；(g)环枝八节单链；(h)环枝十节单链

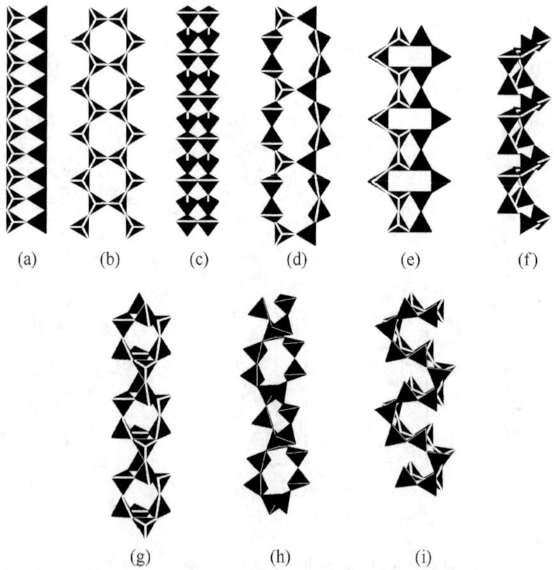

图 6-50　硅酸盐晶体中发现的无枝双链(黎鲍 F，1989)

(a)无枝一节双链；(b, c)无枝二节双链；(d, e, f)无枝三节双链；(g)无枝四节双链；(h)无枝五节双链；(i)无枝六节双链

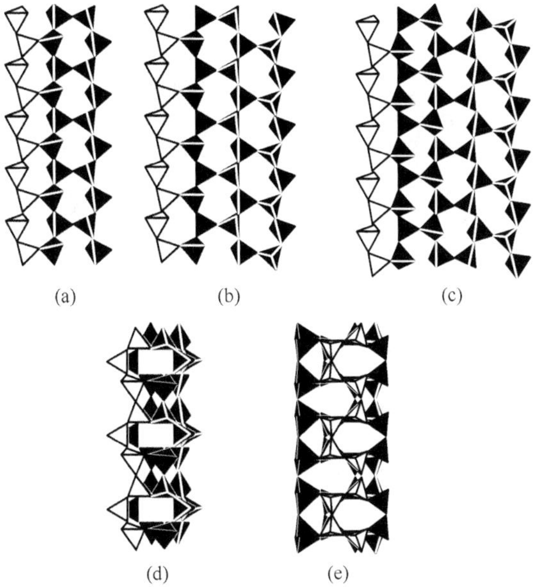

图 6-51　硅酸盐晶体中发现的无枝多重链(黎鲍 F，1989)

(a)无枝二节三重链；(b)无枝二节四重链；(c)无枝二节五重链；(d)无枝三节四重链；(e)无枝四节四重链

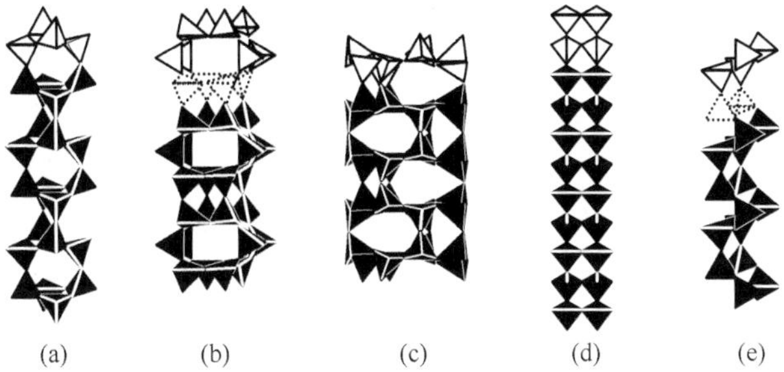

图 6-52　硅酸盐晶体中发现的各种管状链(黎鲍 F，1989)

(a)、(b)、(c)、(d)、(e)为不同形式的管状链

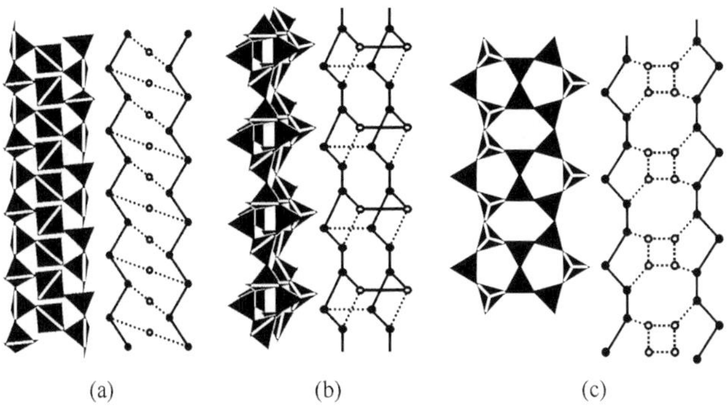

图 6-53　硅酸盐晶体中发现的有枝双链以及它们的拓扑表示(黎鲍 F，1989)

(a)开枝二节双链；(b, c)环枝三节双链；—●—●— 为基链线

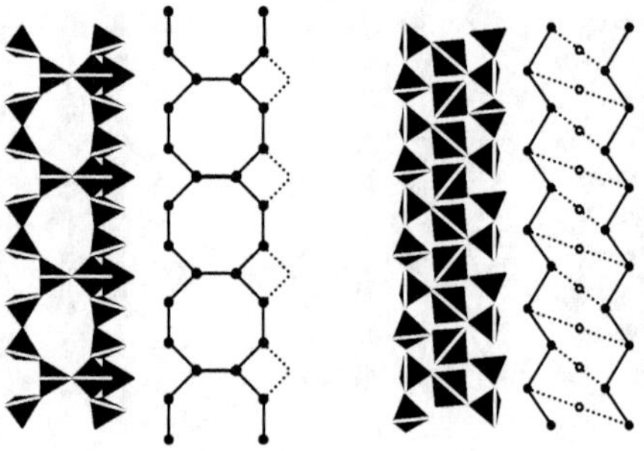

(a)　(b)

图 6-54　硅酸盐晶体中发现的杂化枝双链以及它们的拓扑表示(黎鲍 F，1989)

(a)杂化枝三节双链；(b)杂化枝二节双链；—•—•— 为基链线

其中无枝单链骨干的通式为$[P\mathrm{Si}_p\mathrm{O}_{3p}]^{p-2}$，$P=p$，有限数，$P$ 为四面体周节数，p 为硅氧四面体数。无枝多重链硅氧骨干的通式为$[P\mathrm{Si}_{2p}\mathrm{O}_{6p-l}]^{(4p-2l)-}$，$P=p$，有限数，$l$ 为一个重复单元中两个单链间的交连数。最常见者为单链和双链硅酸盐。

1. *辉石型结构*

辉石类矿物为一固溶体系列，其分类如图6-55所示。图底部的辉石类为Fe-Mg固溶体，具斜方对称性，一般称为斜方辉石。透辉石和钙铁辉石间的辉石也构成完全的Fe-Mg固溶体，但具单斜对称性，称为单斜辉石。成分图顶部为三斜对称的硅灰石。

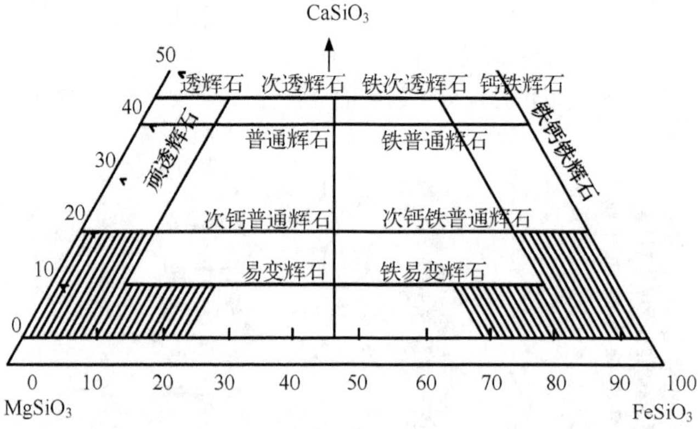

图 6-55　$MgSiO_3$-$FeSiO_3$-$CaSiO_3$ 体系中辉石四边形成分图(王濮等，1984)

辉石的基本结构组成是四面体单链和双八面体带。曾经认为四面体链是如图6-56(b)所示的形状(直链，称为E链)，实际上只有极少数辉石具有这种类型的链，而几乎所有的辉石都具有介于图 6-56(a)和(c)中间的扭折链。

辉石的四面体链平行 c 轴，相间链中的四面体分别指向上和指向下。四面体的自由角顶通过共用氧离子与平行 c 轴的八面体带连接。每个八面体带在其两侧都与一个四面体链连接，犹如一个工字梁，完整的辉石结构由工字梁的交错图案组成，如图 6-57 所示。相邻的工字梁通过四面体底面自由顶点与 M2 八面体的自由顶点相互连接。

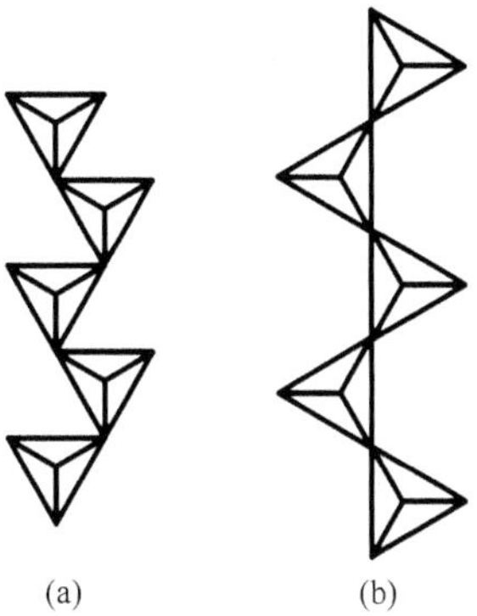

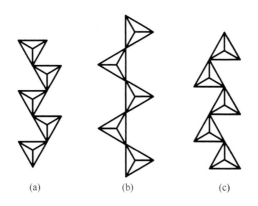

图 6-56　辉石类中四面体链的主要变化(佐尔泰 T 和斯托特 J H，1992)

(a, c)扭折链；(b)理想的对称堆积的链(E 链)

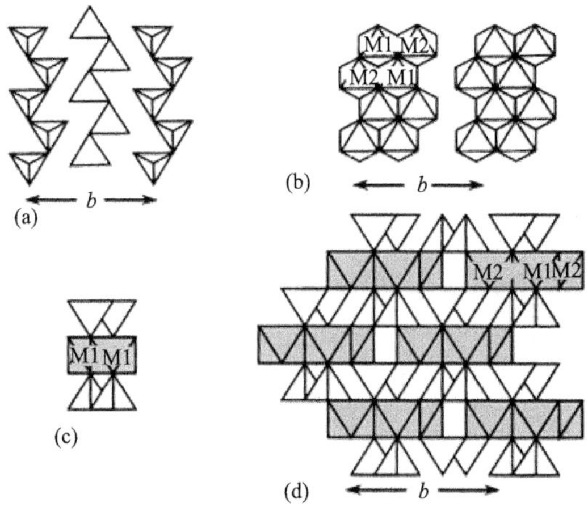

图 6-57　辉石结构的基本组成(佐尔泰 T 和斯托特 J H，1992)

(a)特征的四面体链；(b)八面体链(标出 M1 和 M2 八面体的符号)；(c)TMT 链；(d)链沿 c 轴的图像

实际辉石结构与理想的对称排列有很大偏离。层状硅酸盐中，四面体旋转的角度基本上是四面体和八面体位置阳离子相对大小的函数，辉石和角闪石中八面体和四面体链的连接与层状硅酸盐相似。但在链状硅酸盐中，非共用的底面四面体角顶和适当的八面体棱之间的距离必须匹配，这一条件可通过四面体的旋转得以满足。由于两个链边上的四面体和八面体之间共用的位置的移动，四面体的旋转必须伴随有M2(或角闪石中的M4)八面体位置的成对变形。对于不同的堆积顺序，八面体(M2或M4)的变形也不同。A+B八面体链的理想模型以及在C和A位置的四面体层的氧原子用图6-58表示。在这两种情况中，四面体的旋转是通过B层中一行列氧的移动来实现，在图6-58中用箭头表示。

在正向字母表示的排列顺序中，如A+BC[图6-58(a)和(b)]，M2八面体的大小随四面体旋转的增加而增大，移动的氧原子靠近第二个M2阳离子形成一个新键。在反向字母表示的排列顺序中，如A+BA[图6-58(c)和(d)]，M2八面体随四面体旋转的增加而变小，移动的氧和相邻的M2阳离子之间的距离也增加，因而不形成新的键。但在$\bar{\alpha}=30°$时，移动的氧与相邻的M2阳离子达到成键距离。即当$\bar{\alpha}=30°$时，A+BC和A+BA堆积的变形样式是相似的[图6-58(e)]。

如果八面体层两侧的氧原子层都以正向字母顺序排列，如CA+BC，M2阳离子由六次配位变为八次配位。如果一层氧原子为正向字母顺序，另一层为反向字母顺序，如CA+BA或BA+BC，M2位置的配位变为七次配位。如果两层氧原子都是反向字母顺序，如BA+BA，六次配位将保持不变直到$\bar{\alpha}=30°$。

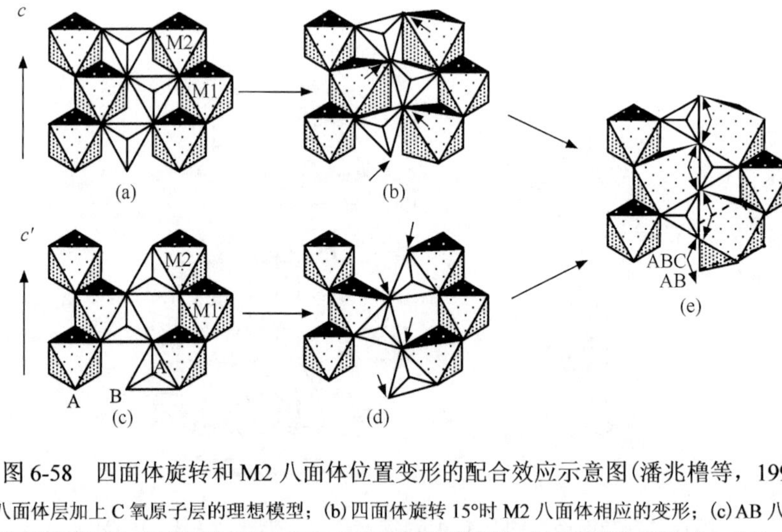

图6-58　四面体旋转和M2八面体位置变形的配合效应示意图(潘兆橹等，1994)

(a)AB八面体层加上C氧原子层的理想模型；(b)四面体旋转15°时M2八面体相应的变形；(c)AB八面体层加上A氧原子层的理想模型；(d)四面体旋转15°时M2八面体相应的变形；(e)四面体完全旋转(α=0°)时，两种模型相同，都包含E链

所以，辉石(和角闪石)结构中不同的堆积顺序不只是简单的多型，而是代表了适合于不同阳离子结合时的不同结构模型。例如，大阳离子辉石如Ca和Na(半

径约为 0.10 nm)的氧原子层为正向字母顺序，如图 6-59 所示的透辉石($CaMgSi_2O_6$)和硬玉($NaAlSi_2O_6$)。小阳离子辉石如 Li 和 Al(半径分别为 0.074 nm 和 0.053 nm)中氧原子层为反向字母顺序，如锂辉石($LiAlSi_2O_6$)。

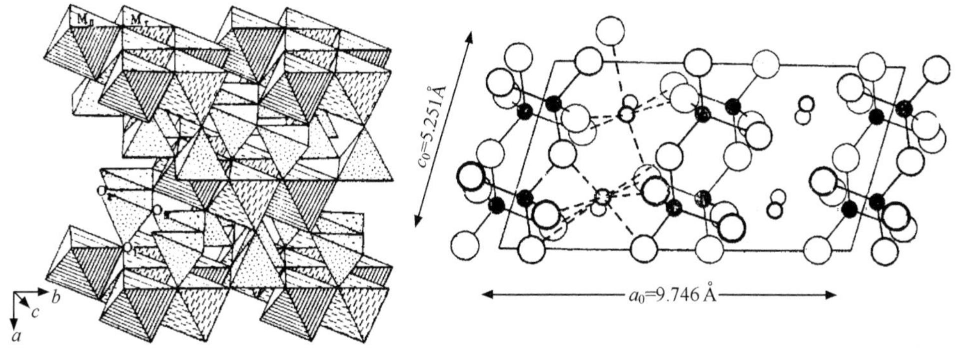

图 6-59 透辉石 $CaMgSi_2O_6$ 的晶体结构(王濮等，1984)

2. 角闪石型结构

角闪石类的一般成分分类见图 6-60。沿着图底部的角闪石具有斜方对称，称为斜方角闪石。透闪石和阳起石之间的角闪石称为钙质角闪石，成分和结构都与钙质单斜辉石相似。

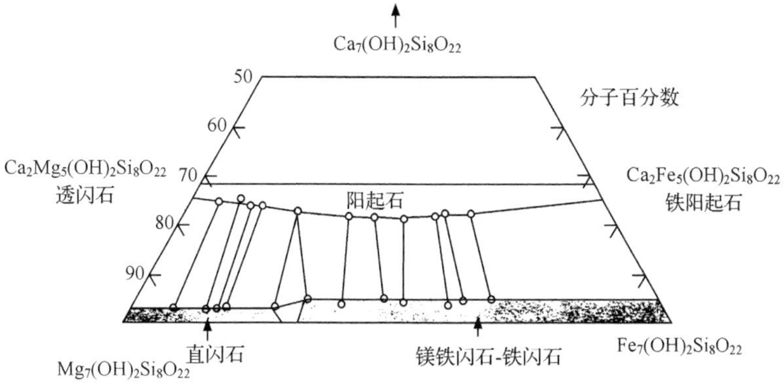

图 6-60 角闪石四边形成分图(佐尔泰 T 和斯托特 J H，1992)

角闪石与辉石结构上的不同是四面体和八面体链的宽度。角闪石中四面体是双链，八面体的宽度为三个和四个八面体相间排列，如图 6-61(a)和(b)所示。其结构具有四个结晶学上不同的八面体位置，分别用 M1、M2、M3、M4 表示，如

图 6-61(b)和(c)所示。M4 位置与辉石的 M2 位置极为相似，可容纳 Ca^{2+}。角闪石各有两个 M1、M2、M4 位置，但只有一个 M3 位置，在标准的分子式中共有七个八面体阳离子。当 M4 位置全部为 Ca 所占据时，分子式为 $Ca(Mg,Fe)_5(OH)_2Si_8O_{22}$，与钙质辉石中 M2 位置全部为 Ca 时的分子式 $CaMgSi_2O_6$ 相似。

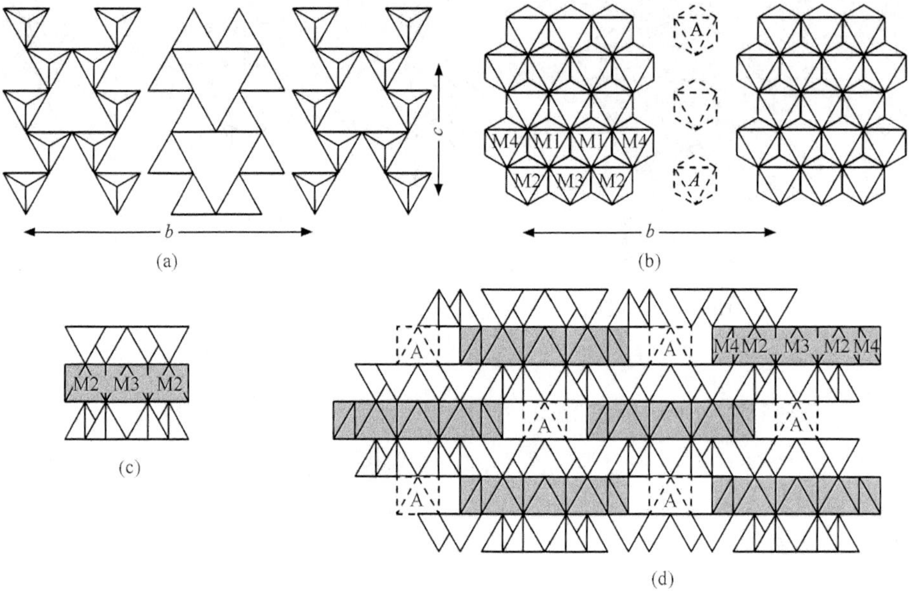

图 6-61 角闪石结构的基本组成(佐尔泰 T 和斯托特 J H，1992)

(a)四面体双链；(b)三个和四个八面体宽的链，标记为 M1、M2、M3、M4 和 A；(c)TMT 工字梁；(d)角闪石结构沿 *c* 轴的图像

与辉石不同的是，角闪石具有不与四面体共用的八面体角顶，在这些角顶的阴离子通常是$(OH)^-$、Cl^-或 F^-。由于双四面体较宽，在正常的八面体链之间出现一排附加的八面体位置，用 A 表示，如图 6-61(d)。K^+、Na^+占据 A 位置以平衡电价，因此该位置一般不是全部充满，如普通角闪石。

其他方面如四面体和八面体变形的作用、堆积顺序和可能多型等，角闪石与辉石极为相似。由于角闪石中四面体和八面体链较宽，其{110}解理交角较小，为 56°和 124°(辉石中为 90°)。

图 6-62 是普通角闪石的晶体结构示意图。

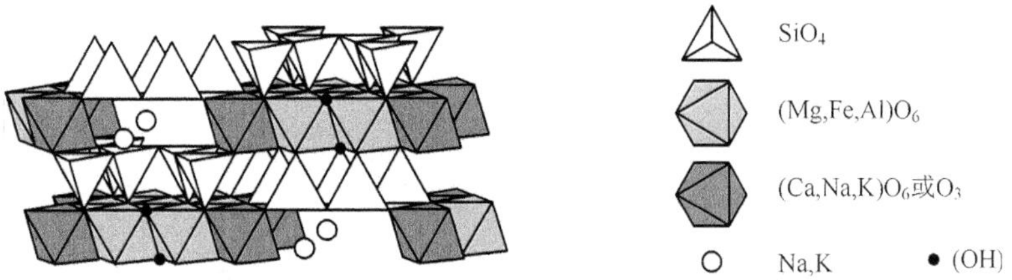

图 6-62　钙质角闪石$(Ca,Na,K)_{2\sim3}(Mg,Fe,Al)_5(OH)_2Si_8O_{22}$的晶体结构(佐尔泰 T 和斯托特 J H，1992)

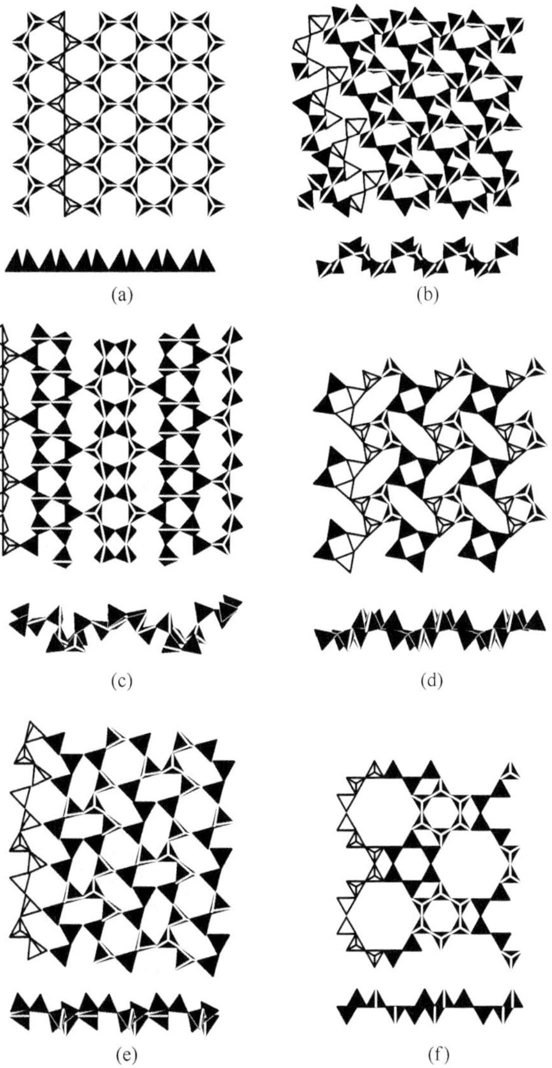

图 6-63　硅酸盐晶体中发现的只含三连四面体的各种无枝单层(黎鲍 F，1989)

(a) 无枝二节单层；(b, c) 无枝三节单层；(d, e) 无枝四节单层；(f) 无枝六节单层

6.4.4　层状结构

层状结构可以由基链结构连续交连而成，分为有枝和无枝的单层和双层结构以及杂化枝双层结构，如图 6-63～图 6-67。

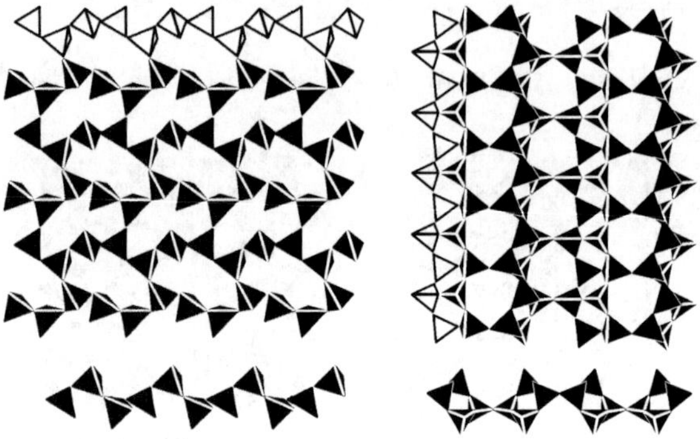

(a)　(b)

图 6-64　硅酸盐晶体中发现的含非三连四面体的无枝单层(黎鲍 F，1989)

(a)无枝三节单层；(b)无枝二节单层

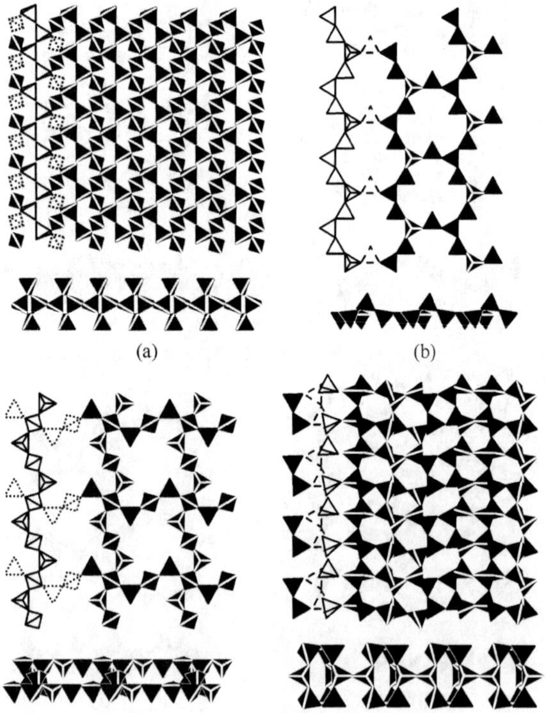

(a)　(b)　(c)　(d)

图 6-65　硅酸盐晶体中发现的有枝单层(黎鲍 F，1989)

(a)开枝二节单层；(b, c)开枝四节单层；(d)环枝四节单层

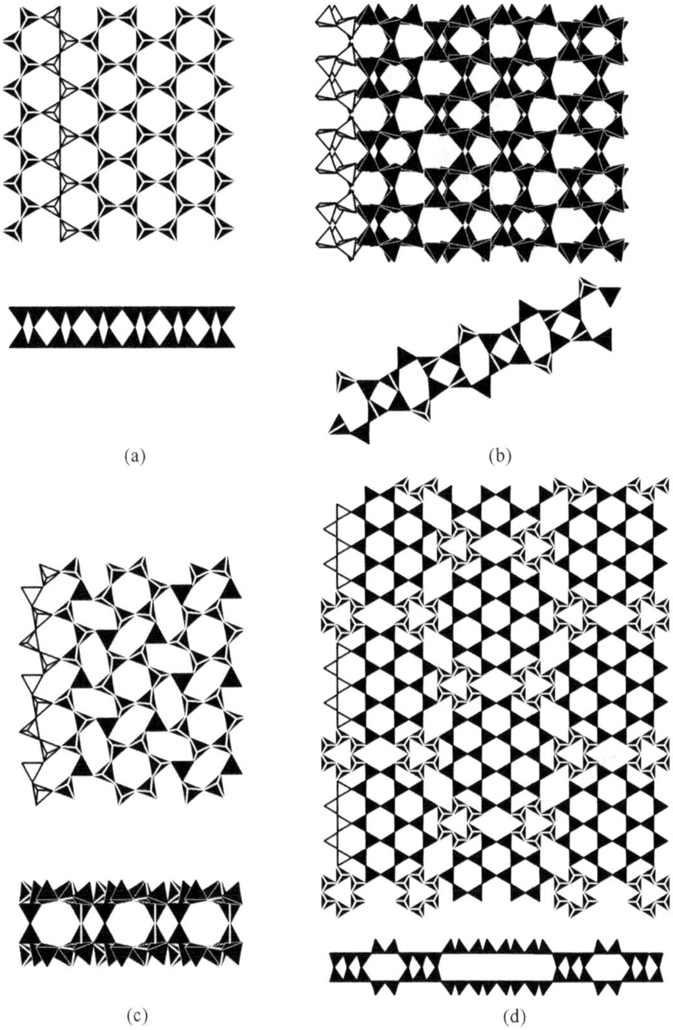

图 6-66 硅酸盐晶体中发现的无枝双层(黎鲍 F，1989)

(a)无枝二节双层；(b, c)无枝四节双层；(d)无枝九节双层

若把单层看成多重数为∞的多重链，则无枝单层硅氧骨干的通式为 $\left[PSi_{np}O_{3np-\sum_{l}^{n}l_i}\right]^{-2(np-\sum_{l}^{n}l_i)}$，$n\leqslant\sum_{l}^{n}l_i\leqslant np$ 和 $3np-\sum_{l}^{n}l_i$ 是最可能小整数。

常见的层状硅酸盐的基本结构由四面体层与平行的八面体配位阳离子层相间组成。交替的类型有两种：一种是一层四面体 T 与一层八面体 M 由共用氧所连接，用 TM 表示；另一种是一层八面体夹在两层四面体之间组成，用 TMT 表示。

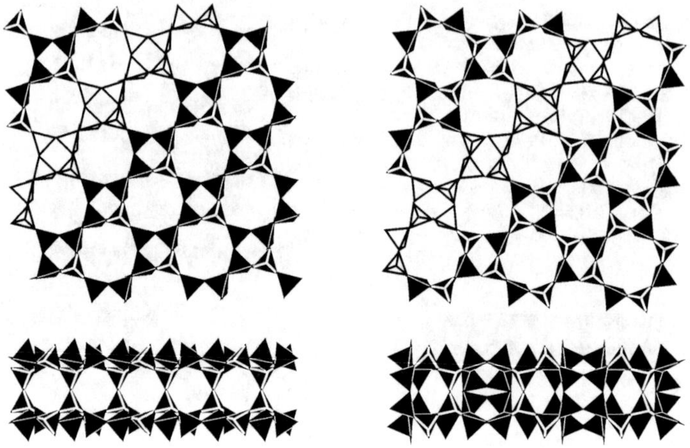

(a)　　(b)

图 6-67　硅酸盐晶体中发现的有枝双层(黎鲍 F，1989)

(a)环枝三节双层；(b)环枝六节双层

根据八面体层中阳离子的电价，可进一步对 TM 和 TMT 的结构进行划分。如果阳离子是二价的，如 Mg^{2+}、Fe^{2+}，所有八面体位置被全部占满，以保持与四面体骨架、羟基离子和其他阳离子的电价平衡，称为三八面体层。如果八面体层的阳离子为三价，如 Al^{3+}，三个八面体中只有两个被占据，称为二八面体层。三八面体层也称水镁石层，二八面体层也称三水铝石层。

四面体层并非具有理想的六方对称，而是因四面体旋转了 30° 而呈接近三方对称，如图 6-68 所示。四面体底面的角顶是氧原子，顶面 2/3 是氧，1/3 是 OH^-，它们既是四面体层的一部分，也是八面体的角顶。

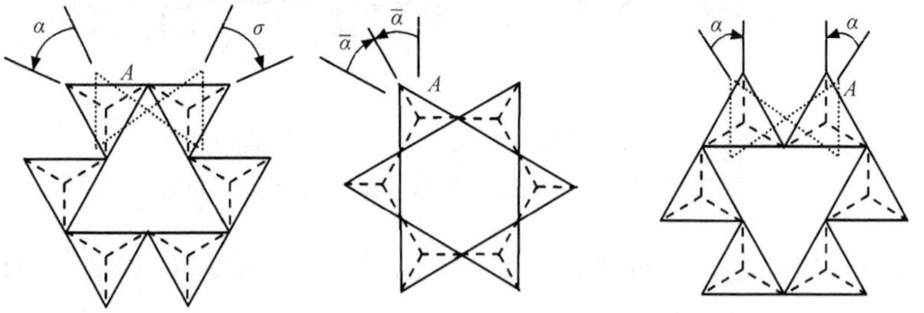

(a)　　(b)　　(c)

图 6-68　(a)正旋转 α 后环的复三方排列；(b)四面体层(E 层)中理想的六方环；(c)负旋转 α 后环的复三方排列(佐尔泰 T 和斯托特 J H，1992)

四面体层的单位平移(即平移等效的角顶氧的间距)为 a=0.456 nm，b=0.795 nm，这些角顶氧必须与上覆 M 层中的八面体共用。二八面体 M 层中，平移等效的氧的间距为 a=0.468 nm，b=0.810 nm，因此二八面体层与四面体层之间会产生不匹配。三八面体层中的对应间距为 a=0.514 nm，b=0.891 nm，与四面体层的单位平移差距更大，也会产生不匹配。这种不匹配通过 T 层中四面体的旋转和倾斜来补偿，如图 6-69 所示。旋转角由下式给出：

$$\alpha = 30 - \bar{\alpha} = \cos^{-1}\left(\sqrt{\frac{3}{4}}\frac{\text{八面体边长}}{\text{四面体边长}}\right)$$

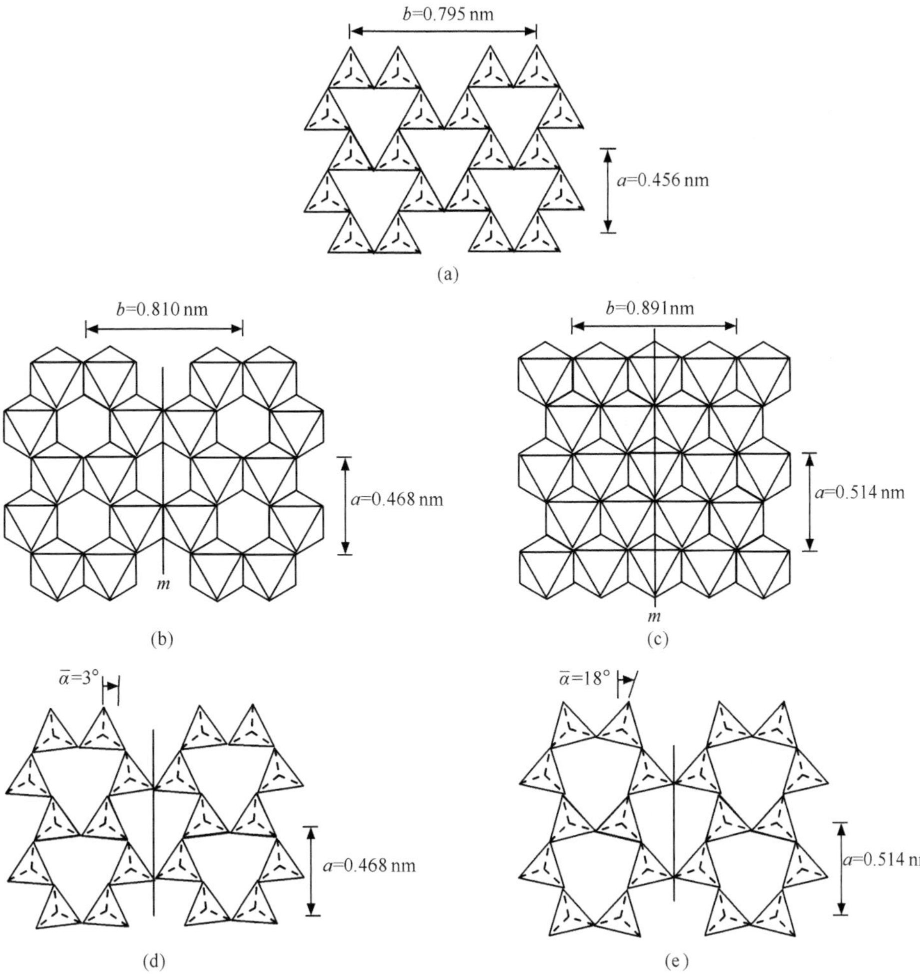

图 6-69 TM 层中四面体层与八面体层通过旋转共角顶相连示意图(佐尔泰 T 和斯托特 J H，1992)

(a) 理想的四面体层，具有正交的 a、b 单位平移；(b) 理想的二八面体层(Al 层)；(c) 理想的三八面体层(Mg 层)；(d) 3°旋转使四面体层与二八面体层匹配；(e) 18°旋转使与四面体层与三八面体层匹配有些层状硅酸盐结构发生卷曲，形成卷状结构，晶体具有纤维状的外形，如纤蛇纹石、埃洛石。

层状结构的特点是结构单元层在垂直 c 轴方向堆垛而成，因此层状结构晶体广泛存在多型现象。

主要的层状硅酸盐晶体结构如下：

(1)高岭石、蛇纹石及有关的矿物，结构单元层为 TM，单元层间由弱的氢键连接，如图 6-70 所示。

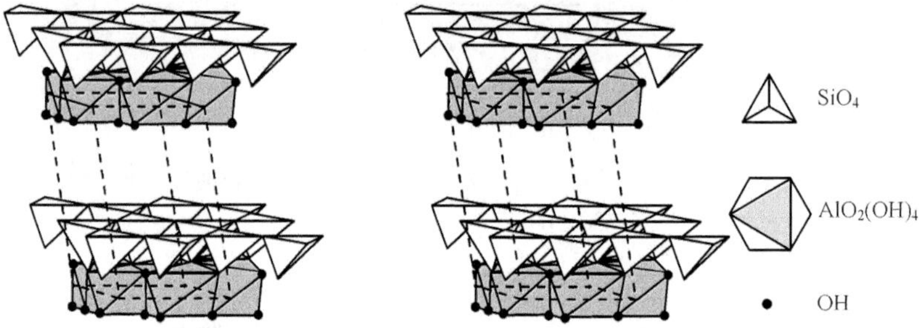

图 6-70　1M 高岭石 $Al_4(OH)_8Si_4O_{10}$ 的晶体结构(佐尔泰 T 和斯托特 J H，1992)

(2)叶蜡石和滑石，结构单元层为 TMT，呈电中性，结构单元层间由范德华力连接，如图 6-71 所示。

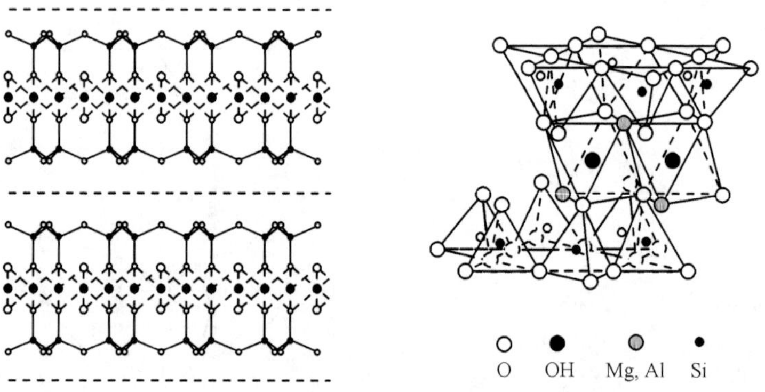

图 6-71　$2M_2$ 叶蜡石 $Al_2(OH)_2Si_4O_{10}$ 的晶体结构(佐尔泰 T 和斯托特 J H，1992)

(3)云母类，结构单元层为 TMT+C，1/4 的四面体由 Al^{3+} 占据，多余的负电荷由 TMT 层间的一价阳离子(如 K^+ 或 Na^+)占据。结构如图 6-72 所示。

(4)绿泥石、蛭石，结构单元层为 TMT+M，TMT 单元由另一个 M 层连接。蛭石中只是部分地形成 M 层，并与水分子相混合。结构如图 6-73 所示。

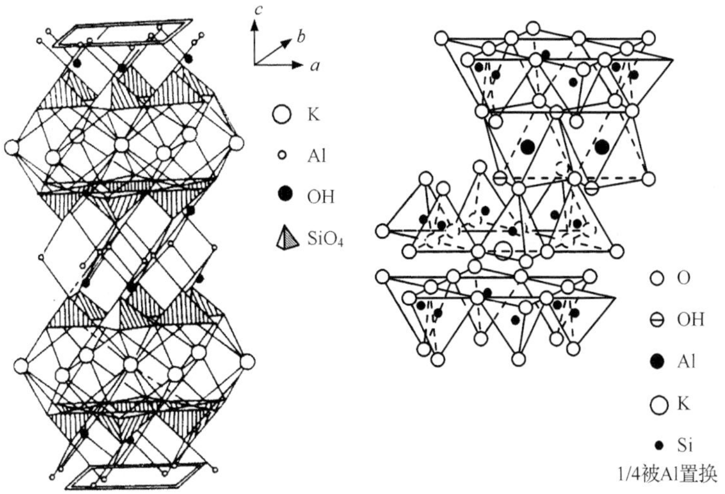

图 6-72 2M$_2$ 白云母 KAl$_2$(OH)$_2$Si$_3$AlO$_{10}$ 的晶体结构(佐尔泰 T 和斯托特 J H，1992)

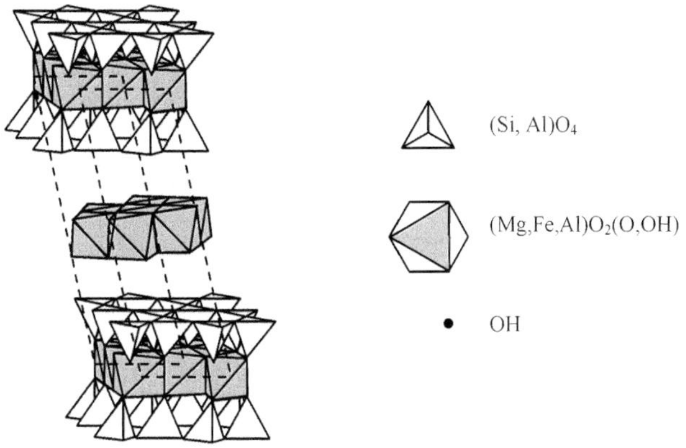

图 6-73 1M 绿泥石(Mg,Fe,Al)$_6$(OH)$_8$(Si,Al)$_4$O$_{10}$ 的晶体结构(佐尔泰 T 和斯托特 J H，1992)

(5) 坡缕石和海泡石，结构与云母相似，但是 TMT 单元的两种四面体层指向上、下交替，形成一定宽度的四面体带，如图 6-74 所示。坡缕石和海泡石结构不同之处在于指向上、下交替的四面体带宽度。坡缕石和海泡石是仅有的具纤维状结晶特性的层状结构硅酸盐。

(6) 蒙脱石类(蒙脱石、贝得石、皂石等)，结构单元层为 TMT+H_2O+C，TMT 单元中四面体、八面体离子存在异价类质同象替代，因而在 TMT 单元之间存在连接松散的阳离子 C 和分子水 H_2O。结构如图 6-75 所示。

白云母和金云母具有高的绝缘性和耐热性，强的抗酸性和良好的机械强度，并能解理成有弹性的透明薄片，所以是电气、无线电和航空等工业的重要材料。

高岭石、滑石、蒙脱石等可作为陶瓷工业的原料及化学工业的原材料。坡缕石和海泡石具有一维孔道，有很好的吸附性能。

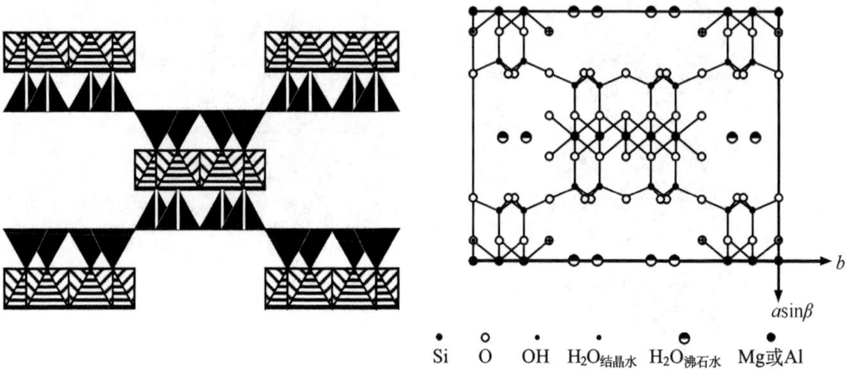

图 6-74　坡缕石 $Mg_5(OH)_2Si_8O_{20}\cdot 4H_2O$ 的晶体结构(佐尔泰 T 和斯托特 J H，1992)

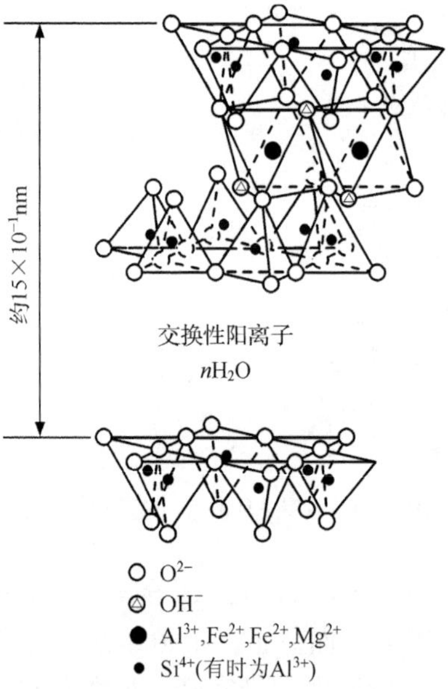

图 6-75　$(Ca,Na)(Si_{4-x}Al_x)(Al,Fe,Mg)_3O_{10}(OH)_2$ 蒙脱石的晶体结构(赵杏媛和张有瑜，1990)

6.4.5　架状结构

双层可看成是由单层通过其中部分或全部四面体与相邻层的四面体连接而成，架状结构则可看成是更多单层通过由双层中指向外的端氧原子加到母层上而形成。与双层硅酸盐一样，一般情况下架状硅酸盐所有四面体参与相邻层的键连

(但不绝对)，即几乎全部硅氧构架只含四连四面体，分子式为［T_nO_{2n}］。图 6-76 是几种架状结构示意图。与其他类型结构一样，架状结构也分为具不同周节数的有枝、无枝，有枝又分为开枝和环枝、杂化枝等。

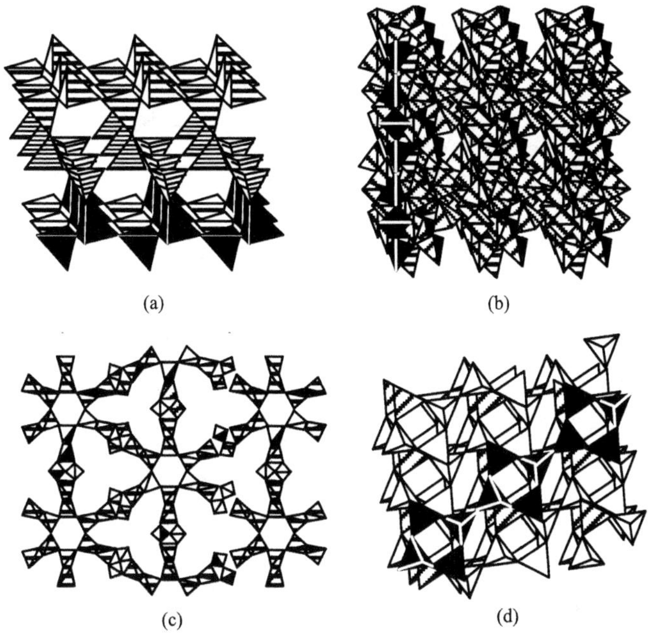

图 6-76 架状硅酸盐结构的几种构架(黎鲍 F，1989)

(a)无枝二节架；(b)无枝三节架；(c)开枝二节架；(d)环枝三节架

1. 氧化硅晶体

见 6.3.1 节 SiO_2 部分。

2. 长石族矿物

长石的化学通式为 MT_4O_8，M=K、Na、Ca、…，T=Si、Al。 长石的主要种属有：钾长石($KAlSi_3O_8$)(Or)、钠长石($NaAlSi_3O_8$)(Ab)、钙长石($CaAl_2Si_2O_8$)(An)以及它们的固溶体。在高温条件下，K-Na 长石间可以形成固溶体，Na-Ca 长石间几乎不形成固溶体。另外，还有一种钡长石组分($BaAl_2Si_2O_8$)(Cn)，Cn 含量超过 2%时，称为某长石的含 Ba 亚种，如钡冰长石。Cn 含量超过 90%时，称为钡长石。

长石结构是[TO_4]四面体共用角顶，连接成架状结构，大阳离子填充其中的空隙而成。长石最重要的结构单元是由[TO_4]四面体连接成的四元环，四元环有两种类型：近于垂直 *a* 轴的($\bar{2}01$)四元环和垂直 *b* 轴的(010)四元环。长石结构在(010)

面上沿 a 轴由(010)四元环与($\bar{2}01$)四元环共角顶连接成折线状链，链间共角顶连接；沿 c 轴由(010)四元环共角顶连接成链，如图 6-77 所示。

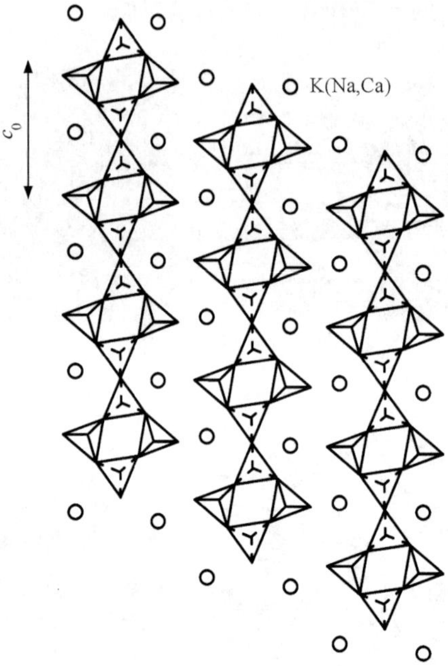

图 6-77　长石结构沿 c 轴的链在(010)面上的投影(Smith J V, 1974)

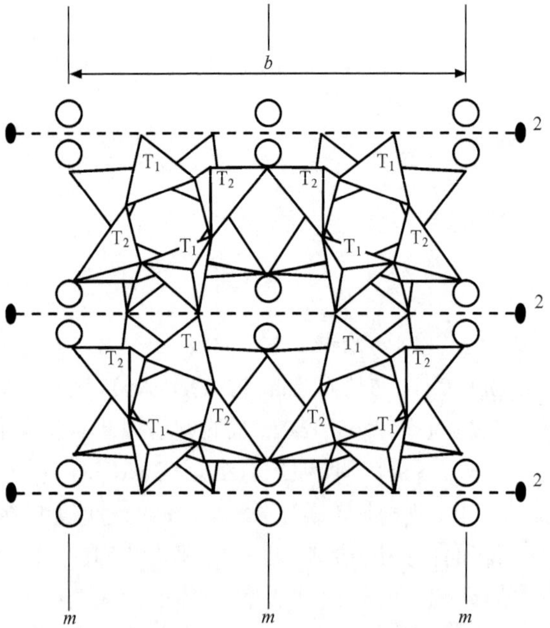

图 6-78　长石结构在($\bar{2}01$)面上的投影(潘兆橹等，1994)

长石结构在近于垂直($\bar{2}01$)面上，可以见到($\bar{2}01$)四元环，而且四个($\bar{2}01$)四元环共角顶连接成八元环，如图6-78所示。四元环之间以共用角顶的形式连接成沿 *a* 轴延伸的四元环曲轴状链，在 *ab* 面上，四个$[TO_4]$四面体围合成“十六元环”，它大致平行(001)面，构成“十六元环”层，层间通过四面体角顶相连，构成架状结构，大阳离子占据“十六元环”中间的空隙，如图6-79所示。

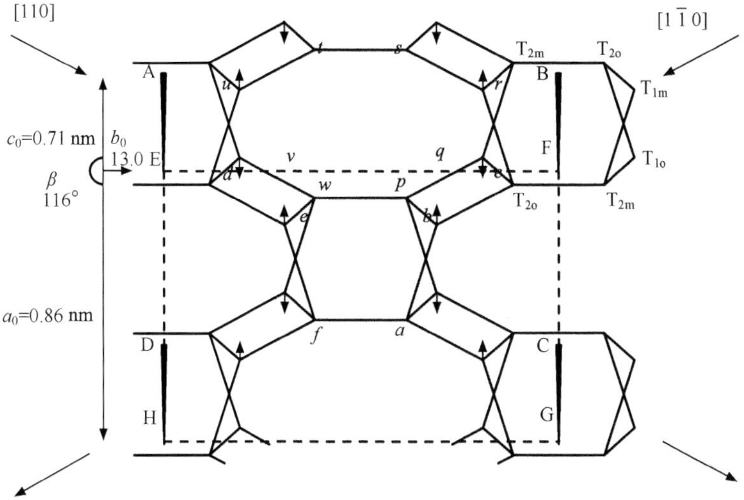

图6-79　长石结构沿 c^*轴在(001)面上的投影(Smith J V，1974)

c 轴倾斜向上，由底到顶用楔形线表示，ABCD、EFGH表示单位晶胞上、下各角顶；右上角表示各不等效的四面体位置

3. 沸石类

沸石是含水的铝硅酸盐晶体，它们的结构特征是$[(Al,Si)O_2]_n$骨架的开放性，与其他架状硅酸盐的差别是架间空穴的维数和它们间的连接通道。长石结构的空穴很小，阳离子不能随意替换。似长石(也称副长石，化学组成与长石相似，但Si/Al 小于 3)的结构空穴较大而且空穴间存在连接，一些空穴被阳离子占据，另一些大空穴可被水分子填充。而沸石结构中有许多孔径均匀的孔道和表面很大的孔穴，其中含有水分子，若将它加热，把孔道和孔穴内的水赶出，就能起到吸附剂的作用，直径比孔道小的分子能进入孔穴，直径比孔道大的分子不能进入，于是就起到筛选分子的作用，故也称这类硅酸盐为分子筛。

沸石的组成通常可用下式表示：

$$M^{n+}_{p/n}[Al_pSi_qO_{2(p+q)}]\cdot mH_2O$$

M^{n+}为金属离子，一般为Na^+、K^+或Ca^{2+}、Mg^{2+}、Ni^{2+}、Ag^+、La^{3+}等；*n* 为正离子

的电荷数；m 为水的摩尔数，它的数值有很大的变动范围。已发现的天然沸石有 40 多种，合成的人工沸石则超过 100 种。

沸石分子筛中硅氧骨架的连接方式可通过孔穴和孔道来描述，孔穴是指由多个硅氧四面体连接成的三维多面体，这些多面体呈中空的笼状结构，又称为笼。孔穴与外部或其他孔穴相通的部分，称为孔窗，相邻孔穴之间通过孔窗相互连通，由孔穴或孔窗形成无数条的通路称为孔道。

图 6-80 为菱沸石($Ca_2[Al_4Si_8O_{24}]\cdot 13H_2O$)晶体中孔穴的连接情况。

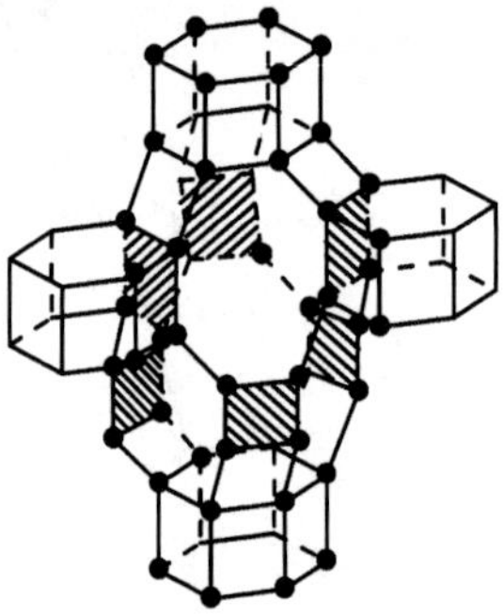

图 6-80　菱沸石中孔穴连接情况(张克从，1987)

沸石具有三维空旷骨架结构，骨架是由硅氧四面体$[SiO_4]^{4-}$和铝氧四面体$[AlO_4]^{5-}$通过共用氧原子连接而成，它们被统称为$[TO_4]$四面体(基本结构单元)。所有$[TO_4]$四面体通过共享氧原子连接成多元环和笼，被称之为次级结构单元(SBU)。这些次级结构单元组成沸石的三维骨架结构，骨架中由环组成的孔道是沸石的最主要结构特征。在骨架中硅氧四面体是电中性的，而铝氧四面体则带有负电荷，骨架的负电荷由阳离子来平衡。骨架中空部分(就是分子筛的孔道和笼)可由阳离子、水或其他客体分子占据，这些阳离子和客体分子是可以移动的，阳离子可以被其他阳离子所交换。分子筛骨架的硅原子与铝原子的摩尔比例常常被简称为硅铝比(Si/Al，有时也用 SiO_2/Al_2O_3 表示)，与沸石性能密切相关。

一个骨架结构能够看成是由一个或多个次级结构单元连接而成。图 6-81 给出了常见的次级结构单元。沸石中的笼可以看成是更大的建筑块。通过这些次级结构单元不同的连接可以产生许多甚至无限的结构类型。不同结构的沸石和分子筛具有不同的孔径和孔道形状，如图 6-82 所示，图中给出了由方钠石笼组成的沸石结构。正如图中给出的变化过程，从 β 笼(方钠石笼)出发，可以产生方钠石(SOD)(一个 β 笼直接连接到另外一个 β 笼)、A 型沸石(LTA)(两个 β 笼通过双四元环相连)、八面沸石(FAU)(两个 β 笼通过双六元环相连)和六方结构的八面沸石(EMT)(另一种两个 β 笼通过双六元环的连接方式)。

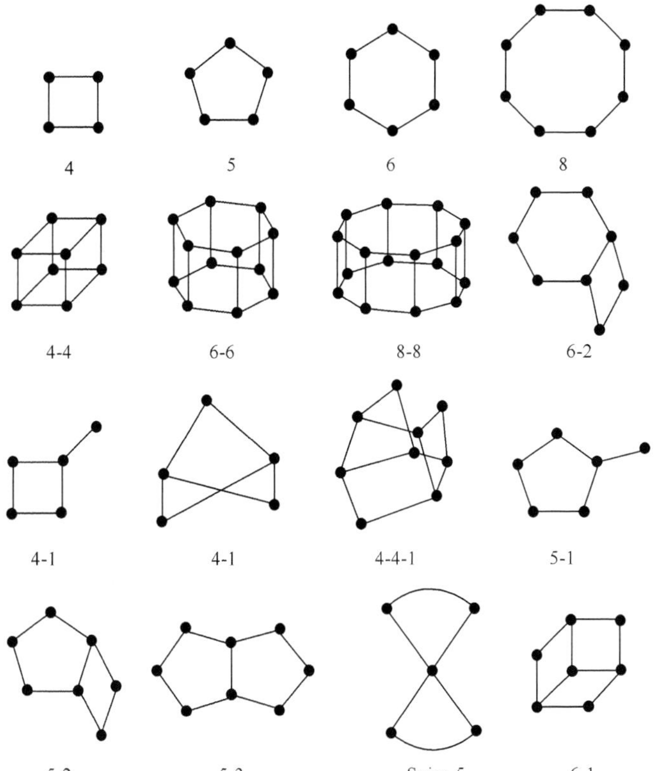

图 6-81 沸石类化合物结构中的常见次级结构单元（徐如人和庞文琴，2004）

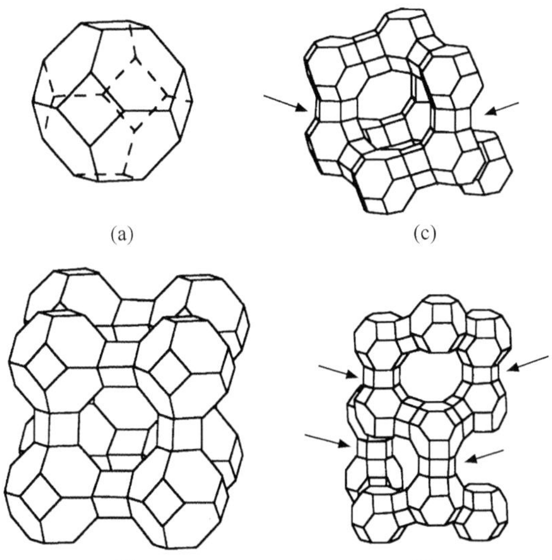

图 6-82 由方钠石笼组成的沸石结构(徐如人和庞文琴，2004)

(a)方钠石笼；(b)方钠石；(c)A 型沸石(LTA)；(d)六方结构的八面沸石(EMT)

第 7 章　晶体化学基本定律

晶体是由化学元素以一定的结构形式结合而成，晶体的化学组成和内部结构决定了其各种内外属性的基本特征。晶体化学定律是对晶体化学组成、晶体结构与性能之间关系的归纳和总结。

7.1　晶体化学第一定律——哥尔德施密特定律

1927 年，哥尔德施密特(V. M. Goldschmidt)指出，晶体结构取决于结构单位的种类和数量、相对大小和比率、极化性质等。所谓结构单位是指原子、离子、原子团或分子。结构单位种类及它们的比例决定了结构的复杂程度。一般来说，

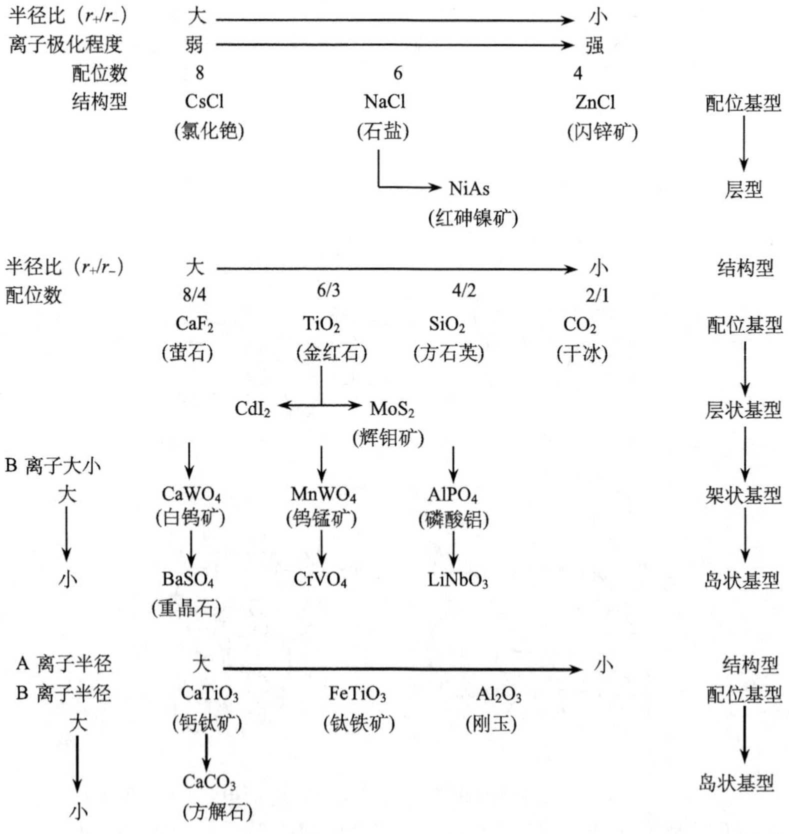

成分简单者，结构也简单。结构单位的相对大小决定了配位数，而极化性质影响到结构单位之间的作用力和配位数，并引起复杂结构的产生。这一总结，被称为晶体化学第一定律，也称为结晶化学第一定律或哥尔德施密特定律。需要注意的是：

(1) 该定律只是基于许多事实的总结，定律本身是定性的，对了解简单晶体结构有很大益处，它是晶体化学发展初期人们初步认识晶体结构的经典定律之一；

(2) 该定律只适用于离子晶体；

(3) 该定律并未考虑到环境等外因对晶体结构的影响。

这一定律在一些类型的晶体结构演变中表现得较明显。

7.2　格罗兹定律

格罗兹(Groth)定律：结晶物质的化学组成越简单，其晶体的对称性也越高；反之，结晶物质的化学组成越复杂，其晶体的对称性越低。但也有例外，如天然单质硫结晶成斜方和单斜晶体，而成分复杂的石榴石型晶体却属于立方晶系。

7.3　伦伯格斯规则

伦伯格斯(Rambergs)规则如下：

(1) 第一规则。稳定的化合物的组成总是呈现出两个最小离子的配对和两个最大离子的配对，例如：

$$LiCl + NaF \longrightarrow LiF + NaCl$$

$$\underset{0.078}{Li^{+}}\ \underset{0.181}{Cl^{-}}\quad \underset{0.098}{Na^{+}}\ \underset{0.133}{F^{-}}\ (nm)$$

(2) 第二规则。较稳定的化合物含有等电荷离子配对。当正、负离子半径相近时更要考虑这一电荷效应，例如：

$$Mg^{2+}F_2^{-} + Li_2^{+}O^{2-} \longrightarrow Mg^{2+}O^{2-} + 2Li^{+}F^{-}$$

(3) 第三规则。对于大小不同而所带电荷相同的正离子和大小相同所带电荷不同的负离子，小的正离子同高电荷的负离子相结合，大的正离子同低电荷的负离子相结合，例如：

$$2LiCl + K_2S \longrightarrow Li_2S + 2KCl$$

$$0.181\qquad 0.133\quad 0.174\ (nm)$$

(4) 第四规则。对于大小相同、电荷不同的正离子和大小不同而电荷相同的负离子，较小负离子和高电荷正离子配对，例如：

$$Li_2O+MgS \longrightarrow MgO+Li_2S$$

$$\downarrow$$

$$0.078\ (nm)$$

以上规则对简单二元化合物离子晶体符合较好，对于高温溶液状态下生长晶体及其对化学反应的预测等均有指导意义。

7.4　迪特泽尔关系

迪特泽尔(Dietzel)关系：设场强度等于 Z/D^2，Z 为正离子价数，D 为正、负离子间的距离。

二元体系中，物质类别与两种正离子场强度差值 $\Delta(Z/D^2)$ 的关系如下：

$\Delta(Z/D^2)$ 小于 10%时，出现无限互溶固溶体；

$\Delta(Z/D^2)$ 值增加时，得到简单低共熔混合物；

$\Delta(Z/D^2)$ 再进一步增加时，形成非同成分熔化化合物。

对于二元氧化物体系，当 $0.5 \leqslant \Delta(Z/D^2) \leqslant 1.0$ 时，液体不混溶性普遍存在。

这一关系对三元体系也部分适用。

7.5　鲍 林 规 则

1928 年，鲍林(Linus Carl Pauling)根据当时已测定的晶体结构数据和晶格能公式所反映的关系，提出了判断离子化合物结构稳定性的规则——鲍林规则。氧化物晶体及硅酸盐晶体大多含有一定成分的离子键，因此在一定程度上可以根据鲍林规则来判断晶体结构的稳定性。

第一规则　配位多面体规则

在离子晶体结构中，每个正离子被包围在负离子所形成的多面体之间，而每个负离子占据该多面体的一个角顶；其中正离子与负离子之间的距离由它们的半径之和决定。该正离子的配位数则取决于正、负离子半径的比值，而与离子的电价无关。换句话说，半径比值 r_+/r_- 决定了多面体形状，半径之和 (r_++r_-) 决定了多面体的大小。该规则讨论了配位多面体的性质、大小和形状，把多面体当作基本单位，晶体结构由这些多面体搭建而成。

第二规则　静电价规则

鲍林第二规则指出：在一个稳定的配位结构中，每一阴离子的电价等于或近似等于其邻近的阳离子与该阴离子的离子键强度的总和。该规则讨论了在配位多面体搭建的晶体结构中，多少个多面体共享一个角顶的问题。配位多面体中阳离

子与阴离子之间键的强度 S 等于阳离子电价 Z 被配位数 CN 除得的商，即

$$S = \frac{Z}{\mathrm{CN}}$$

例如：

$(SiO_4)^{4-}$四面体中，Z=+4，CN=4，故 S=4/4=1；

$(CsCl_8)^{7-}$六面体中，Z=+1，CN=8，故 S=1/8；

$(NaCl_6)^{7-}$八面体中，Z=+1，CN=6，故 S=1/6。

晶体结构中离子键强度的总和为

$$\xi = \sum_i S_i = \sum_i \frac{Z}{\mathrm{CN}}$$

式中，ξ 为阴离子的电价；i 为该阴离子形成的离子键的数目。

静电价规则要求配位多面体自身应电价平衡。根据此规律可预测一些晶体结构。例如，钙钛矿中，Ca^{2+}和 Ti^{4+}的配位数分别为 12 和 6，Ca^{2+}-O 和 Ti^{4+}-O 的静电键强$\left(\frac{Z}{\mathrm{CN}}\right)$分别为$\frac{2}{12}=\frac{1}{6}$和$\frac{4}{6}=\frac{2}{3}$。要满足电价规则，最佳的安排是氧的周围有 4 个 Ca^{2+}和 2 个 Ti^{4+}，即$4\times\frac{1}{6}+2\times\frac{2}{3}=2$，也就是说每个氧连接着四个$[CaO_{12}]$立方八面体和两个$[TiO_6]$八面体。

静电价规则适用于全部的离子化合物，由上式算得的 ξ 与阴离子电价一般都能吻合，稳定性较差的晶体结构可能有出入，但偏差一般都小于 15%。

第三规则　多面体共用顶点、边和面的规则

两个多面体的连接方式可以有三种(图 7-1)：

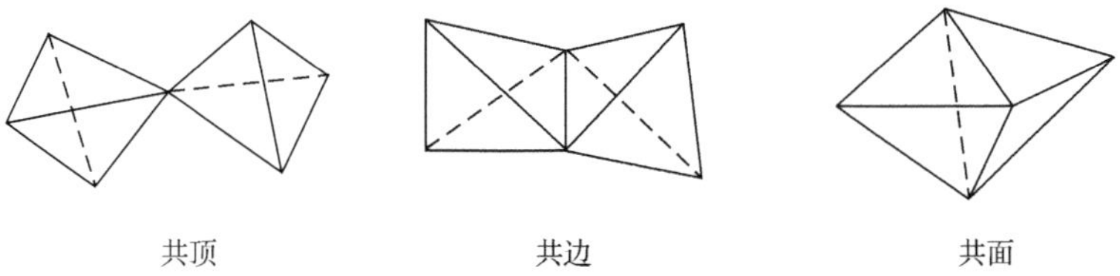

图 7-1　配位多面体的连接方式(朱一民和韩跃新，2007)

(1)共用一个角顶，即共顶；

(2)共用两个角顶，即共用一个边，也称共边；

(3)共用三个角顶，即共用一个面，也称共面。

如图 7-1、表 7-1 所示，当两个多面体的连接方式从共顶变为共边，或者从共边变为共面时，多面体中心阳离子之间的距离更为接近，阳离子之间的排斥力相应增加，从而降低晶体结构的稳定性。

表 7-1 不同连接方式配位多面体阳离子之间的距离(核间距相对值)

多面体	共顶	共边	共面
八面体	1	0.71	0.58
四面体	1	0.58	0.33

鲍林第三规则的内容是：在一个离子晶体结构中，配位多面体有共用的边特别是共用面的存在时，会降低这个结构的稳定性。对高电价、低配位阳离子的多面体，这个效应更为显著。这个规则可以作如下理解：

(1)两个多面体共顶连接是稳定的，共边或共面连接时会降低晶体结构的稳定性。

(2)高电价、低配位阳离子的配位多面体之间只能是共顶连接，共边或共面连接是不稳定的。然而，高电价、中等配位阳离子的配位多面体可以共边连接。

(3)配位多面体的共边数目增加，结构稳定性降低。

第四规则 不同多面体的连接规则

如果在晶体中有若干种阳离子，那些高电价、低配位阳离子的配位多面体总是趋向于不共用或者少共用几何要素。也就是说，高电价、低配位阳离子的多面体之间尽量不连接，而与低电价、高配位的多面体连接，这样使得整个晶体结构稳定。

第五规则 配位多面体种类最少原则(也称节约规则)

在同一晶体中，组成不同的结构基元的数目趋向于最少。例如，在硅酸盐晶体中，不会同时出现[SiO_4]四面体和[Si_2O_7]双四面体结构基元，尽管它们之间符合鲍林其他规则。这个规则的结晶学基础是晶体结构的周期性和对称性，如果组成不同的结构基元较多，每一种基元要形成各自的周期性、对称性，则它们之间会相互干扰，不利于形成晶体结构。

总而言之，鲍林第五规则对揭示离子晶体结构的稳定性具有重要意义。它主要解决了以下问题：鲍林第一规则解决了配位多面体的性质、大小和形状的问题；鲍林第二规则解决了一个阴离子为多个配位多面体共用的问题；鲍林第三规则解决了两个配位多面体间的连接方式问题；鲍林第四规则解决了不同种类配位多面体在空间的排布问题；鲍林第五规则解决了有多少种类配位多面体的问题。

7.6 晶格能计算公式——玻恩公式

晶体的结晶作用是一种放热过程，也就是由能量高的状态向能量低的状态转化的过程。当温度在热力学零度时，相距无穷远的质点靠拢结合，由气态转化成晶态时所释放出的能量称为晶格能。换句话，晶格能是把晶格分解成组成它的单位质点，并使质点相互排斥至无限远处时，所耗费的能量。晶格能单位为 $kJ \cdot mol^{-1}$。晶格能反映离子键强度和晶体的稳定性，晶格能越大，形成的离子键越强，晶体越稳定。

计算晶格能是晶体化学中非常重要的一项工作，离子晶体的许多与稳定性有关的性质如溶解度、挥发性、熔点、硬度等都与其晶格能呈函数关系。多年来，很多科学家在晶格能计算方面都做了许多工作，也提出了一些计算公式和理论，但直至目前，玻恩公式仍是被大家广为接受的计算离子晶体晶格能比较有效的方法。计算晶格能的玻恩公式如下：

$$U = \frac{N_A A_r W_1 W_2 e^2}{d_0}\left(1 - \frac{1}{m}\right) \tag{7-1}$$

式中，U 为晶格能；W_1、W_2 为两种离子的电价；e 为电子电荷(e=1.602×10^{-19} C = 4.80325×10^{-10} esu)；N_A 为 1 mol 晶体中的分子数(阿伏伽德罗常量，N=6.02×10^{23} mol^{-1})，A_r 为马德隆(Madelung)常数(对 1 mol 晶体内所有离子间的相互作用的修正常数)；d_0 为正、负离子间的平衡距离；m 为玻恩(Born)指数(与离子的电子构型有关)。

a 可通过计算得到，m 可通过实测晶体的弹性模量 K 后计算得到。表 7-2 和表 7-3 为几种常见晶体的 m 和 a 值。

表 7-2　不同构型离子的 *m* 值

离子类型	He 型	Ne 型	Ar 型	Kr(Ag)型	Xe(Au)型
外层电子构型	$1s^2$	$2s^22p^6$	$3s^23p^6$	$4s^24p^6$	$4d^{10}5s^25p^6$
m 值	5	7	9	10	12

表 7-3　几种常见晶体结构的马德隆常数

晶体	马德隆常数	晶体	马德隆常数
NaCl	1.74756	金红石(TiO_2)	4.816
CsCl	1.76267	锐钛矿(TiO_2)	4.800
闪锌矿(ZnS)	1.63806	β-石英(SiO_2)	4.402
铅锌矿(ZnS)	1.64132	刚玉(Al_2O_3)	24.242
萤石(CaF_2)	5.03878		

7.7　测定晶格能实验值的方法——玻恩-哈伯循环

晶格能是离子化合物中离子间结合力的一个度量，玻恩公式给出了晶格能的理论计算方法。晶格能还可以根据玻恩-哈伯热化学循环予以测定。玻恩-哈伯热化学循环建立在晶体形成的假说上，即气态金属原子失去电子放出第一电离能 I 形成气态阳离子 M^+，气态非金属原子得到电子亲和能 Y 变为气态阴离子 X^-，气态阳离子 M^+和气态阴离子 X^-消耗晶格能 U 得到 MX 晶体；同时反应物气态金属原子 M 和气态非金属原子 X 与金属单质 M 和非金属单质 X_2之间还存在一个化学平衡反应，即金属单质 M 和非金属单质 X_2 生成气态金属原子 M 和气态非金属原子 X，放出升华热 S，气态金属原子 M 和气态非金属原子 X 消耗解离热 D 得到金属单质 M 和非金属单质 X_2，而金属单质 M 和非金属单质 X_2 之间还可以生成 MX 晶体放出生成热 Q，这样就构成了一个热化学循环，该热化学循环称为玻恩-哈伯循环。用化学式表示如下：

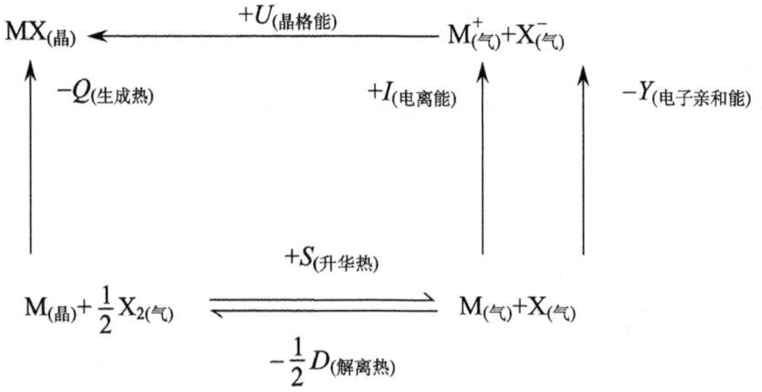

$$M_{(晶)}+\frac{1}{2}X_{2(气)} = MX_{(晶)} \qquad \Delta H = S + I + \frac{1}{2}D - E - U$$

$$M_{(晶)}+\frac{1}{2}X_{2(气)} = MX_{(晶)} \quad \Delta H = -Q$$

以上两式比较可得

$$S + I + \frac{1}{2}D - E - U = -Q, \quad U = Q + S + I + \frac{1}{2}D - E$$

式中，U 为晶格能；Q 为反应的生成热；S、I 分别为升华热和电离能；D 和 E 分别为解离能和原子的电子亲和能。

表 7-4 为若干碱金属卤化物晶格能的热循环计算数据。可看出，晶格能与离子大小有关，规律与前面介绍的晶格能计算公式中晶格能与 d_0 成反比是一致的。

表 7-4　碱金属卤化物和其他一些晶体的晶格能(单位：kJ · mol^{-1})

	$-\Delta H_f$ 298K(AB)	S 198K (A)	$1/2D$ 298K	I(A)	F(B)	U 298K	ΔH_f	U_0(0K)	U(理论)
LiF	616.9	160.7	78.9	520.5	328.0	1049.0	–6	1043	966
NaF	573.6	107.8	78.9	495.4	328.0	927.7	–5	923	885
KF	567.4	89.2	78.9	418.4	328.0	825.9	–3	823	786
RbF	553.1	82.0	78.9	402.9	328.0	788.9	–2	787	730
CsF	554.7	77.6	78.9	375.3	328.0	758.5	–1	757	723
LiCl	408.3	160.7	121.3	520.5	348.8	862.0	–5	857	809
NaCl	411.1	107.8	121.3	495.4	348.8	786.8	–2	785	752
KCl	436.7	89.2	121.3	418.4	348.8	716.8	–1	716	677
RbCl	430.5	82.0	121.3	402.9	348.8	687.9	0	688	651
CsCl	442.8	77.6	121.3	375.3	348.8	668.2	+1	669	622
LiBr	350.2	160.7	111.8	520.5	324.6	818.6	–4	815	772
NaBr	361.4	107.8	111.8	495.4	324.6	751.8	–1	751	718
KBr	393.8	89.2	111.8	418.4	324.6	688.6	0	689	650
RbBr	389	82.0	111.8	402.9	324.6	661	+1	662	629
CsBr	395	77.6	111.8	375.3	324.6	635	+2	637	600
LiI	270.1	160.7	106.8	520.5	295.4	762.7	–2	761	723
NaI	288	107.8	106.8	495.4	295.4	703	0	703	674
KI	327.9	89.2	106.8	418.4	295.4	646.9	+1	648	615
RbI	328	82.0	106.8	402.9	295.4	625	+1	626	594
CsI	337	77.6	106.8	375.3	295.4	602	+2	604	569
CaF_2						2615			2581
MgO						3975			3862
Al_2O_3						15138			15514
ZnS						3565			3423
CuO_2						3297			2694
Li						163.2			150.6
Na						108.8			100.4
K						96.2			66.9
Cu						339			138
Be						313.8			151-222

7.8 晶体化学第二定律——卡普斯钦斯基原理

1943 年，苏联科学家卡普斯钦斯基(A. F. Kapustinskii)提出“晶体的晶格能和被此能量所决定的晶体性质取决于晶体结构单位的数量关系(Σn)、大小(r_+和r_-)及其离子价态(Z_1和Z_2)，此外，在许多情况下还取决于结构单位的极化性质。”这一原理通常被称为卡普斯钦斯基原理或晶体化学第二定律。

卡普斯钦斯基在玻恩公式的基础上，对晶格能计算公式进行了简化。对组成复杂的晶体，用ρ/d_0代替玻恩公式(7-1)中的$1/m$，ρ是与电子云间斥力有关的量，实验表明，平均值为0.345，接近于一个恒量。a简化成$a_0=a_{NaCl}/2=0.874$。任一晶体的$a=na_0$，n为组成晶体的分子式中的离子数，得

$$U=\frac{287.2nW_1W_2}{d_0}\left(1-\frac{0.345}{d_0}\right) \tag{7-2}$$

式中，U为晶格能；W_1、W_2为两种离子的电价；e为电子电荷(e=1.602×10^{-19} C = 4.80325×10^{-10} esu)；d_0为正、负离子间的平衡距离。d_0可进一步简化成正、负离子半径之和(r_++r_-)。

值得注意的是，卡普斯钦斯基公式只适用于不含有强极化性质的离子晶体，对含有强极化性质元素的化合物，其晶格能计算值偏低。晶体化学第二定律比第一定律更能反映晶体的化学成分与其性质的关系，并且带有定量的特点。

7.9 费尔斯曼改进公式

著名的地球化学家、地球化学奠基人费尔斯曼(A. E. Ферсман)把引起化学元素迁移的因素分为与原子本身性质有关的内部因素和由周围环境产生的外部因素。他简化了晶体化学第二定律，提出了能量系数、价能量系数、共生序数等概念。卡普斯钦斯基晶格能计算公式只适用于二元化合物，而材料学、矿物学以及地球化学中涉及的多是较为复杂的化合物，费尔斯曼由此提出了离子能量常数的概念，从而扩大了卡普斯钦斯基晶格能计算公式的应用范围。他认为同种离子在各种不同的离子化合物中对晶格能U所作的贡献是大同小异的，故可将这种贡献作为化合物晶格能总值中的一个常数表示出来。因此，他提出了以下晶格能计算公式：

$$U=256.1\times(n_1\mathrm{EC}_1+n_2\mathrm{EC}_2+\cdots) \tag{7-3}$$

式中，n_1、n_2为单位晶胞中正、负离子数；EC_1、EC_2为离子的能量常数。各种离子的EC值见表7-5。

表 7-5　各种离子的能量常数

一价离子	二价离子	三价离子	四价离子	五价离子	负离子
Cs 0.30	Ba 1.35	La 3.58	Zr 7.85	P 13.50	I^- 0.18
Rb 0.33	Sr 1.50	Y 3.95	Sn 7.90	Nb 13.60	Br^- 0.22
K 0.36	Pb 1.65	In 4.35	Si 8.60	Ta 13.60	Cl^- 0.25
NH_4 0.37	Ca 1.75	Sc 4.65	Ti 8.40		F^- 0.37
Na 0.45	Mn 2.00	Cr 4.75	C 12.2		O^{2-} 1.55
Li 0.55	Cd 2.00	Fe 5.15			S^{2-} 1.15
Ag 0.60	Mg 2.15	Ti 4.65			NO_3^- 0.19
Au 0.65	Cu 2.10	Al 4.95			ClO_4^- 0.21
Cu 0.70	Hg 2.10	V 5.32			OH^- 0.37
Hg 0.93	Fe 2.12	B 6.00			WO_4^{2-} 0.57
H 1.10	Co 2.15				MnO_4^{2-} 0.58
	Ni 2.18				CrO_4^{2-} 0.67
	Zn 2.20				SO_4^{2-} 0.68
	Be 2.65				CO_3^{2-} 0.78
					PO_4^{3-} 1.50
					BO_3^{3-} 1.68
					SiO_4^{4-} 2.75
					AlO_4^{5-} 4.0

7.10　其 他 定 律

(1) 不同种类的晶体中，若它们的化学键是同型的，则它们的键长和键角稳定在一定范围内。键长的差别一般在 0.01 nm 之内。氢键的键长随氢键的强弱有较大差异，氢键的强弱有时在晶体的物理效应上反映出来。

(2) 在含有氢原子的化合物中，凡有条件形成氢键时，总是尽可能多地形成氢键，以降低体系的能量，使晶体结构更为稳定。

(3) 晶体结构与晶体性能密切相关，结构决定性能，而性能又反映结构。如具压电、热释电效应和旋光性的晶体不存在对称中心，而属 432、622、422 等点群的晶体均不具有非线性光学的倍频效应。

第 8 章　固溶体、相变及有关结构现象

晶体具有内能最小、结构最稳定的性质，但成分相同的晶体可以有若干个自由能最小值，对应着不同的结构，即形成不同的相。晶体不同的相具有不同的性质。在一定的温度、压力条件下，晶体不同的相之间可以转换，即发生相变，相变导致晶体性质发生变化。因此，相变是晶体非常重要的物理现象，也是重要的研究课题。本章将介绍一系列重要的结构现象，包括固溶体和类质同象替代、晶体结构的无序-有序、晶体的相变、同质多象和多形性以及晶体的多型和多体构型。

8.1　固溶体和类质同象替代

当两种晶体之间发生溶解现象时，一种晶体会含有另一种晶体成分或者相反，被溶解的晶体称为溶质晶体，溶质晶体所处的基质晶体称为溶剂晶体，溶剂晶体和溶质晶体混合以后形成的均匀的混合晶体称为固溶体(solid solution)。溶质晶体在溶剂晶体中最大的溶解度称为固溶度。两种晶体能以任意比例相互溶解并保持构型不变所形成的固溶体称为完全固溶体，它要求溶质和溶剂晶体具有相同的构型和类似的化学键，如 Cu-Ag 固溶体、铁橄榄石-镁橄榄石固溶体。溶剂晶体只能溶解有限量的溶质晶体形成的固溶体称为不完全固溶体。例如，ZnS-FeS 为不完全固溶体，ZnS 中 FeS 含量不能超过 20%。

从晶体结构的角度，固溶体又分为替代固溶体(substitutional solid solution)和间隙固溶体(interstitial solid solution)，如图 8-1 所示，图中给出了这两种类型固溶体中原子的分布示意图。替换固溶体中，溶质晶体中一种或一种以上原子替换溶剂晶体中对应的一种或一种以上原子。例如，Cu-Ag 固溶体中，Ag 的位置被 Cu 替代，形成替换固溶体。这种现象也称类质同象(isomorphism)(即成分不同、结构相同的现象)。

类质同象是指在确定的某种晶体的晶格中，本应全部由某种离子或原子占有的等效位置，一部分被性质相似的他种离子或原子所替代占有，共同结晶成均匀的、呈单一相的混合晶体，但不引起键性和晶体结构形式发生质变的现象。所以，不难看出类质同象是属于替换型的固溶体。类质同象替代的难易与交换能(interchange energy) U_i 有关，U_i 指原子替代后晶体体系增加的能量。U_i 越大，替代后晶体能量越高，晶体越不稳定，U_i 大到一定程度时，替代将不能进行。U_i 与原子(离子)半径差 Δr、原子在晶体中形成的化学键离子性差 Δp 有如下关系：

$$U_i=a(\Delta r)^2+b(\Delta p)^2$$

a、b 为系数。可见，Δr、Δp 都小的替代最有可能。Δp 比 Δr 对 U_i 的影响更大。

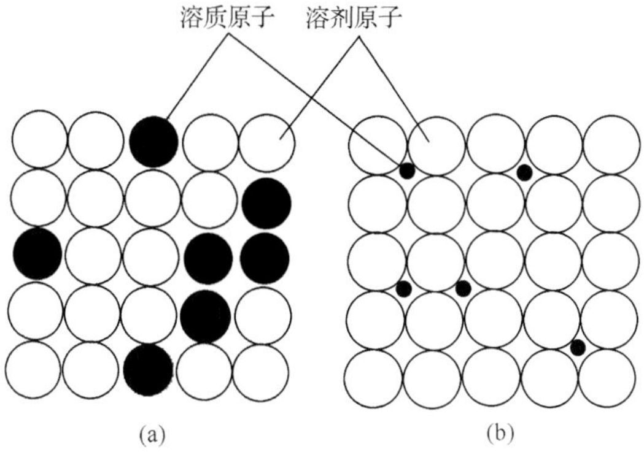

图 8-1　固溶体中的原子分布示意图

(a) 替代固溶体；(b) 间隙固溶体

类质同象替代有等价和不等价两种情况。在发生不等价类质同象替代时，需要进行电价补偿，以保持晶体的总电价平衡。补偿者可以是离子，也可以是空位。例如，$Si^{4+} \longleftarrow Al^{3+}+K^+$，$3Ca^{2+} \longleftarrow 2Y^{3+}+\Delta$(空位)，$Ca^{2+} \longleftarrow Y^{3+}+F^-$等。不等价类质同象替代产生晶格缺陷。

类质同象替代会对晶体的晶胞大小产生影响——韦加定律，1921 年由韦加(Vegard)提出。根据韦加定律，两个同构相之间形成的固溶体，其晶胞参数与其两个母相结构的晶胞参数呈线性关系：

$$x=\frac{a_{ss}-a_1}{a_2-a_1}$$

即

$$a_{ss}=a_1+x(a_2-a_1)$$

式中，a_1 和 a_2 是两个同构相的晶胞参数；a_{ss} 是固溶体的晶胞参数；x 是晶胞参数为 a_2 的相的摩尔分数(该关系适用于所有晶胞参数)。因此可以根据晶胞参数大小推测类质同象替代量(固溶体组成)。

当溶质晶体中原子不是替代溶剂晶体的原子，而是填入溶剂晶体结构的空隙中，这种固溶体称为间隙固溶体。这种固溶体在金属晶体中普遍，若填充的间隙原子占满了金属原子堆积结构的某一类空隙，则形成间隙化合物。因此间隙固溶体也可看成是含有空位的间隙化合物。

发生类质同象必须满足一定的条件：

(1) 原子或离子半径差不能太大。原子或离子半径差增大，类质同象替代量减小，并有如下的关系：

$\frac{r_1 - r_2}{r_2}$ <10%～15%，形成完全类质同象；

$\frac{r_1 - r_2}{r_2}$ =10%～20%(或 25%)，在高温时形成完全的类质同象，温度下降固溶体发生离溶；

$\frac{r_1 - r_2}{r_2}$ >25%～40%，高温下形成不完全类质同象，低温下不能形成类质同象。

对于异价类质同象，半径差范围可增大到 40%～50%时固溶体也可不发生离溶。

在元素周期表中，从左上方到右下方的对角线上，元素的阳离子半径相近，一般右下方的高价元素易替换左上方的低价元素(即对角线法则)，如表 8-1 所示。

表 8-1　异价类质同象替代的对角线法则(潘兆櫓等，1979)

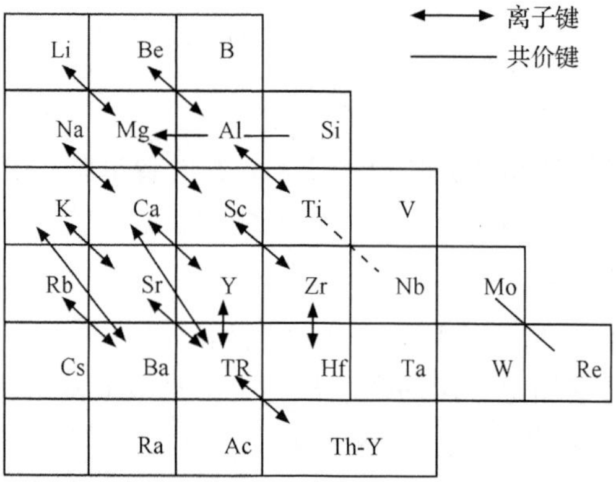

(2)化学键类型必须相同或相似。

(3)离子电价要平衡。异价类质同象替代中，相互替代离子电价差一般不超过 1 价。

(4)类质同象替代后晶体能量降低或升高不多。能使晶体变得更稳定的替代称为“捕获”。一般高电价离子替代低电价离子，小半径离子替代大半径离子最容易发生。

(5)晶体结构中的离子若堆积紧密程度越差，则此结构的类质同象容量越大，如沸石、蒙脱石等都有很大的类质同象容量。

(6)成分越复杂，越容易发生类质同象。

(7)高温有利于类质同象替代。温度低于某一数值时，固溶体将发生离溶。

(8)压力的影响复杂，一般压力增大限制类质同象的替代范围，促使固溶体离溶。

(9)组成浓度不成比例时，有利于其他元素进入晶格形成“补偿类质同象”，如 FeO∶Fe_2O_3>1∶2 时，V_2O_3、Ti_2O_3 将补偿 Fe_2O_3 的位置形成 Fe_3O_4 晶体。

(10)氧化电位影响变价元素的替代，如 Fe^{2+}，氧化电位升高后变为 Fe^{3+}，半径缩小而从原晶体中析出。

下面通过几个实例进一步说明晶体中的类质同象替代和固溶体现象。

例 8-1　*磷灰石结构荧光粉 $La_{5.99}Ce_{0.01}M_4(SiO_4)_6F_2$(M= Ca，Sr，Ba)的类质同象替代及其对发光性能的影响*

$La_{5.99}Ce_{0.01}M_4(SiO_4)_6F_2$ 属于六方晶系，氟磷灰石结构，其中 M = Ca、Sr、Ba，为类质同象替代关系。图 8-2(a)给出了 $La_{5.99}Ce_{0.01}M_4(SiO_4)_6F_2$ 沿 *c* 轴方向的晶体结构图。结构中存在两种阳离子位置：与 9 个 O 配位的九次配位阳离子；与 6 个 O 和 1 个 F 配位的七次配位阳离子。La、Ce 和 M(Ca，Sr，Ba)离子共同占据两种阳离子位置。Ce^{3+}属于具有宽带发射的稀土离子，其发光易受晶体场环境的影响，因此可通过阳离子、阴离子类质同象替代调控其配位环境的晶体场，从而改变其能级及发光性能。图 8-2(b)为 $La_{5.99}Ce_{0.01}Ba_4(SiO_4)_6F_2$、$La_{5.99}Ce_{0.01}Sr_4(SiO_4)_6F_2$ 和 $La_{5.99}Ce_{0.01}Ca_4(SiO_4)_6F_2$ 的 XRD 图，可见 Ba、Sr 依次类质同象取代 Ca 后，其(110)、(121)、(112)等面网的衍射峰位右移，表明对应的晶面间距减小，样品的晶胞参数、晶胞体积相应减小，如表 8-2 所示。以上变化与 Ba、Sr、Ca 的离子半径依次变小的规律相一致(附录 4)，表明类质同象替代可对晶体的晶胞大小产生影响，并且变化量与替代离子的半径密切相关(韦加定律)。进一步研究发现，随着 Ba→Sr→Ca 类质同象替代，Ce^{3+}与周围阴离子的键长减小，Ce^{3+}所处晶体场增强，造成 $La_{5.99}Ce_{0.01}M_4(SiO_4)_6F_2$(M = Ca，Sr，Ba)发射峰红移(410 nm→ 423 nm)。

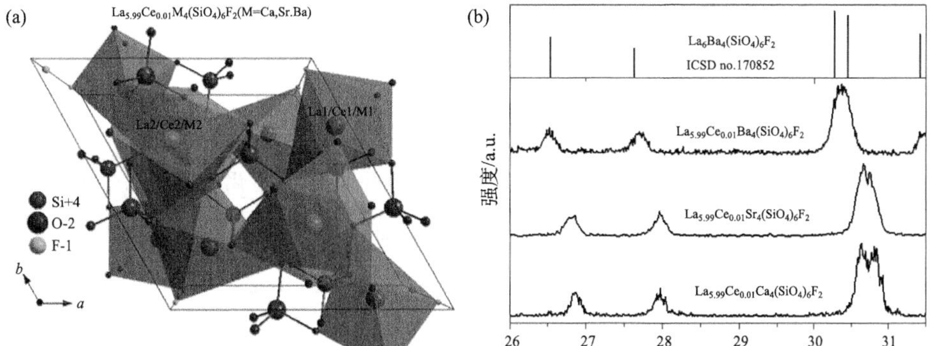

图 8-2　$La_{5.99}Ce_{0.01}M_4(SiO_4)_6F_2$(M = Ca，Sr，Ba)(Guo Q F et al.，2018)

(a)晶体结构图；(b) $La_{5.99}Ce_{0.01}Ba_4(SiO_4)_6F_2$、$La_{5.99}Ce_{0.01}Sr_4(SiO_4)_6F_2$ 和 $La_{5.99}Ce_{0.01}Ca_4(SiO_4)_6F_2$ 的 XRD 图

表 8-2　$La_{5.99}Ce_{0.01}M_4(SiO_4)_6F_2$（M = Ca，Sr，Ba）的晶胞参数

样品	a/nm	c/nm	V/nm^3
$La_{5.99}Ce_{0.01}Ba_4(SiO_4)_6F_2$	0.98622	0.73314	0.61754
$La_{5.99}Ce_{0.01}Sr_4(SiO_4)_6F_2$	0.98070	0.73193	0.60883
$La_{5.99}Ce_{0.01}Ca_4(SiO_4)_6F_2$	0.97709	0.72350	0.59819

例 8-2　固溶体 $Bi_2Mo_{1-x}W_xO_6$ 的水热合成及光催化性能

图 8-3 是用水热法合成的固溶体 $Bi_2Mo_{1-x}W_xO_6$ 的 XRD 图。图 8-3 表明，W、Mo 间可以完全类质同象替代，晶体结构保持不变，即 Bi_2MoO_6—Bi_2WO_6 为完全固溶体系列。表 8-3、表 8-4 为样品粒径和晶胞参数随 W、Mo 间替代量的变化，图 8-4(a)为 W、Mo 不同替代量样品的紫外-可见漫反射光谱，图 8-4(b)为 W、Mo 不同替代量样品在可见光下对 RhB(罗丹明-B)的光催化降解效果。

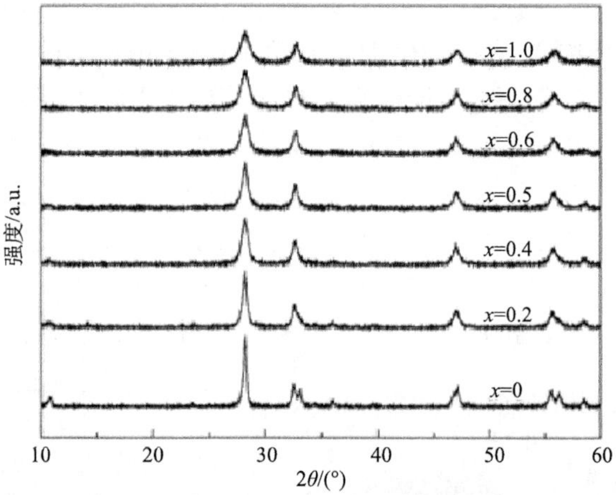

图 8-3　固溶体 $Bi_2Mo_{1-x}W_xO_6$ 的 XRD 图(李红花等，2010)

表 8-3　固溶体 $Bi_2Mo_{1-x}W_xO_6$ 的粒径随 W、Mo 间替代量的变化(李红花等，2010)

x	0	0.2	0.4	0.5	0.6	0.8	1.0
晶体尺寸/nm	27.1	18.9	14.2	14.8	11.9	10.9	9.5

表 8-4　固溶体 $Bi_2Mo_{1-x}W_xO_6$ 的晶胞参数随 W、Mo 间替代量的变化(李红花等，2010)

x	0	0.2	0.4	0.5	0.6	0.8	1.0
a/nm	0.5495	0.5483	0.5470	0.5460	0.5450	0.5440	0.5434
b/nm	1.6199	1.6223	1.6268	1.6299	1.6327	1.6339	1.6343
c/nm	0.5473	0.5462	0.5455	0.5449	0.5441	0.5433	0.5427
体积/nm^3	0.4872	0.4858	0.4854	0.4849	0.4842	0.4829	0.4820

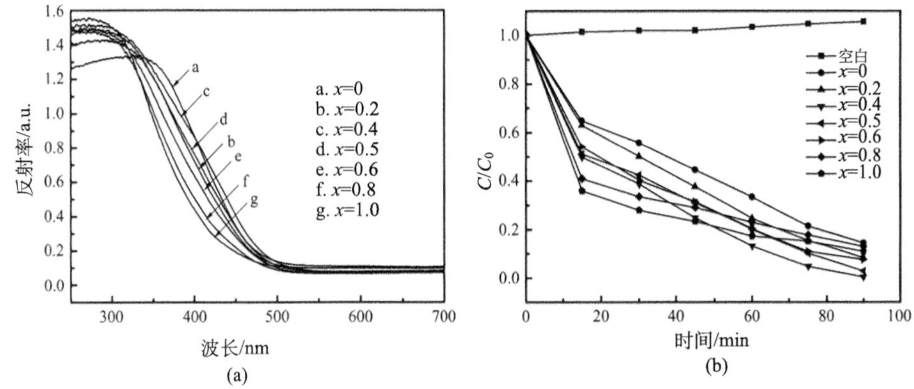

图 8-4　(a) W、Mo 不同替代量(a～g)的固溶体 $Bi_2Mo_{1-x}W_xO_6$ 的紫外–可见漫反射光谱；(b)在可见光下对 RhB 的光催化降解效果(李红花等，2010)

结果表明，W 的替代抑制了固溶体的晶粒生长，导致晶粒尺寸变小。随着 x 的增加，固溶体的带隙出现先降后升的变化趋势，x=0.4 时带隙最小，而固溶体的光催化性能出现先升后降的变化趋势，x=0.4 时光催化活性最高，这与固溶体的带隙和晶粒尺寸随 W、Mo 替代量的变化有关。

例 8-3　类质同象替代对石榴石物理性质的影响

石榴石为一族硅酸盐矿物，其化学成分可用通式 $A_3B_2[SiO_4]_3$ 代表，A 为二价阳离子(Mg、Fe、Mn、Ca 等)，B 为三价阳离子(Al、Fe、Cr、Ti、V、Zr 等)。三价阳离子、二价阳离子间可相互置换，形成铁铝、钙铁两种类质同象系列。其中铁铝石榴石系列 $(Mg,Fe,Mn)_3Al_2[SiO_4]_3$ 的三个端元如下：

镁铝石榴石　$Mg_3Al_2[SiO_4]_3$

铁铝石榴石　$Fe_3Al_2[SiO_4]_3$

锰铝石榴石　$Mn_3Al_2[SiO_4]_3$

它们的物理性质见表 8-5。可见，石榴石的物理性质随 Mg、Fe、Mn 的类质同象替代而发生变化。

表 8-5　铁铝石榴石系列的物理性质一览表

矿物名称	化学成分	莫氏硬度	折射率	密度/$(g \cdot cm^{-3})$	颜色
镁铝石榴石	$Mg_3Al_2[SiO_4]_3$	437.25	1.74～1.76	3.7～3.8	红色、黄红色
铁铝石榴石	$Fe_3Al_2[SiO_4]_3$	437.5	1.76～1.81	3.8～4.2	褐红色、紫红色
锰铝石榴石	$Mn_3Al_2[SiO_4]_3$	437.25	1.80～1.82	4.16	黄橙色、红褐色

8.2 晶体结构的有序-无序

所有晶胞在几何上和化学上都是等同的，晶胞内原子占据着各自的位置，等同位置上的原子以及原子与其他原子间的化学键键性、键数、键长、键角都是相同的理想结构称为完全有序结构。但由于热运动等原因，原子会偏离自己所占据的位置，呈无序分布状态，形成无序结构。

造成晶体结构无序的因素以及晶体结构无序类型很多，主要无序类型有如下几种。

1. 位置无序

位置无序(positional disorder)由原子在其自身的平均位置上无规振动引起。原子振动幅度与温度、键强和空间大小有关。图 8-5 表示了钠长石中 Na 原子在不同瞬间的位置。这种无序称为振动无序(vibrational disorder)。Na 的平均位置与"冻结结构"的 Na 重合。温度降低时，Na 的振动幅度减小并且振动方向发生分化，不同区域内 Na 的振动位置不完全相同，形成不同的晶畴，如果这种晶畴随机分布，形成位置无序结构。如图 8-6 所示，图中给出了四方相 γ-$LiFeO_2$ 在室温 25 ℃和 570 ℃的晶体结构示意图，由图可以看出，Li 原子在高温下呈现位置无序。

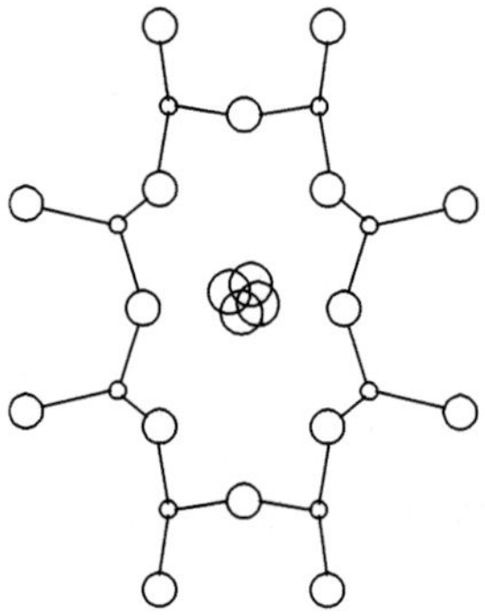

图 8-5　高温条件下钠长石中 Na^+ 的位置无序示意图(郑辙，1992)

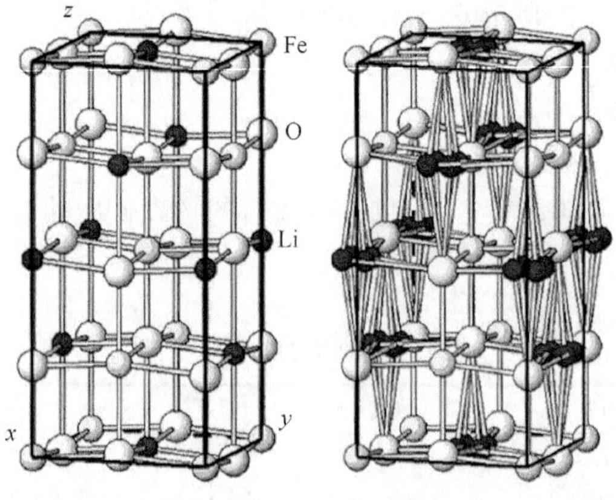

图 8-6　四方相 γ-$LiFeO_2$ 在室温 25 ℃(a)和 570 ℃(b)的晶体结构示意图及其中 Li 原子的位置无序

2. 畸变无序

畸变无序(distortional disorder)由原子的配位多面体在空间的无规扭动引起，如图 8-7 所示，(b)为这种无序结构的平均结构。较低温下，不同部分结构区内多面体的扭曲不同，如(a)、(c)形成了不同畸变的晶畴。这些晶畴无序分布形成的结构为畸变无序结构。图 8-8 给出了 β-$(NH_4)_3InF_6$ 结构中的畸变无序示意图，结构中多面体的畸变，导致了结构中$(NH_4)F_6$八面体和 InF_6 八面体的畸变无序。

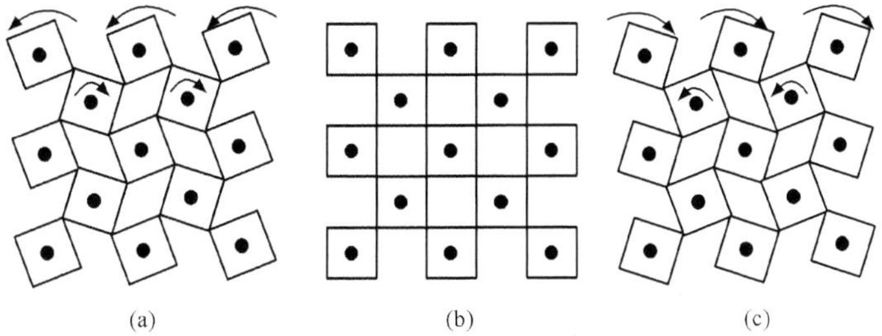

图 8-7　结构畸变示意图(郑辙，1992)

(a, c)热涨落引起的两种畸变结构；(b)无畸变的平均结构

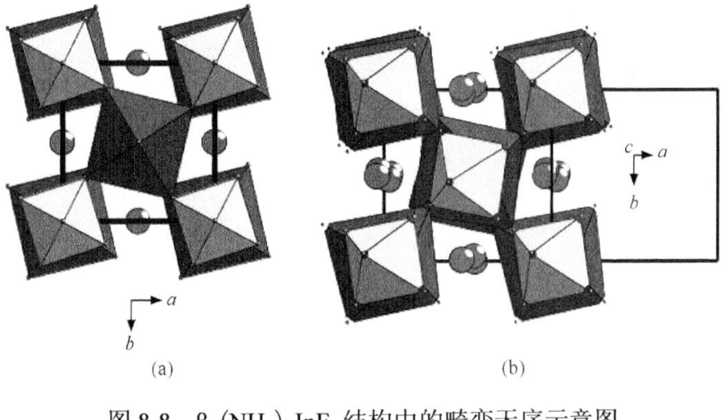

图 8-8　β-$(NH_4)_3InF_6$ 结构中的畸变无序示意图

(a)有序结构；(b)无序结构

3. 替换无序

替换无序(substitutional disorder)由替换原子的随机分布引起，如图 8-9 所示，当 A、B 原子各自占据自己的位置(即 A、B 两套位置)则形成有序结构[图 8-9(a)]；若 A、B 原子随机地分布在两套位置上，则形成无序结构[图 8-9(b)]。矿物晶体中的无序大多是替换无序。图 8-10 给出了(Ca,Mg)O 结构中 Ca^{2+} 与 Mg^{2+} 的替换无序示意图。

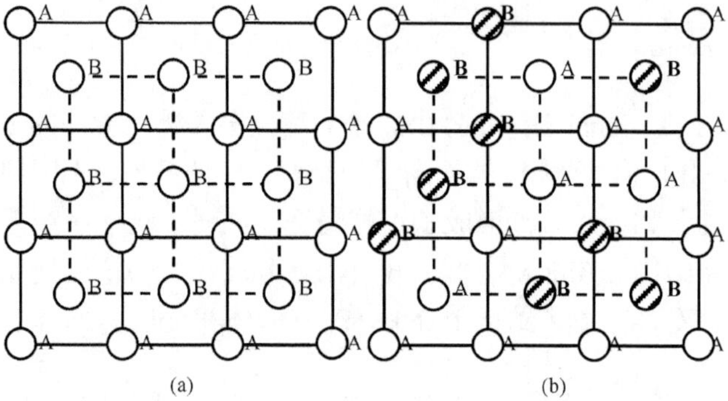

图 8-9 (a)简单立方格子的有序结构；(b)完全无序结构(郑辙，1992)

虚线表示单位晶胞

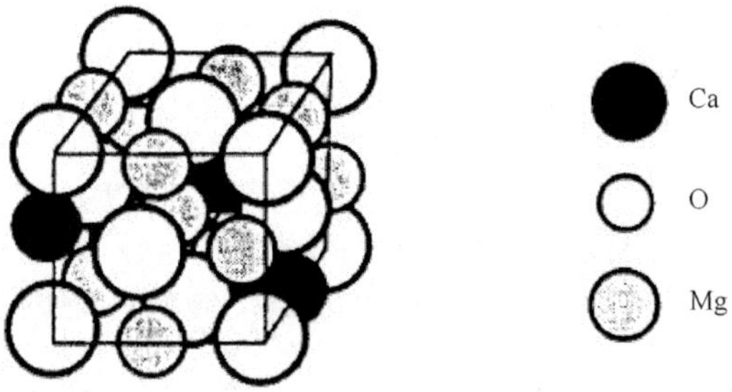

图 8-10 (Ca,Mg)O 结构中 Ca^{2+}与 Mg^{2+}的替换无序示意图

4. 取向无序

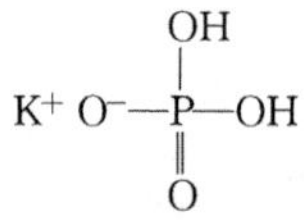

图 8-11 KH_2PO_4的分子结构示意图

当占据晶格位置的离子或结构基元含有一个以上的原子时，就可能出现取向无序。$[PO_4]$四面体与四个 H 成键，每个氢键中 H^+有两种位置，对每个$[PO_4]$而言，两个 H^+更靠近一些，另两个 H^+更远一些(图 8-11)，高温下，H^+随机地分布在每个键的两种位置上，为取向无序结构；低温下，H^+分布有序，为取向有序结构。

5. 电子及原子核自旋态无序

原子或离子中电子自旋方向平行有序时，晶体有磁性，为铁磁体，此时为自旋有序结构(相邻亚晶格自旋方向相反，磁矩反平行的反铁磁体也是自旋有序结构)。自旋无序时为顺磁体。

描述结构有序-无序程度的参数称为有序度参数 η。η 指二元晶体 AB 中，A 原子与 B 原子占据同一位置 α 的概率之差，即

$$\eta=P_\alpha(\mathrm{A})-P_\alpha(\mathrm{B})$$

设　　$P_{\alpha}(A)=p$

则　　$\eta=2p-1$

利用热力学函数还可推出：

$$\eta=\exp(U/kT)$$

式中，U 为晶体从完全有序结构转变为 $\eta=2p-1$ 结构时所需的总能量。

由以上两个公式可知，完全有序时 $p=1$，$\eta=1$；完全无序时 $p=0.5$，$\eta=0$。温度 T 越高，有序度参数 η 越低。

在矿物学中还用有序度 S 来描述晶体有序–无序情况。S 指分布在正确位置上的原子比与分布在错误位置上的原子比之差，即

$$S=\frac{2R}{2N}-\frac{2(N-R)}{2N}$$
$$=\frac{2R-N}{N}$$

式中，N 分别为 A、B 原子的数目；R 为 A、B 原子中占据正确位置的原子数。完全无序时，$R=N$，$S=1$；完全有序时，$R=N/2$，$S=0$。

实际晶体常由一系列小晶畴镶嵌而成，如图 8-12 所示。畴内可以是完全有序结构，畴界处出现了处在错误位置上的原子。描述这种结构的有序–无序情况则需引入另一参数 σ。σ 指畴内有正确近邻的原子所占的比例。因此，畴结构晶体的 S 不大但 σ 可以很高。这时 S 称为长程有序度，σ 称为短程有序度。对于非畴结构，S 就能描述晶体的有序–无序状态，称为有序度。

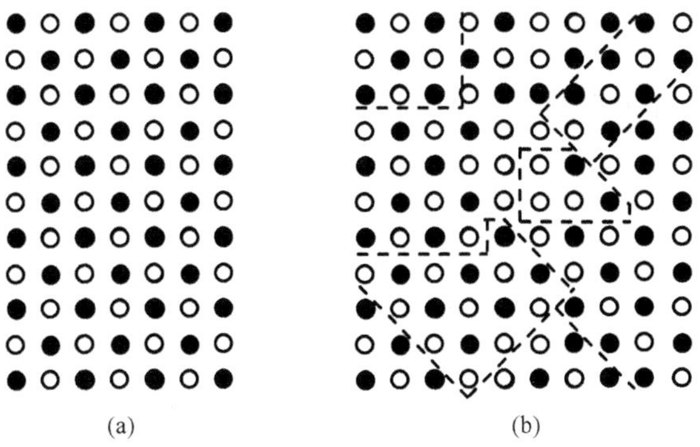

图 8-12　(a)完全有序结构；(b)畴结构(晶畴边界缺乏长程有序)(郑辙，1992)

实际晶体的原子分布状态往往介于完全有序与完全无序之间，不同离子可以有不同的有序–无序状态，情况复杂。

晶体结构从无序状态变为有序状态的过程称为有序化。有序化分为两种类

型：一种是阴离子间空隙中的正离子的有序化；另一种是阴离子或络阴离子骨架内的正离子的有序化。第一种有序化发生在拓扑等同位置上，如图 8-13 所示。有序化后，等同位置分化为几种不等同位置，使有序结构的晶胞比无序结构的晶胞增加一倍，这种具有整数倍晶胞的结构称为超结构(superstructure)，因此第一种有序化将形成超结构。第二种有序化发生在拓扑不等同位置上，如图 8-14 所示。正方形中心和八角形中心为不等同拓扑位置，有序化后，两种原子分别占据了这两种位置，但有序结构与无序结构的晶胞无区别，不产生超结构。例如，辉石中 Mg^{2+}、Fe^{2+}的有序属第二种有序，不产生超结构。

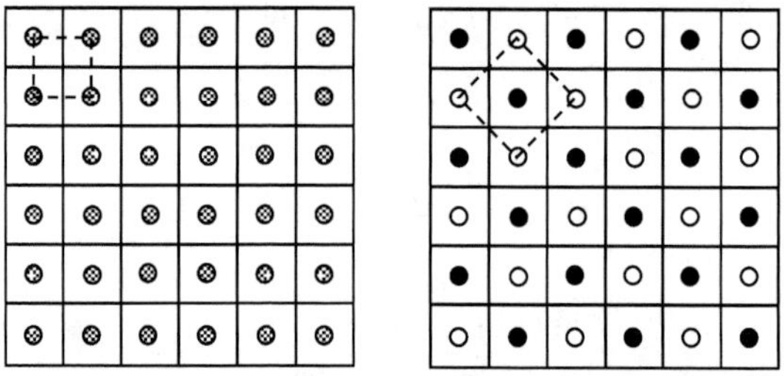

(a)　(b)

图 8-13　一种拓扑等同点位(a)有序化后分化为两种结晶学等同点位并形成超结构(b)(虚线为晶胞大小)(郑辙，1992)

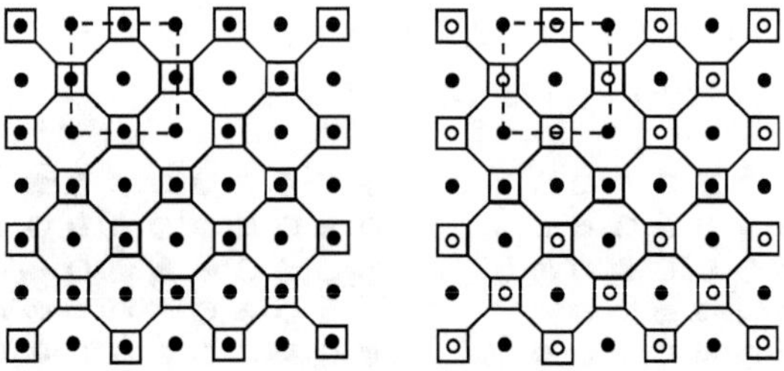

(a)　(b)

图 8-14　两种拓扑不等同点位(a)有序化后不影响结构的晶胞大小，也不形成超结构(b)(虚线为晶胞大小)(郑辙，1992)

晶体的有序化过程总伴随着有序畴的形成，一般有两种特征的畴结构：双晶畴和反相畴。双晶畴是晶体有序化过程中形成不同取向的晶畴，晶畴间的关系符合双晶关系。因此，双晶畴是一种取向畴，如磁黄铁矿、β-石英冷却后都可形成双晶畴，如图 8-15 所示。反相畴是指畴内部为有序结构，畴与畴之间的原子分布正好相差单位平移矢量的一半的晶畴，如图 8-16 所示。显然，反相畴间是一种无序结构，能量较高，在自由能的驱动下它将有序化，结果是反相畴界的消失和晶畴的长大或晶粒粗化。反相畴又分两种：浓度不变反相畴(conservative antiphase domain)——畴间平移矢量 ***R*** 与畴界平行；浓度变化反相畴(non-conservative antiphase domain)——***R*** 与畴界斜交，如图 8-17 所示。显然浓度变化反相畴界的化学成分与晶体成分不同，它的存在将使晶体偏离化学计量比，形成非化学计量比的晶体。

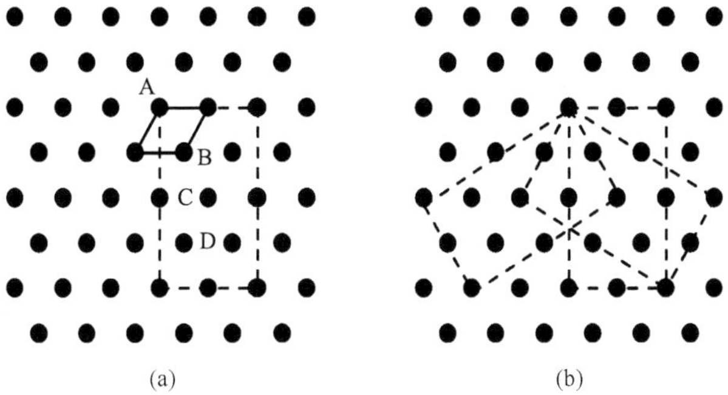

图 8-15 (a)磁黄铁矿的六方晶胞和斜方晶胞；(b)晶胞取向引起的双晶畴结构(郑辙，1992)

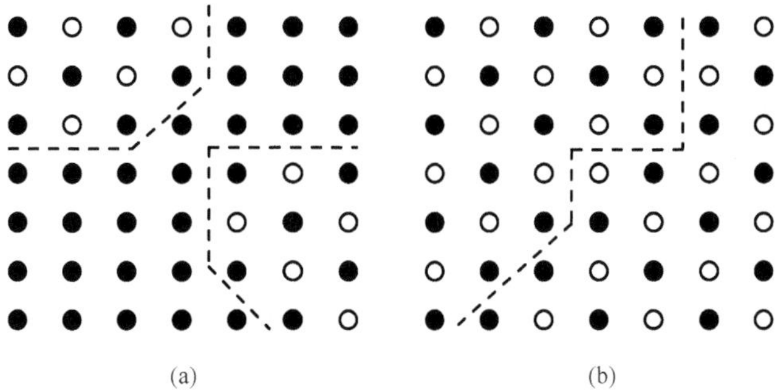

图 8-16 有序畴长大形成的反相畴和反相畴界(郑辙，1992)

(a)有序畴；(b)反相畴

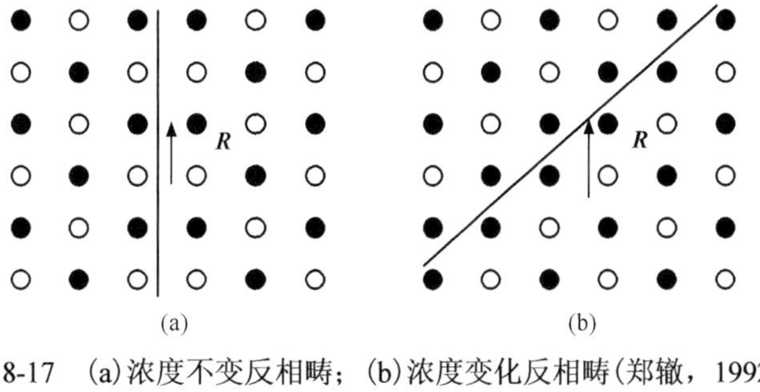

图 8-17 (a)浓度不变反相畴；(b)浓度变化反相畴(郑辙，1992)

下面以长石为例说明晶体的有序-无序现象。

长石族矿物的有序-无序是指长石晶体结构的[TO_4]四面体中，T 位置上 Al^{3+}

与 Si^{4+}的比值、分布和代替规律。长石晶体结构中，每一个［TO_4］四面体四元环代表一个络阴离子团［$(Al,Si)_4O_8$］。当 Al∶Si=1∶3 时，为(Na,K)［$AlSi_3O_8$］碱性长石系列，平均每个四元环中 Al 出现的概率为 1；当 Al∶Si=2∶2 时，为钙长石(Ca［$Al_2Si_2O_8$］)或钡长石(Ba［$Al_2Si_2O_8$］)，平均每个四元环中有 2 个 Al 和 2 个 Si，如图 8-18 所示。长石的有序-无序即 Al、Si 在四面体四元环中的分配情况。

支配长石结构性状的因素主要有两个：①铝回避原理：结构中［AlO_4］四面体倾向于被［SiO_4］四面体包围，避免出现 Al-O-Al 的连接方式，该原理不仅使大小不同的［AlO_4］、［SiO_4］均匀分布，长石结构自身平衡，还将导致长石中 Al 倾向于有序分布；②长石结构中 Al、Si 的迁移过程缓慢。

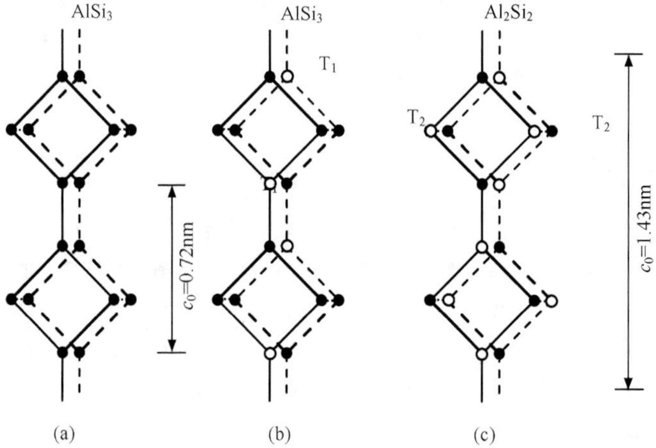

图 8-18 无序(a)与完全有序(b)的 $AlSi_3$ 型与 Al_2Si_2 型(c)长石中 Si、Al 的排列示意图(Smith J, 1974)

1)钾长石的有序-无序转变

钾长石的 Si∶Al=3∶1，在四元环的四个 T 位中有三个是 Si，一个是 Al。碱性长石结构中四面体四元环的 4 个 T 位可分为 T_1、T_2 两组(即 T_{1o} 与 T_{1m} 等效，T_{2o} 与 T_{2m} 等效)，t_1、t_2 分别代表 Al 在 T_1、T_2 位的占位概率，则

$$2t_1+2t_2=1$$

根据 Al 的占位情况，得到三种结构。

(1)完全无序结构。$t_1=t_2=0.25$，即 3 个 Si、1 个 Al 平均分布在 4 个 T 位。这种结构的代表是 650 ℃以上形成的高温透长石，它具有长石的最高对称——拓扑对称(不计及长石结构的轻微畸变，也不计及结构中 Si、Al 占位的差异)，空间群为 $C2/m$。

(2)完全有序结构。Si∶Al=3∶1，而结构又完全有序时，4 个 T 位必然被进一步划分为 T_{1m}、T_{1o}、T_{2m}、T_{2o} 四种位置。其中 Al 占据 T_{1o} 位，即 $t_{1o}=1$、$t_{1m}=t_{2o}=t_{2m}=0$。这种占位破坏了原结构中的对称面和对称轴，结构对称由单斜变为三斜，空间群变为$C\bar{1}$，其代表性矿物是 650 ℃以下形成的微斜长石。由于对称降低，原来重合的衍射线分离，如(131)和(13$\bar{1}$)，因此(131)和(13$\bar{1}$)分离的程度常被用来表征长石由单斜转变为三斜的程度，称为三斜度$\varDelta$[$\varDelta = 12.5(d_{131} - d_{13\bar{1}})$，$d$为面网间距]。300 ℃以下形成的最大微斜长石三斜度最大，$\varDelta$=1。

(3) 部分有序结构。介于以上两种极端情况之间。有两种情况：①$t_{1o}=t_{1m}=0.5$，$t_{2o}=t_{2m}=0$，此时结构保留了对称面和二次轴，为单斜晶系。代表矿物为低温透长石、正长石。②$t_{1o}>t_{1m}>t_{2o}>t_{2m}$，且$0.666<2t_1<0.74$。失去了对称面和二次轴，变为三斜对称，空间群为$C\bar{1}$。代表矿物是 300～600 ℃形成的高温微斜长石。若 Al 继续向 T_{1o} 集中，则 $t_{1o}>t_{1m}=t_{2o}=t_{2m}$，此时形成中微斜长石。

碱性长石有序度可用下式表示：

$$S = \frac{\sum_{1}^{4}\left|0.25 - t_i\right|}{1.5}$$

t_i为第 i 种 T 位上 Al 的占位概率。例如，完全无序时，$t_{1o}=t_{1m}=t_{2o}=t_{2m}=0.25$，$S$=0；完全有序时，$t_{1o}$=1.0，$t_{1m}=t_{2o}=t_{2m}=0$，$S$=1；第①种部分有序，$t_{1o}=t_{1m}=0.5$，$t_{2o}=t_{2m}=0$，$S$=0.67；第②种部分有序，$S$=0～1。

碱性长石由无序转变到有序有两种途径：第一种是 Al 从 T_{1m}、T_{2o}、T_{2m} 位置直接向 T_{1o} 富集，从单斜直接变成三斜，称为一步有序化；第二种是 Al 先从 T_{2o}、T_{2m} 向 T_{1o}、T_{1m} 富集并保持 $t_{1o}=t_{1m}$，此时对称性不变，称为单斜有序化，然后 Al 从 T_{1m} 向 T_{1o} 进一步富集，变成三斜晶系，称为三斜有序化，这种过程称为二步有序化。二步有序化的有序度也分单斜有序度和三斜有序度，见下图：

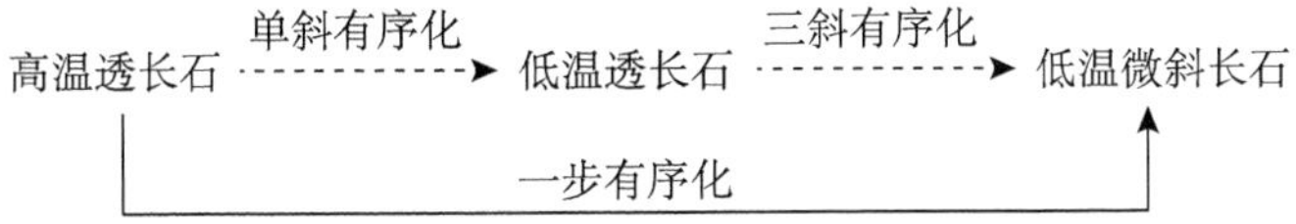

由于在碱性长石的有序化过程中，长石晶体由单斜晶系向三斜晶系转变，因此也常用三斜度来表示碱性长石由单斜向三斜转化的程度。注意有序度中的三斜有序度和三斜度的区别。三斜有序度指 Al、Si 在[TO_4]四面体位置上替代、分布的程度，三斜度则指碱性长石偏离单斜对称的程度。

碱性长石的有序-无序可总结如图 8-19 中。

2) 钠长石的有序-无序转变

1100 ℃以上的钠长石高温变体为完全无序的单斜晶系，称为单钠长石。约在 980 ℃以下，单钠长石转变为三斜钠长石。钠长石的有序过程发生在三斜对称结构中。单斜晶系钠长石向三斜晶系钠长石的转变温度与钠长石中的 K 含量有关，K 含量高，转变温度可降到 700 ℃，因为 K^+半径比 Na^+半径大，在低温条件下也能阻挡十元环的皱缩，支撑结构保持单斜对称。钠长石的有序化为一步进程，图 8-20 表示钠长石的有序化过程，大约在 1100 ℃为完全无序，400 ℃为完全有序。高温无序钠长石称为高钠长石，低温有序钠长石称为低钠长石。

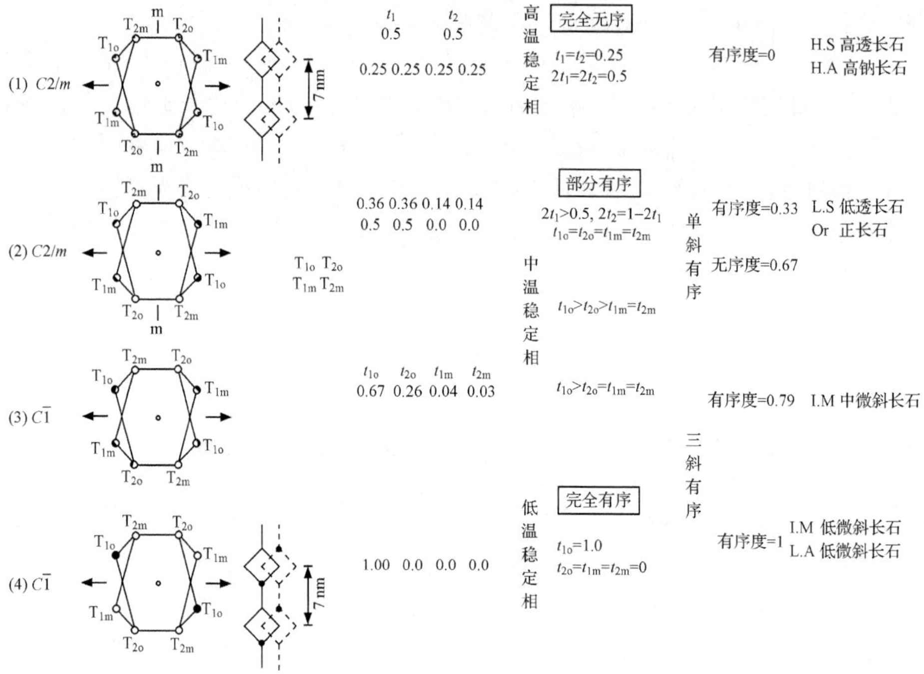

图 8-19　碱性长石的有序-无序及晶体结构演变示意图

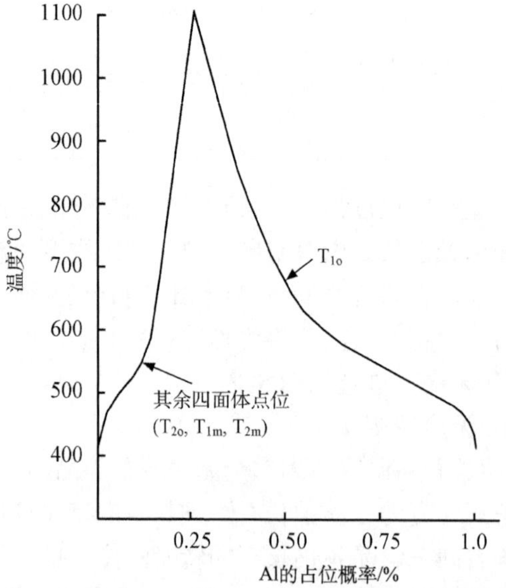

图 8-20　三斜钠长石 Al 的分布随温度变化曲线(郑辙，1992)

钠长石由单斜转变为三斜时，晶胞可以有四种不同取向，如图 8-21 所示，其中两两互为镜像对称，成核时形成两种双晶：钠长石双晶和肖钠长石双晶。由于由单斜钠长石转变产生双晶时，钠长石双晶的结晶学方位较为有利，故钠长石双晶较肖钠长石双晶常见。

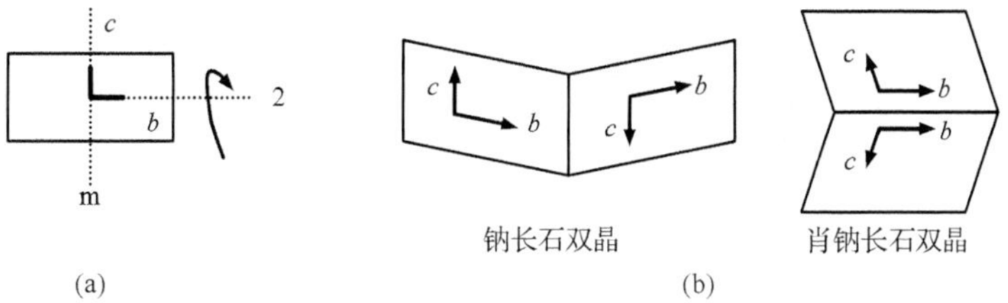

图 8-21　(a)单斜钠长石晶胞；(b)三种等价的畸变三斜晶胞，由于取向不同形成钠长石双晶(*c* 轴平行)和肖钠长石双晶(*b* 轴平行)(郑辙，1992)

3)钙长石的有序-无序转变

钙长石中 Si∶Al=2∶2，根据铝回避原理，钙长石的晶胞在 *c* 轴方向比钠、钾长石扩大一倍。因为 Ca^{2+}半径更小，因此多数钙长石为三斜对称，只有钡长石为单斜对称。高温钙长石为体心格子，称为 I-钙长石，低温钙长石为 P 心格子，称为 P-钙长石。

斜长石是钠、钙长石的固溶体，高温条件下，钙长石分子不超过 12%的斜长石可以形成单斜对称，除此之外，所有斜长石均为三斜对称。斜长石固溶体出溶形成多种反相畴结构和其他微细结构，形成几个结构间断区，如 $An_{2\sim16}$ 的晕长石连生区、$An_{2\sim16}$ 的 Boggild 连生区、$An_{70\sim90}$ 的 Huttenlocher 连生区等。结构间断区的出现是因为斜长石从 Na 端元到 Ca 端元，Al∶Si 从 1∶3 向 2∶2 变化，在不违背铝回避原理的前提下，Al 需进行重新分配，Al 从 T_{1o} 位置向邻近的四面体位置转移，并等量进入 T_{1m}、T_{2o}、T_{2m}，使 T_{1o} 迅速减少，$t_{1m}=t_{2o}=t_{2m}$ 增加，结构从有序向无序反向变化。但由于低温时长石出溶成两相并趋于有序化，造成结构的间断。

钙长石含量为 15%～75%的斜长石普遍有特征的非整数 e 衍射斑，故称为 e 长石。e 长石是由低钠长石和 P-钙长石晶畴组成的一种超结构。Morimoto 等认为 e 长石是一种出溶形成的调制结构(调幅结构)。所谓调制结构是指在基本结构基础上叠加具某一周期的调制波的现象。如图 8-22 所示，已出溶的钠长石晶胞和钙长石晶胞各自组成条带，作周期性交替排列，这种周期性是叠加在基本结构上的调制波。

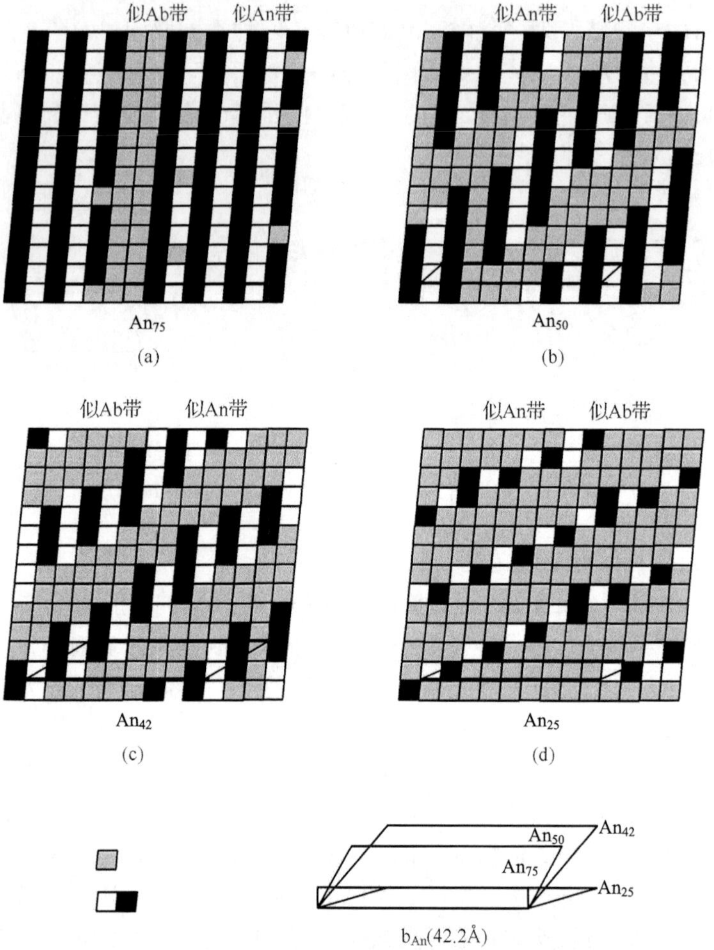

图 8-22　e 长石的调制结构模型(郑辙，1992)

灰色小方块为低钠长石晶胞；黑白小方块为钙长石晶胞

8.3　同质多象和多形性

在宽广的温度和压力区间内，每种成分的晶体自由能曲线呈波浪状，有两个或数个最低值，每一最低值都对应着一种稳定的晶体结构，因此成分一定的晶体往往可以有几种不同晶体结构的变体，这种化学成分相同、晶体结构不同的现象，称为同质多象。如图 8-23 所示，图中分别给出了金刚石和石墨的晶体结构，二者即体现了碳元素的同质多象关系。一般来说，从一个变体转为另一个变体是一种固态间的相变。影响同质多象转变的因素包括温度、压力、介质成分、杂质、酸碱度、电子自旋、电子和声子作用等，但温度最为重要。

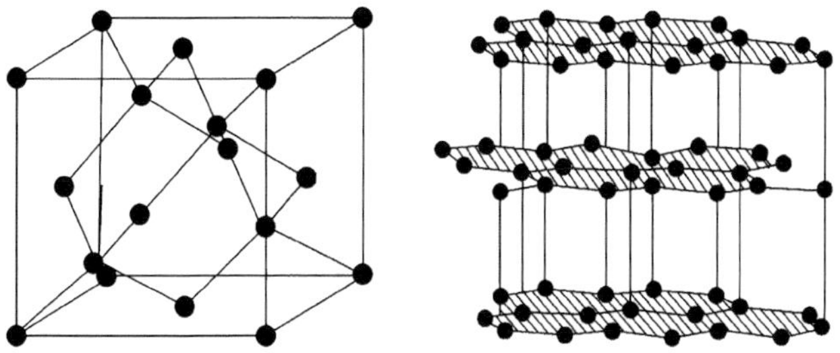

(a)　(b)

图 8-23　金刚石(a)和石墨(b)的晶体结构示意及同质多象关系

根据相变时的热力学函数特征，常见的相变可分为两类(两级)。第一类相变(一级相变)是指在相变温度临界点，相的自由能对温度或压力的微熵是不连续的，熵、焓和体积等函数出现跃变，相应的晶体结构出现跃变，有热量的吸收。第二类相变(二级相变)是指在相变温度临界点，相变自由能的一阶微熵是连续的，没有体积变化和热量吸收，二阶微熵不连续，热容和压缩系数等出现跃变，变体的晶体结构是连续变化的。可见第一类相变为不连续相变，伴有新相的成核过程和相变温度滞后，即冷却时的相变温度与加热时的相变温度不一致，是在过冷或过热状态下发生的。第二类相变则是一种连续的相变。但无论哪种相变，变体之间结构的对称性总是不同的，对称性都发生了跃变。

此外，还有更高级别的相变。定义 n 级相变为在两相自由能相等时的临界点，第$(n-1)$阶导数保持连续[两相自由能对温度和压力的第$(n-1)$阶导数相等]，而第 n 阶导数不连续(第 n 阶导数不相等)。例如，三级相变定义为在临界温度、压力位置，热力学势的一阶和二阶偏导数相等，而三阶偏导数不相等的相变。二级及以上的相变称为高级相变。高级相变很少，大多为一级相变。

不同级别的相变并不是截然分开的，它们之间可以相互影响，甚至发生偶合(相变临界条件相同)。

根据晶体结构，相变也可分两类。一类为重建式相变(reconstructive transformation)，即打破原相的晶体结构，形成结构不同的新相，因此这种相变通常为第一类相变。另一类为位移式相变(displacive transformation)，即原相晶体结构中原子只做某种转动即可形成新相的结构，具有第二类相变的特征。

相变又可分为可逆和不可逆两种，可逆相变在冷却和加热过程中 T(温度)-G(自由能)曲线相同，否则为不可逆相变。位移式相变一般都是可逆相变，重建式相变都是不可逆相变。在大多数情况下，当温度下降到 T_c 时，相变尤其是重建式相变并不立即发生，因为它还没有足够的活化能，必须过冷以得到相变驱

动力 ΔG(图 8-24)，过冷温度 ΔT 与 ΔG 成正比，这就是相变滞后的原因。

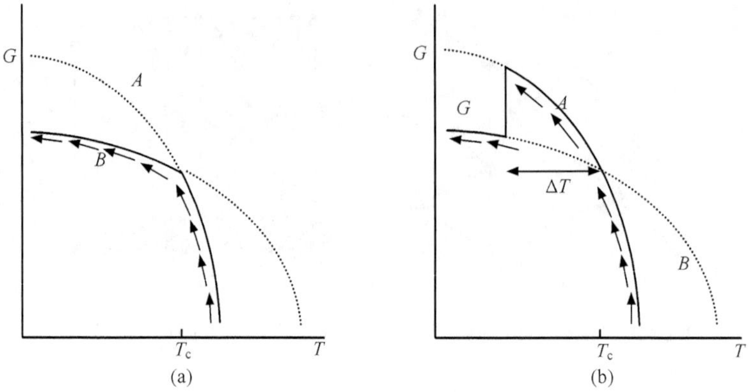

图 8-24　相变温度-自由能曲线(郑辙，1992)

(a)可逆相变；(b)不可逆相变。箭头表示快速冷却的方向和途径

对于不同的晶体，ΔT 不同，从几度到几百度不等。如金刚石在常温常压下虽属不稳定变体，但因为其活化能高达 356 kJ·mol^{-1}，在室温范围很难获得如此大的能量而无法转变为石墨。

下面以石英和鳞石英为例说明同质多象转变(相变)现象。

如图 8-25 所示，867～1470 ℃，β-鳞石英是稳定变体，867℃以下 β-石英是稳定变体。在 867 ℃以下，β-鳞石英的自由能大于 β-石英的自由能，但是由于它们之间的相变是重建式相变，需要很高的相变活化能，所以在快速冷却到 867℃时，β-鳞石英并不转变为 β-石英，直到 150 ℃，结构才出现畸变发生位移式相变

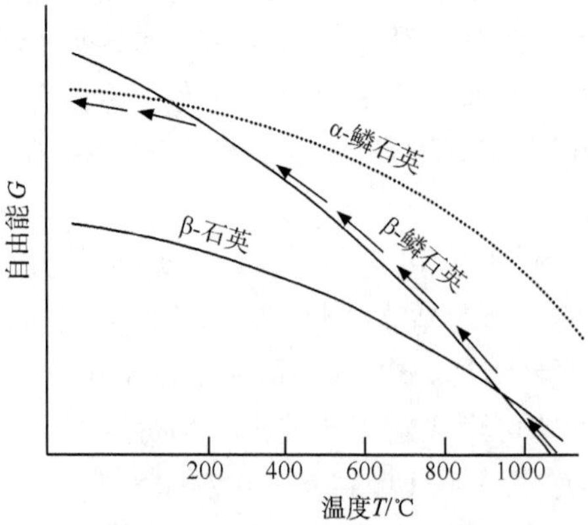

图 8-25　β-鳞石英、β-石英和 α-鳞石英的 G-T 曲线(郑辙，1992)

头表示快速冷却过程

形成 α-鳞石英。α-鳞石英只是 β-鳞石英向石英转化过程中的准稳定相。准稳定相的形成降低了向低温变体转变所需的活化能，而且只在冷却过程中形成，如将石英加热不会形成 α-鳞石英。这种形成准稳定相的性状称为交替准稳定性状。

概括而言，同质多象变体间结构的差异有如下几种类型：

(1)配位数不同，结构类型也不同。例如，金刚石(CN=4，等轴，配位型结构)和石墨(CN=3，六方，层型结构)。

(2)配位数不同，结构类型相同。例如，方解石(CN=6，三方，岛型结构)和文石(CN=9，斜方，岛型结构)。

(3)配位数相同，结构类型不同。例如，金红石(CN=4，四方，链型)和锐钛矿(CN=4，四方，架型结构)。

(4)配位数相同，结构类型相同，仅结构上有某些差异。例如，闪锌矿(CN=4，等轴，配位型)和纤锌矿(CN=4，六方，配位型)，仅阴离子堆积方式不同。

对于比较简单的离子型晶体，在升温过程中通常其结构由低对称性(高有序度)向高对称性(低有序度)转变，具有更开放的结构、较低的配位数、大的体积；压力增加使相变向高配位数和负的体积变化(密度增加)方向进行。

很多情况下把同质多象变体也称多形，但注意与多型的区别，多型概念见 8.4 节。

下面通过几个实例进一步说明晶体结构的有序-无序和同质多象(相变)现象。

例 8-4 斜方辉石中的一种新同质多象变体

一般认为，斜方辉石的空间群均为 *Pbca*，但已报道在月岩、陨石和地球苏长伟晶岩中分别发现了空间群为 $P2_1ca$ 的新斜方辉石同质多象变体。这两种斜方辉石同质多象变体的主要差别在于 $P2_1ca$ 斜方辉石中平行(100)方向缺失了平移对称面 b，而在 *Pbca* 斜方辉石中是存在的。相应地，在衍射实验中，$P2_1ca$ 斜方辉石出现 0*kl* 型衍射，而 *Pbca* 斜方辉石出现 *k* 为奇数的 0*kl* 衍射系统消光。$P2_1ca$ 和 *Pbca* 斜方辉石的 I 型结构单元如图 8-26 所示。

斜方辉石的空间群由 $P2_1ca$ 变为 *Pbca* 是因为结构中 Si-O 四面体 S 链通过改变四面体间的键角变成 O 链(图 8-27)。所以这种相变属于位移式相变。

例 8-5 C_{60}、C_{70} 晶体的有序-无序相变

C_{60} 晶体在 260K 温度附近发生有序-无序相变。实验结果表明，C_{60} 晶体在 260 K 以上温区为面心立方结构(fcc)，260 K 以下为简单立方结构(sc)。

C_{60} 分子具有截角二十面体的结构，每个顶点上有一个 C 原子，构成 20 个六边形和 12 个五边形。高能中子衍射、单晶 X 射线衍射、气相电子散射、NMR 等

方法都表明，C_{60}分子的(6∶5)单键(五边形和六边形相邻的键)和(6∶6)双键(六边形和六边形相邻的键)不会由于形成晶体甚至经过相变而改变。这说明组成C_{60}晶体的C_{60}分子内化学键牢固，而分子之间的作用力较弱，它们主要通过范德华力结合。

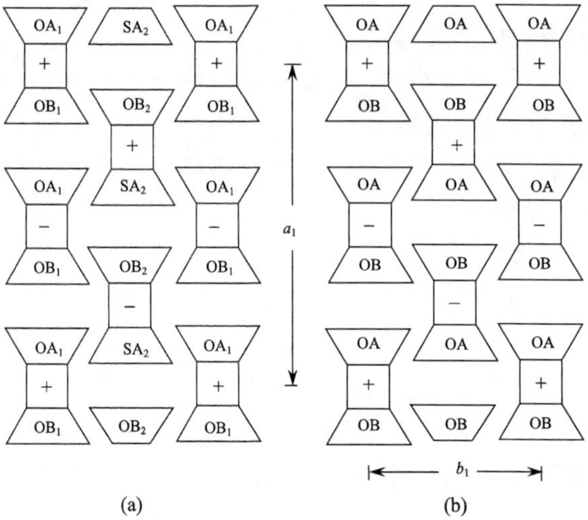

图 8-26　$P2_1ca$(a)和 $Pbca$(b)斜方辉石的Ⅰ型结构单元(徐惠芳等，1989)

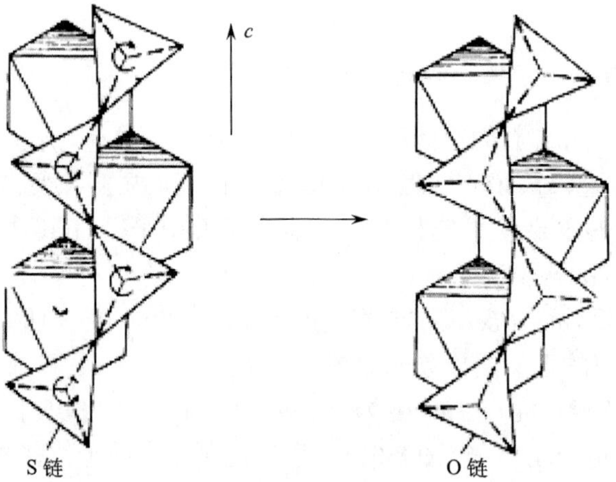

图 8-27　$P2_1ca$斜方辉石结构中的 Si-O 四面体 S 链通过改变四面体间的键角变成 O 链(徐惠芳等，1989)

低温下，晶体中C_{60}分子仍处于高温相的面心立方位置，但C_{60}分子处于旋转有序状态，晶体结构为简单立方对称(sc)，空间群为$Pa\overline{3}$。图 8-28 是四个C_{60}分子的旋转对称示意图。

按 $Pa\overline{3}$ 的对称性要求，图 8-28 中的四个分子沿四个不同的[111]方向的旋转角主要是 98°，这表明一个 C_{60} 分子的五边形面刚好平行面对另一个分子的(6∶6)单键，如图 8-29(a)所示。更深入的单晶和粉末衍射研究表明 C_{60} 分子的旋转存在第二个能量极小旋转角 38°，表明一个 C_{60} 分子的六边形面刚好平行面对另一个分子的(6∶6)单键，如图 8-29(b)所示。由于存在两个取向，可以想象低温相应该存在取向畴。

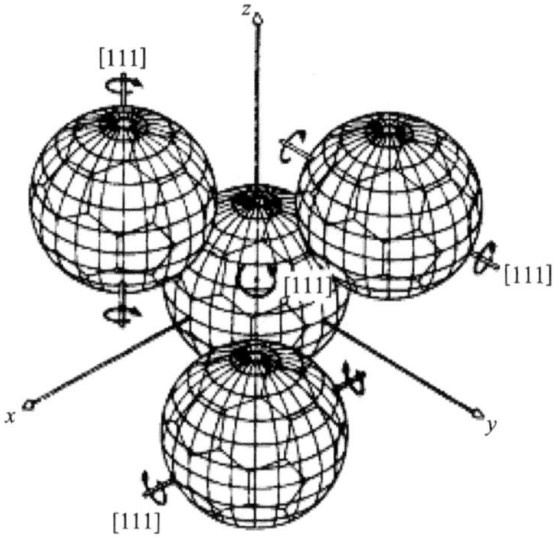

图 8-28　C_{60} 分子的旋转对称示意图(王业宁等，1995)

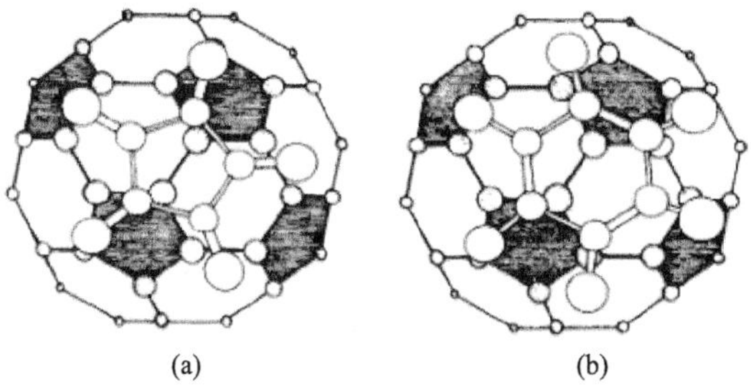

图 8-29　两个 C_{60} 分子相邻的两个组态(王业宁等，1995)

(a)旋转角为 98°；(b) 旋转角为 38°

C_{60} 晶体存在高温相(fcc，*Fm3m*)和低温相(sc，$Pa\overline{3}$)；fcc 相到 sc 相的转变是通过晶体中 C_{60} 分子的旋转对称性改变而实现的，这就是 C_{60} 晶体的有序-无序相变。

相变引起 C_{60} 晶体的物理性质发生变化，如图 8-30 和图 8-31 所示。同时，图 8-31 显示 C_{60} 晶体的热膨胀随温度的变化存在滞后现象，表明 C_{60} 晶体的有序-无序相变属一级相变。

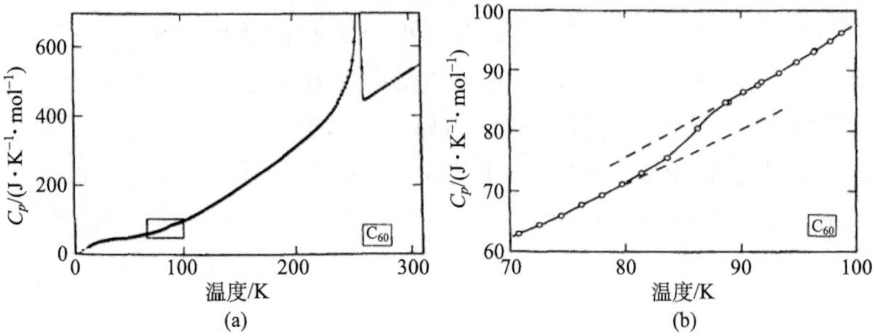

图 8-30　(a) C_{60} 固体中比热容与温度的关系图；(b) 85K 附近比热容的放大图(王业宁等，1995)

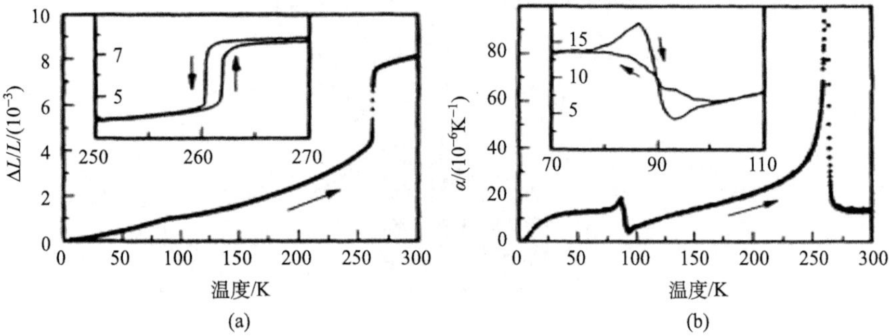

图 8-31　(a) C_{60} 单晶的热膨胀 $\Delta L/L$ 与温度的关系图；(b) C_{60} 单晶的热膨胀率 $\alpha(T)$ 与温度的关系图(王业宁等，1995)

例 8-6　结构无序对铁电相变的影响

在 $BaTiO_3$-$PbTiO_3$ 铁电体基础上，通过类质同象替代，发展了一系列铁电新材料。例如，在 $PbTiO_3$ 中通过钽(Ta)、钪(Sc)对钛(Ti)的替代，可获得一系列 $Pb(Sc,Ta)O_3$ 铁电体(PST)。在有序的结构中，Sc、Ta 交替分布于 $PbTiO_3$ 结构的 B 位上，形成两个相互穿插的子点阵，*a* 方向晶胞加倍(超结构)，X 射线衍射图出现超点阵衍射峰。如图 8-32 所示，在正常衍射(200)旁出现了超点阵衍射峰(111)。有序度 *S* 为超点阵衍射峰的强度与完全有序样品衍射峰强度的比值。

图 8-33 为不同有序度 PST 样品的热容曲线，表 8-6 为不同有序度 PST 样品和相关铁电体的相变熵、焓值，可见有序度对晶体的相变有重要影响。

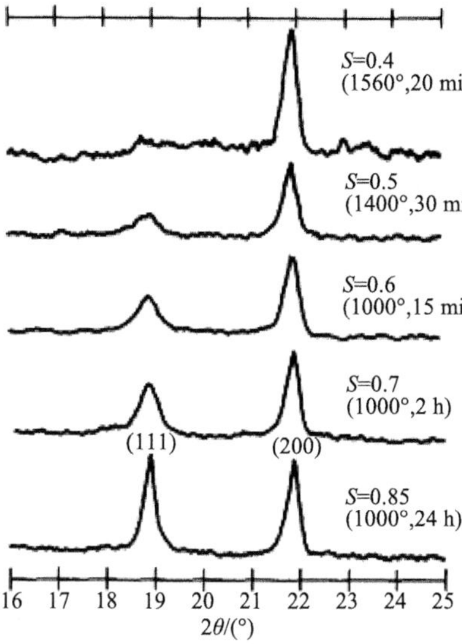

图 8-32　不同有序度 PST 晶体的 XRD 图
(Setter N and Cross L E, 1980)

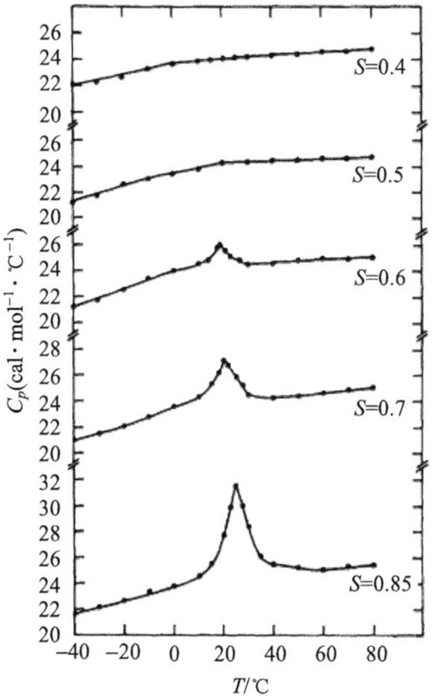

图 8-33　不同有序度 PST 样品的热容曲线
(Setter N and Cross L E, 1980)

表 8-6　不同有序度 PST 样品和相关铁电体的相变熵、焓值(Setter N and Cross L E, 1980)

混合物	T_c/K	ΔH / (cal · mol^{-1})	ΔS / (cal · mol^{-1} · K^{-1})	$\frac{\Delta S}{T_c}\times 10^3$ / (cal · mol^{-1} · K^{-2})
$PbTiO_3$	763	1150	1.51	1.98
$BaTiO_3$	393	47	0.12	0.30
PST (S=0.85)	297	87	0.29	0.98
PST (S=0.7)	294	52	0.18	0.61
PST (S=0.6)	292	20	0.07	0.24
PST (S=0.5)				
PST (S=0.4)				
PLZT 17/30/70	320	18	0.06	0.17
PLZT 11.1/55/45	325	11	0.03	0.10

例 8-7　冰的同质多象转变

水在 0 ℃时转化成具有六方结构的冰(1h)，这是日常最常见冰的晶相。但是，在超低温及高压条件下，冰存在至少 17 种晶相[图 8-34(a)]。最新研究发现，在特定的温度及高压区域内，冰的结构与施加压力的速率紧密相关。如图 8-34(b)所示，当温度为 100 K，施压速率较小时，冰晶相可由 1h 依次转变为 IX′(3 kbar)、XV′(>10 kbar)和 VIII′相(>30 kbar)；而当施压速率较大时，晶相由 1h 相依次转变为高密度非晶态相(high-density amorphous, HDA)及 VII′相，表明冰在该类条件下需要一定时间才能形成稳定、有序的晶相。

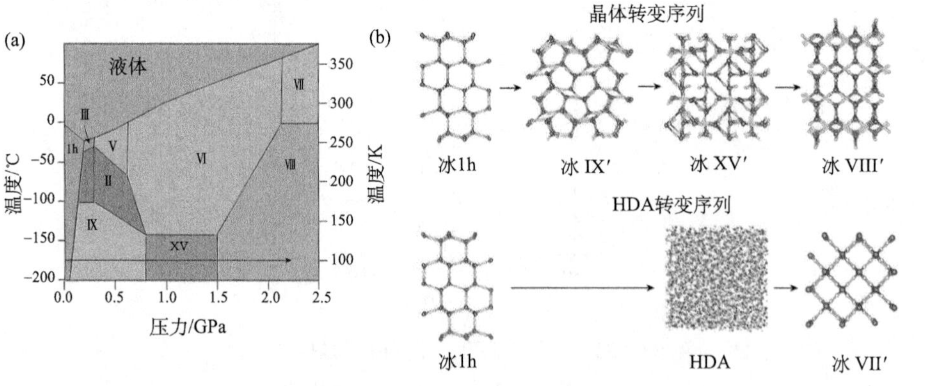

图 8-34　(a)特定温度和压力条件下冰的相图；(b)100 K、高压不同施加速率下冰的相变过程示意图(Tulk C et al.，2019)

8.4　多型及多体构型

多型(polytype)指结构、成分相同或相近的层以不同的顺序堆垛而得到的化合物，用于特指一维的特殊类型的同质多象(polymorphism)。一般认为，多型的各个变体仅以堆积层的重复周期不同相区别。多型变体在平行单位层的方向上晶胞参数相等，在垂直单位层的方向上晶胞参数相当于单位层厚度的整数倍。多型广泛存在于层型结构的晶体中，如碳硅石、石墨、辉钼矿、云母、绿泥石、高岭石等，但一些链状和其他类型的结构中也可出现，如辉石、闪石中。其中，结构单位层是构成层状结构晶体及其多型的基本单元。它可以是单独的原子面，如石墨中的单位层就是以六元环状的碳原子构成的面。沿 c 轴堆垛时，如果周期为两层一重复，那么就是 2H 多型石墨，如图 8-35 所示。

但从多型的定义可知，多型中“层”的结构和成分可有一定范围的变化(变化范围没有严格规定)。因此 Angel 于 1986 年建议将多型的定义扩大到包括由不同成分结构层堆垛而得到的结构。Angel 将多型划分为：

Ⅰ型——由一种成分和结构均相同的层堆垛成。

Ⅱ型——由成分和(或)结构不同的层(混合层)组成，但不同层之间的比例恒定。

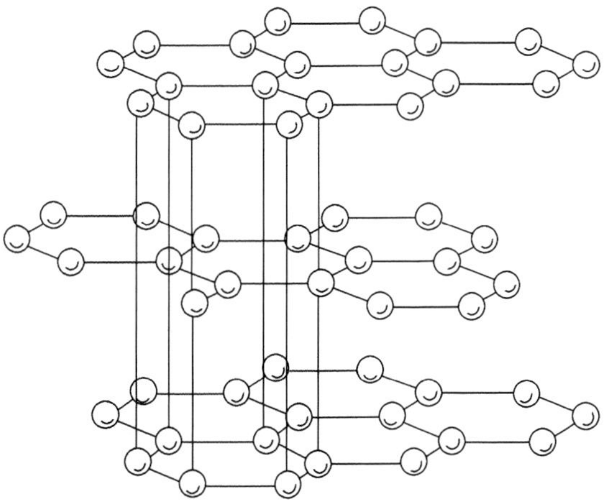

图 8-35　石墨的 2H 多型结构

Ⅲa 型——由混合层组成，不同层之间的比例可变，但化学计量(stoichiometry)恒定。

Ⅲb 型——由混合层组成，不同层之间的比例可变，化学计量可变。

以上定义虽将原定义范围扩大，但不实用，按此定义，很多结构将同时属于不同的多型。因此 Angel 的定义至今未被广泛接受。

多型的结构单元层堆积时，依次各层的方位可以完全一致，也可以不一致。当方位不一致时，多型中层内晶轴(a 轴和 b 轴)互相变换，引起空间群乃至晶系发生变化。

多型可用符号表示，常用的多型符号由一个数字和一个字母组成。数字表示单位晶胞内结构单元层的数目，后面的大写字母表示所属的晶系(M——单斜，O 或 Or——斜方，Q——四方，T——三方，H——六方，R——菱形晶胞，C——立方)。例如，辉钼矿为 2H 多型，表示两层重复，属六方晶系。如果有两个或两个以上的变体属于同一晶系并有相等的层重复数时，在符号后加下标以区别。例如，云母的 $2M_1$、$2M_2$ 多型。

多型变体间具有相近的内能，形态和物性上几乎没有差异，不同的多型变体常可共存，矿物学中则将它们视为同一矿物种(这也是多型和同质多象的区别之一)。

多体构型(polysomatism)的概念由汤普森(James B. Thompson)于 1970 年首先提出，如图 8-36 所示，有两种不同的结构模块(或层)A、B，它们以 1∶1、1∶2 等不同的比例堆垛，可得到一系列不同的组元，称为多体构型组元(polysome)，并分别用(AB)、(ABB)等表示。所有这些组元组成一个多体构型系列(polysomatic series)。因此， 多体构型是由不同的模块组成一系列组员的现象，组员间模块比和化学计量比可以不同，但化学计量线性相关。可见多体构型与多型定义不同。

形成多体构型的条件：

(1) 模块间的界面能不可太大。即模块间要有结构连续性，有准平面的界面表面，两模块的结构和点阵平移在界面处应近于相等或互为整数倍。

(2) 两模块在结合面具有相同的平面对称(这一要求不太严格)。

多体构型是模块晶体学一种重要的描述方法，具有很多独特的优点。例如，晶体学剪切(crystallographic shear，CS)结构、化学双晶(chemical twinning，CT)结构均可方便地用多体构型描述，但多体构型结构不一定都可用 CS 和 CT 结构描述。多体构型还可用于描述复杂的模块结构，利于用计算机建立晶体结构模型、有助于解释一些结构无序现象(例如，已发现一些多体构型组元的结构无序现象与模块的堆垛无序有关，或者比正常结构多一模块，或者比正常结构少一模块)。如果已知某一多体构型系列中一些组员的化学成分，利用多体构型概念可推测其他组员的化学成分，因为它们的化学计量线性相关。根据多体构型某一组员的晶体结构和元素在不同配位多面体中的分配情况，还可了解其他组员的对应模块中配位多面体变形、元素在多面体中的分配等方面的情况。此外，还有利于研究晶体固相反应机制和化学元素的迁移，因为固相反应和元素迁移最容易在模块界面进行。

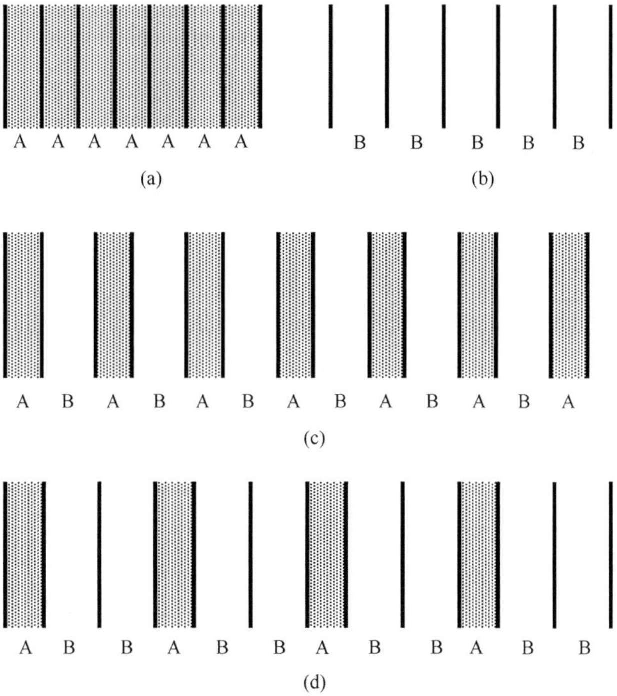

图 8-36　多体构型示意图(Veblen D R，1991)

(a)由 A 模块组成的结构；(b)由 B 模块组成的结构；(c)多体构型(AB)；(d)多体构型(ABB)

多体构型一个最好的应用实例是云辉闪石类矿物的描述。很早以前人们就认识到了很多层状硅酸盐和链状硅酸盐晶体结构之间的相似性。1970 年汤普森通过标志出可以用来构成所有这类硅酸盐的两种结构单元或“模块”来系统地阐述这种结构关系。根据这一观点，辉石可认为是由工字梁模块组成，而云母由层状模块组成，两者都有夹在四面体链中间的八面体带，将这些模块以一定的方式连接起来就可构成层状与链状硅酸盐中所有其他矿物，即得到各种多体构型，并构成一个多体构型系列，如图 8-37 所示。汤普森恢复了约翰森(Johannsen)于 1911 年提出的云辉闪石类作为这个多体构型系列的名称，并预测了当时还未发现的这一多体构型系列中的一些组元。三链硅酸盐镁川石[$(Mg,Fe)_{10}(OH)_4Si_{12}AlO_{32}$]就是后来被发现的这一多体构型系列中的一个组元。

以下是多型及其应用的一些研究实例。

例 8-8　*矿物的多型及标型特征*

多型与晶体的形成条件有关。矿物多型可以作为指示形成条件、物质来源的标型，提供地质成因信息。例如，位于我国四川、云南交界的拉拉铁氧化物-铜-

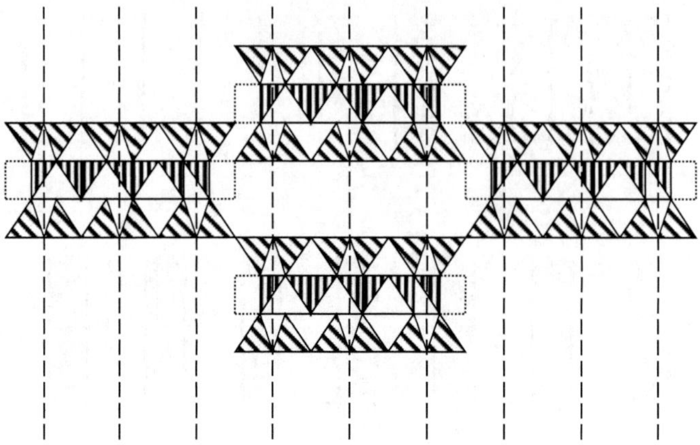

图 8-37　辉石模块 P 和云母或滑石模块 M 组成多体构型的示意图（Veblen D R，1991）

金-(铀-钼-钴-稀土)矿床是世界上近年来确定的一种新的矿床类型，拉拉铁氧化物-铜-金-(铀-钼-钴-稀土)矿床钼的富集极为突出，而且与铜的富集有密切的关系。该矿床钼的储量超过 20 万吨，平均品位 $w(Mo)=0.03\%$，具有极高的经济价值。因此针对该矿床开展与钼矿化有关的研究，不仅具有重要的理论意义，而且具有显著的经济价值。

图 8-38 表明，拉拉矿床辉钼矿有 2H+3R 和 2H 两种多型。表 8-7 为拉拉矿床辉钼矿多型的晶体结构特征及形成温度。

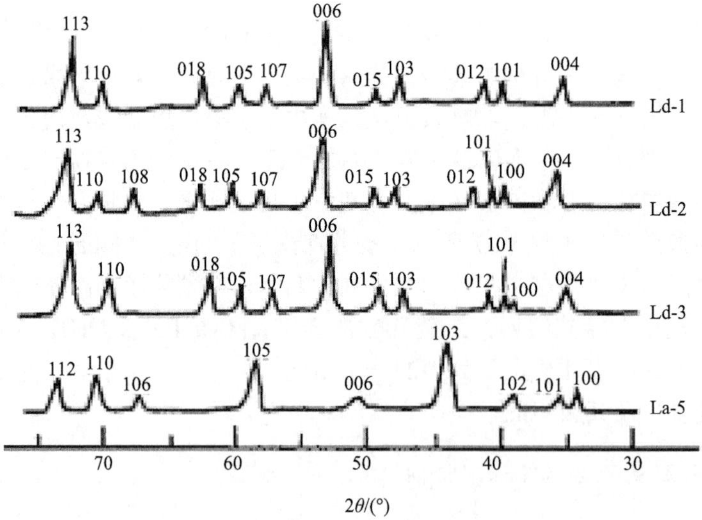

图 8-38　拉拉矿床辉钼矿的 XRD 图(王奖臻等，2004)

表 8-7　拉拉矿床辉钼矿多型的晶体结构特征及形成温度(王奖臻等，2004)

多型	晶系	空间群	单位晶胞棱长/Å		X 射线谱线/Å	形成温度/℃
			a_0	c_0		
2H 型	六方(二层型)	$D_{6h}^4 - P6_3mmc$	3.612	12.251	6.10,2.27,1.101,1.034	500
2H+3R 型	六方+三方(三层型)	$C_{3v}^5 - R3m$	3.164	12.245 18.364	6.12，2.714，2.04，1.531	280

研究表明，2H+3R 型辉钼矿中 Se、Te、Cu 质量分数较高，平均分别为 0.16%、0.06%和 0.39%；2H 型辉钼矿的 Se、Te、Cu 质量分数较低，分别为 0.05%、0.03%和 0.24%。2H+3R 型辉钼矿中的 $w(\mathrm{Re})$较高，平均为 112×10^{-6}。辉钼矿与黄铜矿等硫化物具有相同的物质来源和成因机制。

表 8-8 为我国江西德兴铜矿中伊利石的多型与相应矿层的铜品位等数据。伊利石多型特征表明，矿化围岩与区域围岩(>2 km)中伊利石的矿物结构与矿化流体有关。经长期埋藏变质作用，区域围岩中形成了结晶程度完好的 $2M_1$ 伊利石，Kübler 指数为 0.16°，Ir =1(Ir 为伊利石膨胀指数)，无膨胀层，是浅变质作用的产物。与发育热液成因 1M 伊利石的花岗闪长斑岩一样，矿化围岩发育了具有较高 Kübler 指数(平均值为 0.55°)、含少量膨胀层(1%～5%)的 1M 型伊利石，它是热液流体作用下伊/蒙混层矿物逆向退化的结果，且受热液流体量及水/岩比制约。可见，斑岩铜矿中伊利石多型可作为有效的矿化晕指示剂。

表 8-8　我国江西德兴铜矿中伊利石的多型与相应矿层的铜品位(金章东等，2002)

样号	岩性	Kübler 指数	膨胀层含量/%	多型	Ir	铜品位/%
211-7	γ_1	0.53	1.5	1M	1.72	0.0457
211-2	γ_1	1.37	8	1M	6.18	0.0094
211-10	γ_0	0.95	6	1M	2.28	0.0521
804-5	γ_2	0.74	5	1M	2.05	0.1125
804-19	γ_1	0.45	1	1M	1.67	0.0758
804-25	γ_1	0.74	5	1M	2.04	0.0659
804-9	H_2	0.84	1	1M	1.68	0.0795
804-21	H_2	0.42	0.5	1M	1.41	0.1194
804-30	H_1	0.40	2	1M	1.89	0.2290
TC-74	H_0	0.18	0	2M1	1	0.0019
TC-223	H_0	0.11	0	2M1	1	0.0010
TC-224	H_0	0.18	0	2M1	1	0.0022

注：岩性符号 γ 为花岗闪长斑岩，H 为千枚岩，下标 0、1、2 分别代表未蚀变、弱蚀变和中等蚀变；Kübler 指数为粒径小于 2 μm 颗粒伊利石的结晶度。

例 8-9 辉钼矿多型及其对电化学性能的影响

辉钼矿存在 1T、2H 和 3R 多型，如图 8-39 所示。

笔者分别用辉钼矿(p-MoS_2)、重堆积辉钼矿(r-MoS_2，辉钼矿经插层、剥离、调控 pH 后絮凝获得)和镁插层辉钼矿(Mg-MoS_2)为超级电容器的电极，对比研究了三种材料的电化学性能。图 8-40 为三种材料的对称型电容器在 0～0.7V 电压窗口不同扫描速率下的比电容变化曲线。可见，镁插层辉钼矿电极的电化学性能明显优于其他两种材料。例如，在扫描速率为 2 $mV \cdot s^{-1}$ 时，辉钼矿、重堆积辉钼矿、镁插层辉钼矿的比电容分别为 $2.5F \cdot g^{-1}$、$18.8F \cdot g^{-1}$ 和 $84.3 F \cdot g^{-1}$。

图 8-41 是三种电极材料的 XPS 谱图，表明三种材料的多型构成不同。辉钼矿完全由 2H 多型构成；重堆积辉钼矿中含 1T、2H 两种多型，1T∶2H=2∶1；镁插层辉钼矿中也含 1T、2H 两种多型，且 1T∶2H=9∶1，1T 多型含量最高。

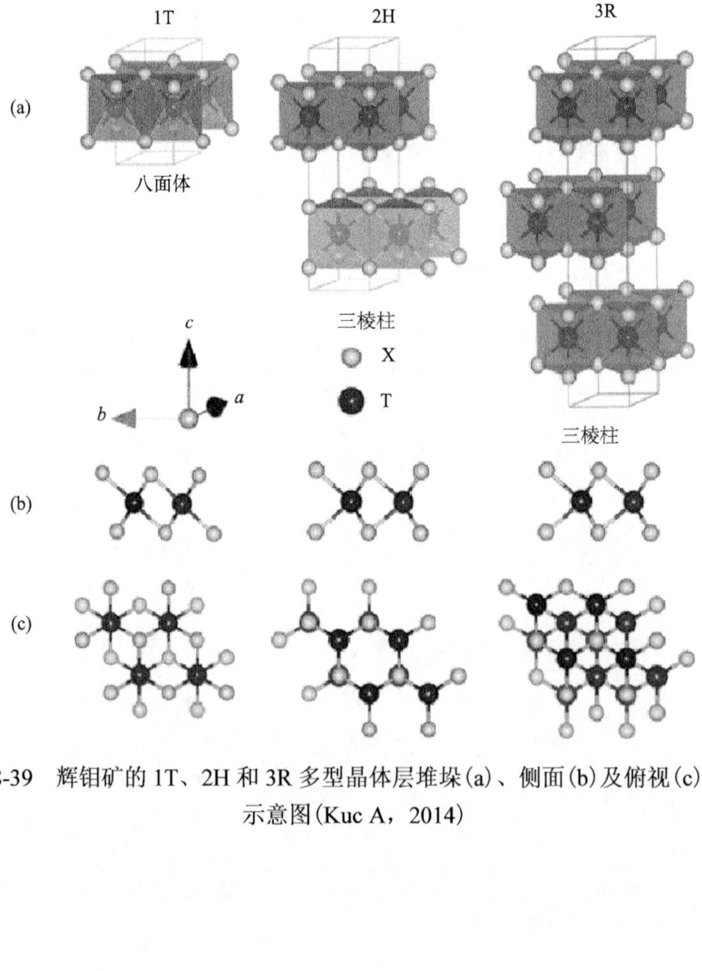

图 8-39 辉钼矿的 1T、2H 和 3R 多型晶体层堆垛(a)、侧面(b)及俯视(c)结构示意图(Kuc A，2014)

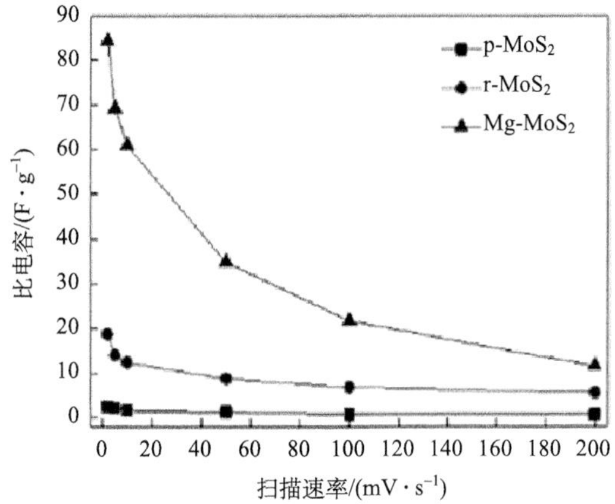

图 8-40　三种电极材料的对称型电容器在 0～0.7 V 电压窗口不同扫描速率下比电容变化曲线（Liu H et al.，2019）

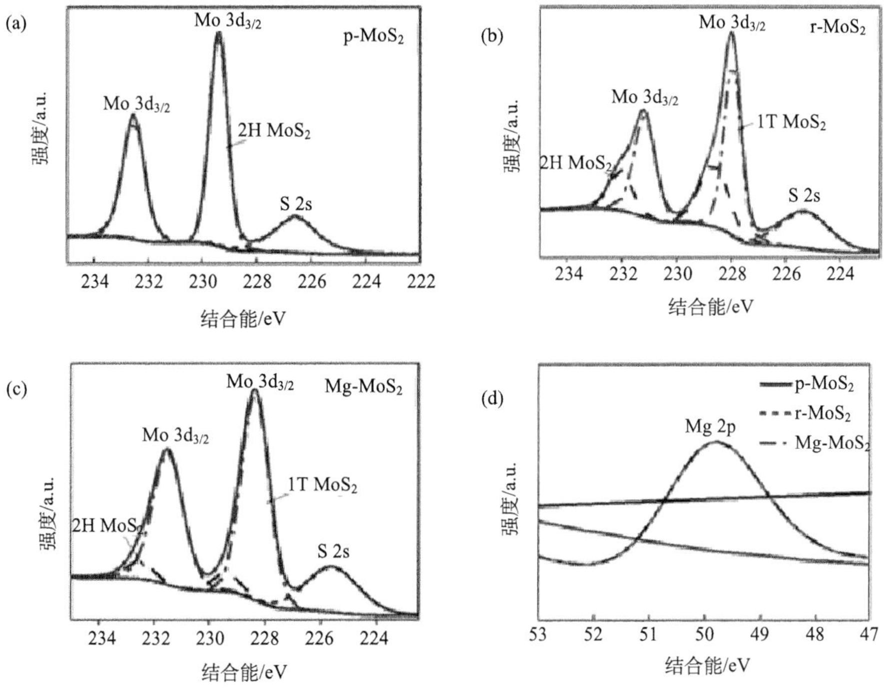

图 8-41　三种电极材料的 XPS 谱图（Liu H et al.，2019）

(a, b, c) Mo 3d 谱；(d) Mg 2p 谱

辉钼矿 1T 多型为导体，2H 多型为半导体，二者的电子电导率相差可达 7 个数量级。因此，1T 多型含量影响电极材料的导电性。同时，镁插层辉钼矿的层间距最大。以上两因素是造成三种电极材料电化学性能差异的主要原因。

第 9 章　晶 体 缺 陷

实际晶体总是或多或少地偏离严格的周期性而存在着各种各样的缺陷。晶体生长条件、制备工艺对缺陷的种类和数量有很大的影响。晶体缺陷对其电、磁、声、光、热、力学等物理性质都会产生影响。晶体缺陷的种类繁多，根据晶体缺陷在空间延伸的线度划分，可分为点缺陷、线缺陷、面缺陷和体缺陷。

9.1　晶体的点缺陷

常见的点缺陷有：点阵空位、间隙原子、杂质原子和原子周期序列错位等。在离子晶体中，点缺陷还常伴随电子结构缺陷，如点缺陷俘获电子或空穴造成色心。点缺陷间交互作用还可能造成更复杂的缺陷，如点缺陷对、点缺陷群等。

9.1.1　点缺陷的表示

1. 点缺陷的符号表示

使用最广泛的点缺陷符号是克罗格-温克(Kröger-Vink)符号。克罗格-温克符号的写法如下：

- 点缺陷名称
  - 点缺陷的有效电荷
    - x:中性
    - •:正电性
    - ′:负电性
  - 缺陷在晶体中占有的位置（用元素符号表示缺陷是否处在该原子格位上，用i表示缺陷是处于晶格的间隙位置上）

点缺陷名称：V 表示空位缺陷；元素符号表示杂质缺陷；e 表示电子缺陷；h 表示空穴。

2. 点缺陷的浓度表示

$$体积浓度[D]_V = 缺陷D的个数/体积(cm^3)$$

$$格位浓度[D]_G = \frac{缺陷D的个数}{1\,mol固体中所含的原子或分子数} = \frac{M}{\rho N_A}[D]_V$$

式中，M 为固体的摩尔质量；ρ 为固体的密度；N_A 为阿伏伽德罗常量$(6.02\times 10^{23} mol^{-1})$。

3. 点缺陷的有效电荷

点缺陷的有效电荷(q_e)指缺陷所带的真实电荷(z_d)与完整晶体中所占位置的真实电荷(z_s)之差：

$$q_e = z_d - z_s \tag{9-1}$$

为与真实电荷区别，用“•”表示有效正电荷，用“′”表示有效负电荷，“x”表示电中性。因此，电子和空穴缺陷的符号分别写成 e'、$h^{\bullet}$。真实电荷仍用“+”、“－”表示电荷的正、负。

以 NaCl 为例进一步说明点缺陷的有效电荷。

Na 空位 V_{Na} 所带的有效电荷：空位的真实电荷是 0，即 z_d=0；完整晶体中所占位置的真实电荷(Na^+的电荷)为 1，即 z_s=1。由式(9-1)，得

$$q_e=z_d-z_s=0-1=-1$$

因此，NaCl 晶体中 Na 空位所带的有效电荷为–1，写成 V_{Na}'。

同样可推出 V_{Cl} 的有效电荷为+1，写成 $V_{Cl}^{\bullet}$。一般地，正离子空位的有效电荷为负，负离子空位的有效电荷为正。因此，CaO 中 Ca 空位写成 $V_{Ca}^{2'}$，O 空位写成 $V_O^{2\bullet}$。

间隙离子的有效电荷：间隙位置是正常情况下未被占用的位置，这种位置没有前期存在的电荷(z_s=0)，当原子或离子占据间隙位置时，其真实电荷(z_d)就是有效电荷。例如间隙位置的 Zn^{2+}，由式(9-1)得

$$q_e=z_d-z_s=2-0=2$$

因此，间隙位置 Zn^{2+}的缺陷符号写成 $Zn_i^{2\bullet}$。

不等价替换离子的有效电荷：不等价离子替换也产生带有效电荷的点缺陷。例如，Ca^{2+}替换 NaCl 晶体中 Na^+，产生一个杂质缺陷 Ca_{Na}，因该缺陷的真实电荷(z_d)为 2(Ca^{2+}的电荷)，完整晶体中所占位置的真实电荷(z_s)为 1(Na^+的电荷)，由式(9-1)得

$$q_e=z_d-z_s=2-1=1$$

因此，缺陷 Ca_{Na} 的有效电荷为 1，写成 $Ca_{Na}^{\bullet}$。

9.1.2 本征缺陷

本征缺陷指不是由外来杂质引起而是由晶体结构的某种不完善性引起的缺陷，包括：①晶体各种组分偏离化学整比性；②点阵格位上缺少某些原子(空位缺陷)；③点阵格位间隙处存在间隙原子；④一类原子占据了另一类原子应占据的格位(反占位缺陷或错位缺陷、错置缺陷)。

第①类缺陷后面还将专门介绍，下面介绍由原子或离子空位或间隙造成的缺陷——弗仑克尔(Frenkel)缺陷和肖特基(Schottky)缺陷，以及一类原子占据了另一类原子应占据格位的反占位缺陷。

1. 弗仑克尔缺陷

当一个理想的 AX 型离子晶体的温度高到一定程度时，晶体中某些具有比平均能量大的离子就可能离开原来所占据的阵点平衡位置而转移到晶格的间隙位置，结果就产生了一个离子空位和邻近的一个间隙离子，这种同时产生的一对间隙离子和离子空位称为弗仑克尔缺陷，如图 9-1 所示。

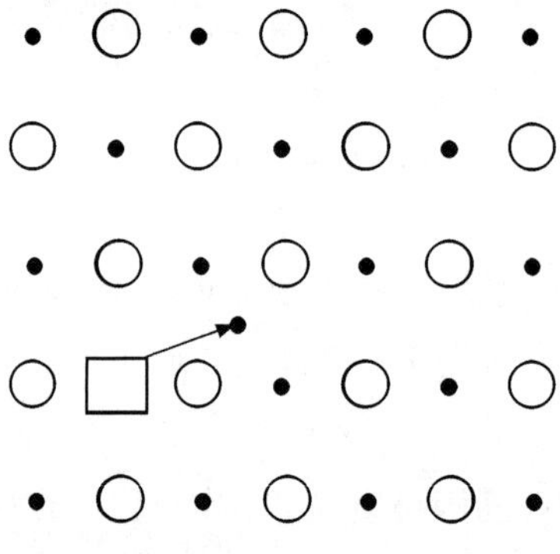

图 9-1　AX 型离子晶体中的弗仑克尔缺陷(张克从，1987)

○负离子 ●正离子 □空位

这种类型的缺陷也称为平衡热缺陷。平衡热缺陷数可以由晶体热力学平衡条件求得。

缺陷的产生会引起晶体自由能改变。在一定温度下，点缺陷从两个方面影响自由能：由于产生缺陷需要能量，因此当缺陷数为 n 时，系统的内能增加 ΔU；由于缺陷的出现，原子排列无序，使晶体的位形熵增加 ΔS。因而自由能改变量 $\Delta F=\Delta U-T\Delta S$。当两种因素相互制约，使 F 为最小时，缺陷数 n 达到稳定值。即点缺陷数可由下式确定：

$$\frac{\partial F}{\partial n}=0$$

用上式确定缺陷数时，作如下假定：

(1)热缺陷数 n 远小于晶体原子数 N(温度不太高的情况下总是成立的)；

(2)略去点缺陷间的相互作用，把点缺陷看成是相互独立的(当 $n \ll N$ 时总是成立的)；

(3)忽略点缺陷对晶格振动的影响，晶格振动自由能与点缺陷无关(因为实际上缺陷周围的恢复力系数将发生改变，因而振动频率也发生改变，这个假设不总是成立的)。

形成一个弗仑克尔缺陷所需能量为 u_F，由于 n_F 个缺陷的产生，晶体内能增量为

$$\Delta U=n_F u_F$$

n_F 个缺陷引起的位形熵增量为

$$\Delta S=k_B \ln W$$

W 为与理想晶体比较，缺陷所引起的微观态数的增量。

从 N 个原子(晶体原子总数)中取 n_F 个原子而形成 n_F 个空位的可能方式数 W' 为

$$W=\frac{N!}{(N!-n_F)!n_F!}$$

这 n_F 个原子进入 N' 个间隙位置(晶体间隙位置总数)而形成填隙原子的可能排列方式数 W'' 为

$$W''=\frac{N'!}{(N'-n_F)!n_F!}$$

因此形成 n_F 个弗仑克尔缺陷的可能方式数，即微观态增加数 W 为

$$W=W'W''=\frac{N!N'!}{(N-n_F)!(N'-n_F)!(n_F!)^2}$$

熵增量为

$$\Delta S=k_B \ln W=k_B \ln W'W''=k_B \ln W'+k_B \ln W''$$

晶体自由能的增量为

$$\Delta F=n_F u_F-Tk_B(\ln W'+\ln W'')$$

利用公式

$$\frac{\partial F}{\partial n}=0$$

和斯特林(Stirling)公式 $\ln N!=N\ln N-N$，可算出弗仑克尔缺陷数为

$$n_F = \sqrt{NN'}e^{-u_F/(2k_BT)}$$

式中，N 为原子总数；N' 为间隙位置总数；n_F 为弗仑克尔缺陷数；u_F 为形成一个弗仑克尔缺陷所需能量。

或写成

$$n_F \approx (NN^*)^{\frac{1}{2}}e^{-\Delta H_F/2RT}$$

式中，N 为每立方厘米中的格位数；n_F 为弗仑克尔缺陷数；N^*为每立方厘米中可利用的间隙位置数；R 为摩尔气体常量；ΔH_F 为形成一个弗仑克尔缺陷所需的能量。

2. 肖特基缺陷

如果在 AX 型离子晶体表面上的离子受热激发而离开晶体表面，那么在该离子的位置上就产生了空位，晶体内部的一个离子就会跑到晶体表面填充该空位，从而在晶体内部就产生了离子空位。因此可以有正离子空位和负离子空位。由于晶体本身电中性的要求，晶体中的正、负离子空位应具有基本相同的数目。总体来看就好像离子空位从晶体表面向其内部迁移一样，这种空位称为肖特基缺陷，如图 9-2 所示。

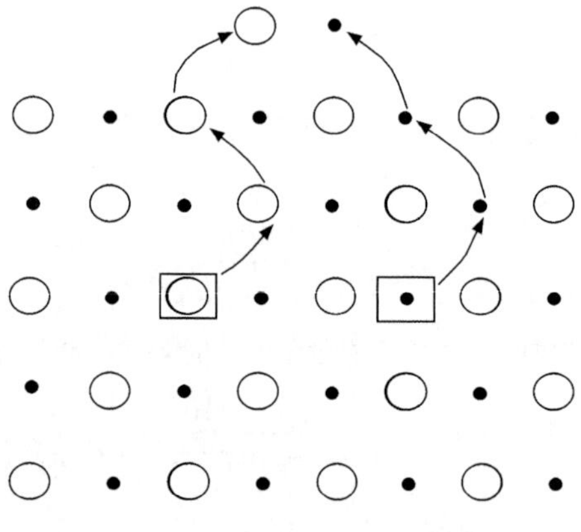

图 9-2　AX 型离子晶体中的肖特基缺陷(张克从，1987)
○负离子 ●正离子 □ 空位

肖特基缺陷也是热缺陷，因此缺陷数也可用与求弗仑克尔缺陷数相同方法求得

$$n_S = Ne^{-u_S/(k_BT)}$$

u_S 是产生一个肖特基空位所需的能量，$u_S < u_F$。

或写成

$$\frac{n_S}{N} = 10^{-\Delta H_S/39T}$$

式中，n_S为每立方厘米正、负离子空位数，即肖特基缺陷数；N为每立方厘米正、负离子格位数；ΔH_S为形成 1 mol 肖特基缺陷所需的能量。

3. 反占位缺陷

反占位缺陷是晶体中一个原子占据了另一个原子应占据的格位，在多元弱离子键和共价键晶体中常出现。以尖晶石($MgAl_2O_4$)为例，如果所有 Mg 占据四面体位置，用(Mg)表示；如果所有 Al 占据八面体位置，用[Al]表示，晶体结构式写成(Mg)[Al]$_2$O$_4$。在绝大多数尖晶石晶体中都发现，有少量 Mg^{2+}与 Al^{3+}交换了位置，从而形成反占位缺陷($Mg_{1-x}Al_x$)[$Al_{2-x}Mg_x$]O_4，即

$$Mg_{Mg}+Al_{Al} \longrightarrow Mg'_{Al}+Al^{\bullet}_{Mg}$$

偏离正尖晶石，向过渡尖晶石、反尖晶石转变。

9.1.3　杂质缺陷

杂质缺陷分为两类：取代杂质原子或离子缺陷和间隙杂质原子或离子缺陷。

1. 取代杂质原子或离子缺陷

这类缺陷指外来杂质原子或离子取代了晶格中某种原子或离子形成的缺陷。如硅晶体中三价硼取代四价硅形成的带负有效电荷的缺陷(表示成B'_{Si})，五价磷取代四价硅形成带正有效电荷的缺陷(表示成$P^{\bullet}_{Si}$)。B'_{Si}缺陷使晶体缺少电子称为受主杂质，$P^{\bullet}_{Si}$缺陷使晶体增加电子称为施主杂质。受主杂质形成空穴，由空穴导电的半导体称为 p 型半导体。施主杂质产生额外电子，由额外电子导电的半导体称为 n 型半导体。

2. 间隙杂质原子或离子缺陷

有些杂质原子或离子不是取代阵点位置上的原子或离子，而是进入晶体点阵的间隙中，称为间隙杂质原子或离子缺陷，可在缺陷符号的右下角注入字母 i(interstitial)来表征。例如，$Li^{\bullet}_i$表示晶体中存在Li^+间隙缺陷。

间隙杂质原子或离子的缺陷数n_i可由下式求得

$$n_i = N'e^{-u_i/(k_BT)}$$

u_i是形成一个间隙原子所需的能量，$u_i < u_F$。

影响形成杂质缺陷的因素有：①取代时的能量是否有利(如电负性差别不大

的离子可取代)；②取代离子的半径差较小；③间隙缺陷不改变基质晶体结构；④小半径离子易形成间隙缺陷；⑤取代前后的电价平衡。

9.1.4　色心

离子晶体的满带与空带间有很宽的能隙(禁带)，禁带宽度大于光子能量，用可见光照射晶体时，不可能使满带电子吸收光子而跃迁到空带，因而不能吸收可见光，表现为无色透明晶体。在离子晶体中造成点缺陷，这些电荷中心可以束缚电子或者空穴在其周围形成束缚态。通过光吸收可以使被束缚的电子或空穴在束缚态间跃迁，使原来无色透明的晶体呈现颜色，这类可吸收可见光的点缺陷称为色心。

色心是晶体中吸收光波的基本单位。一个色心是一个吸收光波的点阵缺陷。色心产生颜色是光子可使价电子向激发态跃迁吸收能量的结果。

最简单的色心是由一个负离子(或离子基团)空位和一个受此空位电场束缚的电子构成的色心称为 F 心，因此 F 心也可写成 $V_X^{\cdot}e'$。F 心来自德语 Farbzentrum，意思是色心。F 心为电中性，一般在电场作用下不发生移动，但在一定温度下，部分 F 心发生解离，解离的电子和空位分别带负电荷和正电荷，在电场作用下将向正、负电极移动，引起离子导电，使晶体逐渐褪色。

俘获电子的色心还有许多种，一个点阵空位俘获两个电子形成 F′ 心，两个相邻的负离子空位俘获一个电子形成 R 心，两个相邻的负离子空位和一个近邻的正离子空位俘获一个电子形成 M 心，两个近邻的 F 心构成 F_2 心，三个近邻的 F 心构成 F_3 心，等等。

各种色心均为点阵缺陷缔合而成，如图 9-3 所示。

F 心的反型体称为 V 心，即由一个正离子空位俘获一个空穴构成。F_2 心、R 心、M 心的反型体分别称为 V_2 心、V_3 心、V_4 心。它们的缔合体表示于图 9-4 中。

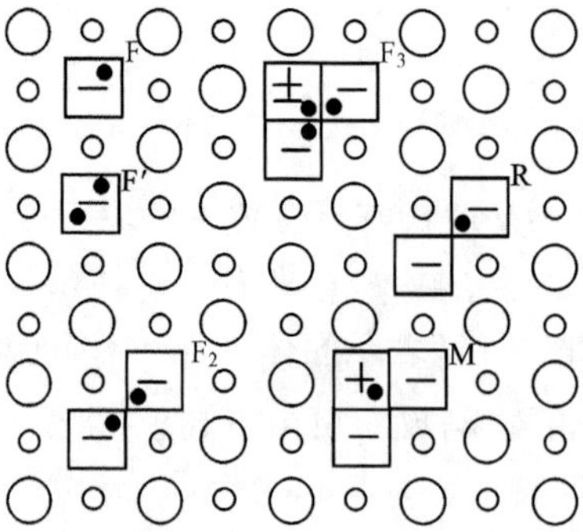

图 9-3　AX 晶体中各种空位俘获电子中心所形成的色心(张克从，1987)

○ 负离子　○ 正离子　● 电子

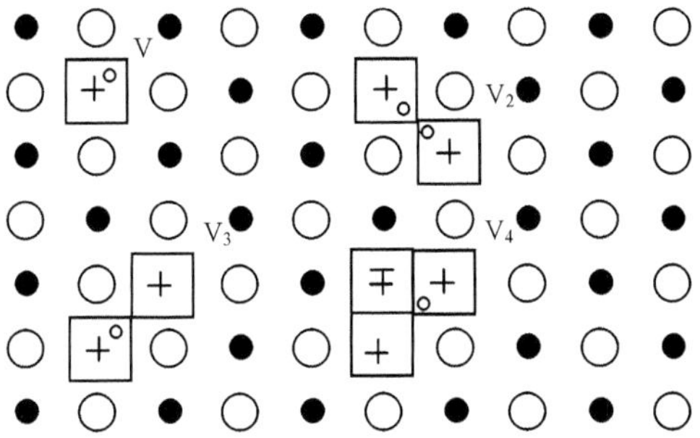

图 9-4 AX 晶体中各种空位俘获空穴中心所形成的色心(张克从，1987)

○负离子 ∘ 正离子 ●电子

并不是所有的色心都能使晶体着色，因为有些吸收光谱峰的位置超出了可见光谱的范围。

色心研究有很重要的应用，如光学材料研究中往往要避免色心的产生；宝石改色中要研究色心产生的机制，控制色心的形成；色心激光晶体则是在晶体中形成特定的色心，通过激发色心电子到激发态，当处于激发态的电子降回基态时，多余能量以激光形式发射出来；光敏材料也是通过在晶体中产生不同的色心，不同波长的光使晶体产生不同的颜色，利用此特性进行信息记录、显示及擦除。

色心的性质及形成机制还有待进一步研究。

9.1.5 缺陷反应方程

用传统的化学方程表达反应物平衡时，缺陷不会出现，从而丢失了这些重要的信息，但可以加以改进，将缺陷的形式包括进去。缺陷的形成可视为理想晶体与掺杂剂的反应。书写缺陷反应方程的规则与书写传统化学方程相似，但由于基体是晶体结构，因此必须指明晶体学的位置数而不是分子数或摩尔数。

缺陷反应方程的书写规则：

(1) 晶体中金属原子的位置数与非金属原子的位置数需保持正确的比例(受晶体结构的制约)；

(2) 方程两边的原子总数需平衡；

(3) 晶体需保持电中性。

下面以几个实例说明缺陷反应方程的写法。

1. 反占位缺陷

以 AB 化合物为例，反占位缺陷的形成过程可表示如下

(1) 在 A 的亚晶格上形成弗仑克尔缺陷：

$$A_A \longrightarrow A_i + V_A$$

(2)间隙原子 A_i 与正确位置的 B 原子互换：

$$A_i + B_B \longrightarrow A_B + B_i$$

(3)间隙原子 B_i 占据 A 原子空位形成 B 原子反占位缺陷：

$$B_i + V_A \longrightarrow B_A$$

(4)将以上 3 个方程相加，得出反占位缺陷的反应方程：

$$A_A + B_B \longrightarrow A_B + B_A$$

2. 富氧条件下制备的 NiO 的缺陷

NiO 为 NaCl 型结构。富氧条件下制备 NiO，首先可能产生带 2 个有效负电荷的 Ni 空位缺陷 $V_{Ni}^{2'}$；其次，格位上的 Ni^{2+}可能被氧化形成 Ni^{3+}，即形成带 1 个有效正电荷的缺陷 $Ni_{Ni}^{\bullet}$。因此缺陷反应写成：

$$\frac{x}{2}O_2 + 2xNi_{Ni} \longrightarrow xO_O + xV_{Ni}^{2'} + 2xNi_{Ni}^{\bullet}$$

3. CaO 稳定的 ZrO_2 中的缺陷

在 ZrO_2 基质晶体中掺杂少量 CaO，可以使 ZrO_2 相更加稳定。Ca 进入 ZrO_2 晶格，有两种可能：Ca 占据 Zr 的位置，或 Ca 进入间隙位置。

对于 Ca^{2+}占据 Zr^{4+}的位置，每个 Ca^{2+}的引入将产生一个带 2 个有效负电荷的 $Ca_{Zr}^{2'}$ 缺陷，同时引入 2 个负离子位置，其中一个被 CaO 中的 O^{2-}占据，形成电中性的 O_O^x 缺陷，另一个形成带 2 个有效正电荷的 O 空位 $V_O^{2\bullet}$。缺陷反应方程写成：

$$CaO(ZrO_2) \longrightarrow Ca_{Zr}^{2'} + V_O^{2\bullet} + O_O^x$$

圆括号表示基质晶体。

对于 Ca 进入间隙位置，形成带 2 个有效正电荷的缺陷 $Ca_i^{2\bullet}$，不会影响位置数，但 O 原子必须维持 ZrO_2 基质的位置比例，所以每增加一对 O 必须产生一个带 4 个有效负电荷的 Zr 空位 $V_{Zr}^{4'}$。缺陷反应方程写成：

$$2CaO(ZrO_2) \longrightarrow 2Ca_i^{2\bullet} + 2O_O^x + V_{Zr}^{4'}$$

以上几个例子中，写出的缺陷反应方程仅为理论推导的结果，具体哪一个符合实际情况，需要实验加以证实。

9.1.6　非化学计量化合物中的缺陷

设在一个二元化合物晶体中，A、X 两种原子的组成比为 X∶A=n∶m，化学

式以 A_mX_n 表示。相应的点阵浓度比值为

$$r_L = \frac{[X]}{[A]} = \frac{n}{m}$$

实际晶体中，经常是 X∶A≠n∶m，这样的化合物称为非计量化合物(不符合化合物组成的定比定律)，它的组成表示成 $A_mX_{n(1+\delta)}$，δ是一个很小的正值或负值，此时 X、A 的浓度比为

$$r_C = \frac{[X]}{[A]} = \frac{n(1+\delta)}{m}$$

偏离整数比的程度用 $\varDelta$ 表示：

$$\varDelta = r_C - r_L = \frac{n(1+\delta)}{m} - \frac{n}{m} = \frac{n}{m}\delta$$

$\varDelta$ 与晶体点缺陷的浓度有关系。例如，当晶体中存在肖特基缺陷时，两类阵点上除分别占据 A 和 X 原子外，还存在少量的空位 V_X 和 V_A。即两类阵点的浓度分别为

$$[L_X]=[X]+[V_X], \qquad [X]=[L_X]-[V_X]$$

$$[L_A]=[A]+[V_A], \qquad [A]=[L_A]-[V_A]$$

$$\varDelta = \frac{[X]}{[A]} - \frac{n}{m} = \frac{[L_X]-[V_X]}{[L_A]-[V_A]} - \frac{n}{m}$$

如果 $\varDelta$=0，则

$$\frac{[L_X]-[V_X]}{[L_A]-[V_A]} = \frac{n}{m}$$

因为

$$\frac{[L_X]}{[L_A]} = \frac{n}{m}$$

所以

$$\frac{\frac{n}{m}[L_A]-[V_X]}{[L_A]-[V_A]} = \frac{n}{m}$$

$$n[L_A]-m[V_X] = n[L_A]-n[V_A]$$

$$m[V_X] = n[V_A]$$

可见非计量化合物中的肖特基缺陷数也符合计量比。

非计量化合物有许多不同的类型，从组成的非计量性可分为如下几种：

(1) MY_{1-x} 型，x 为一个小的分数，即缺负离子的非计量化合物；

(2) $M_{1-x}Y$ 型，即缺正离子的非计量化合物；

(3) $M_{1+x}Y$ 型，即多了一些正离子的间隙型非计量化合物；

(4) $M_{1-2x}M'_{2x}Y$ 或 $MY_{1-2x}Y'_{2x}$ 型，即存在正或负离子替换的非计量化合物。如 $Ag_{1-2x}Cd_{2x}Cl$、$AgBr_{1-2x}S_{2x}$(注：正离子或负离子电价不等)。

造成非计量的原因是存在间隙原子或离子和原子或离子空位缺陷或缺陷簇。

缺陷簇是缺陷以某种方式缔合而成，如 Koch 簇、Bevan 簇、Wllis 簇等。

非计量化合物中的点缺陷或缺陷簇相互作用使空位或间隙原子在晶体中的排列趋于超晶格有序化，形成各种超晶格相。

非计量化合物还可形成晶体学剪切结构(CS 结构)。CS 结构含有很多 CS 面，CS 面两侧晶体结构相同，为剪切滑移关系，CS 面内结构与两侧结构不同，成分不同，因此 CS 面的数量影响化学计量比。

非计量化合物多数为氧化物、硫属化合物和卤化合物等。晶体结构则多属 CaF_2 型、NaCl 型、TiO_2 型、ZnS(闪锌矿)型、NiAs 型、$CaTiO_3$ 型、$CaWO_4$(白钨矿)型等。这些类型的化合物中，都是阴离子作最紧密堆积，阳离子填充其中的空隙。在晶体生长过程中，阳离子多面体畸变，使负离子数目相对减少，从而形成非计量化合物。

非计量化合物的化学性质与计量化合物差别不大，但某些物理性质有大的差异。例如，SnO_2 组成偏离化学计量时由绝缘体变为半导体，导电性与偏离化学计量的程度成正比。

9.1.7 点缺陷引起的晶体性能变化及点缺陷测定方法

晶体点缺陷可引起晶体性能发生变化：

(1) 引起晶体振动频谱改变。在缺陷附近，原子间的弹性恢复力系数发生改变，晶体振动的频谱分布也发生改变，形成一种局限于缺陷附近的振动模式，称为局域模。

(2) 引起晶体线度变化。晶体的线度改变量与热膨胀引起的晶体线度改变量(可由 X 射线衍射测定，空位对衍射的影响忽略)之差可用于测定空位的浓度。

(3) 引起晶体密度变化。肖特基缺陷不会引起晶体密度的变化。

(4) 引起晶体比热容反常。因此测定比热容反常，可以测出空位的数目(浓度)。

(5) 引起晶体杨氏(弹性)模量变化(力学性能变化)。

(6) 引起晶体热电性能变化，如塞贝克(Seebeck)系数变化。

(7) 引起离子晶体导电性变化。

相应地，晶体中点阵缺陷的测定方法有：①热天平微重量法；②密度和晶胞常数 X 射线精确测定法；③化学分析法，测定非整比原子的价态变化；④电导率法；⑤塞贝克系数法。

当含有空穴或电子等快迁移载流子的晶体两端处于不同温度下时，将会产生电压，这一现象称为塞贝克效应(热电效应)。塞贝克系数是表征热电效应的参数，其正负反映载流子的种类(正为空穴载流子，负为电子载流子)，其大小与快迁移载流子浓度有关。通过用不同方法对含缺陷晶体的位形熵进行估算，可得到缺陷数量与塞贝克系数间的关系，用于确定晶体中的缺陷数量。在低的载流子浓度下，塞贝克系数就可以很大，因此塞贝克系数法是分析测量缺陷浓度的高精度方法。

晶胞参数和体积测定法参见第 8 章“韦加定律”部分。

密度测定法的一般步骤如下：

(1)测出晶体的成分；

(2)测出晶体的实际密度；

(3)测出晶体的晶胞参数；

(4)计算各种可能的点缺陷存在状态下的晶体理论密度；

(5)将实际密度与各理论密度比较，甄别出哪种点缺陷模型与实验结果吻合。

9.2 晶体中的线缺陷——位错

9.2.1 位错的类型

位错是一种线缺陷，但不是几何意义上的线，从微观角度，位错是有一定宽度的“管道”。位错必须在晶体中形成一个封闭的环，它不能终止在晶格中间，可终止在晶体表面或晶粒间界处，位错环把晶体中变形程度不同的部分分隔开。

位错有两种基本类型：刃型位错和螺型位错。同时并存以上两种位错时称为混合型位错。理想的晶体可看成是由一层一层的原子或离子紧密堆积而成，如果某一原子面在晶体内部中断，在原子面中断处就出现了一个位错，由于它处于该中断面的刃边处，故称为刃型位错。如果原子面在堆积过程中，它绕着螺旋轴旋转一周就增加一个面网间距，于是就在螺旋轴处出现另一种类型的线缺陷，称为螺型位错。

刃型位错和螺型位错周围原子的排列情况见图 9-5。

9.2.2 伯格斯矢量

在晶体中选取三个基矢 $\boldsymbol{\alpha}$、$\boldsymbol{\beta}$、$\boldsymbol{\gamma}$，构成单位晶胞。若从晶体中某一阵点出发，以一个基矢为一步，沿基矢方向逐步延伸，最终回到出发点，得到一闭合回路，称为伯格斯(Burgers)回路。

设在伯格斯回路中，在 $\boldsymbol{\alpha}$ 方向走了 n_α 步，在 $\boldsymbol{\beta}$、$\boldsymbol{\gamma}$ 方向分别走了 n_β、n_γ 步，如果回路围绕的区域为理想晶格点阵，必然存在如下关系：

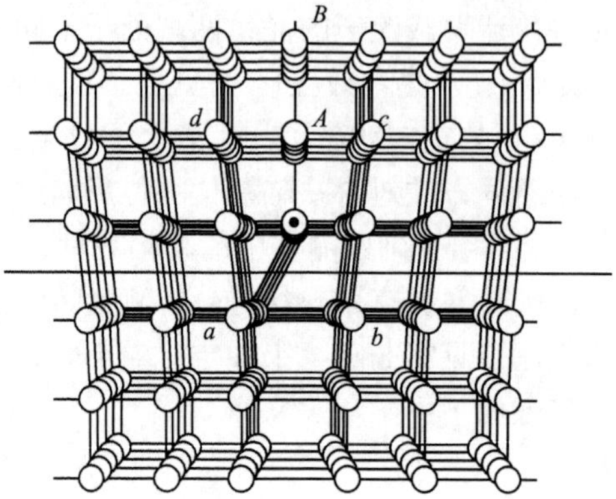

(a)

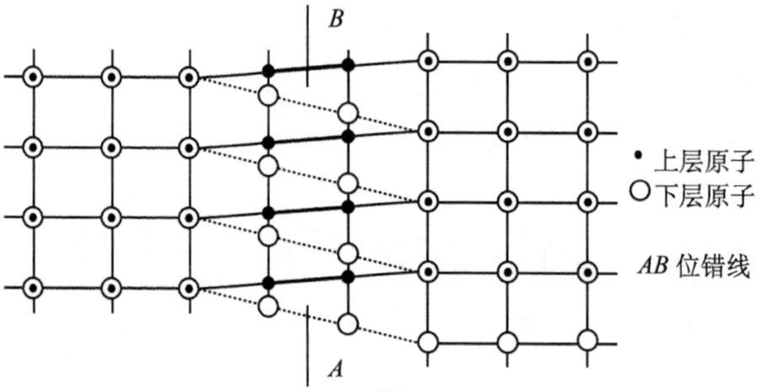

(b)

图 9-5　刃型位错和螺型位错周围原子的排列(张克从，1987)

(a)刃型位错；(b)螺型位错

$$n_{\alpha}\boldsymbol{\alpha}+n_{\beta}\boldsymbol{\beta}+n_{\gamma}\boldsymbol{\gamma}=0$$

式中，n_{α}、n_{β}、n_{γ} 为整数。如果回路包围的区域存在位错，则有

$$n_{\alpha}\boldsymbol{\alpha}+n_{\beta}\boldsymbol{\beta}+n_{\gamma}\boldsymbol{\gamma}=\boldsymbol{b}$$

$\boldsymbol{b}$ 矢量称为伯格斯矢量。

$\boldsymbol{b}$ 是晶体中某一方向上两原子间的距离或其整数倍。对于一个特定位错，无论伯格斯回路大小如何，只要不与另一位错回路相交截，所得到的 $\boldsymbol{b}$ 是守恒的。点缺陷的柏格斯矢量为 0。因此也可以说伯格斯矢量不为零的晶体缺陷称为位错。

求伯格斯矢量的步骤如下：①一般规定位错线垂直纸面，向上方向为正向；②用右手螺旋法确定伯格斯回路走向，拇指指向位错线方向，四指方向为伯格斯回路走向；③从晶体完整区域任一原子出发，以基矢为步长作伯格斯回路，计算三个基矢方向的矢量和即得到伯格斯矢量。刃型位错和螺型位错的伯格斯回路如图 9-6 所示。可见刃型位错的 $\boldsymbol{b}$ 与位错线垂直，螺型位错的 $\boldsymbol{b}$ 与位错线平行。刃型位错有正、负之分(伯格斯矢量方向相反)，螺型位错有左、右之分，正负或左右型位错相遇互相湮灭。

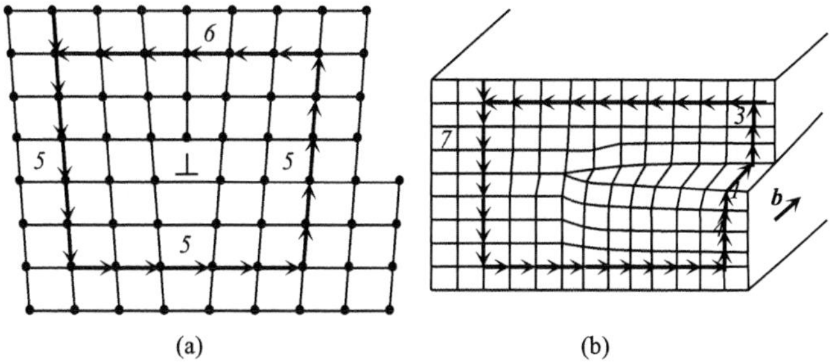

图9-6　刃型位错和螺型位错的伯格斯回路(张克从，1987)

(a)刃型位错；(b)螺型位错

混合型位错的位错线与 **b** 交角 θ 不为零，也不等于 90°，**b** 可分解成纯刃型和纯螺型伯格斯矢量 $\boldsymbol{b}_l$、$\boldsymbol{b}_s$，如图 9-7 所示。其中 $\boldsymbol{b}_l=\boldsymbol{b}\sin\theta$，$\boldsymbol{b}_s=\boldsymbol{b}\cos\theta$。位错线为曲线。

单位体积的晶体中位错线的长度称为位错密度，也可简单地用垂直位错线的单位面积中位错线与表面交点的个数表示。

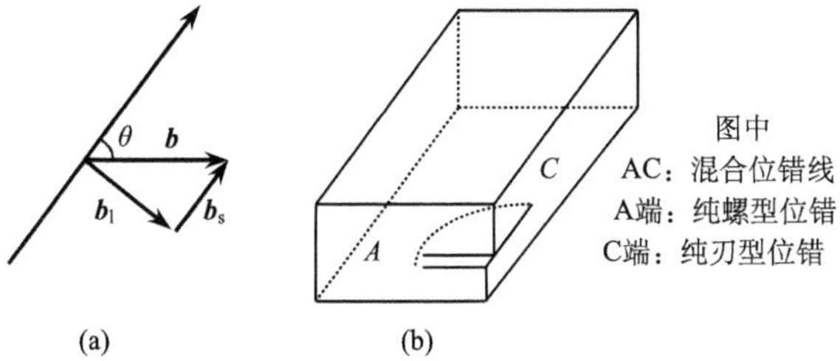

图 9-7　混合型位错示意图（张克从，1987）

(a)混合位错分解；(b)晶体中的混合位错

9.2.3　不全位错

由上一节可知，伯格斯矢量 **b** 是晶体点阵周期或点阵周期的整数倍，该类位错也称全位错。还有一类位错，其伯格斯矢量 **b** 不是晶体点阵周期或点阵周期的整数倍，称为不全位错。在有堆垛层错的晶体中，当层错不扩展到整个晶体，而是停止在晶体中的某部分，这样的层错便是不全位错。

不全位错的伯格斯矢量有如下特性：

(1)不全位错的四周不全为好区域；

(2)不全位错的伯格斯回路必须从坏区域(层错处)开始；

(3)不全位错的伯格斯矢量恒等于层错的相对位置矢量，它不等于点阵周期的整数倍；

(4)除上述特性外，不全位错的伯格斯矢量与全位错相同，即伯格斯回路必须是一个闭路，不全位错的伯格斯矢量也守恒。

具有不同伯格斯矢量的位错线可以合并为一条位错线，也就是同一区域中两个位移可以叠加。反之，一条位错线也可以分解为两条或更多条具有不同伯格斯矢量的位错线，即一步完成的位移可以分成几步完成。位错的分解和合并称为位错反应。

9.2.4　位错的成因

一般认为，位错的成因主要有如下几种：

(1) 由籽晶引入(籽晶中存在位错)；

(2) 由热应力引起的位错增殖(温度分布不均匀引起的应力)；

(3) 晶体中杂质出现不均匀偏析，导致局部晶胞常数变化产生的应力引起的位错增殖；

(4) 晶体生长后冷却过程中形成的局部热应力集中产生位错；

(5) 机械应力引入；

(6) 面缺陷和体缺陷造成应力集中引入(晶界、晶粒间界处)。

位错增殖有多种机制，其中一种称为 Frank-Read 机制。Frank-Read 机制假设位错线两端固定不动，在外加分切应力 τ 的作用下，位错线弯曲并向外扩张。当切应力 F 大于位错线恢复力 f 时，扩张持续，形成分别以位错线端点为中心的蜷线。两支蜷线因一边是左螺型，另一边是右螺型，接触时抵消，形成一完整位错环和一段位错线段。在切应力作用下，位错环扩大，位错线段则恢复到原来的位置，此时与初始态相比，多了一个正在扩大的位错环。在应力作用下此过程不断循环，位错得以增殖，如图 9-8 所示。

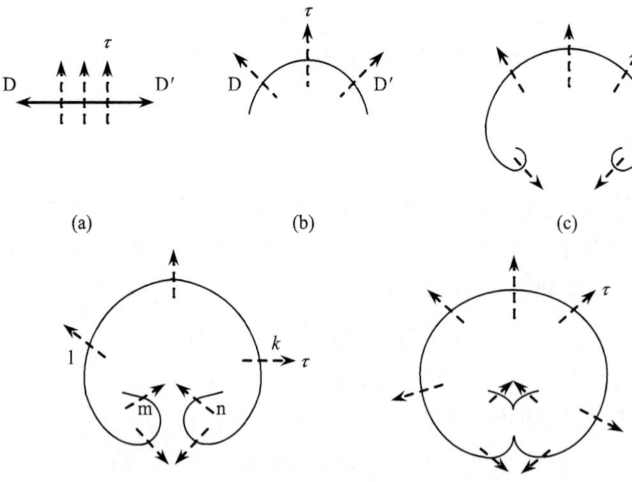

图 9-8　位错增殖过程示意图(吕孟凯，1996)

(a)～(e) 为位错增殖的不同阶段

位错对晶体可产生一系列影响：

(1)影响杂质集结。半径比基质原子大和小的杂质原子在位错线附近集结，有利于降低晶格的畸变，减弱位错附近的应力场。由于同样原因，位错滑移较以前困难，晶体对塑性形变表现出更大的抵抗能力，使晶体硬度提高，但抗腐蚀能力降低。在半导体晶体中，由于杂质在位错周围的聚集，可能形成复杂的电荷中心，从而影响半导体的电学、光学和其他性质。

(2)影响晶体生长。螺型位错台阶起到凝结核的作用，而且越靠近螺型位错线，台阶移动的角速度越大，结果逐渐形成螺旋状台阶。

(3)空位凝聚可形成位错，位错的运动又可以产生或消灭空位(位错的攀移，位错线垂直于滑移面运动)。

9.2.5　位错与点缺陷的交互作用

位错环可以通过晶体中的空位聚集而成。由于静电相互作用，离子晶体中可以发生这样的聚集。因此，空位可以缔合成双空位、三空位等。空位簇的最终形状可以是球形、椭圆形或者面状，这取决于晶体结构的几何性质。面状空位聚集到足够大，便可形成位错环。间隙原子聚集的情形相似。

刃型位错不能滑移，但能够通过空位或间隙原子的继续聚集(添加到半原子面末端)而长大。刃型位错的这种运动方式称为攀移。攀移形成的位错内的短步称为割阶，如图9-9所示。

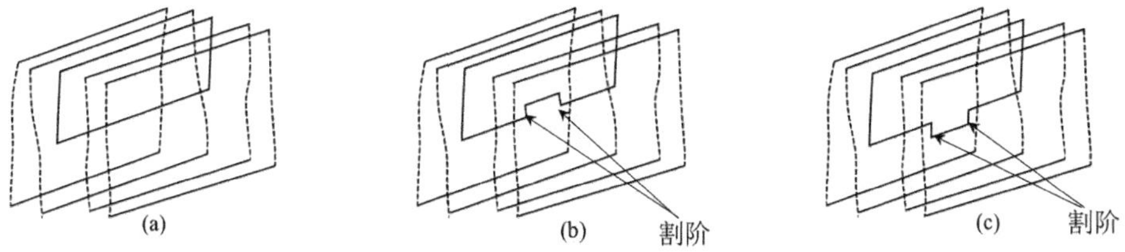

图9-9　刃型位错的攀移(蒂利理查德 J D，2013)

(a)攀移前的刃型位错；(b)攀移始于位错上的空位聚集；(c)攀移始于位错上的间隙原子聚集

位错的应变场与点缺陷发生交互作用可将点缺陷吸引到位错中心。如果点缺陷浓度足够高，则可以聚集形成析出物或面缺陷，称为位错的缀饰。位错的缀饰常用于位错观察的样品制备。

9.2.6　位错的观测

1950年，Griffin首次用相衬显微镜观察到绿宝石中螺型位错的存在，后来出现了样品的缀饰和侵蚀技术，而高分辨电子显微镜的应用，将晶体位错研究推到新的阶段。

由于位错的存在，位错处成为晶体的薄弱区域。采用适合的侵蚀方法，可在位错处形成不同形状的侵蚀坑，用高分辨电子显微镜可直接观察。侵蚀方法有化学侵蚀法和热侵蚀法。图 9-10(a)是用化学侵蚀法制样，在电子显微镜下观察到的 LiF 晶体中的位错线。图 9-10(b)是用热侵蚀法制样，在电子显微镜下观察到的 Fe-Ni 合金晶体中的位错线，下部分发生了重结晶。

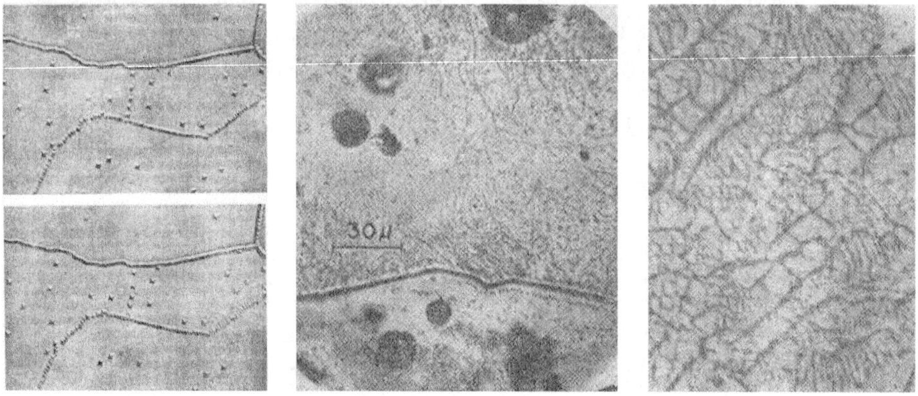

(a)　(b)　(c)

图 9-10　(a) LiF 晶体中的位错线；(b) Fe-Ni 合金晶体中的位错线(下部分发生重结晶)；(c) 卤化银晶体的位错网(钱临照等，2014)

缀饰法是通过一定的处理，使杂质原子聚集在位错线附近，形成足以用显微镜观察的大颗粒的制样方法。杂质原子可以来自晶体内部，也可以外加。图 9-10(c)是用缀饰法制样，观察到卤化银晶体的位错网。

9.3　晶体中的面缺陷

晶体界面按照两侧晶体间的几何关系分为三类：平移界面、孪晶界面和位错界面。三类界面的面缺陷情况各不相同。

9.3.1　平移界面

界面的两侧移动是沿着某一点阵面平移。原子的堆垛层错是平移界面。以立方紧密堆积为例，其堆积顺序为

ABCABCABC…

如 AB、BC、CA 均用△表示，其逆顺序堆积 BA、CB、AC 均用▽表示，则正常的立方紧密堆积表示成

△△△△△△…

当堆积出现层错，如比正常层序少一层或多一层时，以上堆积顺序发生变化，少一层的情况称为抽出型层错，多一层的情况称为插入型层错，如图 9-11(b) 和 (c) 所示。

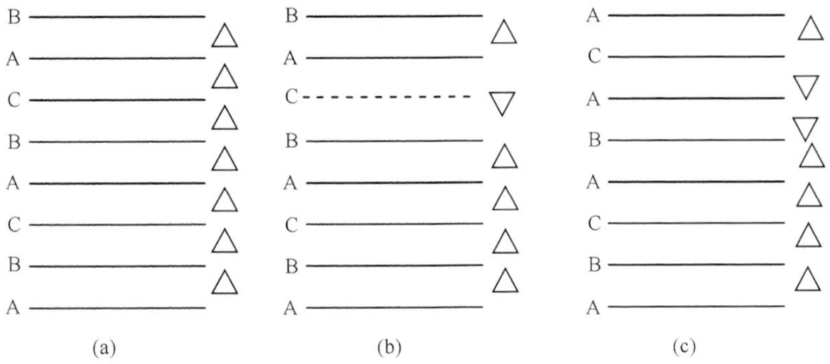

图 9-11　面心立方晶体结构的堆积示意图(张克从，1987)

(a) 正常原子堆积；(b) 抽出一层层序；(c) 插入一层层序

平移界面不改变原子的配位数及其间距，而只改变原子次近邻关系，晶格几乎不产生畸变。

9.3.2　孪晶界面

孪晶界面两侧的结构互成反映对称关系或旋转对称关系。例如，将立方紧密堆积从某层起颠倒顺序，便得到以{111}面为孪晶界面的孪晶，这种孪晶相当于连续许多层的堆垛层错，如图 9-12 所示。

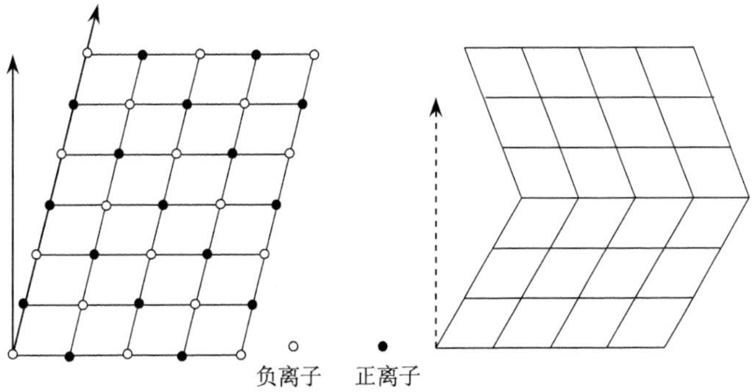

图 9-12　面心立方晶体孪晶化前后{111}面原子组态示意图(张克从，1987)

除了一般的孪晶界面外，磁畴界和电畴界在许多方面也与孪晶界面相类似，即呈对称关系。

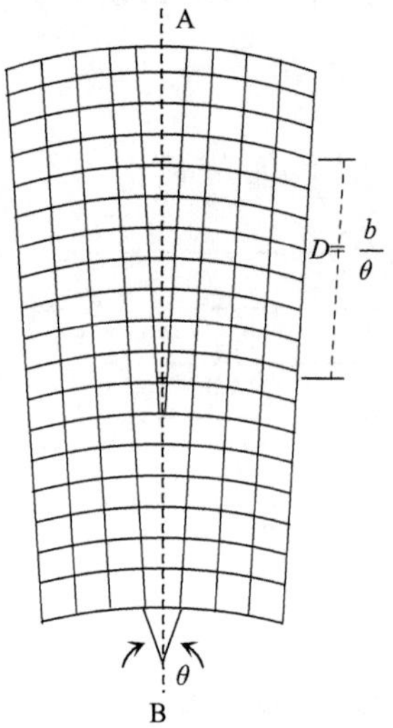

图 9-13　对称倾侧亚晶界 AB 的二维示意图(张克从，1987)

9.3.3　位错界面

1. 亚晶界

亚晶界指取向差很小(一般小于 10°)的晶粒间的界面，它由一系列位错构成，普遍存在于单晶体中。

一种简单的亚晶界是对称倾侧亚晶界(晶界两侧晶体互相倾斜一个小角度)，由一系列等间距排列的同号刃型位错构成，如图 9-13 所示。与此类亚晶界类似的是非对称倾侧晶界，它由相互平行但伯格斯矢量不同的两类或三类刃型位错组成。此外，还有扭转亚晶界(晶界两侧晶体互相扭转一个小角度)。

2. 相界

具有不同结构的两相的界面称为相界。两相间不保持一定相位关系的相界称为非共格相界；界面两侧的晶相间保持一定的位相关系，沿界面具有完全相同或近似的原子排列的相界称为共格或准共格(半共格)相界。

共格相界很少见，准共格相界较多见。相界处的错配主要来源于两相晶胞参数及其夹角之间的微小差异。相界处的位错模型见图 9-14。

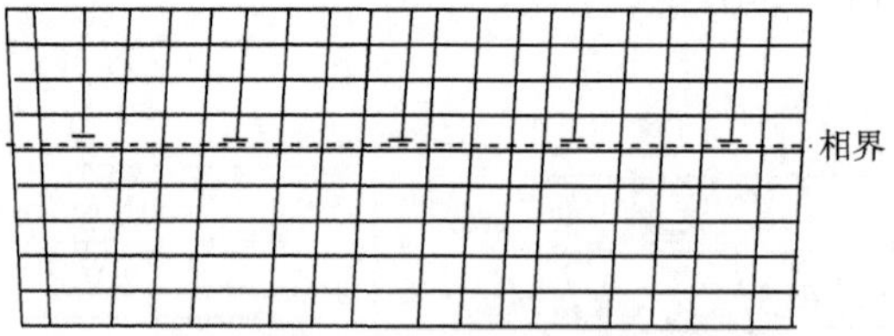

图 9-14　准共格相界处的位错模型(张克从，1987)

亚晶界处长程应力场完全消弛，但相界处的位错阵列长程应力场并不完全消弛。

晶界可阻断位错线的滑移，因此可使晶体硬度增大。晶界可聚集杂质，也成为新相生成的地方。

9.4 晶体中的体缺陷——宏观和亚微观缺陷

1. 包裹体

包裹体是一种宏观体缺陷，与晶体为相界关系，分为气体、液体和固体包裹体。气、液体包裹体为光学均质体，多呈球体或椭球体。固体包裹体多为胶凝体或微晶体。当包裹体体积小到一定程度时称为散射颗粒，在人工晶体中常见。固体包裹体多呈针状及一些不规则状。

2. 胞状组织

采用熔体法生长晶体时，由组分变化而产生的组分过冷现象使晶体生长界面出现杂质的偏聚，形成由杂质浓度大的沟槽分割成的网状界面，称为胞状界面，胞状界面发育形成胞状组织。当晶体生长条件发生周期性或间歇式的变化时，间歇性组分过冷，形成间歇性胞状组织。胞状组织的形成降低了晶体的质量。

3. 晶体生长条纹

晶体生长条纹是由温度起伏或生长速率起伏引起浓度的起伏所造成的薄层状条纹。生长条纹的形状与固-液界面的形状一致。如果固-液界面是突形的，生长层(即生长条纹)也是突形，在晶体纵剖面方向生长条纹为曲线，指向与晶体生长方向一致。横剖面上生长条纹为同心圆。如果固-液界面为洼形，纵剖面上生长条纹为曲线，指向与晶体生长方向相反，横剖面上仍为同心圆。如果固-液界面为平面，纵剖面上生长条纹为直线，横剖面见不到生长条纹。可见生长条纹反映了晶体的生长情况。突形和洼形的固-液界面对晶体生长有较大影响，生长速率的变化会引起溶质浓度的起伏，而溶质浓度的起伏将进一步促使生长速率改变。平面的固-液界面有利于生长优质的单晶。

4. 开裂

开裂分原生和次生两种。原生开裂是由溶质供不应求或溶质的局部浓集和籽晶缺陷的延伸等因素造成的，常有一定的方位，如沿着一组较发育的晶面形成。次生开裂主要是由杂质的凝聚或者晶体在降温过程中局部应力集中造成的，这类开裂往往不规则。

5. 生长扇形界缺陷

晶体生长是以晶核为中心，逐渐沿着晶核的顶、棱和面不断地向外推移。晶顶推移的轨迹为一直线或曲线；晶棱推移的轨迹为一平面或曲面；晶面推移的轨迹为一锥体，称为生长锥。不同晶面形成不同的生长锥，由于各生长锥的生长速率不等，因此生长锥之间的结构容易失配，形成生长扇形界面。这种界面有利于杂质的富集，从而形成扇形界缺陷，它严重地影响了晶体的均匀性。

9.5 晶体缺陷对晶体性能的影响——以石墨烯为例

晶体缺陷对其电学、光学、热学、力学等性能均产生重要影响，如半导体的导电性、金属的强度和延展性即受缺陷控制，因此研究晶体缺陷具有重要意义。

三维晶体的缺陷已被深入研究数十年，二维晶体中的缺陷研究相对薄弱，因为根据 Mermin-Wagner 定理，从结构的角度它们是不稳定的。石墨烯出现后，这种情况发生了变化。石墨烯由于结构特殊、性能突出而广受关注。研究表明，尽管石墨烯的缺陷形成能很高，但与其他晶体材料一样，石墨烯中也同样存在晶体缺陷，并且对其性能产生重要影响。

与三维晶体材料相似，石墨烯缺陷处的电子波散射对其导电性有重要影响；杂质缺陷改变局域电子结构，或给碳材料的 sp^2 键的电子体系注入电荷；缺陷附近的弱键影响热传导，降低材料强度。但石墨烯具有其独特之处，不仅因为它是二维晶体，而且可以在重构的原子排列中产生其他材料不具有的点阵缺陷。本节以石墨烯为例介绍晶体的缺陷对其性能的影响。

1. 石墨烯的晶体缺陷

石墨烯是一种由碳原子以 sp^2 杂化轨道组成的具有六元环周期性蜂窝状点阵结构的新型碳同质多象变体，其厚度约为 0.335 nm，相当于一个碳原子的厚度，如图 9-15(a)所示。

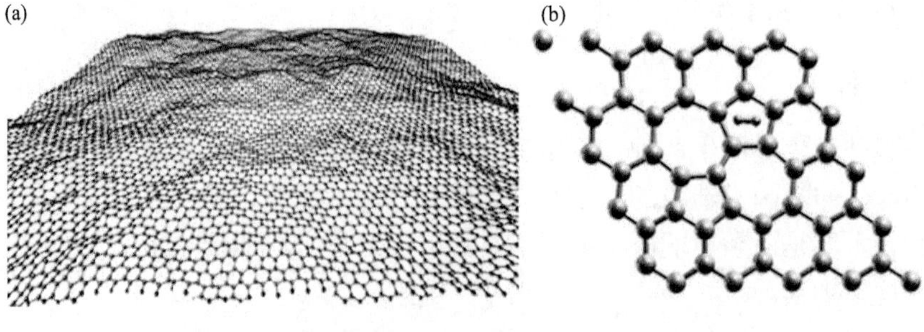

图 9-15 石墨烯结构示意图(Banhart F et al., 2011)

(a) 无缺陷石墨烯结构；(b) 带有晶格缺陷的石墨烯结构

这种独一无二的微观结构赋予了石墨烯诸多优异的物理化学性质：如超高的比表面积（2630 $cm^2 \cdot g^{-1}$）、机械强度（130 GPa）、电子迁移率（1.5×10^4 $cm^2 \cdot V^{-1} \cdot s^{-1}$）和热导率（$5\times10^3$ $W \cdot m^{-1} \cdot K^{-1}$）；此外，还具有半整数量子霍尔效应、完美的量子隧道效应、双极性超导电流的电场效应、永不消失的电导率以及弱局域化现象等。这些特性使得石墨烯成为继富勒烯（C_{60}）和碳纳米管（CNTs）之后最热门的一种新型低维功能碳材料，并在太阳能电池、锂离子电池、燃料电池及超级电容器等新能源领域具有广阔而诱人的应用前景。因此，具有完美结构的高质量石墨烯成了研究者竞相追求的目标。

然而，在实际制备过程中，石墨烯中不可避免地或多或少存在一些晶格缺陷或少许含氧基团如羟基、羧基、羰基以及环氧基等[图 9-15(b)]，并使得石墨烯的独特性能大打折扣，因为晶格缺陷中断了电子传输的连续通道，且不同程度地降低了石墨烯的结构对称性和完整性。

但缺陷也可以改善石墨烯的某些性能，如离子扩散系数和分离性能，而含氧基团可以改善石墨烯的分散性和反应活性等。

石墨烯结构中非平衡晶格缺陷的形成途径通常有三种：①晶体生长；②高能粒子辐射；③化学处理。

由于石墨烯为二维结构，其晶体缺陷与三维晶体既有相似之处，也有独特的方面：石墨烯的零维点缺陷与三维晶体基本相同，二维线缺陷即位错与三维晶体有所不同，而不存在真正意义的三维体缺陷。

1) 点缺陷

(1) Stone-Wales 缺陷：又称五边形-七边形缺陷，是石墨烯中典型的拓扑缺陷之一，这种缺陷的产生没有任何原子的缺失和掺入，其形成原因是六元环中的一个C—C 键围绕其中心旋转了 90°，使原来的四个六圆环变成了两个五元环和两个七元环，因此也称 SW(55-77)缺陷，如图 9-16 所示。SW(55-77)缺陷的形成能为 E_f=5 eV。

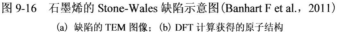

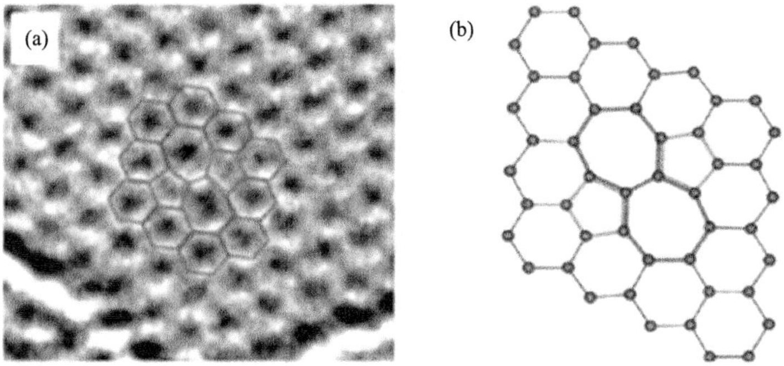

图 9-16 石墨烯的 Stone-Wales 缺陷示意图(Banhart F et al., 2011)
(a) 缺陷的 TEM 图像；(b) DFT 计算获得的原子结构

(2)单空位缺陷：材料中最简单的缺陷就是缺失晶格原子，石墨烯中的单空位缺陷通过扫描隧道显微镜和透射电子显微镜可观测到。如图 9-17 所示，可以看出由于碳原子的缺失，为满足几何要求，单空位缺陷总会形成一个悬挂键，因而产生一个五元环和一个九元环。单空位缺陷的形成能为 $E_f \approx 7.5$ eV，高于很多其他材料的空位缺陷形成能。

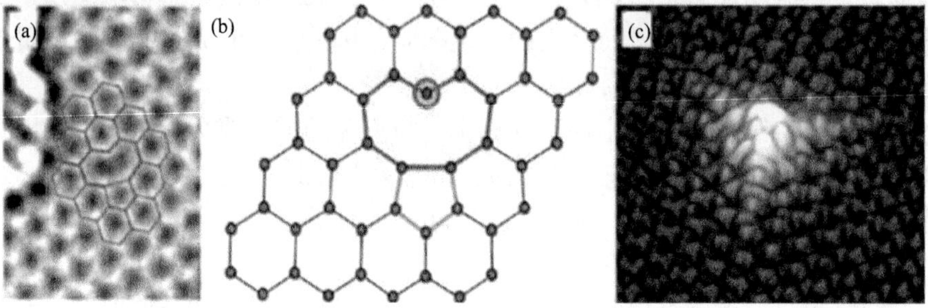

图 9-17　石墨烯的单空位缺陷示意图(Banhart F et al., 2011)

(a) 单空位缺陷的 TEM 图像；(b) DFT 计算获得的原子结构；(c) 单空位缺陷的 STM 图像

(3)多空位缺陷：双空位缺陷可通过单空位缺陷的融合或相邻两个晶格碳原子的缺失而产生，如图 9-18(a)所示。双空位缺陷不产生悬挂键。双空位缺陷的形成能约为 8 eV，失去一个碳所需能量(4 eV)远低于单空位缺陷，因此从热力学角度，双空位缺陷比单空位缺陷更加容易形成。将图 9-18(a)缺陷中八元环的一个键旋转，便可得到由三个五元环和三个七元环组成的多空位缺陷，如图 9-18(b)所示。从能量的角度，这种缺陷比双空位缺陷更容易形成。如果在 9-18(b)显示的多空位缺陷基础上再旋转一个键，便可形成另一种多空位缺陷，它由四个五元环、一个六元环和四个七元环组成[图 9-18(c)]，这种多空位缺陷的形成能介于前两种之间。图 9-18(d)～(f)分别为用 TEM 观察到的上述三种空位缺陷。

(4)吸附碳原子缺陷：二维晶体不能存在间隙原子，当在石墨烯层上添加碳原子时，能量最有利的位置是碳层内碳碳键的上方[图 9-19(a)和(d)]，形成吸附碳原子缺陷。该吸附的碳原子与层内碳原子间形成一定程度的 sp^3 杂化键，结合能为 1.5～2 eV。另一种能量稍高但对少层或多层石墨烯很重要的缺陷如图 9-19(b)和(e)所示，为亚稳态的哑铃状构型。当两个吸附的碳原子相遇形成二聚体时，可形成图 9-19(c)和(f)所示的缺陷，该缺陷由两个五元环和两个七元环组成，也称反 Stone-Wales 缺陷。

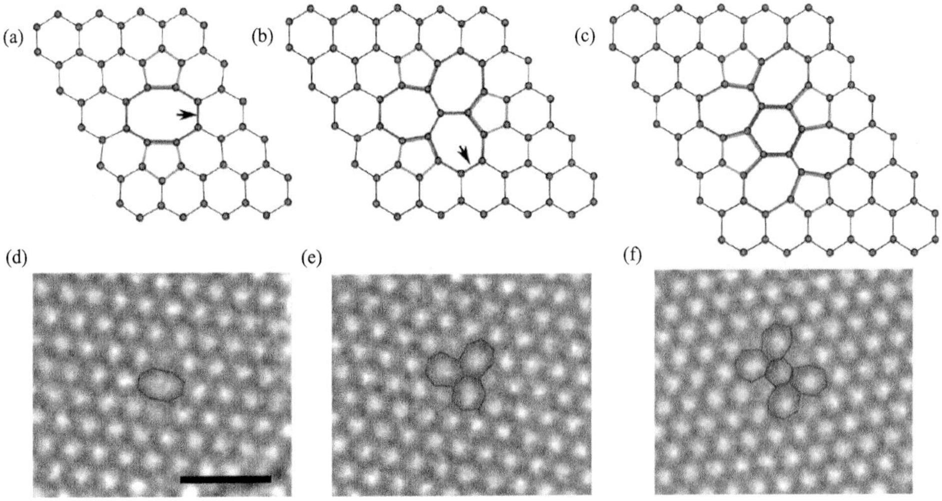

图 9-18　石墨烯的多空位缺陷示意图(Banhart F et al., 2011)

(a～c) DFT 计算得到的重构石墨烯双空位缺陷原子结构；(d～f) 相同结构的 TEM 图像；(a, d) 双空位 V_2(5-8-5) 图像；(b, e) 由 V_2(5-8-5) 缺陷旋转形成的 V_2(555-777) 双空位；(c, f) 由 V_2(555-777) 双空位旋转形成的 V_2(5555-6-7777) 缺陷

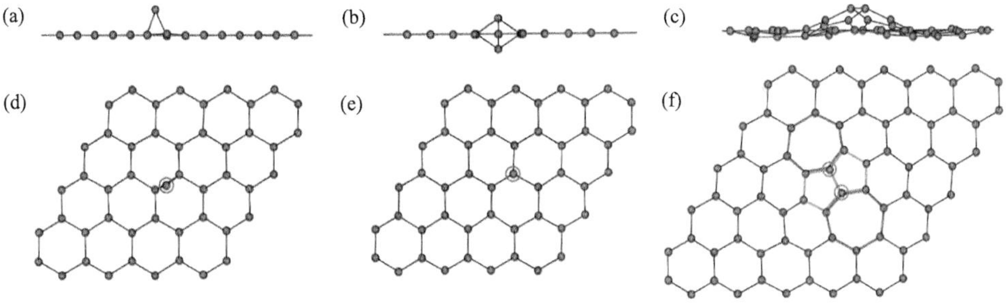

图 9-19　石墨烯的吸附碳原子缺陷示意图(Banhart F et al., 2011)

(a, d) 桥接单碳原子；(b, e) 哑铃型单碳原子；(c, f) DFT 计算得到的反 Stone-Wales 缺陷 I2(7557)

(5) 吸附杂质原子缺陷：当吸附的原子为非碳原子时，便形成吸附杂质原子缺陷。杂质原子在无缺陷碳层上主要吸附于各种高对称性位置，如碳原子上方、六元环中心上方、碳碳键上方。

对有缺陷的石墨烯，杂质原子可吸附于缺陷处，缺陷成为活性位。

(6) 替换杂质缺陷：当杂质原子替换碳层内的碳原子时，便形成替换杂质缺陷。由于杂质原子与碳原子间的键长不同于碳碳键长，替换杂质原子或多或少偏离碳层。

我们知道，碳原子为非六元环构型时，碳层将发生高斯弯曲而偏离平面。例如，五元环构型形成凸的球状弯曲，七元环构型形成凹的曲面。因此上述的点缺陷将会造成石墨烯碳层弯曲，形成很多凸起的山丘或下凹的沟槽。

2)线缺陷

线缺陷是石墨烯片层中具有不同取向的晶畴之间的倾斜分界线，倾斜轴垂直碳层。这种线缺陷可以看作是由一系列带悬挂键或者不带悬挂键的点缺陷组成，如图 9-20 所示。

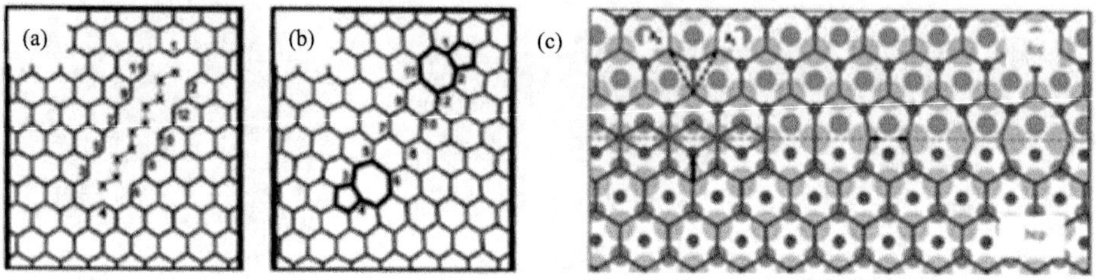

图 9-20　石墨烯的线缺陷示意图(Banhart F et al.，2011)

(a, b)空位对齐形成的线缺陷；(c)Ni 基底上生成的石墨烯晶界缺陷(由五角形对和八角形构成)

3)层边缘缺陷

单层碳层有两类基本边缘结构，即扶手椅形和锯齿形。扶手椅形(AC)和锯齿形(ZZ)边缘均可以由于重构或失去碳原子而产生缺陷，如图 9-21 所示。层边缘的碳可与氢结合而钝化。

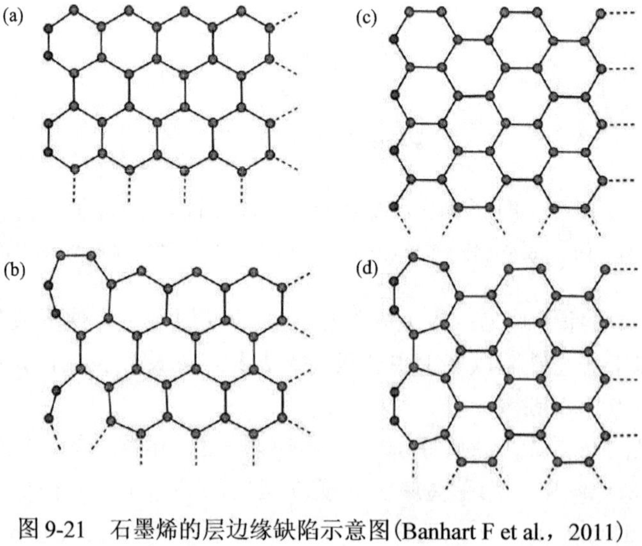

图 9-21　石墨烯的层边缘缺陷示意图(Banhart F et al.，2011)

(a)扶手椅形边缘；(b)(677)重构扶手椅形边缘；(c)锯齿形边缘；(d)(57)重构锯齿形边缘

2. 晶格缺陷对石墨烯性能的影响

1) 对导电性能的影响

由于缺陷位的碳碳键长不同于完美晶格中的碳碳键长，σ 轨道和 π 轨道的局部重新杂化，并改变石墨烯的电子结构。这种电子结构的改变会使石墨烯中的带隙增大，降低电子电导率。吸附型点缺陷则使扶手椅形石墨烯纳米带在费米能级附近的导电性能有所降低，并导致电子电导率的降低。Stone-Wales 缺陷的存在使得石墨烯的带隙增大至 0.637 eV，并在费米能级附近引入一条缺陷能带。双空位缺陷可使石墨烯的带隙增大至 1.207 eV，并在带隙中引入一条新能带。

线缺陷由非六元环组成，通常可以升高纵向电子电导率，但降低横向电子电导率。

2) 对导热性能的影响

晶格缺陷也会导致石墨烯热传导性能下降，当缺失的碳原子达到 25 个(相当于缺陷浓度为 1.56%)时，三角形缺陷使得石墨烯纳米带导热性能下降 40%，但对温度变化并不敏感。而 Stone-Wales 拓扑型晶格缺陷由于增加了声子的散射而降低石墨烯的热传导能力，尤其是在 Stone-Wales 拓扑型晶格缺陷的阵列垂直于热流方向的情况下，热传导能力下降尤为严重。掺杂 N 原子的浓度及分布也对石墨烯的热导性能具有重要影响，因为N原子的分布模式会引起热流方向的界面变化，并对声子频率、声子模式及声子传播模式产生影响。

3) 对机械性能的影响

单个 Stone-Wales 拓扑型缺陷对扶手椅形和锯齿形石墨烯薄膜的杨氏模量几乎无影响，而对薄膜的强度、应变等力学性能和变形破坏机制的影响与手性有关。对于扶手椅形石墨烯薄膜而言，单个 Stone-Wales 拓扑型缺陷降低了薄膜的拉伸强度和拉伸极限应变能力，降低幅度分别为 5.04%和 7.07%；对于锯齿形石墨烯薄膜，单个 Stone-Wales 拓扑型缺陷基本不影响薄膜的力学性能和变形破坏机制。

Stone-Wales 和空位缺陷均可导致石墨烯机械强度明显降低。点缺陷通常会降低石墨烯的杨氏模量和拉伸强度，而线缺陷则主要影响石墨烯的塑性形变。

4) 对与吸附原子之间相互作用的影响

研究表明，空位缺陷和硼掺杂均增强了 Pt 原子在石墨烯上的吸附作用，因为悬挂键的存在极大地增强了 Pt 在空位缺陷处的吸附作用，而替位掺杂则有利于 Pt 在杂质原子附近的吸附。

Ag、Au 可以在完美的石墨烯上吸附，N、B 的掺杂则增强了金属与石墨烯之间的相互作用，而空位点缺陷则进一步诱发了金属在石墨烯上更强的化学吸附作用。

缺陷增强贵金属原子和石墨烯之间相互作用的顺序如下：

$$\text{空位点缺陷} \gg \text{B 掺杂} > \text{N 掺杂}$$

5) 对离子传输性能的影响

与传统的石墨负极材料相比，石墨烯作为锂离子电池负极材料时放电容量大幅度增加。原因与石墨烯超高的比表面积提供了更多脱/嵌锂离子的活性位有关，同时石墨烯优异的电子电导率也减小了负极的电阻。

目前对于石墨烯负极材料性能改善的机制还存在争议。研究表明：

(1) 石墨烯表面的结构缺陷可以导致固体电解质界面(SEI)膜的形成和更多锂离子的嵌入，而内部和边缘的结构缺陷则可能导致可逆充放电容量的改善。

(2) 电极反应不仅与石墨烯的层数有关，而且与石墨烯基面上的缺陷位有关。例如，双空位缺陷及多空位缺陷可以充当锂离子穿透石墨烯基面扩散的捷径，有利于设计并获得高比容量、高电导率且无腐蚀的锂离子电池负极材料。

(3) 石墨烯负极性能改善的原因应该主要归因于石墨烯分子中的官能团，而不是大的比表面积或结构缺陷。

多数机制研究认为石墨烯负极性能的改善与其晶格缺陷有关，或与石墨烯分子中的含氧官能团有关，而与完美石墨烯结构的关系并不是很密切。

6) 对反应活性的影响

石墨烯的重要用途之一是可以用来制备高性能纳米复合材料，但石墨烯既不亲水也不亲油，加之化学惰性均阻碍了它的应用。将石墨烯用于增强复合材料，缺陷的存在可增强反应活性，羟基、羧基等很容易与空位缺陷结合，对石墨烯与基体之间的相互复合可以产生有益的作用。

7) 对分离性能的影响

纳米片状石墨烯薄膜是一种有希望的潜在分离膜候选材料。研究表明，具有适度晶格缺陷的石墨烯更加适合作为纳滤膜材料，因为晶格缺陷可以充当气体或液体小分子的渗透通道，达到分离目的，提高渗透通量。

8) 对电磁性能的影响

空位缺陷和金属掺杂可以导致石墨烯瞬间磁性的产生；N 原子掺杂石墨烯的电子传导性高于未掺杂和 B 原子掺杂石墨烯的电子传导性。

第 10 章　晶体的物理性质

自古以来晶体的物理性质一直为科学家所关注，近些年来，有关晶体物理的研究则广泛进入应用研究的阶段。利用晶体的物理性质制成的元器件已被广泛应用于国防、科研、工农业等各方面。晶体的各种宏观物理性质，即由光、电、磁、力、热等所引起的各种物理效应，都是微观结构的反映，取决于组成晶体的质点(原子、离子或分子)的性质及其排列(晶体结构)。因此，晶体的宏观物理性质具有各向异性和对称性。

本章将介绍晶体的主要物理性质。因描述既有各向异性又有对称性的物理量的最简单数学方法是张量法，因此首先介绍张量的基本知识，以利于从本质上认识晶体的各种物理性质，并为探索新功能晶体材料提供必要的基础知识。

10.1　张量基础知识

10.1.1　张量的定义

与方向无关的量称为标量，如物体的温度、比热容、密度等，标量可用一简单的数字表示。与方向有关的量称为矢量，如电场强度、电位移、温度梯度等，矢量常用黑体字母或上方带箭头的字母表示。在直角坐标系中，矢量还可用三个坐标轴上的分量来表示其大小和方向，如电场强度 $\boldsymbol{E}$ 可表示成

$$\boldsymbol{E}=\left[E_1,E_2,E_3\right]$$

或

$$\boldsymbol{E}=\boldsymbol{E}_i \qquad (i=1,2,3)$$

张量比标量和矢量都更复杂，它的每一个分量与两个或多个方向有关，坐标系变换时，必须根据一定的变换定律进行变换。

以介电常数张量为例说明。在各向同性介质中，电场强度矢量 $\boldsymbol{E}$ 和电位移矢量 $\boldsymbol{D}$ 的方向永远保持一致，$\boldsymbol{E}$ 不太高时，有如下关系：

$$\boldsymbol{D}=\varepsilon\boldsymbol{E}$$

ε 为介电常数。在各向异性介质(晶体)中，$\boldsymbol{D}$ 与 $\boldsymbol{E}$ 方向经常不一致，$\boldsymbol{D}$ 在三个坐标轴上的分量分别与 $\boldsymbol{E}$ 的三个分量相关，并可表示成

$$\boldsymbol{D}_1=\varepsilon_{11}\boldsymbol{E}_1+\varepsilon_{12}\boldsymbol{E}_2+\varepsilon_{13}\boldsymbol{E}_3$$

$$\boldsymbol{D}_2=\varepsilon_{21}\boldsymbol{E}_1+\varepsilon_{22}\boldsymbol{E}_2+\varepsilon_{23}\boldsymbol{E}_3$$

$$\boldsymbol{D}_3=\varepsilon_{31}\boldsymbol{E}_1+\varepsilon_{32}\boldsymbol{E}_2+\varepsilon_{33}\boldsymbol{E}_3$$

该方程的系数可表示成

$$\begin{bmatrix}\varepsilon_{11} & \varepsilon_{12} & \varepsilon_{13}\\ \varepsilon_{21} & \varepsilon_{22} & \varepsilon_{23}\\ \varepsilon_{31} & \varepsilon_{32} & \varepsilon_{33}\end{bmatrix}$$

这就是一个二阶张量。九个分量中的每个分量都与两个方向相关。例如，如果外加电场沿 x_1 方向，即 $\boldsymbol{E}=[E_1, 0, 0]$，则以上方程变成

$$\boldsymbol{D}_1=\varepsilon_{11}\boldsymbol{E}_1$$

$$\boldsymbol{D}_2=\varepsilon_{21}\boldsymbol{E}_1$$

$$\boldsymbol{D}_3=\varepsilon_{31}\boldsymbol{E}_1$$

$\boldsymbol{D}$ 不仅有沿 x_1 轴的分量，也有沿 x_2、x_3 轴的分量；ε_{11} 表示同向分量比例系数，ε_{21}、ε_{31} 表示横向分量比例系数。例如，ε_{23} 表示在 x_2 方向产生的电位移 $\boldsymbol{D}_2$ 与 X_3 方向的电场强度 $\boldsymbol{E}_3$ 间的比例系数。

上式可表示成：

$$\boldsymbol{D}_i=\sum_{j=1}^{3}\varepsilon_{ij}\boldsymbol{E}_j \qquad (i=1,2,3)$$

为了简单起见，引入爱因斯坦求和约定：当同一项中一个指标出现两次，便自动地理解为对该指标求和。去掉求和号，写成

$$\boldsymbol{D}_i=\varepsilon_{ij}\boldsymbol{E}_j \qquad (i, j=1, 2, 3)$$

式中，j 称为哑指标，i 称为自由指标。i、j 顺序无关紧要(矩阵中重要)。

从上例可知，在各向异性介质中，任何两个相互作用的矢量间的线性比例系数都形成二阶张量。二阶张量可一般地表示成

$$\boldsymbol{P}_i=\boldsymbol{T}_{ij}\boldsymbol{q}_i \qquad (i, j=1, 2, 3)$$

如果 $\boldsymbol{T}_{ij}=\boldsymbol{T}_{ji}$，则称为对称二阶张量。若 $\boldsymbol{T}_{ij}=-\boldsymbol{T}_{ji}$，称$[\boldsymbol{T}_{ij}]$为反对称的或非对称的，即 $\boldsymbol{T}_{11}=\boldsymbol{T}_{22}=\boldsymbol{T}_{33}=0$。如果 $\boldsymbol{T}_{ij}=\pm\boldsymbol{T}_{ji}$，则 $\boldsymbol{T}_{ij}'=\pm\boldsymbol{T}_{ji}'$。

在各向异性介质中，如果一个矢量与一个二阶张量存在线性关系，则它们之间的比例系数便形成三阶张量。三阶张量可表示成

$$\boldsymbol{P}_i=\boldsymbol{d}_{ijk}\boldsymbol{\sigma}_{jk} \qquad (i, j, k=1, 2, 3)$$

式中，$\boldsymbol{\sigma}_{jk}$ 为二阶张量；$\boldsymbol{d}_{ijk}$ 为三阶张量，有 27 个分量。如果两个二阶张量线性相关，则它们之间的比例系数形成四阶张量。同理可推得其他高阶张量。

综上所述，下标的个数等于张量的阶数，二阶、三阶、四阶张量的分量个数分别为 9、27 和 81。标量、矢量也可归于张量的范畴，标量为零阶张量，矢量为一阶张量。

10.1.2　张量的变换定律

坐标系发生改变时，晶体的物理性质并不发生改变，但描述该性质的张量的分量将发生变化，表示旧坐标系与新坐标系中张量关系的定律就是张量的变换定律。在介绍张量的变换定律之前必须先介绍坐标的变换定律。

1. 坐标变换定律

具有相同原点和轴比例的直角坐标系之间的变换称为正交变换。如果用 x_1、x_2、x_3，x_1'、x_2'、x_3'分别表示旧、新坐标系，则有

$$x_1' = a_{11}x_1 + a_{12}x_2 + a_{13}x_3$$

$$x_2' = a_{21}x_1 + a_{22}x_2 + a_{23}x_3$$

$$x_3' = a_{31}x_1 + a_{32}x_2 + a_{33}x_3$$

$a_{11} = \cos x_1' \wedge x_1$，$a_{21} = \cos x_2' \wedge x_1$ 等，上式可表示成

$$\boldsymbol{x}_i' = \boldsymbol{a}_{ij}x_j \quad (i, j=1, 2, 3)$$

$$\boldsymbol{a}_{ij} = \begin{bmatrix} a_{11} & a_{12} & a_{13} \\ a_{21} & a_{22} & a_{23} \\ a_{31} & a_{32} & a_{33} \end{bmatrix}$$

以上变换可以有逆变换，它们的系数矩阵为互逆矩阵，$\boldsymbol{A}\bar{\boldsymbol{A}}=1$，$\boldsymbol{a}_{ij} \neq \boldsymbol{a}_{ji} (i \neq j$ 时)。

正交变换的九个分量不是独立的，有如下关系：

$$\begin{cases} a_{11}^2 + a_{12}^2 + a_{13}^2 = 1 \\ a_{21}^2 + a_{22}^2 + a_{23}^2 = 1 \\ a_{31}^2 + a_{32}^2 + a_{33}^2 = 1 \\ a_{21}a_{31} + a_{22}a_{32} + a_{23}a_{33} = 0 \\ a_{31}a_{11} + a_{32}a_{12} + a_{33}a_{13} = 0 \\ a_{11}a_{21} + a_{12}a_{22} + a_{13}a_{23} = 0 \end{cases}$$

或写成

$$\boldsymbol{a}_{ik}\boldsymbol{a}_{jk}=1 \qquad (i=j,\ k=1, 2, 3)$$

$$\boldsymbol{a}_{ik}\boldsymbol{a}_{jk}=0 \qquad (i \neq j,\ k=1, 2, 3)$$

以上关系称为正交变换定则。

2. 矢量变换定律

假定 $\boldsymbol{P}$ 在旧坐标系(x_1, x_2, x_3)中有三个分量 $\boldsymbol{P}_1$、$\boldsymbol{P}_2$、$\boldsymbol{P}_3$，在新坐标系(x_1', x_2', x_3')

中有三个分量 $\boldsymbol{P}_1'$、$\boldsymbol{P}_2'$、$\boldsymbol{P}_3'$，$\boldsymbol{P}_1'$ 显然是 $\boldsymbol{P}_1$、$\boldsymbol{P}_2$、$\boldsymbol{P}_3$ 在 x_1' 轴上的投影之和，即

$$\boldsymbol{P}_1 = \boldsymbol{P}_1 \cos x_1' \wedge x_1 + \boldsymbol{P}_2 \cos x_2' \wedge x_2 + \boldsymbol{P}_3 \cos x_3' \wedge x_3$$

或

$$\boldsymbol{P}_1' = a_{11}\boldsymbol{P}_1 + a_{12}\boldsymbol{P}_2 + a_{13}\boldsymbol{P}_3$$

同理有

$$\boldsymbol{P}_2' = a_{21}\boldsymbol{P}_1 + a_{22}\boldsymbol{P}_2 + a_{23}\boldsymbol{P}_3$$

$$\boldsymbol{P}_3' = a_{31}\boldsymbol{P}_1 + a_{32}\boldsymbol{P}_2 + a_{33}\boldsymbol{P}_3$$

综合下标可写成

$$\boldsymbol{P}_i' = \boldsymbol{a}_{ij}\boldsymbol{P}_j \qquad (i, j=1, 2, 3)\ (\text{哑指标 } j \text{ 毗邻})$$

这就是矢量的正交变换定律，其逆变换为

$$\boldsymbol{P}_i = \boldsymbol{a}_{ji}\boldsymbol{P}_j' \qquad (i, j=1, 2, 3)\ (\text{哑指标 } j \text{ 分开})$$

3. 张量变换定律

先看二阶张量，设旧坐标系中有如下关系式：

$$\boldsymbol{P}_i = \boldsymbol{T}_{ij}\boldsymbol{q}_j$$

在新坐标系中，张量 $\boldsymbol{T}_{ij}$ 将发生变化：

$$\boldsymbol{P}_i' = \boldsymbol{T}_{ij}'\boldsymbol{q}_j' \tag{10-1}$$

根据矢量变换定律：

$$\boldsymbol{P}_i' = \boldsymbol{a}_{ik}\boldsymbol{P}_k \qquad (\text{哑指标可用任何字母})$$

因为 $\boldsymbol{P}_k = \boldsymbol{T}_{kl}\boldsymbol{q}_l \quad (k, l=1, 2, 3)$ (二阶张量性质)

所以 $\boldsymbol{P}_i' = \boldsymbol{a}_{ik}\boldsymbol{T}_{kl}\boldsymbol{q}_l$

又因为 $\boldsymbol{q}_l = \boldsymbol{a}_{jl}\boldsymbol{q}_j'$ (矢量逆变换)

所以

$$\boldsymbol{P}_i' = \boldsymbol{a}_{ik}\boldsymbol{T}_{kl}\boldsymbol{q}_l = \boldsymbol{a}_{ik}\boldsymbol{a}_{jl}\boldsymbol{T}_{kl}\boldsymbol{q}_j' \tag{10-2}$$

比较式(10-1)、式(10-2)得

$$\boldsymbol{T}_{ij}' = \boldsymbol{a}_{ik}\boldsymbol{a}_{jl}\boldsymbol{T}_{kl} \qquad (k\text{、}l \text{ 为哑指标，} i\text{、}j \text{ 为自由指标})$$

这就是二阶张量的正变换定律，其逆变换定律为

$$\boldsymbol{T}_{ij} = \boldsymbol{a}_{ki}\boldsymbol{a}_{lj}\boldsymbol{T}_{kl}'$$

采用同样方法推得三阶和四阶张量的变换定律分别如下

三阶张量：　正变换　$\boldsymbol{T}_{ijk}' = \boldsymbol{a}_{il}\boldsymbol{a}_{jm}\boldsymbol{a}_{kn}\boldsymbol{T}_{lmn}$

　　　　　　逆变换　$\boldsymbol{T}_{ijk} = \boldsymbol{a}_{li}\boldsymbol{a}_{mj}\boldsymbol{a}_{nk}\boldsymbol{T}_{lmn}'$

四阶张量：　正变换　$\boldsymbol{T}_{ijkl}' = \boldsymbol{a}_{im}\boldsymbol{a}_{jn}\boldsymbol{a}_{ko}\boldsymbol{a}_{lp}\boldsymbol{T}_{mnop}$

　　　　　　逆变换　$\boldsymbol{T}_{ijkl} = \boldsymbol{a}_{mi}\boldsymbol{a}_{nj}\boldsymbol{a}_{ok}\boldsymbol{a}_{pl}\boldsymbol{T}_{mnop}'$

10.1.3　张量的几何表示法

晶体的物理性质可用几何图形形象描绘。以二阶张量描述的物理性质为例。

$\boldsymbol{B}_{ij}x_ix_j=1$ 为二阶曲面方程。设 $\boldsymbol{B}_{ij}=\boldsymbol{B}_{ji}$，展开后得

$$B_{11}x_1^2+B_{22}x_2^2+B_{33}x_3^2+2B_{12}x_1x_2+2B_{13}x_1x_3+2B_{23}x_2x_3=1$$

这就是一个以坐标原点为中心的二次曲面方程。$\boldsymbol{B}_{ij}$ 决定曲面的大小和形状(一般是椭球面或双曲面)。

在新坐标系中有

$$\boldsymbol{B}'_{ij}x'_ix'_j=1$$

因为

$$x_i=\boldsymbol{a}_{ki}x'_k$$

$$x_j=\boldsymbol{a}_{lj}x'_l$$

所以

$$\boldsymbol{B}_{ij}\boldsymbol{a}_{ki}\boldsymbol{a}_{lj}x'_kx'_l=1$$

$$\boldsymbol{B}'_{ij}=\boldsymbol{a}_{ki}\boldsymbol{a}_{lj}\boldsymbol{B}_{ij}$$

可见，$\boldsymbol{B}_{ij}$ 有二阶张量的性质，即二阶张量可由二次曲面形象地表示。换言之，二次曲面可表示二阶对称张量描述的物理性质。

二次曲面有三个相互垂直的主轴和主值，如果三个主轴正好为三个坐标轴，则曲面方程写成

$$B_{11}x_1^2+B_{22}x_2^2+B_{33}x_3^2=1$$

用张量符号代替 $\boldsymbol{B}_{ij}$，得

$$T_{11}x_1^2+T_{22}x_2^2+T_{33}x_3^2=1$$

可见，二阶对称张量有三个主轴和三个主值，即

$$[\boldsymbol{T}_{ij}]=\begin{bmatrix}T_{11}&0&0\\0&T_{22}&0\\0&0&T_{33}\end{bmatrix}$$

与二次曲面标准方程比较，得

$$\frac{x^2}{a^2}+\frac{y^2}{b^2}+\frac{z^2}{c^2}=1$$

半轴长度 a、b、c 分别为 $\frac{1}{\sqrt{T_{11}}}$、$\frac{1}{\sqrt{T_{22}}}$、$\frac{1}{\sqrt{T_{33}}}$。T_{11}、T_{22}、T_{33} 的值决定了二次曲面的形状和大小，如图 10-1 所示，二次曲面也称二阶张量的示性曲面。如果 T_{11}、T_{22}、T_{33} 全为正，曲面为椭球面；如果其中两个系数为正，一个为负，曲面为单叶双曲面；如果两个系数为负，一个为正，曲面为双叶双曲面；如果三个系数全

为负，曲面为虚椭球面。

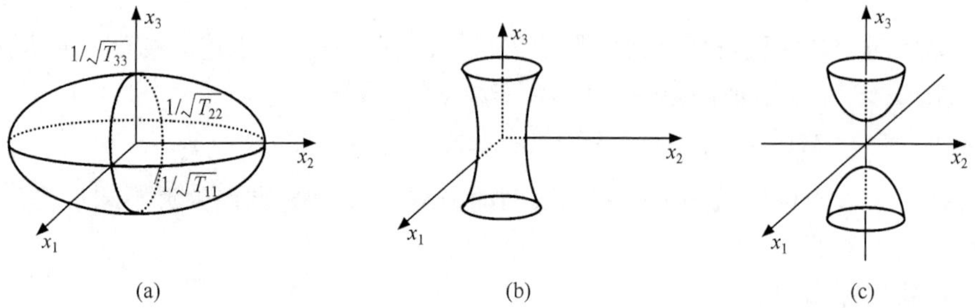

图 10-1　二阶对称张量的示性面（张克从，1987）

(a) $T_{11},T_{22},T_{33}>0$；(b) $T_{11},T_{22},T_{33}<0$；(c) $T_{11},T_{22}<0,T_{33}>0$

三、四阶张量更为复杂。

10.2　晶体对称性对晶体物理性质的影响

10.2.1　诺伊曼原则

晶体的宏观物理性质是其微观结构的反映，因此晶体的物理性质也必然具有一定的对称性。所谓物理性质的对称是指晶体同一物理性质在晶体不同方向规律重复的现象。晶体物理性质的对称性与晶体点群对称性的关系为：晶体物理性质的对称元素应当包含晶体的宏观对称元素，即物理性质的对称性高于或等于晶体点群的对称性。这在晶体物理学中称为诺伊曼(Neumann)原则。

10.2.2　晶体对称性对物理性质的影响

因为晶体很多的物理性质可用张量表示，因此讨论晶体对称性对物理性质的影响就是讨论对称性对张量的影响，当张量具有对称性时，其分量个数将减少。

下面以对称中心的影响为例说明。

如果晶体存在对称中心，则对称变换的坐标变换矩阵为

$$\boldsymbol{a}_{ij}=\begin{bmatrix}-1&0&0\\0&-1&0\\0&0&-1\end{bmatrix}=-1$$

对于一阶张量(矢量)有

$$\boldsymbol{P}_i'=\boldsymbol{a}_{ij}\boldsymbol{P}_j$$

因此有

$$P_i' = -P_j = -P_i$$

对称变换前后张量的对应分量应相等：

$$P_1 = -P_1 = 0 \qquad P_2 = -P_2 = 0 \qquad P_3 = -P_3 = 0$$

因此具对称中心的晶体，不存在由一阶张量描述的物理性质，如热释电性质。

对于二阶张量有

$$T_{ij}' = a_{ik}a_{jl}T_{kl}$$

因为 $$a_{ik} = a_{jl} = -1$$

所以 $$T_{ij}' = T_{ij}$$

说明具有对称中心的晶体，由二阶张量描述的物理性质也是中心对称的。

对于三阶张量

$$d_{ijk}' = a_{il}a_{jm}a_{kn}d_{lmn}$$

因为 $$a_{il} = a_{jm} = a_{kn} = -1$$

所以 $d_{ijk}' = -d_{ijk}$ 即全部分量为零

说明具对称中心的晶体不存在三阶张量描述的物理性质。

同理可知具有对称中心的晶体存在四阶张量描述的物理性质。

可见凡具对称中心的晶体，不存在由奇阶张量描述的物理性质，但对偶阶张量无影响。

以上例子说明，晶体对称性影响晶体的物理性质。

10.2.3 晶体物理性质的相互关系

晶体的物理性质由两个可测物理量之间的关系来描述，其中的一个物理量可看成是作用在晶体上的“力”，另一个物理量看成是这种“力”作用的直接“结果”。例如，温度作用的结果是熵，应力作用的结果是应变，电场强度作用的结果是电位移，磁场强度作用的结果是磁化强度等。由“力”到产生某种“结果”所发生的现象称为效应。一种“力”的作用可能产生多种“结果”，一种“结果”也可能由多种“力”的综合作用所致。图 10-2 为“力”与“结果”的相互关系图解。每两个物理量的连线相当于一定的效应，内三角形顶点为外三角形顶点的直接结果，称为主效应，其余称为偶合效应。三角形外侧方框内标明的是与之相邻的两个物理量之间所发生的各种偶合效应的总名称。

三个主效应为：

(1) 改变电场强度 $\boldsymbol{E}$ 使电位移 $\boldsymbol{D}$ 发生变化的主效应决定晶体的介电性质：

$$\mathrm{d}D_i = \varepsilon_{ij}\mathrm{d}E_j$$

$$\mathrm{d}P_i = \Gamma_{ij}\mathrm{d}E_j$$

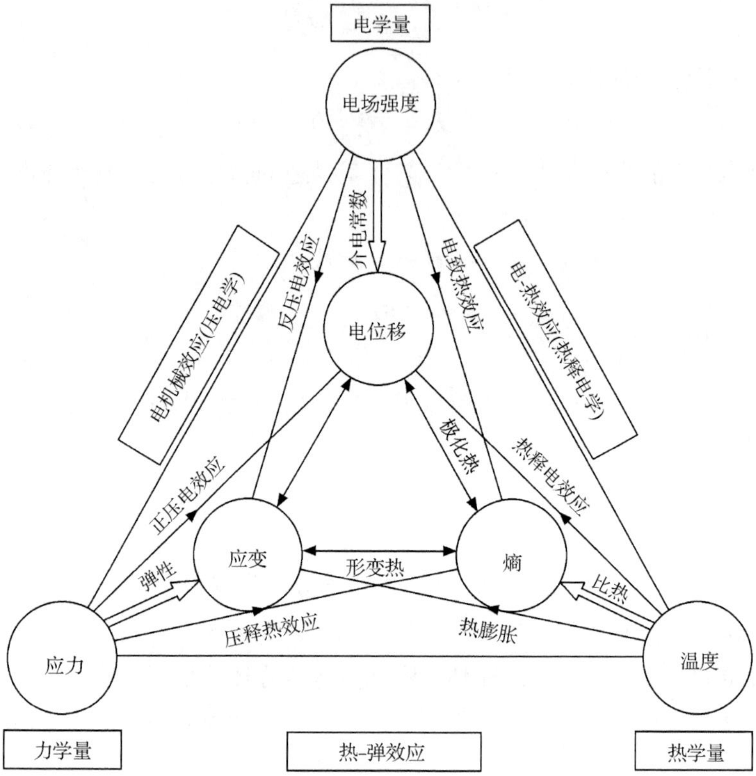

图 10-2　晶体物理性质间的关系(张克从，1987)

$$\mathrm{d}\boldsymbol{E}_i = \boldsymbol{\beta}_{ij}\mathrm{d}\boldsymbol{D}_j$$

式中，$\boldsymbol{\varepsilon}_{ij}$ 为介电常数张量；$\boldsymbol{P}$ 为极化强度；$\boldsymbol{\Gamma}_{ij}$ 为介质极化率张量；$\boldsymbol{\beta}_{ij}$ 为介质隔离率张量。

(2)改变应力 $\boldsymbol{\sigma}$ 使应变 $\boldsymbol{S}$ 发生变化的主效应决定晶体的弹性性质：

$$\mathrm{d}\boldsymbol{S}_{ij} = \boldsymbol{s}_{ijkl}\mathrm{d}\boldsymbol{\sigma}_{kl} \quad 或 \quad \mathrm{d}\boldsymbol{\sigma}_{ij} = \boldsymbol{C}_{ijkl}\mathrm{d}\boldsymbol{S}_{kl}$$

式中，$\boldsymbol{s}_{ijkl}$ 为四阶张量，称为弹性柔顺常数张量；$\boldsymbol{C}_{ijkl}$ 为弹性刚度张量。

(3)改变温度 T 使熵 H 发生变化的主效应决定晶体的比热容：

$$\mathrm{d}H = \frac{C}{T}\mathrm{d}T \quad 或 \quad \mathrm{d}T = \frac{T}{C}\mathrm{d}H$$

式中，C 为比热容(单位体积热容量)。

偶合效应有十二种，常用的有六种：

正压电效应：　$\mathrm{d}\boldsymbol{D}_i = \boldsymbol{d}_{ijk}\mathrm{d}\boldsymbol{\sigma}_{kl}$

反压电效应：　$\mathrm{d}\boldsymbol{S}_{jk} = \boldsymbol{d}_{ijk}\mathrm{d}\boldsymbol{E}_i$　(反压电效应系数等于正压电效应系数)

电致热效应：　$\mathrm{d}\boldsymbol{H} = p_i\mathrm{d}\boldsymbol{E}_i$

热释电效应：　$\mathrm{d}\boldsymbol{D}_i = p_i \mathrm{d}\boldsymbol{T}$　(电致热效应系数等于热释电效应系数)

热膨胀：　$\mathrm{d}\boldsymbol{S}_{ij} = \boldsymbol{\alpha}_{ij} \mathrm{d}T$

压致热效应：　$\mathrm{d}\boldsymbol{H} = \boldsymbol{\alpha}_{ij} \mathrm{d}\boldsymbol{\sigma}_{ij}$ (热膨胀系数就是压致热效应系数)

实际上各种“力”和“结果”是相互联系的，因此表达式要复杂得多。例如，将 $\boldsymbol{E}_i$、$\boldsymbol{\sigma}_{ij}$、T 分别看成是 $\boldsymbol{D}_i$、$\boldsymbol{S}_{ij}$ 和 $\boldsymbol{H}$ 的函数，即

$$\boldsymbol{D}_i = \boldsymbol{D}_i(\boldsymbol{E}_i, \boldsymbol{\sigma}_{ij}, \boldsymbol{i}) \qquad \boldsymbol{D} = d_{ijk}^{T} \boldsymbol{\sigma}_{jk} + \varepsilon_{ij}^{\sigma.T} \boldsymbol{E}_j + p_i^{\sigma} \Delta T$$

$$\boldsymbol{S}_{ij} = \boldsymbol{S}_{ij}(\boldsymbol{E}_i, \boldsymbol{\sigma}_{ij}, T) \qquad \boldsymbol{S} = S_{ijkl}^{E.T} \boldsymbol{\sigma}_{kl} + d_{kij}^{T} \boldsymbol{E}_k + \alpha_{ij}^{E} \Delta T$$

$$\boldsymbol{H} = \boldsymbol{H}(\boldsymbol{E}_i, \boldsymbol{\sigma}_{ij}, T) \qquad \Delta \boldsymbol{H} = \alpha_{ij}^{E} \boldsymbol{\sigma}_{ij} + p_i^{\sigma} \boldsymbol{E}_i + \left(C^{\sigma.E} / T\right) \Delta T$$

它们的微分式为

$$\mathrm{d}\boldsymbol{S}_{ij} = \left(\frac{\partial \boldsymbol{S}_{ij}}{\partial \boldsymbol{\sigma}_{kl}}\right)_{E,T} \mathrm{d}\boldsymbol{\sigma}_{kl} + \left(\frac{\partial \boldsymbol{S}_{ij}}{\partial \boldsymbol{E}_k}\right)_{\sigma,T} \mathrm{d}E_k + \left(\frac{\partial \boldsymbol{S}_{ij}}{\partial \boldsymbol{T}}\right)_{\sigma,E} \mathrm{d}T$$

弹性　反压电效应　热膨胀

$$\mathrm{d}\boldsymbol{D}_i = \left(\frac{\partial \boldsymbol{D}_i}{\partial \boldsymbol{\sigma}_{jk}}\right)_{E,T} \mathrm{d}\boldsymbol{\sigma}_{jk} + \left(\frac{\partial \boldsymbol{D}_i}{\partial \boldsymbol{E}_j}\right)_{\sigma,T} \mathrm{d}\boldsymbol{E}_j + \left(\frac{\partial \boldsymbol{D}_i}{\partial \boldsymbol{T}}\right)_{\sigma,E} \mathrm{d}T$$

正压电效应　介电常数　热释电效应

$$\mathrm{d}\boldsymbol{H} = \left(\frac{\partial \boldsymbol{H}}{\partial \boldsymbol{\sigma}_{ij}}\right)_{E,T} \mathrm{d}\boldsymbol{\sigma}_{ij} + \left(\frac{\partial \boldsymbol{H}}{\partial \boldsymbol{E}_i}\right)_{\sigma,T} \mathrm{d}E_i + \left(\frac{\partial \boldsymbol{H}}{\partial \boldsymbol{T}}\right)_{\sigma,E} \mathrm{d}T$$

压致热效应　电致热效应　比热容

可以证明 $\dfrac{\partial \boldsymbol{S}}{\partial \boldsymbol{E}} = \dfrac{\partial \boldsymbol{D}}{\partial \boldsymbol{\sigma}}$、$\dfrac{\partial \boldsymbol{S}}{\partial \boldsymbol{T}} = \dfrac{\partial \boldsymbol{H}}{\partial \boldsymbol{\sigma}}$、$\dfrac{\partial \boldsymbol{D}}{\partial \boldsymbol{T}} = \dfrac{\partial \boldsymbol{H}}{\partial \boldsymbol{E}}$，因此以上方程组的右边系数矩阵是对称的。以上方程组中，对角线系数为主效应，其余为偶合效应。以上系数均有附加条件，即某些物理量必须为常数(或零)。因此在不同条件下测到的晶体物理性质的值是不同的，而且各种系数间是相互联系的。

在进行晶体物理性质测量中，常采用下述六种物理条件：

(1) T=常数(等温变化)。

(2) $\boldsymbol{H}$=常数(绝热变化)，测量过程中晶体无热量增加和损失(晶体作弹性振动时得以实现)。

(3) $\boldsymbol{E}$=常数，晶体表面始终处于等电位状态(晶体中电场保持为零)，称为电自由晶体。

(4) $\boldsymbol{D}$=常数，实验上很难实现。$\boldsymbol{D}$=0 称为电学受夹状态。

(5) $\boldsymbol{\sigma}$=常数，此时晶体不受任何阻力而自由形变，$\boldsymbol{\sigma}$=0 称为机械自由状态。

(6) $\boldsymbol{S}$=常数，此时晶体处于无限硬的环境中，$\boldsymbol{S}$=0 称为机械受夹状态。

不同测试条件下系数间的关系如下：

E=常数

$$\boldsymbol{\varepsilon}_{ijkl}^{s}-\boldsymbol{\varepsilon}_{ijkl}^{T}=-\alpha_{ij}\alpha_{kl}\frac{T}{C^{\sigma}}$$

$$C^{s}-C^{\sigma}=-T\alpha_{ij}\alpha_{kl}C_{ijkl}^{T}$$

$$\alpha_{ij}^{D}-\alpha_{ij}^{E}=-d_{kij}^{T}\beta_{kl}^{\sigma,T}\boldsymbol{p}_{l}^{\sigma}$$

T=常数

$$\boldsymbol{s}_{ijkl}^{D}-\boldsymbol{s}_{ijkl}^{E}=-\boldsymbol{d}_{mij}\boldsymbol{d}_{nkl}\beta_{mn}^{\sigma}$$

$$\boldsymbol{\varepsilon}_{ij}^{s}-\boldsymbol{\varepsilon}_{ij}^{\sigma}=-\boldsymbol{d}_{ikl}\boldsymbol{d}_{jmn}C_{klmn}^{E}$$

$$\boldsymbol{d}_{ijk}^{s}-\boldsymbol{d}_{ijk}^{T}=-\boldsymbol{p}_{i}^{\sigma}\frac{T}{C^{\sigma,E}}\alpha_{jk}^{E}$$

σ=常数

$$\boldsymbol{\varepsilon}_{ij}^{s}-\boldsymbol{\varepsilon}_{ij}^{T}=-\boldsymbol{p}_{i}\boldsymbol{p}_{j}\frac{T}{C^{E}}$$

$$C^{D}-C^{E}=-T\boldsymbol{p}_{i}\boldsymbol{p}_{j}\beta_{ij}^{T}$$

$$\boldsymbol{P}_{i}^{s}-\boldsymbol{P}_{i}^{\sigma}=-\alpha_{jk}^{E}C_{jklm}^{E,T}\boldsymbol{d}_{ilm}^{T}$$

除铁电体外，所有非磁性电介质晶体的同一系数值具有同一数量级(由于对称性影响，某些系数或某些分量可以为零)。各系数的数量级如下(MKS 单位制)：

	σ	E	T
S	s	d	α
D	d	ε	p
H	α	p	C/T

	σ	E	T
S	10^{-11}	3×10^{-12}	10^{-5}
D	3×10^{-12}	10^{-10}	3×10^{-6}
H	10^{-5}	3×10^{-6}	10^{4}

不同条件下测得的数值差别一般不超过 10%，但热释电系数相对差值可达 100%，这是第二热释电效应影响的结果。

10.3 晶体的力学性质

晶体的力学性质是指晶体受外力作用产生形变的效应。固体在外力作用下发生的形变有弹性形变、范性形变和碎裂三种，表征它们的物理性质分别是弹性、范性和强度。对于晶体，这三种性质都是各向异性的。

10.3.1　弹性性质

1. 应力

物体中的一部分相对于相邻部分施加力，便称该物体处于应力状态。受应力作用的物体内的一个体积单元，有两种力作用其上，一种称为彻体力，如整个物体的重力，其大小正比于单元的体积；另一种为周围物质施加于单元表面上的力，它正比于单元表面的面积，称为“应力”。对于晶体，其中的质点总处于斥力和引力相等的平衡位置，在外力作用下，这种平衡被破坏，质点发生位移，晶胞参数改变，宏观上的反映是晶体形状改变，同时在晶体内部出现使质点恢复到平衡位置的力。单位表面上所承受的这种力称为内应力或应力。如果晶体内，具有一定形状的单位表面在相同方向上所承受的力大小与该表面在晶体内的位置无关，则该物体所受的应力是均匀的。

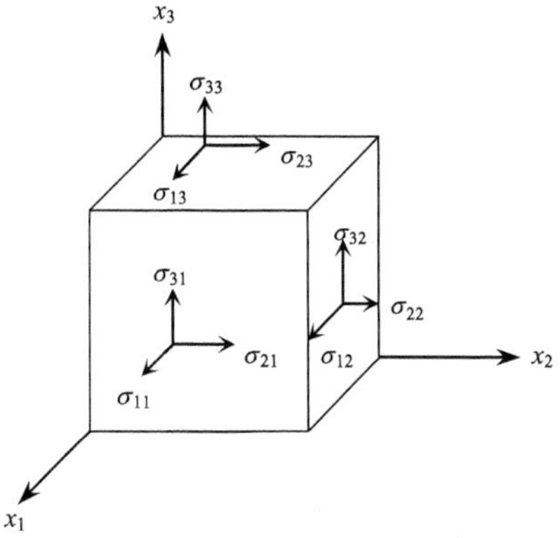

图 10-3　应力分解(张克从，1987)

假设晶体内有一单位立方体(图 10-3)，在均匀静止平衡的应力状态下，作用在前面三个面的应力分别分解为三个力，共九个分量。σ_{11}、σ_{22}、σ_{33} 是应力的法向分量，σ_{12}、σ_{21}、σ_{23} 等是应力的剪切分量。$\boldsymbol{\sigma}_{ij}$ 表示垂直于 x_j 轴的立方体的面上沿 x_i 方向的力

$$[\boldsymbol{\sigma}_{ij}]=\begin{bmatrix}\sigma_{11} & \sigma_{12} & \sigma_{13}\\ \sigma_{21} & \sigma_{22} & \sigma_{23}\\ \sigma_{31} & \sigma_{32} & \sigma_{33}\end{bmatrix}$$

作用在后三个面的应力分量和前面三个面的相应分量大小相等、方向相反。

可以证明 $[\boldsymbol{\sigma}_{ij}]$ 为二阶张量，σ_{11}、σ_{22}、σ_{33} 称为正应力，其余称为切应力。在没有体积转矩的情况下，$\boldsymbol{\sigma}_{ij}$ 为二阶对称张量。主轴化后，切应力消失：

$$\left[\boldsymbol{\sigma}_{ij}\right]=\begin{bmatrix}\sigma_{11} & 0 & 0\\ 0 & \sigma_{22} & 0\\ 0 & 0 & \sigma_{33}\end{bmatrix}$$

此时 σ_{11}、σ_{22}、σ_{33} 称为主应力。如果三个主应力中只有一个不为零，称为单轴向应力。主应力为正值时，为拉伸应力，负值时为压缩应力(有时定义相反)。

2. 应变

应变用来描述物体内部各质点之间的相对位移。三维应变可用下式表示：

$$\Delta \boldsymbol{u}_j = \boldsymbol{l}_{ij} \Delta \boldsymbol{x}_j \qquad \boldsymbol{u}_j \text{为在} \boldsymbol{x}_j \text{方向的位移分量}$$

式中，$\Delta \boldsymbol{u}$ 和 $\Delta \boldsymbol{x}$ 为矢量；$\boldsymbol{l}_{ij}$ 为二阶张量。一般情况下 $\boldsymbol{l}_{ij}$ 为非对称的，但是可以把 $\boldsymbol{l}_{ij}$ 分解成

$$\boldsymbol{l}_{ij} = \frac{1}{2}\left(\boldsymbol{l}_{ij} + \boldsymbol{l}_{ji}\right) + \frac{1}{2}\left(\boldsymbol{l}_{ij} - \boldsymbol{l}_{ji}\right) = \boldsymbol{S}_{ij} + \boldsymbol{W}_{ij}$$

式中，$\boldsymbol{S}_{ij}$ 为二阶对称张量，描述物体的应变；$\boldsymbol{W}_{ij}$ 为二阶反对称张量，描述物体的纯刚体转动，因此，形变=应变+刚体转动。产生应变所需的功称为应变能。

二阶对称张量 $\boldsymbol{S}_{ij}$ 可以主轴化，使切应变消失，只剩下 S_{11}、S_{22}、S_{33} 主应变。应变主轴在物体形变时永远保持相互垂直，在无刚体转动情况下，它们保持不动。

应力和应变张量不一定受晶体对称性的制约(无方向性)，此类张量称为场张量，受晶体对称性制约的张量称为物质张量。场张量不描述晶体的物理性质(应力、应变不是晶体的性质)，物质张量描述晶体的物理性质。

3. 晶体的弹性

如果物体在小于某一极限值的外力作用之后仍能恢复原来的形状和大小，则这种形变称为弹性形变，这一极限值称为弹性限度(弹性极限)。

弹性形变遵守胡克(Hooke)定律，即在弹性限度内有

$$\boldsymbol{S} = \boldsymbol{s}\boldsymbol{\sigma}$$

$$\boldsymbol{\sigma} = \boldsymbol{C}\boldsymbol{S} \qquad (\boldsymbol{C} = 1/\boldsymbol{s})$$

式中，$\boldsymbol{S}$ 为应变；$\boldsymbol{\sigma}$ 为应力；$\boldsymbol{s}$ 为弹性柔顺常数(或称弹性模量)；$\boldsymbol{C}$ 为弹性刚度常数(或弹性常数、杨氏模量，即应力与应变之比)。$\boldsymbol{s}$ 表示物体拉伸或压缩的难易程度，$\boldsymbol{C}$ 表示物体抗拉或抗压的能力。

一般情况下 $\boldsymbol{S}$ 和 $\boldsymbol{\sigma}$ 为二阶张量，根据张量的定义，联系二阶张量的系数 $\boldsymbol{s}$、$\boldsymbol{C}$ 为四阶张量。

$$\boldsymbol{S}_{ij} = \boldsymbol{s}_{ijkl}\boldsymbol{\sigma}_{kl} \qquad (i, j, k, l = 1, 2, 3)$$

$$\boldsymbol{\sigma}_{ij} = \boldsymbol{C}_{ijkl}\boldsymbol{S}_{kl} \qquad (i, j, k, l = 1, 2, 3)$$

$\boldsymbol{s}$ 与 $\boldsymbol{C}$ 有如下关系

$$\boldsymbol{s}_{ijkl}\boldsymbol{C}_{klmn} = \boldsymbol{C}_{ijkl}\boldsymbol{s}_{klmn} = \boldsymbol{\delta}_{im}\boldsymbol{\delta}_{jn} \ (\boldsymbol{\delta} \text{ 为单位矩阵})$$

因 $\boldsymbol{s}_{ijkl} = \boldsymbol{s}_{ijlk}$、$\boldsymbol{s}_{ijkl} = \boldsymbol{s}_{jikl}$、$\boldsymbol{C}_{ijkl} = \boldsymbol{C}_{ijlk}$、$\boldsymbol{C}_{ijkl} = \boldsymbol{C}_{jikl}$，81 个分量减为 36 个。晶体对称性对分量个数还有影响，而且不同晶系，$\boldsymbol{s}$、$\boldsymbol{C}$ 各分量间有不同的关系。

10.3.2　晶体的范性

应力撤销后，物体不再恢复原来的形状，这种形变称为范性形变。范性形变是不可逆的，主要有两种：滑移和机械双晶。

1. 滑移

滑移是指晶体的一部分相对于另一部分的移动(体积不变)。滑移一般沿晶体学平面和方向进行，相应的滑移平面和方向分别称为滑移面和滑移方向。在切应力作用下[图 10-4(a)]滑移面取向不变，在单轴张力[图 10-4(b)]或压力[图 10-4(c)]作用下，滑移面取向将改变。滑移面和滑移方向称为滑移要素，它们组成滑移系统。晶体中等效的滑移系统组成滑移族。

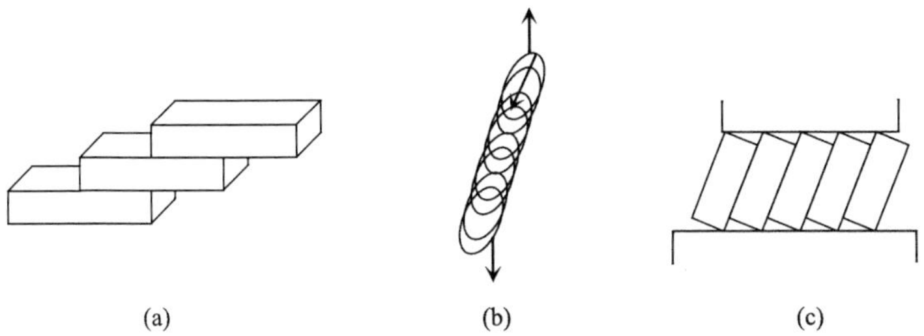

图 10-4　各种滑移模型(张克从，1987)

(a)切应力；(b)单轴张力；(c)单轴压力

范性形变的质点必然处于平衡位置，因此滑移距离必然是晶胞常数的整数倍。范性形变与弹性形变的区别见图 10-5。

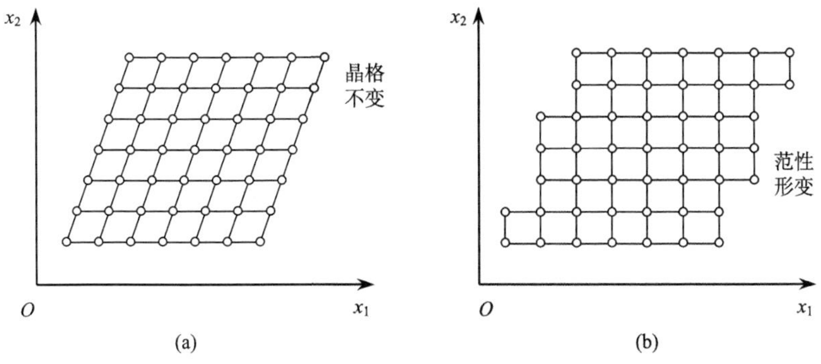

图 10-5　晶格的弹性形变(a)和范性形变(b)(张克从，1987)

一般密堆积面为滑移面，而密堆积方向为滑移方向，因为面网密度越大，面间距也越大，面与面间的作用力就越小，越容易产生滑移。而密堆积方向的晶格距离最短，移动一个晶格距离所要做的功最小，因此容易沿此方向滑移。滑移是由位错运动引起的晶体形变。刃型位错运动通过由其伯格斯矢量和位错线构成的平面，这个平面即滑移面。螺型位错是沿垂直于伯格斯矢量方向运动，而晶体的形变平行于伯格斯矢量的方向。

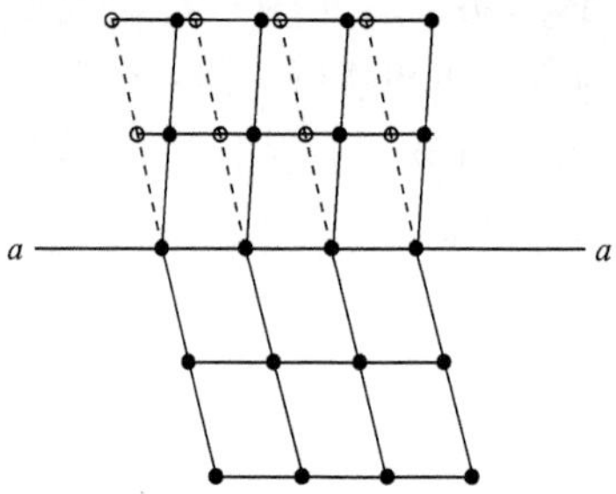

图 10-6　双晶模型(张克从，1987)

2. 机械双晶

由机械应力产生的双晶称为机械双晶。在外力作用下，晶体质点相对于某一面网发生位移，外力撤销后，晶体两部分以该面网为对称面对称，该对称面称为双晶面，如图 10-6 所示。质点的位移距离与该质点到双晶面的距离成正比，而且不一定等于晶格的整数倍，这也是双晶与滑移的本质区别。

10.3.3　晶体的解理性

晶体沿某些晶面开裂形成光滑表面的现象称为解理，相应的晶面为解理面。解理是形变的最后阶段碎裂的一种。解理面通常为平行晶体内面网密度大的方向。由于晶体结构不同，解理面的多少和解理的程度也不同，常将解理分为极完全、完全、中等、不完全和极不完全五个等级。

10.3.4　晶体的硬度

硬度不是一个物理常数，它的大小不仅依赖于物质本身的性质，还依赖于测量方法。通常说的硬度是指物体表面抵抗外力侵入的能力，它依赖于许多力学特性(如弹性限度、弹性模量、范性以及表面强度等)。最常用的测量方法有刻划法、压印法、抛磨法等。

莫氏(Mohs)硬度刻划法是以十种矿物的硬度作为硬度标准，分为十级，如表 10-1。其他晶体的硬度以能刻划哪一种标准矿物和能被哪一种标准矿物刻划确定。

表 10-1　莫氏硬度标准(张克从，1987)

硬度等级	矿物名称	成分	所利用的晶面
1	滑石	$Mg_3(OH)_2[Si_4O_{10}]$	(001)
2	石膏	$CaSO_4 \cdot 2H_2O$	(010)
3	方解石	$CaCO_3$	$(10\bar{1}1)$

续表

硬度等级	矿物名称	成分	所利用的晶面
4	萤石	CaF_2	(111)
5	磷石	$Ca_5(PO_4)_3(F,Cl,OH)$	(0001)
6	正长石	$K[AlSiO_3O_8]$	(001)
7	石英	SiO_2	$(10\bar{1}1)$
8	黄玉	$Al_2[SiO_4](F,OH)_2$	(001)
9	刚玉	Al_2O_3	(1120)
10	金刚石	C	—

Marteus 刻划法是用 90°锥角的标准金刚石刀以不同的压力在晶体表面刻划，以刻出 10 μm 宽的划痕所用的压力作为硬度计量标准。

压印法是用标准形状的印针，以不同的压力刺入晶体表面，然后测量压印的面积，印针的形状有球面、圆锥形、90°的四面锥形等。压印法测得的结果也称显微硬度。显微硬度与印针形状、压力大小、加压速度、加压时间、测量精度等有关。晶体硬度还与晶体的对称性有关。

10.4　晶体的热学性质

晶体的热学性能包括热容、热膨胀和热传导，是晶体的重要物理性能。

10.4.1　晶体的热容

晶体热容是升高单位温度时，晶体能量的增量。晶体热容理论与晶体的晶格振动有关。晶格振动是在弹性范围内原子的不断交替聚拢和分离。这种运动具有波的形式，称为晶格波(点阵波)。晶格振动的能量是量子化的，与电磁波的光子类似，称为声子。晶体热振动就是热激发声子。热容理论就是热容随温度变化的定量关系。

1. 爱因斯坦热容模型

爱因斯坦认为晶格中每个原子都在独立地振动，并且振动频率都为 ν。他引用晶格振动能量量子化的概念，把原子振动视为谐振子，推得热容(等容热容)与温度的关系式：

$$C_{mV}=\left(\frac{\partial E}{\partial T}\right)_V=3N_0k_B\left(\frac{h\nu}{k_BT}\right)^2\frac{\exp\left(\frac{h\nu}{k_BT}\right)}{\left(\exp\frac{h\nu}{k_BT}-1\right)^2}=3Rf_E\left(\Theta_E/T\right)$$

式中，ν 为原子振动频率；h 为普朗克常量；T 为温度。

$$f_E(\Theta_E/T)=\left(\frac{h\nu}{k_BT}\right)^2\frac{\exp\left(\frac{h\nu}{k_BT}\right)}{\left(\exp\frac{h\nu}{k_BT}-1\right)^2}$$

式中，f_E 称为爱因斯坦函数；$R=N_0k_B$；$\Theta_E=h\nu/k_B$，称为爱因斯坦温度。

当晶体处于较高温度时 $k_BT\gg h\nu$，$h\nu/k_BT\ll 1$，$f(\Theta_E/T)\to 1$，$C_{mV}\approx 3R=24.9\ J\cdot mol^{-1}\cdot K^{-1}$，与实验结果较吻合。

当温度很低时，$h\nu\gg k_BT$，则

$$C_{mV}=3R\left(\frac{h\nu}{k_BT}\right)^2\exp\left(-\frac{h\nu}{k_BT}\right)$$

用此公式计算的理论值比实验值更快地趋于零。原因是爱因斯坦把每个原子看成独立的谐振子，而实际上每个原子都与它邻近的原子存在联系，频率也并不完全相同。爱因斯坦忽略了晶格波的频率差别，导致低温实验值与理论值不符。

2. 德拜热容模型

德拜理论认为，晶体中各原子间存在着弹性斥力和引力，这种力使原子的热振动相互受到牵连和制约，从而达到相邻原子间协调齐步地振动，形成如下图所示的德拜模型。

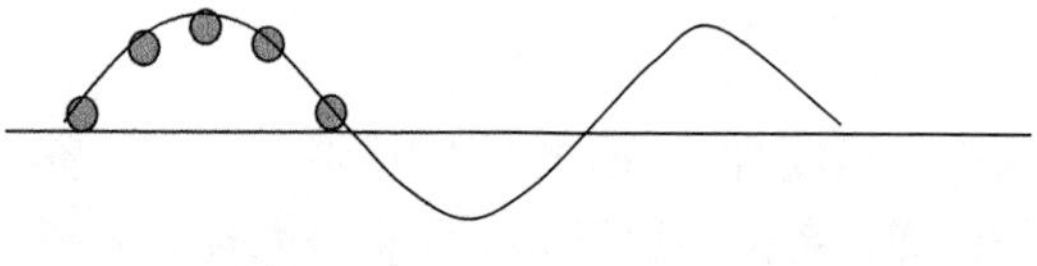

根据德拜理论可推得热容公式

$$C_{mV}=9Nk_B\left(\frac{T}{\Theta_D}\right)^3\int_0^{\Theta_D/T}\frac{e^x x^4}{\left(e^x-1\right)^2}dx=3Nk_Bf_D\left(\Theta_D/T\right)=3Rf_D\left(\Theta_D/T\right)\left(N=N_0\text{时}\right)$$

$$f_D\left(\Theta_D/T\right)=3\left(\frac{T}{\Theta_D}\right)^3\int_0^{\Theta_D/T}\frac{e^x x^4}{\left(e^x-1\right)^2}dx$$

式中，N_0 是 1 mol 晶体的原子数；N 是单位体积内的原子数；$x=h\nu/k_BT$，$\Theta_D=h\nu_{max}/k_B$，ν_{max} 是原子的最大振动频率。

当晶体处于较高温度时，$k_BT\gg h\nu_{max}$，则 $x\ll 1$，$f_D(\Theta_D/T)\approx 1$，故 $C_{mV}=3R$，$f_D\approx 3R=24.9\ J\cdot mol^{-1}\cdot K^{-1}$，与实验一致。

当晶体处于低温时，$T\ll Q_D$，取 $\Theta_D/T\to\infty$，则

$$C_{mV} = 9R\left(\frac{T}{\Theta_D}\right)^3 \frac{4}{15}\pi^4 = \frac{12\pi^4}{5}R\left(\frac{T}{\Theta_D}\right)^3$$

此公式很好地描述了晶体的热容。

但德拜把晶体看成连续介质，这对于原子振动频率较高部分不适用。另外，德拜认为 Θ_D 与温度无关也不尽合理。因此，德拜理论对一些化合物的热容计算与实验不符。

10.4.2　晶体的热膨胀

晶体受热后其长度或体积发生变化或晶体在温度发生变化时所产生的应变现象称为热膨胀，它与由应力产生的应变有本质的区别，它由物质张量描述，受晶体对称性的制约。因此，晶体不发生相变的情况下其对称性与温度无关。对于不同的晶系，各方向膨胀的程度是不同的，某些晶体在某些方向上还表现出负膨胀的现象。从本质上说，晶体的热膨胀是由于晶格热振动的非简谐性引起晶体内部质点间的位置发生变化的结果，具体表现是键长及键角的变化或配位多面体的旋转。

用双原子模型可以导出晶体热膨胀量与温度的关系式。

由于热运动，两个原子的相互位置不断变化。设其中一原子固定在原点，另一原子离开平衡位置(r_0)的位移为 x，两个原子间势能 U 是两个原子间距离 r 的函数，即 $U(r)=U(x)$。展开后得

$$U(r)=U(r_0)+cx^2-gx^3+\cdots$$

取前三项，得

$$U(r)=U(r_0)+cx^2-gx^3$$

其图形为不对称的二次抛物线，如图 10-7 所示。

根据玻尔兹曼统计，由势能公式可计算出其平均位移：

$$\bar{x} = \frac{3gk_BT}{4c^2}$$

上式也说明，随温度升高，原子偏离 0 K 的振动中心距离增大，产生热应力，晶体宏观上膨胀。

热应力 $\boldsymbol{S}_{ij}^{\circ}$ 与温度的关系可表示成：

$$\boldsymbol{S}_{ij}^{\circ} = \alpha_{ij}\Delta T$$

式中，α_{ij} 为热膨胀系数；$\boldsymbol{S}_{ij}^{\circ}$ 为二阶对称张量；T 为标量。因此 α_{ij} 也为二阶对称张量。

晶体膨胀系数可分为线膨胀系数和体膨胀系数。

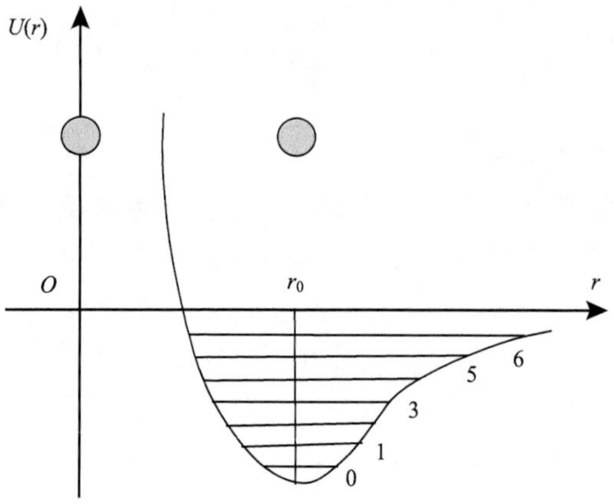

图 10-7　双原子相互作用势能曲线

0 表示 0K；1、2、3、4、5、6 分别表示不同的温度，可见随着温度的升高，原子位置偏离平衡位置越远，引起晶体膨胀

平均线膨胀系数：

$$\bar{\alpha}_l = \frac{\Delta l}{l_1 \Delta T}$$

式中，$\Delta l = l_2 - l_1$，$\Delta T = T_2 - T_1$。

平均体膨胀系数：

$$\bar{\beta} = \frac{\Delta V}{V_1 \cdot \Delta T}$$

膨胀系数与热容关系密切：

$$\beta = \frac{\gamma}{KV} C_V$$

γ 是格律乃森常数，是表示原子非线性振动的物理量，一般物质的 γ 在 1.5～2.5；K 是体积模量；V 是体积；C_V 是等容热容。

由上式可知，膨胀系数和热容随温度变化特征基本一致。

膨胀系数还与德拜温度有关：

$$\alpha = \frac{A}{V_a^{2/3} M \Theta_D^2}$$

式中，A 为常数；M 为相对原子质量；V_a 为原子体积。

与其他物理量一样，膨胀系数也随原子序数呈明显周期性变化。

晶体热膨胀受晶体内部结构、对称性、成分、键型、原子价态、配位数、晶体缺陷等因素的影响。

(1) 对称性的影响：对称性影响晶体不同方向膨胀程度的差异，即膨胀各向异性的程度。不同晶系的热膨胀系数参数个数不同，如等轴晶系只需一个参数，三、四、六方晶系需两个参数，而斜方、单斜和三斜则分别需要 3、4 和 6 个参数。

α_{11}、α_{22}、α_{33}为主热膨胀系数(正值表示伸长，负值表示压缩)，则体膨胀系数 β 可表示为

$$\beta=\alpha_{11}+\alpha_{22}+\alpha_{33}$$

对于各向同性晶体，$\alpha_{11}=\alpha_{22}=\alpha_{33}$，$\beta=3\alpha$。

对于三、六方晶系，膨胀系数由两个方向的热膨胀系数决定，即平行和垂直主晶轴的热膨胀系数：$\alpha_{11}=\alpha_{22}=\alpha_{\perp}$，$\alpha_{33}=\alpha_{//}$，平均热膨胀系数为

$$\alpha_{平均}=\frac{1}{3}\left(\alpha_{//}+2\alpha_{\perp}\right)$$

$$\beta=3\alpha_{平均}$$

对于斜方晶系：

$$\alpha_{平均}=\frac{1}{3}\left(\alpha_{11}+\alpha_{22}+\alpha_{33}\right)$$

$$\beta=3\alpha_{平均}$$

(2) 晶体点缺陷的影响：温度的升高会增大晶格振动的非简谐性，从而造成晶体热膨胀系数在高温下的异常变化。例如，空位引起的热膨胀系数变化值可由下式求出：

$$\Delta\beta=B\frac{Q}{T^2}\exp\left(-\frac{Q}{k_{\mathrm{B}}T}\right)$$

式中，Q 是空位形成能；B 是常数；k_{B} 是玻尔兹曼常数；T 是热力学温度。

(3) 化学键的影响：强键如离子键、共价键组成的晶体不易发生膨胀，由弱键如分子键形成的晶体容易发生热膨胀。

(4) 原子价态的影响：结构相同的晶体，热膨胀系数与原子价的平方成反比，结构不同的晶体，平均热膨胀系数与配位数的平方成正比。

(5) 铁磁性转变的影响：铁磁性晶体的热膨胀系数随温度的变化不符合一般的规律，在正常的膨胀曲线上出现附加的膨胀峰(向上或向下，称为正或负反常)。一般认为是磁致伸缩抵消了正常热膨胀的结果。

此外，离子最外层电子的状态和电子云的分布也对热膨胀有影响。

膨胀系数随温度的变化是非线性的，不同温度下 α_{ij} 值不一样。根据测量时温度是否连续变化，膨胀系数的测量分为动态和静态两类。进一步又分为宏观法和微观法，宏观法是测量晶体外形随温度的变化情况，微观法是测量晶体内部格点间距随温度的变化情况。常用的测试方法有示差法、测微望远镜观察法、干涉法、X 射线法(微观法)、体积测定法等。

一些常用晶体的主热膨胀系数见表 10-2。

表 10-2　常用晶体的主热膨胀系数(单位：10^{-6} ℃$^{-1}$)

晶体	晶系	主热膨胀系数			测试温度
		α_1	α_2	α_3	
铝酸钇	斜方	9.5	4.3	10.8	—
红宝石	三方	4.78		5.31	
水晶	三方	13		8	室温
方解石	三方	−5.6		25	40 ℃
$LiNbO_3$	三方	16.7		2.0	
KDP	正方	24.9		44.0	−50～50 ℃
YAG	立方		6.9		—
金刚石	立方		0.89		室温
氯化钠	立方		40		室温

热膨胀系数还可通过计算得到，已有学者提出了几种不同的热膨胀系数计算方法，但目前这些计算方法只对成分、结构相对简单的二元和部分三元化合物有效(精度在可接受范围)，对成分、结构相对复杂，特别是高温区的热膨胀系数尚缺乏有效的计算方法。

理论计算方法是从量子力学、固体物理、统计热力学的角度来研究晶体的热膨胀。根据应用的理论不同，理论计算方法可以分为分子动力学方法、蒙特卡罗(Monte Carlo)方法和固体物理方法。目前研究比较详细的是固体物理方法，鲁法(A. R. Ruffa)和里伯(R. R. Reeber)是固体物理方法的代表人物，他们从固体物理学的不同角度出发，分别建立了用于热膨胀计算的模型。

笔者用以上方法对百余种矿物的热膨胀系数进行了计算，结果表明，鲁法模型是使用相对方便、精度较高的方法，可以较精确地获得碱金属卤化物、碱土金属氟化物等简单结构二元化合物的低温热膨胀系数及其变化趋势，但对于氧化物、含氧酸盐及硫化物等具有共价特征或成分、结构较复杂的晶体，计算的偏差较大，甚至相差一个数量级。因此，我们对鲁法模型进行了重点考查评价，在此基础上对鲁法模型进行了晶体化学修正，目的是提出一种精度更高、适用面更广的晶体热膨胀系数计算方法。

以下简单介绍鲁法模型。

鲁法从 Morse 势能和 Morse 振子频率分布的德拜模型出发，推导出一套热膨胀系数计算公式，称为鲁法模型。

鲁法模型的主要公式如下：

$$\beta(T)=\beta_1(T)+\beta_2(T)$$

$$\beta_1(T)=\frac{3K}{2ar_nD}\left(\frac{T}{\Theta_D}\right)^3 g_1(x_D)$$

$$\beta_2(T)=\frac{3K^2T}{4ar_nD^2}\left(\frac{T}{\Theta_D}\right)^3 g_2(x_D)$$

$$g_1(x_D)=\int_0^{x_D}\frac{x^4e^x}{(e^x-1)^2}dx$$

$$g_2(x_D)=\int_0^{x_D}\frac{x^5e^x(1+e^x)}{(e^x-1)^3}dx$$

$$x=h\omega/k_BT$$

$$x_D=\frac{\Theta_D}{T}$$

$$D=0.1V_B(r_n)$$

$$V_B(r_n)=-{A}/{r_n}\left(1-{1}/{m}\right)A=N_Ae^2Z^2a$$

$$A=N_Ae^2Z^2a$$

$$a=\frac{A_r}{4\pi\xi_0}$$

$$ar_n=(m+4)/5$$

其中，ξ_0 为真空电容率；N_A 为阿伏伽德罗常量；Z 为原子价；e 为电子电荷；A_r 为马德隆常数；r_n 为平均原子间距；D 为势垒深度；r_0 为势能最低点的位置；a 为势垒宽度的倒数；Θ_D 为德拜温度；m 为玻恩斥力因子。

由以上公式可知，要计算各种化合物的热膨胀系数需要知道 D、a、r_n 以及 Θ_D，而计算 D、a 需要知道晶体的 A_r 和 m。可见，晶体热膨胀系数计算最关键的是需要首先获得 Θ_D、A_r 和 m。Θ_D 和 A_r 可以采用经验的方法来计算，m 则一般由晶体的压缩率获得。由于晶体的压缩率及德拜温度的数据很难获得，因此晶体热膨胀系数的计算很不方便。

我们用鲁法模型对近百种矿物晶体的热膨胀系数进行了计算。结果表明，鲁法模型具有较广泛的适用性，但存在以下不足：

(1) 鲁法模型没有考虑晶体的高温热缺陷对热膨胀的影响，在高温下实验值和计算值存在较大的偏差。

(2) 晶体热膨胀是晶体在不同温度下化学键的膨胀和配位多面体旋转的综合反映，鲁法模型没有考虑配位多面体旋转对热膨胀的影响，所以不适用于在温度变化情况下存在配位多面体旋转的晶体的热膨胀系数计算。

(3) 由于鲁法模型从典型的离子晶体模型推导而来，对共价特性较强的化合物无法得到满意的结果。

鉴于鲁法模型存在的不足，我们对鲁法模型进行了修正。通过系统研究鲁法模型的初始条件(平均原子间距、平均原子价、玻恩斥力因子，马德隆常数、折合质量、德拜温度等)与计算的晶体热膨胀系数之间的关系，发现玻恩斥力因子的准确性对热膨胀系数的计算影响最大。鲁法采用压缩率数据计算玻恩斥力因子，由于压缩率的数据难以获得且准确性很难保证，所以鲁法模型的精度受到影响。因此，获取准确的玻恩斥力因子成为提高热膨胀系数计算精度的关键。

有学者从化学键和膨胀系数的关系入手对常温下碱金属卤化物及碱土金属硫化物的线膨胀系数进行了研究，根据已有的约定性规律和实验结果给出了计算两类化合物线膨胀系数的公式：

$$\alpha = A\frac{RN}{Z}\exp(Bf_i)$$

其中，R 为键长；N 为阳离子配位数；Z 为阳离子电价；f_i 为化学键离子性；B 取 0.618；$A=1.68/\delta$。

以上公式因充分考虑了在鲁法模型中没有体现的化学键的离子性，因此可以较准确地计算多种结构类型晶体的常温热膨胀系数。鉴于此，我们提出“先利用上公式计算晶体热膨胀系数并拟合晶体的玻恩斥力因子，再利用鲁法模型计算不同温度范围的热膨胀系数”的鲁法模型修正方案。该修正方案的优点在于不仅可以提高玻恩斥力因子的计算精度，而且由于考虑了化学键性对热膨胀的影响，从而扩大了鲁法模型的应用范围。

由于晶体的高温热缺陷对热膨胀系数有很大影响，而鲁法模型没有考虑这一很重要的因素，致使高温下实验值和计算值存在较大的偏差。

高温下热膨胀的异常现象是由晶格的热缺陷引起。Lidiard 曾阐明过缺陷类型和热膨胀之间的关系并提出热缺陷膨胀系数的计算公式。但只有知道了晶体的空位形成能才能理论计算出热缺陷膨胀系数，而目前晶体的热缺陷形成能主要是通过晶体的热膨胀系数来计算，所以用理论方法计算热缺陷膨胀系数实际不可行。

我们对多种矿物晶体热膨胀系数的实验和计算数据进行对比发现，在高温下矿物晶体热膨胀系数的实验与计算结果的差值与温度呈抛物线关系。用最小二乘法对多种矿物晶体的高温热缺陷膨胀数据进行拟合，得到曲线 $\Delta\beta=a(T-293)^2$ (其中 a 定义为高温热缺陷系数)。为了在更大范围内应用，我们对热缺陷系数和晶体化学参数之间的关系进行了研究，推导出以下经验关系，利用此经验式可对晶体高温热膨胀系数进行修正：

$$a = 2^{n-1}BZ$$

式中，B 为常数，当阴离子的原子价为 1 时 $B=10^{-11}$，当阴离子的原子价大于 1 时 $B=10^{-13}$；n 为阴离子的周期数；Z 为阴离子的原子价。

综上所述，对鲁法模型的修正包括两个部分：

(1) 对获得玻恩斥力因子的方法进行修正。

(2) 对高温热膨胀系数进行修正。

鲁法修正模型与鲁法模型相比具有以下优点：

(1) 不仅考虑了晶体的键长、电价、配位数等晶体化学因素对晶体热膨胀系数的影响，同时考虑了鲁法模型未考虑到的化学键性及高温热缺陷对晶体热膨胀系数的影响。

(2) 不再需要晶体的详细结构资料数据以及压缩率数据。

我们用鲁法修正模型对碱金属卤化物、碱土金属氟化物、氯化钠结构型氧化物、闪锌矿结构型晶体、金红石结构型晶体、刚玉结构型晶体、部分橄榄石结构型晶体及部分复杂盐类晶体的热膨胀系数进行了计算，结果与实验值吻合较好。部分计算结果与鲁法模型计算结果及实验结果的对比如下。

卤化物 NaCl 的热膨胀系数计算结果见图 10-8。

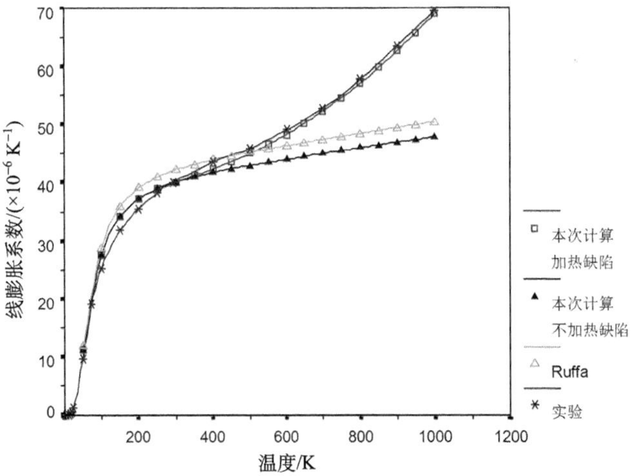

图 10-8　用鲁法修正模型和鲁法模型计算的 NaCl 的线膨胀系数及与实验数据的对比

闪锌矿结构 ZnSe 晶体的热膨胀系数计算结果如图 10-9 所示。

铁橄榄石 Fe_2SiO_4 晶体的热膨胀系数计算结果见图 10-10。

可见，鲁法修正模型的计算精度大为提高，尤其是高温热膨胀系数的计算精度提高非常明显。

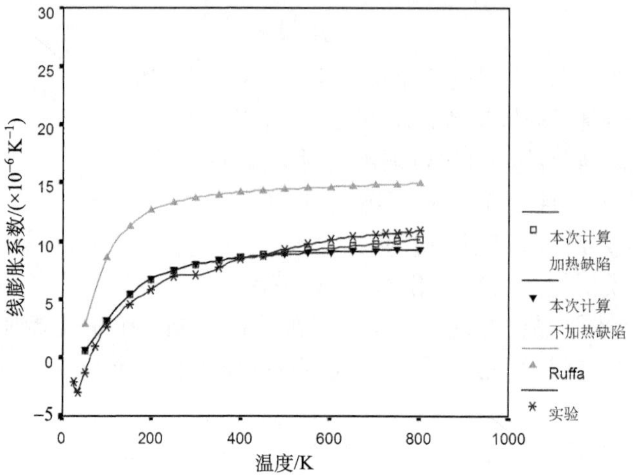

图 10-9　用鲁法修正模型和鲁法模型计算的 ZnSe 的线膨胀系数及与实验数据的对比

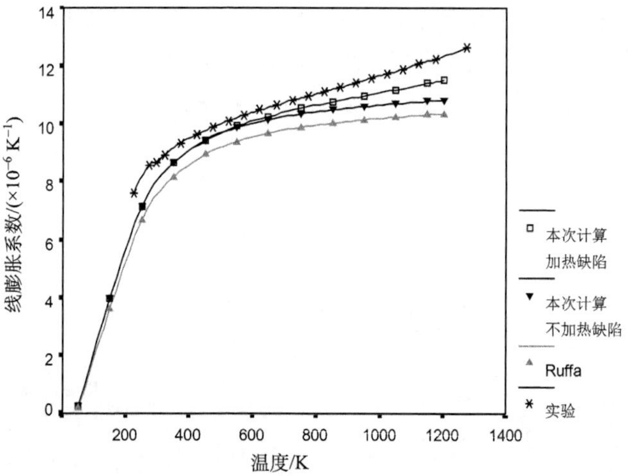

图 10-10　用鲁法修正模型和鲁法模型计算的 Fe_2SiO_4 在不同温度范围的线膨胀系数及与实验数据的对比

10.4.3　晶体的热传导

一块材料温度不均匀或两个温度不同的物体互相接触，热量便会自动地从高温度区向低温度区传播，这种现象称为热传导。

稳态热传导过程：材料各点温度不随时间变化的热传导过程。单位时间内通过垂直截面上的热流密度 q 的数学表达式为

$$q = -\kappa \frac{\mathrm{d}T}{\mathrm{d}x} = -\kappa \,\mathrm{grad}T$$

该式称傅里叶导热定律。κ 为热导率(导热系数)，单位为 $W \cdot m^{-1} \cdot K^{-1}$ 或 $J \cdot m^{-1} \cdot K^{-1} \cdot s^{-1}$。

不稳定的传热过程：材料各点的温度随时间变化的热传导过程。截面上各点的温度变化率表示为

$$\frac{\partial T}{\partial t}=\frac{\kappa}{\mathrm{d}c_p}\times\frac{\partial^2 T}{\partial x^2}$$

式中，t 为时间；T 为热力学温度；x 表示材料棒上的位置；c_p 为等压比热容；κ 为热导率。

$\alpha=\frac{\kappa}{\mathrm{d}c_p}\left(m^2/s\right)$ 称为热扩散率，亦称导温系数。$R=\frac{\Delta T}{\Phi}$ 称为热阻，ΔT 为热流量 Φ 通过的截面所具有的温度差，单位：K(开尔文)/W(瓦特)。

晶体中的热传导主要靠晶格振动的格波(声子)和自由电子的运动来实现。因此，$\kappa=\kappa_{\mathrm{ph}}+\kappa_{\mathrm{e}}$。金属晶体导热主要通过自由电子运动，非金属晶体导热主要通过声子运动。

金属晶体热导率与电导率有关(均与自由电子有关)：

$$\frac{\kappa}{\sigma T}=\frac{\kappa_{\mathrm{e}}}{\sigma T}+\frac{\kappa_{\mathrm{ph}}}{\sigma T}=L_0+\frac{\kappa_{\mathrm{ph}}}{\sigma T}$$

上式称为魏德曼-弗兰兹定律。σ 为电导率，L_0 为洛伦兹数。只有当 $T>\Theta_{\mathrm{D}}$，金属晶体导热主要由自由电子贡献时，上式才成立。

温度(低温时成正比，高温时成反比)、晶体对称(影响热传导的各向异性)、杂质均影响金属晶体热导率。

非金属晶体导热主要通过声子与质点的碰撞，热阻则来自声子间的碰撞。因此，热导率的表达式为

$$\kappa=\frac{1}{3}\int C(v)\upsilon l(v)\mathrm{d}v$$

式中，v 为声子振动频率；$C(v)$ 为热容；$l(v)$ 为声子平均自由程；υ 为声子运动速度。

10.4.4　晶体的热辐射

辐射热传导可以看成是光子在介质传播的导热过程。光子热导率可近似表示为

$$\kappa_{\mathrm{r}}=\frac{16}{3}\sigma n^2 T^3 l_{\mathrm{r}}$$

式中，σ 为斯蒂芬-玻尔兹曼常量，为 $5.67\times10^{-8}\,m \cdot m^{-2} \cdot K^{-4}$；$n$ 为折射率；T 是温度；l_{r} 为辐射光子的平均自由程。

10.5 晶体的介电性质

电介质指在电场作用下能建立极化的一切物质。电介质的根本特征是内部电荷都处于束缚状态。在电场、应力场、温度场等外场作用下，电介质将产生极化，使物质内电偶极矩总和不为零。由电场引起的极化称为电极化；由应力引起的极化称为压电效应；由温度达某一特定区间产生的极化称为自发极化。本节介绍电极化，压电效应和自发极化将在下节介绍。

等量而异号的电荷与它们中心间距的乘积定义为电偶极矩(电矩)，单位体积内的电偶极矩定义为极化强度。无外电场时，普通电介质正、负电荷中心重合或固有偶极矩呈混乱排列，总极化强度为零。存在外电场时，正、负电荷中心不重合或固有偶极矩定向排列，总极化强度不为零，即电极化。

大部分离子晶体为电介质，其总电极化强度可以表示成

$$\boldsymbol{P}=\boldsymbol{P}_{\rm e}+\boldsymbol{P}_{\rm a}+\boldsymbol{P}_{\rm d}+\boldsymbol{P}_{\rm s}$$

$\boldsymbol{P}_{\rm e}$为核外层电子云中心与原子核电荷中心不重合产生的电子极化强度；$\boldsymbol{P}_{\rm a}$为正、负离子电荷中心不重合产生的离子极化强度；$\boldsymbol{P}_{\rm d}$为固有偶极矩定向排列产生的转向极化强度(固有极化强度一般由分子形成，也称分子极化强度)；$\boldsymbol{P}_{\rm s}$为自发产生的偶极矩并定向排列产生的极化强度，只在某些晶体中存在。对于非理想晶体(实际晶体)还存在由于杂质缺陷、位错、晶界、裂纹等所产生的极化强度，但一般不予考虑。

电位移 $\boldsymbol{D}$、极化强度 $\boldsymbol{P}$ 和电场强度 $\boldsymbol{E}$ 有如下关系：

$\boldsymbol{D}=\kappa_0\boldsymbol{E}+\boldsymbol{P}=\kappa\boldsymbol{E}$　(κ_0为真空电容率，MKS 单位制中数值为 8.85×10^{-12})

$$\boldsymbol{P}=\kappa_0\chi\boldsymbol{E}$$

$$\kappa=\kappa_0(1+\chi)\quad 或\quad \boldsymbol{\kappa}=\kappa_0(\boldsymbol{\delta}_{ij}+\boldsymbol{\chi}_{ij})\qquad \kappa 为电容率$$

$$\varepsilon=\kappa/\kappa_0=1+\chi$$

ε 为相对电容率或介电常数；χ 为介质极化率。对于各向同性介质，$\boldsymbol{D}$、$\boldsymbol{P}$、$\boldsymbol{E}$ 同方向，但对于非等轴晶系晶体，$\boldsymbol{D}$ 和 $\boldsymbol{P}$ 的每个分量与 $\boldsymbol{E}$ 的三个分量线性相关，$\boldsymbol{P}_i=\kappa_0\boldsymbol{\chi}_{ij}\boldsymbol{E}_j$，$D_i=\boldsymbol{\chi}_{ij}\boldsymbol{E}_j$，根据张量的定义，$\boldsymbol{\varepsilon}_{ij}$、$\boldsymbol{\chi}_{ij}$ 均为二阶张量。用热力学方法还可以证明，$\boldsymbol{\varepsilon}_{ij}$、$\boldsymbol{\chi}_{ij}$ 均为二阶对称张量。主轴化后只剩三个独立分量，称为主介电常数和主极化率。由于对称性影响，不同晶系的独立分量不同，如表 10-3 所示。与磁化强度不同的是：

(1) 主轴磁极化率可正可负，主轴电极化率总为正；

(2) 对顺磁、抗磁体，晶体对磁场影响很小，因磁化率值很小(铁磁体除外)。但电场情况则不同，$\boldsymbol{\chi}_{ij}$ 不小于 1，因此 $\boldsymbol{E}_{\rm t}=\boldsymbol{E}_{\rm a}+\boldsymbol{E}_{\rm c}$ 中，$\boldsymbol{E}_{\rm a}$、$\boldsymbol{E}_{\rm c}$ 为同一数量级，$\boldsymbol{E}_{\rm c}$ 依赖于晶体形状。因此形状不同的晶体置于同一电场中，$\boldsymbol{E}_{\rm c}$ 及 $\boldsymbol{E}_{\rm t}$ 不同，极化

强度不同。

表 10-3　ε_{ij} 和 χ_{ij} 的独立分量(张克从，1987)

晶系	ε_{ij} 和 χ_{ij} 矩阵	简化表示
三斜	$\begin{bmatrix}\varepsilon_{11} & \varepsilon_{12} & \varepsilon_{13}\\ \varepsilon_{21} & \varepsilon_{22} & \varepsilon_{23}\\ \varepsilon_{31} & \varepsilon_{32} & \varepsilon_{33}\end{bmatrix},\begin{bmatrix}\chi_{11} & \chi_{12} & \chi_{13}\\ \chi_{21} & \chi_{22} & \chi_{23}\\ \chi_{31} & \chi_{32} & \chi_{33}\end{bmatrix}$	$\begin{bmatrix}\bullet & \bullet & \bullet\\ \bullet & \bullet & \bullet\\ \bullet & \bullet & \bullet\end{bmatrix}$
单斜	$\begin{bmatrix}\varepsilon_{11} & 0 & \varepsilon_{13}\\ 0 & \varepsilon_{22} & 0\\ \varepsilon_{31} & 0 & \varepsilon_{33}\end{bmatrix},\begin{bmatrix}\chi_{11} & 0 & \chi_{13}\\ 0 & \chi_{22} & 0\\ \chi_{31} & 0 & \chi_{33}\end{bmatrix}$	$\begin{bmatrix}\bullet & \cdot & \bullet\\ \cdot & \bullet & \cdot\\ \bullet & \cdot & \bullet\end{bmatrix}$
斜方	$\begin{bmatrix}\varepsilon_{11} & 0 & 0\\ 0 & \varepsilon_{22} & 0\\ 0 & 0 & \varepsilon_{33}\end{bmatrix},\begin{bmatrix}\chi_{11} & 0 & 0\\ 0 & \chi_{22} & 0\\ 0 & 0 & \chi_{33}\end{bmatrix}$	$\begin{bmatrix}\bullet & \cdot & \cdot\\ \cdot & \bullet & \cdot\\ \cdot & \cdot & \bullet\end{bmatrix}$
正方 三方 六方	$\begin{bmatrix}\varepsilon_{11} & 0 & 0\\ 0 & \varepsilon_{11} & 0\\ 0 & 0 & \varepsilon_{33}\end{bmatrix},\begin{bmatrix}\chi_{11} & 0 & 0\\ 0 & \chi_{11} & 0\\ 0 & 0 & \chi_{33}\end{bmatrix}$	$\begin{bmatrix}\bullet & \cdot & \cdot\\ \cdot & \bullet & \cdot\\ \cdot & \cdot & \bullet\end{bmatrix}$
立方 各向同性介质	$\begin{bmatrix}\varepsilon_{11} & 0 & 0\\ 0 & \varepsilon_{11} & 0\\ 0 & 0 & \varepsilon_{11}\end{bmatrix},\begin{bmatrix}\chi_{11} & 0 & 0\\ 0 & \chi_{11} & 0\\ 0 & 0 & \chi_{11}\end{bmatrix}$	$\begin{bmatrix}\bullet & \cdot & \cdot\\ \cdot & \bullet & \cdot\\ \cdot & \cdot & \bullet\end{bmatrix}$

以上讨论的是静电场下的电极化情况，在交变电场作用时，极化强度要经过一定的时间才能达到最终值，这种现象称为极化弛豫。电子极化、离子极化和分子极化的弛豫时间不同，当交变电场频率高达一定程度后，弛豫时间长的极化将不跟随外场的变化，对总极化强度无贡献。极化强度 $\boldsymbol{P}$ 与频率的关系见图 10-11。因此，研究介电常数与频率的关系，可以知道电介质的极化机制。

直流电场下的 ε、χ 分别称为静态介电常数和极化率，交变电场下的 ε、χ 分别称为动态介电常数和极化率，在光频下测得的 ε、χ 分别称为光频介电常数和极化率。

外电场必须消耗一部分能量来使物质极化。电子极化、离子极化均属位移式极化，是一种弹性的、瞬时完成的极化，不消耗能量。但转向极化、松弛极化的完成需要一定的时间，是非弹性极化，需要消耗一定的能量，称为极化损耗。此外，由电介质的电导(漏导)造成的电流也引起损耗，称为电导损耗。介质极化需要损耗的能量合称介质损耗。它除受物质本身性质决定外，还与电场频率、介质温度等因素有关。

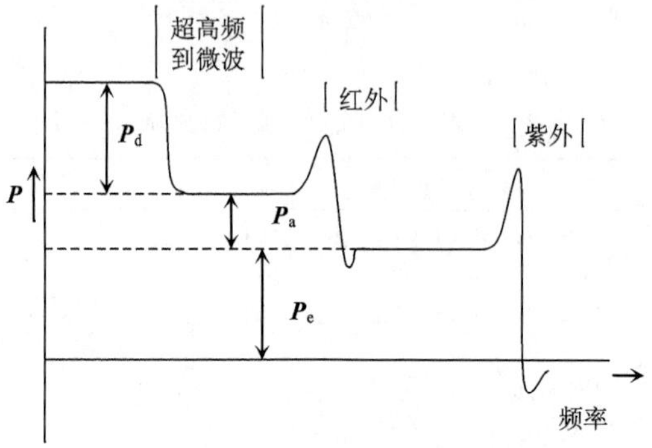

图 10-11　极化强度 $\boldsymbol{P}$ 与频率的关系(张克从，1987)

1. 频率的影响

$$\boldsymbol{E}=\boldsymbol{E}_0\cos\omega t$$

$\boldsymbol{D}$ 和 $\boldsymbol{P}$ 要落后一个相角 δ，可推得

$$\boldsymbol{D}=\varepsilon_1(\omega)\boldsymbol{E}_0\cos\omega t+\varepsilon_2(\omega)\boldsymbol{E}_0\sin\omega t$$

$\omega\to 0$ 时，$\boldsymbol{D}=\varepsilon_1(\omega)\boldsymbol{E}_0$，$\varepsilon_1(\omega)$ 为静电场介电常数。$\varepsilon_2(\omega)$ 与介质中的能量损耗成正比。

$\tan\delta=\dfrac{\varepsilon_2(\omega)}{\varepsilon_1(\omega)}$ 称为正切损耗或称损耗因子，它可用来衡量电介质的性能优劣：

(1) 当电场频率很低时，$\omega\to 0$，$\tan\delta\to\infty$；

(2) ω 升高，$\tan\delta$ 增大；

(3) ω 很高时，$\tan\delta$ 随 ω 升高而减小，此时损耗由电导引起。

2. 温度的影响

(1) 温度很低时，$\tan\delta$ 随温度上升而上升；

(2) 温度较高时，$\tan\delta$ 随温度上升而减小；

(3) 温度很高时，$\tan\delta$ 随温度急剧上升，原因是电导损耗急剧上升。

介质的特性，如绝缘、介电能力，都是指在一定的电场强度范围内的特性。当电场强度超过某一临界值时，介质由介电状态变为导电状态。这种现象称为介电强度的破坏，或称介质的击穿。相应的临界电场强度称为介电强度，或称为击穿电场强度。

通常将介质击穿分为三种类型：热击穿、电击穿、电化学击穿。

(1) 热击穿：处于电场中的介质，由于其中的介质损耗而受热，当外加电压足够高时，发出的热量比散去的多，介质温度升高，直至出现永久性破坏，称为热击穿。

由于电压长期作用，介质内温度缓慢升高而引起的击穿称为稳态热击穿。在短时间内电压作用下，介质来不及散热而引起的击穿称为脉冲热击穿。

(2) 电击穿：在强电场下，晶体导带中的电子一方面在外场作用下被加速获得动能，另一方面与晶格振动相互作用，把电场能量传递给晶格。当这一过程在一定的温度和场强下平衡时，介质有稳定的电导；当电子从电场中获得的能量大于传递给晶格的能量时，电子的动能越来越大，最终导致电离产生新电子，使自由电子数迅速增加，电导不稳定，产生击穿。

(3) 电化学击穿：电介质在长期的使用过程中受电、光、热以及周围媒质的影响，使电介质产生化学变化，电性能发生不可逆的破坏，最后被击穿。工程上常把这类击穿称为老化。

10.6　晶体的压电性质

压电性是某些晶体材料按所施加的机械应力成比例地产生电荷的现象。由于机械应力的作用，电介质晶体极化并形成晶体表面电荷的效应称为正压电效应，反之，由于外加电场，晶体形变的效应称为反压电效应(包括电致伸缩)，统称压电效应，具压电效应的晶体称为压电晶体。压电效应现象由居里兄弟于 1880 年发现。只有 20 种无对称中心的晶类可能具有压电性(432 因对称性太高，所有压电系数为 0)。压电效应的本质是由机械作用引起晶体介质的极化，机制如图 10-12 所示。图 10-12(a)中晶体总电矩为 0，图 10-12(b)为压缩时的情况，晶体表面产生电荷，拉伸时产生电荷的方向与压缩时相反。逆压电效应原理与此相似。

如果晶体有对称中心，只要作用力没有破坏对称中心，正、负电荷的对称排列就不会改变，即使应力作用产生应变，也不会产生净电偶极矩。因此，从晶体结构分析，只有结构上没有对称中心的晶体才可能产生压电性。

压电晶体还必须是电介质(至少具有半导体性质)，同时其结构必须有带正、负电荷的质点——离子或离子团，即压电晶体必须是离子晶体或由离子团组成的分子晶体。

极化强度与应力的关系为

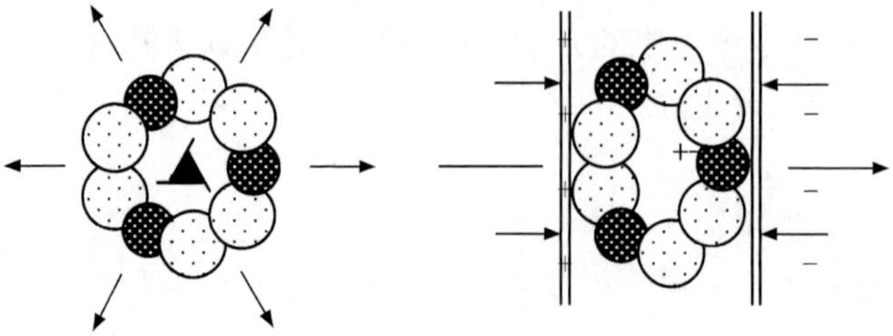

图 10-12　石英晶体压电效应机制示意图(罗谷风，1989)

大球和小球分别代表 O^{2-}和 Si^{4+}。(a)沿三次轴投影不受压时正、负电荷重心重合；(b)沿一个二次轴受压后正、负电荷重心分离，引起表面电荷

$$\boldsymbol{P}_i=\boldsymbol{d}\boldsymbol{\sigma}_{jk}$$

式中，$\boldsymbol{d}$ 为压电系数或压电模量，$\boldsymbol{\sigma}_{jk}$ 为二阶张量，$\boldsymbol{P}_i$ 为矢量，因此 $\boldsymbol{d}$ 为三阶张量，可写成

$$\boldsymbol{P}_i=\boldsymbol{d}_{ijk}\boldsymbol{\sigma}_{jk}\qquad (i, j, k=1, 2, 3)$$

可证明

$$\boldsymbol{d}_{ijk}=\boldsymbol{d}_{ikj}$$

加上对称性的影响，各晶类的压电系数独立分量数远低于 27 个(可参见有关文献)。

反压电效应，电场 $\boldsymbol{E}_i$ 与应变张量 $\boldsymbol{S}_{jk}$ 的关系为

$$\boldsymbol{S}_{jk}=\boldsymbol{d}_{ijk}\boldsymbol{E}_i$$

用热力学理论可证明正、反压电系数相等。

10.7　晶体的热释电性质

含固有电偶极矩的晶体称为极性晶体。21 种无对称中心的晶体中，有 10 种是极性晶体(结构上有极轴，即唯一的轴，轴的两端具有不同的性质，且对称操作不能使之与其他晶向重合)。极性晶体除了由于应力产生电荷以外，温度变化也可引起电极化状态的改变，产生电荷，这种效应称为热电性。具热电性的晶体称为热电体(pyroelectrics)。热电性在聚合物材料中称为焦电性。通常热电体宏观电偶极矩正端表面吸引负电荷，负端表面吸引正电荷，电偶极矩电场被屏蔽。但温度变化时，宏观电极化强度改变，屏蔽失去平衡，多余的屏蔽电荷被释放出来，称为热释电效应。具这种效应的晶体称为热释电晶体。

取一块电气石晶体$(Na,Ca)(Mg,Fe)_3(Si,Al)_6O_{18}(BO_3)_3(O,OH,F)_4$，在均匀加热的同时，将一束硫磺粉和铅丹粉经过筛孔喷向这个晶体，结果发现，晶体的一端出现黄色，另一端变为红色。这就是坤特法显示的电气石的热释电性实验。实

验表明，如果不加热，喷粉实验不会出现两种颜色。产生这种现象的原因是电气石为三方晶系，3*m* 点群，结构上只有一个三次轴，可具有自发极化。未加热时，自发极化电偶极矩被吸附的空气中的电荷屏蔽。加热时，由于温度变化，自发极化改变，屏蔽电荷失去平衡，晶体一端的正电荷吸引带负电的硫磺粉显黄色，晶体另一端的负电荷吸引带正电的铅丹粉显红色。

有学者指出，电气石热释电的产生与 3 个八面体共有的 O(1)的不对称、非简谐振动以及 Na 和 O(2)的振动有关，但缺少证据。一些学者发现电气石的热电性、远红外发射性、负离子产率与其 Fe、Mg 含量有关，但 Fe、Mg 含量以及加热处理与电气石的热电性、远红外发射性和负离子产率是正相关还是负相关，意见不一致，机制不清。

为此，笔者对 Fe 含量不同的 Fe-Mg 电气石的热释电性能机制进行了研究。结果表明，电气石的热释电系数、固有电偶极矩均随 Fe 含量增加而降低，热释电系数与固有电偶极矩正相关；在各种阳离子配位多面体中(两种八面体 Y、Z，一种四面体 T 和一种三角形配位 B)，$[SiO_4]$四面体(T)对电气石固有电偶极矩的影响最大。Fe 含量增加使$[(Fe,Mg)O_8]$八面体(Y)扭曲增大，导致与$[(Fe,Mg)O_8]$八面体连接的$[SiO_4]$四面体扭曲增大、电偶极矩增大；在 Fe 含量不变、Fe^{3+}/Fe^{2+}增大的情况下(热处理)，Fe^{3+}由 Y 八面体移向 Z 八面体，并导致 Y 八面体收缩和 Z 八面体膨胀，从而增大与八面体连接的$[SiO_4]$四面体的扭曲程度，使电气石固有电偶极矩增大，热释电系数增大。

热释电效应可表示成

$$\mathrm{d}\boldsymbol{D}_i=\boldsymbol{P}_i\mathrm{d}T$$

因而

$$\boldsymbol{P}_i=\frac{\mathrm{d}\boldsymbol{D}_i}{\mathrm{d}T}$$

$\boldsymbol{D}_i$为矢量，T为标量，因此$\boldsymbol{P}_i$为一阶张量(矢量)。前面已证明，具有对称中心的晶体中不存在一阶张量表征的物理性质，即对称中心晶体不具热释电性质。而且只有晶体中存在单极化轴(轴的两端不能通过晶体中任何对称要素操作而重合)时才可能具有热释电性质。例如，水晶具有压电效应，但不具有热释电效应(无对称中心，有单向轴，但不是极轴)。只有表 10-4 中的 10 种晶类才可能具有热释电性。

表 10-4　热释电晶类(张克从，1987)

晶系	晶类	对 $\boldsymbol{P}_s$ 矢量的限制	$\boldsymbol{P}_s$ 的三个分量形式
三斜	C_1–1	无任何限制	(p_1, p_2, p_3)
单斜	C_2–2	$\boldsymbol{P}_s$ 平行唯一的 2 次对称轴	$(0, p, 0)$
	C_s–m	$\boldsymbol{P}_s$ 在 m 内是任意的	$(p_1, 0, p_2)$

续表

晶系	晶类	对 $\boldsymbol{P}_s$ 矢量的限制	$\boldsymbol{P}_s$ 的三个分量形式
斜方	C_{2v}–$mm2$	$\boldsymbol{P}_s$ 平行唯一的 2 次对称轴	$(0, 0, p)$
正方	C_4–4	$\boldsymbol{P}_s$ 平行唯一的 4 次对称轴	$(0, 0, p)$
	C_{4v}–$4mm$	$\boldsymbol{P}_s$ 平行唯一的 4 次对称轴	$(0, 0, p)$
三方	C_3–3	$\boldsymbol{P}_s$ 平行唯一的 3 次对称轴	$(0, 0, p)$
	C_{3v}–$3m$	$\boldsymbol{P}_s$ 平行唯一的 3 次对称轴	$(0, 0, p)$
六方	C_6–6	$\boldsymbol{P}_s$ 平行唯一的 6 次对称轴	$(0, 0, p)$
	C_{6v}–$6mm$	$\boldsymbol{P}_s$ 平行唯一的 6 次对称轴	$(0, 0, p)$

10.8　晶体的铁电性质

有一些热释电晶体的自发极化方向会因外电场的作用而反向，这类热释电晶体称为铁电晶体。显然，铁电晶体一定是极性晶体，但并非所有的极性晶体都是铁电晶体。只有具特殊晶体结构的极性晶体，才允许极化反向时不发生大的畸变，成为铁电体。铁电晶体因其能形成与铁磁体的磁滞回线相类似的电滞回线而得名(并非因晶体中含铁)。

在无对称中心的 21 种晶类中，20 种有压电性质，20 种压电晶体中有 10 种可能具有热释电性质。10 种热释电晶体中有一些具有铁电性，铁电性不能根据结构对称性预测，只能实测确定。

根据极化总电场与外部电场的线性与非线性函数关系，可将电介质晶体分为线性电介质晶体和非线性电介质晶体。线性电介质晶体 $\boldsymbol{P}_s$ 和 $\boldsymbol{P}_i$ 均很小，用途不大，因此多用非线性电介质晶体。铁电晶体是非线性电介质晶体。

10.8.1　电滞回线

铁电晶体内部自发极化强度的方向不一定都完全相同，自发极化方向一致的区域称为铁电畴，每一个铁电畴的极化强度方向只能沿一个特定的晶轴方向。如果极化强度的取向只能沿一个特定晶轴的正或负向，晶体中只有互成 180°的两种畴，称为 180°铁电体。还有 60°、90°、120°铁电体等。畴与畴间的界壁称为畴壁。因此相应有 90°畴壁、180°畴壁、60°畴壁、120°畴壁等。为了使体系的能量低，各电畴的极化方向通常“首尾相连”。电畴结构与晶体结构有关，可用实验显示。铁电体电极化过程如图 10-13 所示，外电场为零时，晶体的总极化强度也为零，外电场很弱时，铁电体产生线性极化(图 10-13 中 OA 段)，电场加大，总极化强度迅速增加(图 10-13 中 *AB* 段)，最后整个晶体只有一种取向的单畴，极化强度饱和(*C* 点)。$\boldsymbol{E}$ 继续增大时，$\boldsymbol{P}$ 随外电场呈线性增加，与一般电介质相同。将线性部分外推到 $\boldsymbol{E}=0$，在纵轴上的截距为自发极化强度或饱和极化强度 $\boldsymbol{P}_s$。当 $\boldsymbol{E}$ 由 *C* 点开始下降时，晶体的极化强度随之减小(由于部分铁电畴因热运动等因素自动反向，$\boldsymbol{P}$-$\boldsymbol{E}$ 为非直线关系)，$\boldsymbol{E}=0$ 时由于已转化的电畴不能全部自动反转，$\boldsymbol{P}_s \neq 0$，与纵轴交于 $\boldsymbol{P}_r$ 处，$\boldsymbol{P}_r$ 称为剩余极化强度。当电场反向达 $\boldsymbol{E}_c$ 时，晶体内正、负电畴相等，$\boldsymbol{P}=0$，电场继续反向增大时，极化强度反向，最后达饱和值，电场再由负到正，$\boldsymbol{P}$ 沿 *C′C* 曲线回到 *C* 点，形成一闭合回路，称为电滞回线，它是铁电体的主要特征标志。$\boldsymbol{E}_c$ 称为矫顽电场强度，$\boldsymbol{P}_r$ 小于 $\boldsymbol{P}_s$，两者相差越大，晶体越不易形成单畴晶体。由于极化的非线性，铁电体的介电常数不是常数。一般以 *OA* 在原点的斜率来代表铁电体的介电常数。所以测量铁电体介电常数时所加外电场应很小。

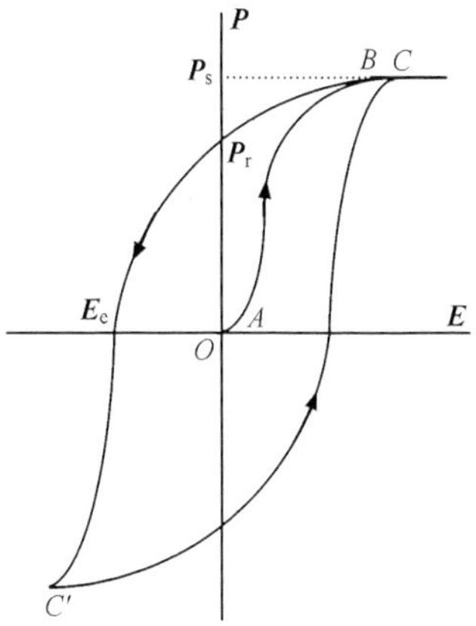

图 10-13　电滞回线(张克从，1987)

影响电滞回线的因素如下：

(1) 温度(极化温度、环境温度)。温度影响电畴的运动和转向的难易，影响晶体的结构。

(2) 极化时间和极化电压。它们影响电畴转向的程度。

(3) 晶体材料结构(单晶或多晶)。

不同性能的铁电晶体有不同形状的电滞回线。电滞回线可通过示波器显示出来。

10.8.2　铁电晶体的居里温度

具有铁电性的结构称为铁电相，反之称为顺电相。由铁电相变化到顺电相的温度称为铁电相变温度，或称居里温度 T_C(居里点)。有些晶体有多个相变温度，但只有由铁电相转变到顺电相的温度才称为居里温度，其他称为相变温度。例如，$BaTiO_3$ 有四个相变温度：

$$3m \xrightarrow{-90\ ^\circ\mathrm{C}} mm2 \xrightarrow{5\ ^\circ\mathrm{C}} 4mm \xrightarrow{(T_C)120\ ^\circ\mathrm{C}} m3m \xleftrightarrow{1460\ ^\circ\mathrm{C}} \text{六方晶系}$$

120 ℃才是居里点 T_C(*m3m* 为顺电相)。可见由顺电相到铁电相，对称性降低。有的晶体可以有两个居里点，而有的晶体还未达铁电相变温度时就熔化，因此无居里点。在 T_C 处有潜热产生，自发极化发生不连续变化的相变称为第一类相变；无潜热产生但比热发生突变的相变称为第二类相变。铁电晶体的介电常数与温度是非线性关系，在 T_C 附近有一极大值(数量级达 10^4～10^5)，这一现象称为介电反常。

铁电晶体相变的微观机制主要有两类，一类为有序-无序型，另一类为位移型。前一种类型是由于晶体中某种离子的有序化而使晶体出现铁电性，如 KH_2PO_4 等含氢键的晶体；后一种类型是由于晶体中某种离子发生位移而使晶体正、负电荷中心不重合，产生自发极化而出现铁电性质，这类铁电体大多与钙钛矿、钛铁矿结构紧密相关，如 $BaTiO_3$、$LiTaO_3$。

钽酸锂($LiTaO_3$)属钙钛矿结构，具有独特的光学、压电、铁电和热释电特性，因此在非线性光学、无源红外传感器、太赫兹的产生和探测等领域具有重要应用。如图 10-14(a)所示，对于 $LiTaO_3$ 顺电相，Li 和 Ta 分别位于氧平面内和钽-氧八面体中心，无自发极化。中子散射的研究结果表明，在接近居里点时，锂离子移离钽-氧八面体的中心，锂离子移离氧平面，距该平面±0.037 nm(+或–的概率相等)。由居里温度到室温，$LiTaO_3$ 相对漂移的值(按质心坐标)分别为 x_{Li}=0.043 nm，x_O=–0.017 nm，x_{Ta}=0.003 nm。也就是说，转变为铁电相时，Li 和 Ta 都发生了沿 c 轴的位移，前者偏离了氧八面体的公共面，后者偏离了钽-氧八面体的中心，如图 10-14(b)所示，结果产生了沿 c 轴的电偶极矩，即出现了自发极化，其自发极化方向与钽-氧八面体的三重轴平行。而且，$LiTaO_3$ 的自发极化方向仅沿+c 方向或–c 方向取向，其他方向不产生电矩，故 $LiTaO_3$ 单晶只出现反平行取向极化的电畴(180°畴)。

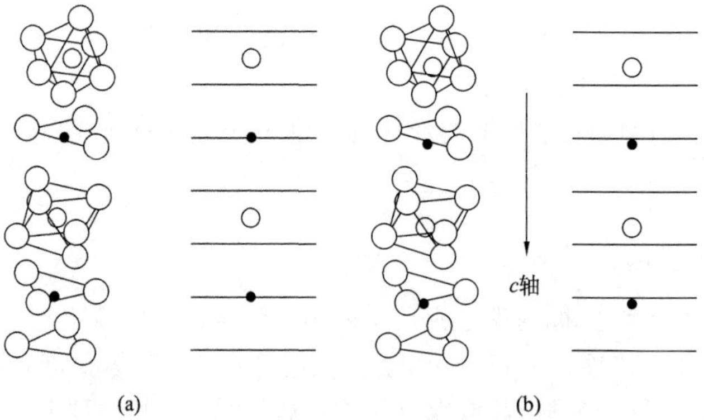

图 10-14　$LiTaO_3$ 晶体结构示意图(师丽红，2005)

(a)顺电相；(b)铁电相。水平线代表氧平面

还有一种铁电相变，在反铁电居里温度 T_C 以上为对称性高的顺电相，$\boldsymbol{E}$ 较小时 T_C 以下无电滞回线，但在很强的外电场作用下可以诱导成铁电相，$\boldsymbol{P}$-$\boldsymbol{E}$ 呈双电滞回线，如图 10-15 所示。T_C 处出现介电常数反常，相变时相邻的行或列的离子位移方

向相反，自发极化方向相反，总极化强度为零。这样的晶体称为反铁电晶体。

电介质、压电体、热释电体、铁电体的关系如图 10-16 所示。

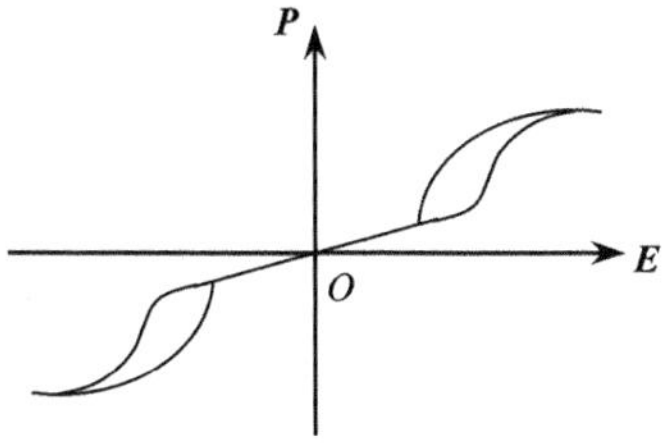

图 10-15　双电滞回线(关振铎等，1995)

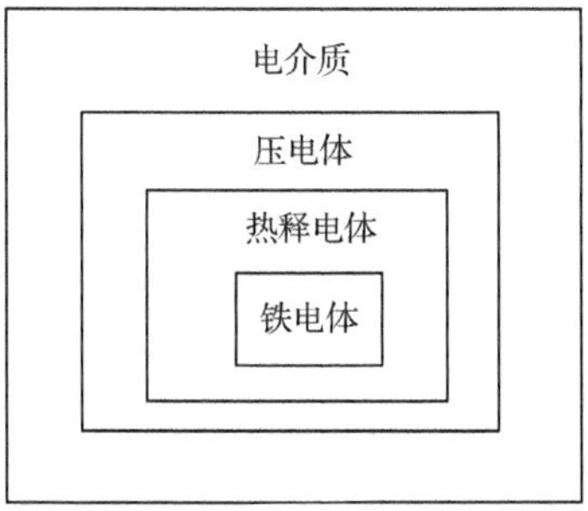

图 10-16　电介质、压电体、热释电体、铁电体的相互关系

10.8.3　弛豫型铁电晶体

1954 年，著名铁电物理学家杰斐(B. Jaffe)等发现 $PbZrO_3$-$PbTiO_3$(PZ-PT)固溶体。其中，PT 为普通铁电体(同时也是压电体)，其陶瓷压电常数 d_{33} 小于 100 pC/N；PZ 为反铁电体，不具有压电特性。随着 Ti 元素含量的增加，其室温下的结构逐渐从三方(rhombohedral)相向四方(tetragonal)相转变，在 Zr/Ti=52/48 附近有限的转变区域，表现出优异的压电、介电特性，这个区域称为准同型相界(morphotropic phase boundary，MPB)。

按照 MPB 组分设计所获得的弛豫型铁电材料一般都具有更加优异的综合性能，成为铁电、压电领域的研究热点。$Pb(Mg_{1/3}Nb_{2/3})O_3$(PMN)是最为典型的钙钛矿型弛豫型铁电晶体，其中 B 位(图 10-17)由 Zn 和 Nb 或 Mg 和 Nb 两种原子共同占据。该类化合物在介电峰处表现出峰值宽化及频率弥散等现象，故被称为弛豫型铁电体。后来，研究者开始对 PMN-PT 二元固溶体进行研究，发现当 PT 组分增大到 35%左右时，PMN-PT 体系中出现了类似于 PZT 体系的准同型相界(三方-四方相界)。相比于 PZT，PMN-PT 体系在准同型相界附近表现出更高的压电、介电性。因此，对于开发下一代高性能传感器、换能器等器件来说，弛豫铁电陶瓷及单晶材料具有革命性意义。PMN-PT 等弛豫型铁电单晶材料的问世被 *Science* 评价为“铁电领域近 50 年来一次巨大的突破”，成为铁电领域的研究热点。

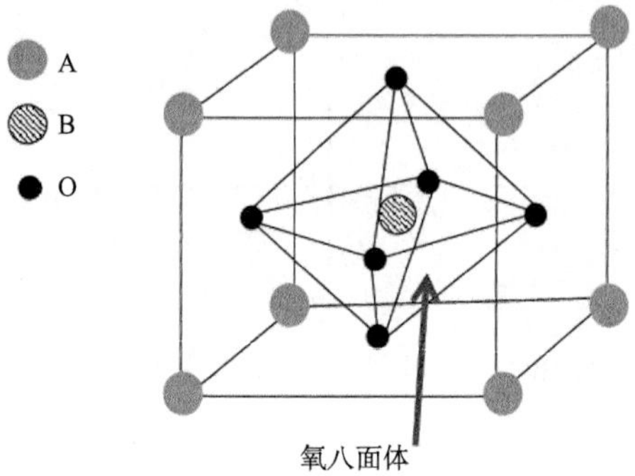

图 10-17　ABO_3结构钙钛矿相位移型铁电示意图(李飞等，2012)

PMN 顺电-铁电相变是典型的弥散型相变，PT 是普通铁电体。如表 10-5 所示，当 PT 含量增加时，PMN-PT 铁电性能向普通铁电体方向移动，矫顽电场强度、剩余极化强度、高温介电峰峰温 T_m 逐渐提高。粉末 XRD 测定 PMN-PT62/38 单晶在室温下为四方相，升温时铁电-顺电相变发生在 176.9 ℃，发生四方铁电相-立方顺电相的结构转变；降温时顺电-铁电相变发生在 168.5 ℃，有明显的热滞后现象。在相变温度附近，介电常数急剧升高。同时，在居里温度(T_C)之前存在一个明显的介电“拐点”，这个“拐点”对应的温度(T_{R-T})就是三方铁电相-四方铁电相的结构相变温度。因此，随着温度的升高，具有准同型相界区域富三方结构的 PMN-PT 弛豫型铁电单晶会连续经历两个相变过程，如图 10-18 所示。

表 10-5　不同成分比 PMN-PT 的铁电性能(戴振国等，2005)

样品	矫顽电场强度 E_c/(kV·cm^{-1})	剩余极化强度 $\boldsymbol{P}_r$/(μm·cm^{-2})	介电常数(室温) ε_{RT}	介电常数峰值 ε_{max}	介电损耗 tanδ	高温介电峰峰温 T_m/℃
PMN-PT76/24	1.8	22.5	3400	29000	< 0.7%	110
PMN-PT67/33	3.5	31	5300	32000	< 0.6%	150
PMN-PT65/35	3.6	33				170

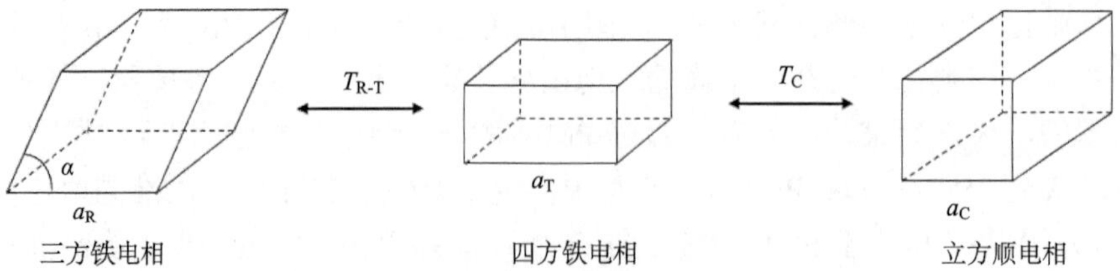

图 10-18　PMN-PT(67/33)单晶的结构相变示意图

另外，弛豫型铁电体的宏观性质，如铁电性、电致伸缩等，都与外加的直流电场有关。图 10-19 是[001]方向 PMN-PT 单晶样品分别在 0 kV · cm^{-1}、1.5 kV · cm^{-1}、2.0 kV · cm^{-1}、4.0 kV · cm^{-1} 的直流偏压下的介电温谱。图 10-19(a)中，T_m=138.4℃时，顺电相转变为弱的弛豫型铁电相；T_C 时，发生从弱的弛豫型铁电相到正常铁电相的一级相变；T_C 以上，介电常数曲线呈现频率弥散；T_C 温度以下，介电常数弥散消失；T_C 到 T_m 之间，存在铁电微畴，在 T_C 温度时发生极性微畴到宏畴的转变。在 80℃附近，从正常四方铁电相转变为正常三方铁电相。

图 10-19(b)～(d)中，T_m 仍然对应于顺电相到弱的弛豫型铁电相的转变，分别为 142 ℃、143.7 ℃、148 ℃ (f=1 kHz)。但是 $\boldsymbol{E}$=1.5 kV · cm^{-1} 和 2.0 kV · cm^{-1}，在三方相存在的相区存在一个异常介电峰，对应于介电损耗随温度变化的曲线上 70 ℃附近出现的尖锐损耗峰，可能是由于直流电场作用发生从三方相到四方相的相变而引起。$\boldsymbol{E}$=4.0 kV · cm^{-1} 时异常介电峰不明显，但是 95 ℃时有一个尖锐的损耗峰。当偏压在 1.5～4.0 kV · cm^{-1} 变化时，[001]方向单晶会发生从三方-单斜-四方-立方顺电相相变。

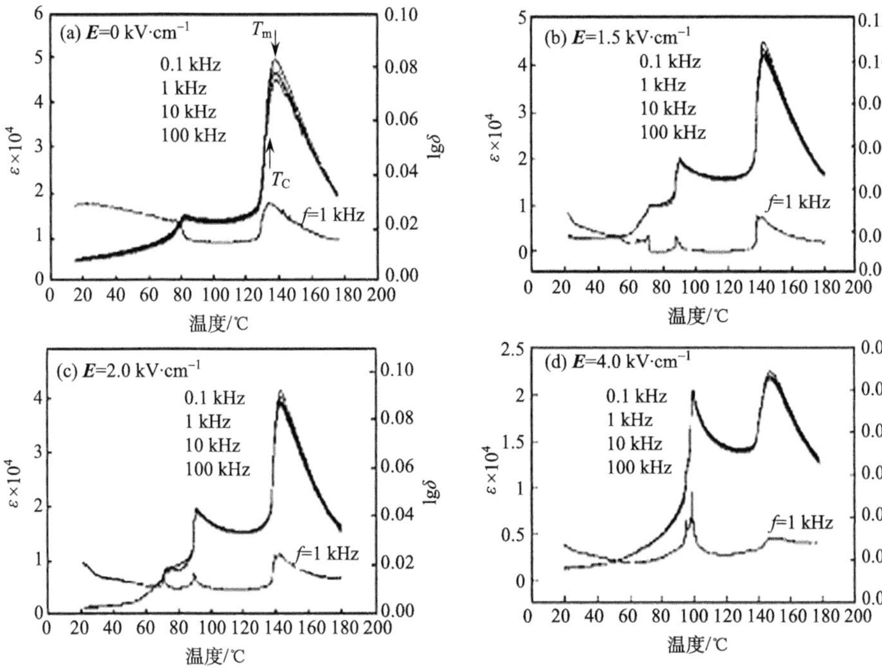

图 10-19　不同直流偏压下[001]方向 PMN-PT68/32 单晶的介电温谱(戴振国等，2005)

10.9　晶体的磁学性质

量子力学关于原子结构和磁性关系有如下论点：

(1)原子的磁性来源于电子所固有的自旋与轨道运动；

(2)原子内具有未被填满的电子轨道是物质具有磁性的心要条件；

(3)电子的“交换作用”是原子具有磁性的重要条件。

电子轨道磁矩=$m_l\mu_B$，m_l为磁量子数；电子自旋磁矩=$\pm\mu_B$，电子自旋方向与外磁场方向一致为正，反之为负；原子核磁矩太小，可以忽略。因此原子的电子轨道磁矩和电子自旋磁矩构成原子的固有磁矩，也称本征磁矩。μ_B为玻尔磁子，磁矩单位 $\mu_B=eh/2m=9.273\times10^{-24}$ J·T^{-1}。

孤立原子有无磁矩取决于原子中有无未充满的电子壳层。如果原子中所有电子壳层都充满，电子轨道磁矩和电子自旋磁矩相互抵消，原子本征磁矩为 0，无磁性。如果原子中有未充满的电子壳层，电子自旋磁矩未被抵消(方向相反的电子自旋磁矩不等)，原子具有“永久磁矩”。例如 Fe，Z=26，3d 轨道未被充满，根据洪德规则，电子占据尽可能多的轨道且自旋方向相同，因此有四个轨道填充自旋方向相同的单电子，总电子自旋磁矩为 $4\mu_B$，具有很强的磁性，也称铁磁性。

若组成物体的原子具有磁性，则这种物体一般也具有一定程度的磁性。当电子交换积分为正时，物质具有铁磁性，为负时具有反铁磁性。可见物质磁性与晶体结构有关。实验证明，相邻原子核间距与电子到原子核的距离之比大于 3 时，电子交换积分为正，这时物质表现出铁磁性。

与物体磁性有关的主要物理量包括以下几个。

(1)磁矩 $\boldsymbol{m}$：$\boldsymbol{m}$ 的方向与环形电流法线方向一致，$\boldsymbol{m}=\boldsymbol{I}\Delta S$，$\Delta S$ 是封闭环形的面积，$\boldsymbol{m}$ 单位为玻尔磁子 μ_B。磁矩是表征磁性物体磁性大小的物理量，$\boldsymbol{m}$ 越大，磁性越强。它只与物体本身有关，与外磁场无关。单位体积的磁矩用 $\boldsymbol{M}$ 表示，称为磁化强度。

(2)磁化率 χ：磁化率表示单位磁场下物质的磁化强度，$\chi=\dfrac{\boldsymbol{M}}{\boldsymbol{H}}$，单位为高斯·奥斯特$^{-1}$(Gs·Oe^{-1}，1 Gs=$10^{-4}$ T，1 Oe=79.5775 A·m^{-1})，真空中 χ=0。$\boldsymbol{H}$ 为外磁场强度，$\boldsymbol{M}$ 为磁化强度，即晶体的单位体积磁矩。χ/ρ 为比磁化或单位质量磁化率，ρ 为密度。$A\chi/\rho$ 为原子或摩尔磁化率，A 为原子或摩尔质量。

(3)磁导率 μ：磁导率表示磁性晶体传导或通过磁力线的能力，$\mu=\mu_0(1+\chi)$，μ_0 为真空磁导率。$I=\mu/\mu_0$ 称相对磁导率。

(4)磁感应强度 $\boldsymbol{B}$：$\boldsymbol{B}=\mu_0\boldsymbol{H}+\boldsymbol{M}$，单位为 Wb·m^{-2}，$\boldsymbol{M}=\chi\mu_0\boldsymbol{H}$。

电子绕核运动产生电子轨道磁矩，电子本身自旋产生电子自旋磁矩，两种磁矩是晶体具有磁性的根源。自旋磁矩比轨道磁矩大得多，因此自旋磁矩是物质磁性的主要根源。

根据磁化率χ和磁导率 μ 的方向及大小以及磁化强度 $\boldsymbol{M}$ 可将物体划分为以下几种。

(1)抗磁性。磁化率$\chi<0$，磁导率 $\mu<1$，磁化强度 $\boldsymbol{M}<0$。例如，Bi、Cu、Ag、Au 等金属晶体(周期表中前 18 个元素)。又可进一步分为“经典”抗磁性(χ不随温度变化，如 Cu、Ag、Au 、Hg、Zn 等)和反常抗磁性(χ随温度变化，且数值是前者的 10～100 倍，如 Bi、Ga、Sn、In、Cu-Zr 合金中的 γ 相等)。它们的原子的磁矩为 0，不存在“永久磁矩”。抗磁性物质在外磁场中，电子轨道动量矩发生变化，感生一个磁矩，方向与外场方向相反(即抗磁性)。抗磁性物质的磁化强度与外磁场强度的关系如图 10-20 所示。

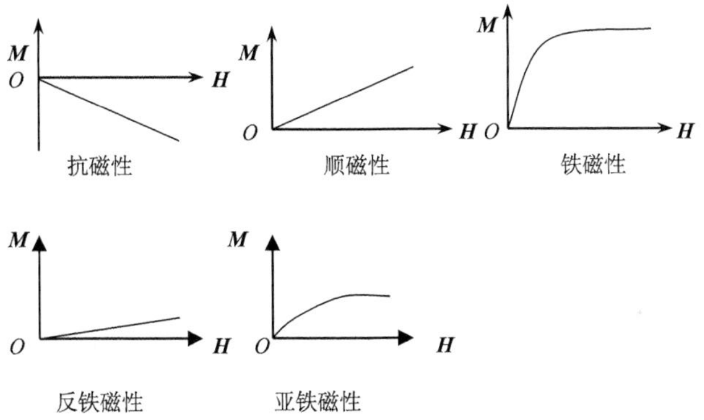

图 10-20　磁化强度 $\boldsymbol{M}$ 与外磁场 $\boldsymbol{H}$ 的关系(关振铎等，1995)

抗磁性来源于原子的轨道运动，任何物质在外磁场作用下均应有抗磁性。但只有原子的电子壳层完全充满电子的物质，抗磁性才能表现出来，否则抗磁性被其他磁性所掩盖。因此凡是电子壳层被充满的物质都属抗磁性物质。

(2)顺磁性。磁化率$\chi>0$，磁导率 $\mu>1$，磁化强度 $\boldsymbol{M}>0$。特征是无论是否存在外磁场，原子内部都存在“永久磁矩”。但无外磁场时，由于顺磁物质的原子做无规热振动，宏观无磁性。在外磁场作用下，每个原子磁矩较规则地取向，物质显示极弱的磁性。又可分为：①正常顺磁体。χ与温度有关，磁化率与温度 T 成反比：

$$\chi=\frac{C}{T}$$

C 为居里常数，取决于其磁化强度 $\boldsymbol{M}$ 和磁矩 $\boldsymbol{m}$ 的大小。②χ与温度无关的顺磁体。如锂、钠、钾、铷等金属。

顺磁性来源于原子的固有磁矩。在以下几种情况下原子的固有磁矩不为 0：①具有奇数个电子的原子或点阵缺陷；②内壳层未被充满的原子或离子。因此，过渡金属元素、稀土元素、锕系元素等都属于顺磁物质。

顺磁物质的磁化强度与外磁场强度间的关系如图 10-20 所示。

(3)铁磁性。磁化率$\chi \gg 0$，磁导率$\mu > 0$，磁化强度$\boldsymbol{M} > 0$。例如 Fe、Co、Ni，室温下χ可达 10^3 数量级，属强磁性物质。这类物质的磁性称为铁磁性。它与顺磁性的主要差异在于：在较弱的磁场内铁磁性物质也可得到极高的磁化强度，而且当外磁场移去后仍可保留极强的磁性。原因是内部存在自发磁化强度。铁磁性物质的磁化强度与外磁场强度的关系如图 10-20 所示。在居里温度以上，自发磁化强度变为 0，铁磁性消失，变强顺磁性(如自然铁)。

(4)反铁磁性。磁化率$\chi \approx 0$，磁导率$\mu \approx 1$，磁化强度$\boldsymbol{M}=0$。反铁磁性物质的同一子晶格中有自发磁化强度，电子磁矩同向排列；不同子晶格中，电子磁矩反向排列。两种子晶格中自发磁化强度大小相同，方向相反，整个晶体$\boldsymbol{M}=0$。当温度高于某数值时，反铁磁性物质中的磁矩分布由有序变为无序，反铁磁性转变为顺磁性，如α-Fe_2O_3。反铁磁性物质的磁化强度与外磁场强度的关系如图 10-20 所示。

(5)亚铁磁性。磁化率$\chi \gg 0$，磁导率$\mu \gg 0$，磁化强度$\boldsymbol{M} \gg 0$。亚铁磁性是指铁氧体(含铁酸盐)的磁性。它与铁磁性的相同之处是都有自发磁化强度和磁畴，不同之处是铁氧体一般都是多种金属的氧化物复合而成，其磁性来自两种不同的磁矩，一种磁矩在一个方向相互排列整齐，另一种磁矩在相反方向排列。两种磁矩方向相反，大小不等，磁矩之差不为 0，产生自发磁化现象。亚铁磁性物质的磁化强度与外磁场强度的关系如图 10-20 所示。

磁化强度 $\boldsymbol{M}$、磁感应强度 $\boldsymbol{B}$、磁化率χ、磁导率 μ 密切相关。在晶体中，一般 $\boldsymbol{M}$ 不平行于 $\boldsymbol{H}$，因此有

$$\boldsymbol{M}_i = \mu_0 \boldsymbol{\chi}_{ij} \boldsymbol{H}_j$$

$$\begin{aligned}\boldsymbol{B}_i &= \mu_0 \boldsymbol{H}_i + \boldsymbol{M}_i \\ &= \mu_0 \left(\boldsymbol{H}_i + \boldsymbol{\chi}_{ij} \boldsymbol{H}_j \right) \\ &= \mu_0 \left(\boldsymbol{\delta}_{ij} + \boldsymbol{\chi}_{ij} \right) \boldsymbol{H}_j\end{aligned}$$

(δ_{ij}为单位矩阵，置换性质为$\delta_{ij}\boldsymbol{P}_i=\boldsymbol{P}_i \quad \delta_{ij}\boldsymbol{P}_j=\boldsymbol{P}_j \quad \delta_{ij}\boldsymbol{T}_{jl}=\boldsymbol{T}_{il} \quad \delta_{ij}\boldsymbol{T}_{jl}=\boldsymbol{T}_{ji}$)

因为
$$\boldsymbol{B}_i = \boldsymbol{\mu}_{ij} \boldsymbol{H}_j$$

所以
$$\boldsymbol{\mu}_{ij} = \mu_0 \left(\boldsymbol{\delta}_{ij} + \boldsymbol{\chi}_{ij} \right)$$

磁化率$\boldsymbol{\chi}_{ij}$、磁导率 $\boldsymbol{\mu}_{ij}$ 均为二阶对称张量。

如果 $\boldsymbol{H}$ 平行任一主轴，则 $\boldsymbol{H}$、$\boldsymbol{M}$、$\boldsymbol{B}$ 都平行该主轴。若 $\boldsymbol{H}$ 指向主轴 x_1，则有

$$\boldsymbol{B}=\mu_1\boldsymbol{H} \qquad \boldsymbol{M}=\mu_0\chi_1\boldsymbol{H} \qquad \mu_1=\mu_0\left(1+\chi_1\right)$$

晶体磁化率 χ 完全由主轴磁化率 χ_1、χ_2、χ_3 的大小和方向确定，当然还受晶体对称性的限制。

如果某个主轴方向的 χ 分别为正或负，则称晶体沿此特定方向是顺磁或抗磁的。有少数晶体沿某一轴顺磁而沿另一轴却是抗磁的。

$\boldsymbol{B}$、$\boldsymbol{M}$ 关系如图 10-21 所示，磁化率 χ_{ij} 值越小，磁化强度 $\boldsymbol{M}$ 越小，磁感应强度 $\boldsymbol{B}$ 越接近于平行磁化强度 $\boldsymbol{M}$。

晶体置于磁场中，磁化后建立本身的磁场，分别用 $\boldsymbol{H}_a$ 和 $\boldsymbol{H}_c$ 表示，作用在任何点的实际磁场称为总磁场 $\boldsymbol{H}_t$，$\boldsymbol{H}_t=\boldsymbol{H}_a+\boldsymbol{H}_c$（以上公式中的 $\boldsymbol{H}$ 即为 $\boldsymbol{H}_t$），$\boldsymbol{H}_c$ 正比于 $\boldsymbol{M}/\mu_0$，对 $\boldsymbol{H}_a$ 扰动效应很小，常可忽略，因此当晶体置于均匀磁场中，$\boldsymbol{H}_t\approx\boldsymbol{H}_a$，此时顺磁和抗磁效应几乎与晶体形状无关（图 10-22）。此结论不适合于铁磁体。

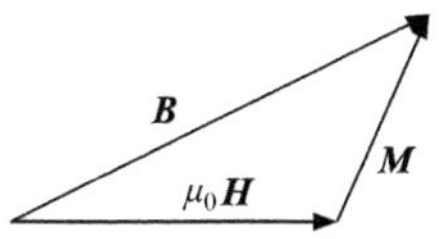

图 10-21　$\boldsymbol{B}$、$\boldsymbol{M}$ 关系图

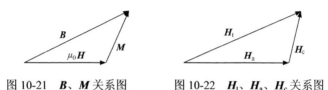

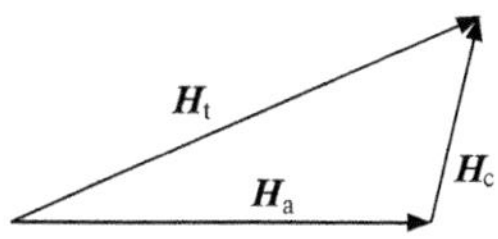

图 10-22　$\boldsymbol{H}_t$、$\boldsymbol{H}_a$、$\boldsymbol{H}_c$ 关系图

磁化能可从磁化物体所做功的大小求出。磁化物体所做的功与磁化强度的变化有关，还与内外磁场的变化有关，可表示为

$$\mathrm{d}\boldsymbol{W}=V\boldsymbol{H}_i\mathrm{d}\boldsymbol{B}_i \qquad 或 \qquad \mathrm{d}\boldsymbol{W}=V\boldsymbol{\mu}_{ij}\boldsymbol{H}_i\mathrm{d}\boldsymbol{H}_j$$

式中，V 为晶体体积。

磁化晶体的能量表示为

$$\Psi=\frac{1}{2}V\boldsymbol{\mu}_{ij}\boldsymbol{H}_i\boldsymbol{H}_j$$

铁磁体和铁电体相似，存在许多磁畴（$\approx10^{-9}\mathrm{cm}^3$）。为了保持体系能量最小，磁畴间彼此取向不同，首尾相接，形成闭合磁路，宏观不显磁性。磁畴间由有一定厚度（10^{-5} cm）的磁畴壁相隔，畴方向在畴壁内逐渐过渡。铁磁体在外磁场中的磁化过程主要是畴壁的移动和磁畴内磁矩的转向。若在整个过渡区中原子磁矩都平行畴壁平面，这种壁称为布洛赫（Bloch）壁。

磁畴结构和畴运动规律的研究与铁磁材料的应用有着紧密的联系。因此，实验上发展了多种观察磁畴的方法，主要包括：贝特粉末法、磁光效应法、扫描 X 射线显微术、扫描电镜显微术、偏振分析扫描电镜显微术、磁力显微术、扫描洛伦兹力显微术、透射洛伦兹力显微术、自旋偏振透射显微术、电子全息术、扫描电声显微术、扫描霍尔探针显微术、扫描超导量子干涉显微术、磁光电谱显微术、扫描近场光学显微术等。图 10-23 给出了采用不同方法得到的几类典型材料的磁畴结构图。需要注意的是，上述每种实验方法均有各自的优缺点及适用范围，因此，需要结合材料特点及实验要求选择合适的观测方法。

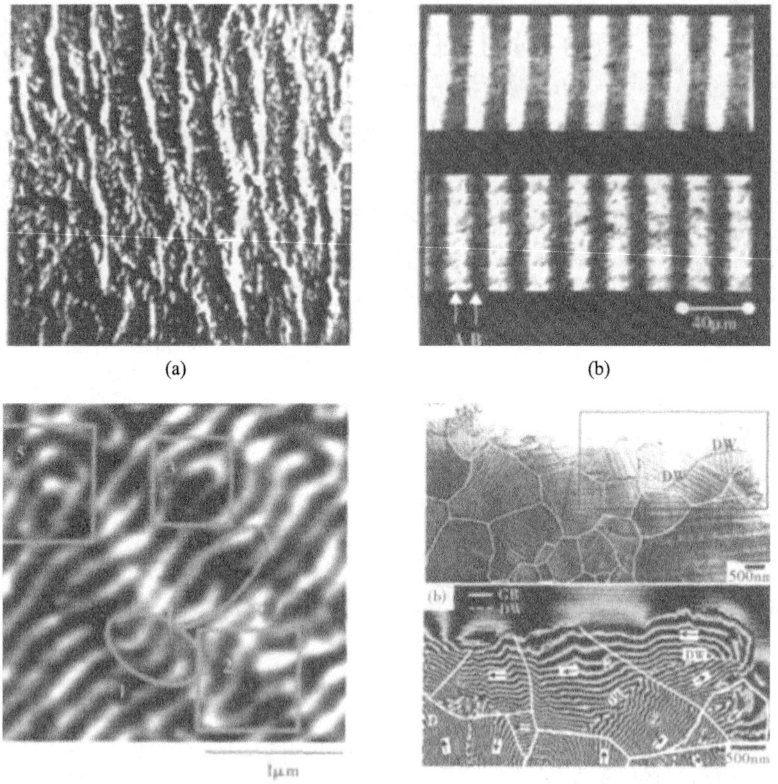

(a)　(b)　(c)　(d)

图 10-23　几类典型材料的磁畴结构图（宋红章等，2010）

(a) 贝特粉末法获得的硅铁合金的磁粉图案；(b) 扫描 X 射线显微术获得的镍沉积膜的畴结构；(c) 磁力显微术获得的 Ni 薄膜的磁畴结构；(d) 电子全息术获得的 $Ni_{53.6}Mn_{23.4}Ga_{23.0}$ 薄膜的洛伦兹像

铁磁体在交变电场中磁感应强度 $\boldsymbol{B}$ 与外磁场强度的关系曲线与铁电体的电滞回线相似，称为磁滞回线，如图 10-24 所示。其中，$\boldsymbol{B}_{\mathrm{s}}$、$\boldsymbol{H}_{\mathrm{s}}$ 分别为饱和磁感应强度、磁场强度；$\boldsymbol{B}_{\mathrm{r}}$ 为剩余磁感应强度；$\boldsymbol{H}_{\mathrm{c}}$ 为矫顽磁场强度(矫顽力)。

磁化曲线起始部分的斜率称为起始磁导率。技术上规定 0.1～0.001 Oe 磁场的磁导率为起始磁导率。磁滞回线的形状、大小表示铁磁晶体的基本特征。磁滞回线所包围的面积表征磁化一周时所消耗的功，称为磁滞损耗。将高磁导率、低矫顽力($\boldsymbol{H}_{\mathrm{c}} < 100\ \mathrm{A \cdot m^{-1}}$)和低铁芯损耗材料称为软磁材料，如纯铁、低碳钢、软磁铁氧体(尖晶石结构或石榴石结构)等。将被外磁场磁化后，去掉外磁场仍保持较强剩磁的磁性材料(剩余磁感应强度和矫顽力大)称为硬磁材料，如铁氧体、铝镍

钴、稀土钴以及稀土-铁类合金。

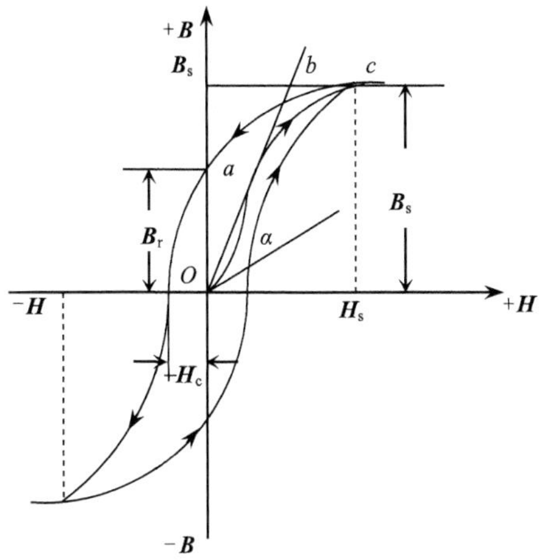

图 10-24　磁滞回线(关振铎等，1995)

10.9.1　磁致伸缩与磁弹性能

铁磁性和亚铁磁性晶体磁化时，磁化强度的变化伴随着晶体的长度变化，称为磁致伸缩。磁化强度由零变化到饱和时所引起的长度相对变化 $\lambda=\delta_l/l$，称为磁致伸缩系数。δ_l 为伸缩值，l 为原晶体长度。例如，长度换成体积，得到体积磁致伸缩系数。一般铁磁体的磁致伸缩系数在 10^{-6}～10^{-3} 之间，体积磁致伸缩系数在 10^{-8}～10^{-10} 之间。

磁致伸缩具有明显的方向性，除磁化方向上会伸长(或缩短)，在偏离磁化方向的其他方向上也会同时伸长(或缩短)，但偏离的方向越大，伸长比(或缩短比)逐渐减小，到了接近于垂直方向时，磁性晶体反向缩短(或伸长)，所以磁致伸缩又分为正磁致伸缩和负磁致伸缩。正磁致伸缩是在晶体磁化方向上伸长，在垂直磁化方向上缩短，负磁致伸缩［$-\lambda$］正好相反。

对于立方晶体，设磁化强度沿余弦方向α_1、α_2、α_3 由零变到饱和，那么在余弦方向β_1、β_2、β_3 上的长度变化可由下式给出：

$$\frac{\delta_l}{l}=\frac{3}{2}\lambda_{100}\left(\alpha_1^2\beta_1^2+\alpha_2^2\beta_2^2+\alpha_3^2\beta_3^2-\frac{1}{3}\right)+3\lambda_{111}\left(\alpha_1\alpha_2\beta_1\beta_2+\alpha_2\alpha_3\beta_2\beta_3+\alpha_3\alpha_1\beta_3\beta_1\right)$$

对于紊乱取向的多晶试样，饱和磁致伸缩系数为

$$\lambda_s=\frac{2}{5}\lambda_{100}+\frac{3}{5}\lambda_{111}$$

磁性晶体的自发磁化和外磁场作用都可影响磁致伸缩。自发磁化使磁畴内部

的原子磁矩定向排列，但磁畴间磁矩方向不一致，晶体整体上不显示尺寸上的变化。在外磁场作用下畴间磁矩定向排列，使晶体在磁矩方向伸长，如图 10-25 所示。

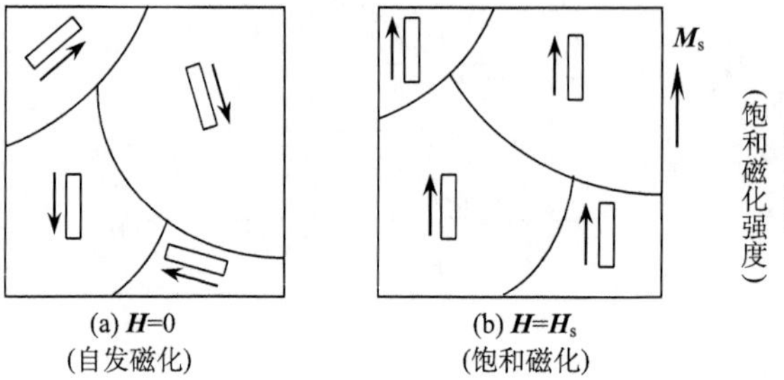

图 10-25　磁致伸缩原理(张克从，1987)

磁致伸缩如受外界限制不能伸缩时会在晶体内部产生内应力，从而产生弹性位能(或称磁弹性能或应力能) E_σ:

$$E_\sigma = -\sigma\left(\frac{\Delta l}{l}\right)_\sigma = -\frac{3}{2}\lambda_s\sigma\cos^2\Phi$$

式中，σ为内应力；$\frac{\Delta l}{l}$为相对伸长量；λ_s为磁致伸缩系数；负号表示内应力σ方向与磁致伸缩系数λ_s 方向相反；$\frac{3}{2}\lambda_s\sigma$ 称为内应力各向异性常数；Φ 为磁化方向与内应力σ方向之间的夹角。

$$\cos\Phi=\alpha_1\gamma_1+\alpha_2\gamma_2+\alpha_3\gamma_3$$

式中，γ_1、γ_2、γ_3为内应力σ与晶轴夹角的方向余弦；α_1、α_2、α_3为磁化强度与晶轴夹角的方向余弦。

10.9.2　磁光效应

磁光效应是偏振光被磁性晶体(介质)反射或透射后，其偏振状态发生改变，偏振面发生旋转的现象。由反射引起的偏振面旋转的效应称为克尔效应，由于透射而引起偏振面旋转的效应称为法拉第效应。两种效应都可按照磁化方向相对于入射光平面和相对于晶体(介质)界面的取向再分为纵向、横向、极向三类，如图 10-26 所示。

磁光效应可用于磁光记录。磁光记录以热磁效应原理写入和擦除，即光可引起温度变化，导致矫顽力下降，磁矩在偏磁场作用下翻转，通过磁矩方向排列的变化记录信息。擦除过程是将偏磁场反向，经同一激光照射使磁矩恢复原样。磁光读取信息的原理是磁光效应。透明薄膜采用法拉第效应，不透明薄膜采用克尔效应。

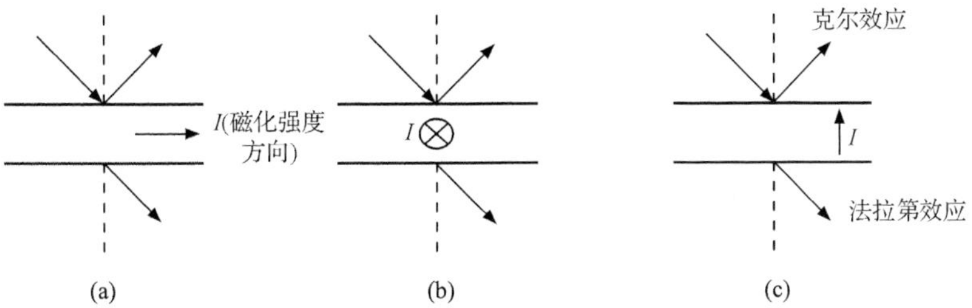

图 10-26　入射光方向与克尔效应及法拉第效应中的磁化方向(张克从，1987)
(a)纵向；(b)横向；(c)极向

10.9.3　多铁性材料

1994 年瑞士科学家施密德(Schmid)提出多铁性材料这一概念。多铁性(multiferroic)是指材料中包含两种及两种以上铁的基本性能，这些铁的基本性能包括铁电性(反铁电性)、铁磁性(反铁磁性、亚铁磁性)和铁弹性。多铁性材料是一种集电与磁性能于一身的多功能材料。

多铁性材料(如既有铁电性又有铁磁性的磁电复合材料等)不但具备各种单一的铁性(如铁电性、铁磁性)，而且在一定的温度下同时存在自发极化和自发磁化，正是这些现象的同时存在使它们能引起磁电偶合效应，使多铁性体具有某些特殊的物理性质，引发了若干新的、有意义的物理现象。例如，在磁场的作用下极化重新定向或者诱导铁电相变；在电场作用下磁化重新定向或者诱导铁磁相变；在居里温度铁磁相变点附近产生介电常数的突变。这些新的效应大大拓宽了铁性材料的应用范围。

多铁性(磁电)材料是一种新型多功能材料，不但能用于单一铁性材料的应用领域，更在新型磁-电传感器件、自旋电子器件、新型信息存储器件等领域展现出巨大的应用前景；另外，多铁性磁电偶合的物理内涵涉及电荷、自旋、轨道、晶格等凝聚态物理的多个范畴，因而已成为国际上一个新的前沿研究领域。从学科内涵看，多铁性材料将传统上缺乏内禀联系的铁电与磁性两大类材料与电子、信息和能源产业密切联系的学科领域有机结合起来，并赋予其新的学科内容。

10.10　晶体的声学性质

声波又称机械波，如果用外力使固体介质的某一部分质点作强迫振动，就可在固体中形成声波的传播。如果质点振动方向与声波的传播方向平行，这种声波称为固体中的声纵波；若质点振动方向与声波传播方向垂直，这种声波称为声横波。声纵波使固体介质的体积发生膨胀和压缩，不发生质点间的相互切错，声横波与声纵波正好相反。

声纵波、声横波均属声体波。除声体波外，还有在固体表面传播的声表面波。

在各向异性晶体中，声体波和声表面波都会发生波束偏转。晶体的切割方向不同，波束的偏转方向也不同。压电晶体是传播声波的低损耗材料，能很好地产生和接收声波。压电晶体的声表面波有如下特点：

(1)传播速度比在相同弹性的非压电晶体中快；

(2)压电效应能引起声表面波振幅随表面层深度作振荡衰减；

(3)由于压电效应，电场的变化能引起声表面波速度的变化，因此可用声表面波速度的相对变化来表示压电晶体表面层内机电偶合的强弱；

(4)声表面波传播速度与晶体的压电性、介电性及其弹性有关；

(5)晶体的本征损耗可引起声表面波的损耗。

10.11　晶体的光学性质

10.11.1　晶体光学基础

光具有波粒二相性，设 ***H***、***E***、***D*** 分别表示光波的磁振动矢量、电振动矢量和电位移振动矢量，***K*** 为单位波矢量，***k*** 为波矢量，其绝对值称为波数，***t*** 为能流密度的单位矢量，则 ***D***、***H***、***K*** 组成一组正交的三矢量组，***E***、***H***、***t*** 组成另一正交三矢量组，***D***、***E***、***K***、***t*** 同时垂直 ***H***，位于同一平面内，它们间的关系见图 10-27。对于各向异性介质，***D*** 与 ***E*** 的方向一般不一致，因而 ***K*** 与 ***t*** 方向也不一致，它们之间的夹角 α 称为离散角。沿 ***K*** 方向传播的光称为光波，沿 ***t*** 方向传播的光称为光线或射线。光波的速度称为相速度 $\boldsymbol{v}_k$，光线的速度称为光线速度 $\boldsymbol{v}_t$，它们有如下关系：

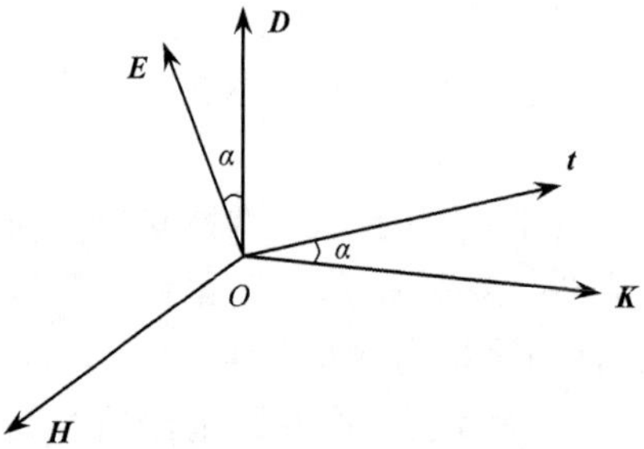

图 10-27　光波各矢量间的关系(张克从，1987)

$$\boldsymbol{v}_k=\boldsymbol{v}_t\cos\alpha$$

D 的振动方向称为光的振动方向，***DK*** 平面称为振动面，***H*** 振动方向称为光的偏振方向，***HK*** 平面称为偏振面。如果光波的振动方向始终保持在一个平面内，这种光称为平面偏振光或线偏振光(迎着光看，光波始终在一条直线上振动)。如果将光振动轨迹的末端投影在垂直于传播方向的平面内，形成圆的光称为圆偏振光，形成椭圆的光称为椭圆偏振光，其他形式的光称为自然光或无规偏光。

光照射到晶体后，将发生折射、透射、吸收、反射和散射现象。

10.11.2　光的折射

光子进入材料，其能量将受到损失，因此光子的速度将要发生改变。当光从真空进入较致密的材料时，其速度下降，产生折射现象。光在真空和材料中的速度之比，称为材料的折射率。光从介质 1 通过界面进入介质 2 时，与界面法线所形成的入射角为 θ_1，折射角为 θ_2，则介质 2 相对于介质 1 的折射率为

$$n_{21}=\frac{\sin\theta_1}{\sin\theta_2}=\frac{n_2}{n_1}=\frac{v_1}{v_2}=n_{21}$$

晶体的折射率与下列因素有关。

1. 构成材料元素的离子半径

由材料折射率的定义和光在介质中的传播速度，可以导出材料的折射率 $n=(\varepsilon_r\mu_r)^{1/2}$，式中 ε_r 和 μ_r 分别为材料的相对介电常数和相对磁导率。因陶瓷等无机材料 $\mu\approx1$，故 $n\approx\varepsilon_r^{1/2}$。因此，材料的折射率随介电常数增大而增大，而介电常数与介质的极化有关。当电磁辐射作用到介质上时，其原子受到电磁辐射的电场作用，使原子的正、负电荷重心发生相对位移，正是电磁辐射与原子的相互作用，使光子速度减弱。由此可以推论，大离子可以构成高折射率的材料，如 PbS，其 $n=3.912$；而小离子可以构成低折射率的材料，如 $SiCl_4$，其 n=1.412。

2. 材料的晶体结构

折射率不仅与构成材料的离子半径有关，还与它们在晶胞中的排列有关。根据光线通过材料的表现，把介质分为均质介质和非均质介质。非晶态(无定形体)和立方晶体结构，当光线通过时光速不因入射方向而改变，故材料只有一个折射率，此为均质介质。除立方晶体外，其他晶系都属于非均质介质，其特点是光进入介质时产生双折射现象。双折射现象使晶体有两个折射率：其一是寻常光折射率 n_0，不论入射方向怎样变化，n_0 始终为一常数；而另一折射光的折射率随入射方向而改变，称为非寻常光折射率 n_e。当光沿晶体的光轴方向入射时，不产生双折射，只有 n_0 存在。当与光轴方向垂直入射时，n_e 最大。例如，石英的 $n_0=1.543$，$n_e=1.552$。一般来说，沿晶体密堆积程度较大的方向，其 n_e 较大。

3. 晶体内应力

有内应力的晶体，垂直于主应力方向的折射率大，平行于主应力方向的折射率小。

4. 同质多象变体

在同质多象变体中，高温时的晶型折射率较低，低温时存在的晶型折射率较高。例如，常温下的石英晶体，n=1.55，鳞石英 n=1.47，方石英 n=1.49。可见常温下的石英晶体 n 最大。

5. 入射光波长

折射率总是随入射光波长的增加而减小，称为色散(专门论述)。

10.11.3　晶体中的双折射现象——光率体和折射率面

一束自然光射入晶体后分为两束光的现象称为双折射现象。两束光的折射率不同，因此晶体的折射率是各向异性的，并且受晶体对称性的制约。

1. 光率体及其性质

光的 $\boldsymbol{E}$、$\boldsymbol{D}$ 矢量间有如下关系：

$$\boldsymbol{D}_i=\boldsymbol{\varepsilon}_{ij}\boldsymbol{E}_j$$

或

$$\boldsymbol{E}_i=\boldsymbol{\beta}_{ij}\boldsymbol{D}_j$$

式中，$\boldsymbol{\varepsilon}_{ij}$ 为介电常数张量；$\boldsymbol{\beta}_{ij}$ 为介质隔离率张量，均为二阶对称张量，可用二阶示性曲面来描述：

$$\boldsymbol{S}_{ij}\boldsymbol{x}_i\boldsymbol{x}_j=1$$

主轴化后可写成

$$\varepsilon_1 x_1^2+\varepsilon_2 x_2^2+\varepsilon_3 x_3^2=1$$

$$\beta_1 x_1^2+\beta_2 x_2^2+\beta_3 x_3^2=1$$

因为 $n^2=\varepsilon=\dfrac{1}{\beta}$，因此上式写成($n$=$C$/$v$ 不是张量)：

$$n^2 x_1^2+n^2 x_2^2+n^2 x_3^2=1$$

$$\frac{x_1^2}{n_1^2}+\frac{x_2^2}{n_2^2}+\frac{x_3^2}{n_3^2}=1$$

n_1、n_2、n_3 为晶体的三个主折射率。前一个方程描述的示性面称为菲涅耳(Fresnel)椭球，后一个方程描述的示性面称为光率体或折射率椭球。光率体是描述晶体光学各向异性的最重要、最常用的示性面，具有下列重要性质：

(1) 光率体的任意矢径方向都表示矢量 $\boldsymbol{D}$ 的振动方向(光的振动方向)，矢径长度表示在该方向振动的光波折射率。

(2) 光率体可表示任一波法线方向 $\boldsymbol{K}$ 所相应的两个光波的振动方向和折射率，即通过光率体的中心作波法线 $\boldsymbol{K}$ 的垂直截面，截面为一椭圆，其长短半轴方向即为两个光波的振动方向，半轴长度为两光波的折射率。

(3) $\boldsymbol{D}$、$\boldsymbol{E}$、$\boldsymbol{K}$、$\boldsymbol{t}$ 中已知其中一个矢量，可通过光率体求得其余矢量。若已知 $\boldsymbol{D}$，过 $\boldsymbol{D}$ 与光率体的交点作一切面，则切面的法线方向即为 $\boldsymbol{E}$ 的方向(各向同性光率体为球，$\boldsymbol{D}$ 与 $\boldsymbol{E}$ 同向)。$\boldsymbol{D}$、$\boldsymbol{E}$ 构成一平面，$\boldsymbol{K}$、$\boldsymbol{t}$ 位于该平面内，因 $\boldsymbol{K}\perp\boldsymbol{D}$、$\boldsymbol{t}\perp E$，因此可知 $\boldsymbol{K}$ 和 $\boldsymbol{t}$ 的方向。

2. 晶体对称性对光率体的影响

ε_{ij}、β_{ij} 均为二阶对称张量，主轴化后不同晶族的 β_{ij} 张量形式为

$$\text{高级晶族：}\begin{bmatrix}\beta_1 & 0 & 0\\ 0 & \beta_1 & 0\\ 0 & 0 & \beta_1\end{bmatrix}$$

$$\text{中级晶族：}\begin{bmatrix}\beta_1 & 0 & 0\\ 0 & \beta_1 & 0\\ 0 & 0 & \beta_3\end{bmatrix}$$

$$\text{低级晶族：}\begin{bmatrix}\beta_1 & 0 & 0\\ 0 & \beta_2 & 0\\ 0 & 0 & \beta_3\end{bmatrix}$$

因为 $\boldsymbol{\beta}_{ij}=\dfrac{1}{\boldsymbol{n}_{ij}^2}$，因此不同晶族的光率体方程分别为

$$\text{高级晶族：}\frac{x_1^2+x_2^2+x_3^2}{n_o^2}=1$$

$$\text{中级晶族：}\frac{x_1^2+x_2^2}{n_o^2}+\frac{x_3^2}{n_e^2}=1$$

$$\text{低级晶族：}\frac{x_1^2}{n_1^2}+\frac{x_2^2}{n_2^2}+\frac{x_3^2}{n_3^2}=1$$

对于高级晶族，光率体为球体，$\boldsymbol{D}$ 与 $\boldsymbol{E}$ 方向一致，$\boldsymbol{K}$ 与 $\boldsymbol{t}$ 方向一致，不会产生双折射。对于中级晶族，光率体为一以 x_3 轴为旋转轴的旋转椭球体，且垂直 x_3 的截面为一半径为 n_o 的圆，说明平行 x_3 轴传播的光不发生双折射。x_3 称为光轴，它平行于中级晶系中的唯一高次轴，因此也称中级晶系晶体为单轴晶。不同晶体的 n_e、n_o 值不同，$n_e>n_o$ 的称为正单轴晶，光率体为沿 x_3 轴拉长的旋转椭球体；$n_e<n_o$ 的称为负单轴晶，光率体为沿 x_3 轴压偏的旋转椭球体，如图 10-28 所示。

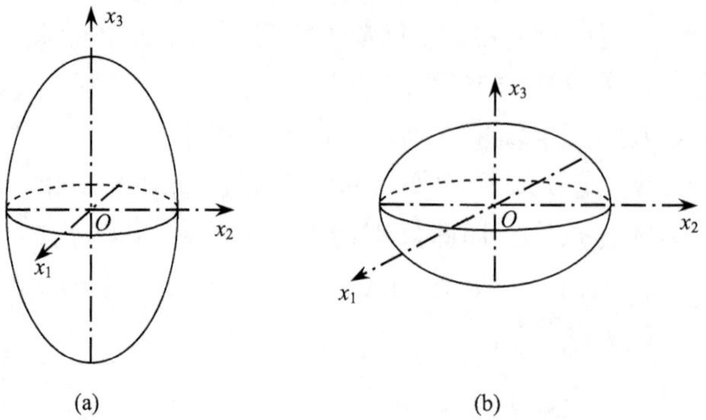

图 10-28　正(a)、负(b)单轴晶的光率体(张克从，1987)

除光轴方向外，其他任何方向传播的光都将发生双折射。光在单轴晶中的传播有如下三种情况(以正单轴晶为例)：

(1)$\boldsymbol{K}$ 平行于光轴，不发生双折射。

(2)$\boldsymbol{K}$ 垂直于光轴。光率体的中心截面($\perp\boldsymbol{K}$)为一椭圆，说明沿此方向传播的光分为两束，折射率分别为 n_e、n_o，相速度分别为$\dfrac{c}{n_e}$、$\dfrac{c}{n_o}$，n_e 束振动方向平行于光轴，n_o 束振动方向与之垂直，两束光能流密度传播方向 $\boldsymbol{t}$ 一致并与 $\boldsymbol{K}$ 平行。因此两束光是以不同相速度在同一光路上传播的线偏振光。

(3)$\boldsymbol{K}$ 与光轴成任意角度θ。垂直于 $\boldsymbol{K}$ 的截面为一椭圆，短半轴仍为 n_o，长半轴为n_e'，介于 n_o、n_e 之间：

$$n_e' = \frac{n_o}{\left[1+\left(\dfrac{n_o^2}{n_e^2}-1\right)\sin^2\theta\right]^{\frac{1}{2}}}$$

因此沿此方向传播的光也将发生双折射，其中一束为常光，折射率为 n_o，另一束光折射率为n_e'，相速度 $\boldsymbol{v}_e' = \dfrac{c}{n_e'}$，振动方向位于 $\boldsymbol{K}$ 与光轴组成的平面内。折射率为 n_o 的光，能流方向 $\boldsymbol{t}_o$ 仍平行于 $\boldsymbol{K}$，折射率为n_e' 的光，$\boldsymbol{t}_e'$ 偏离 $\boldsymbol{K}$，离散角($\boldsymbol{t}_e'\wedge\boldsymbol{K}$) α由下式求出：

$$\tan\alpha = \frac{1}{2}n^2\left(\frac{1}{n_o^2}-\frac{1}{n_e^2}\right)\sin 2\theta$$

式中

$$n^2 = \left(\frac{\sin^2\theta}{n_e^2}+\frac{\cos^2\theta}{n_o^2}\right)^{-1} = \left(\frac{n_o^2\sin^2\theta + n_e^2\cos^2\theta}{n_e^2 n_o^2}\right)^{-1}$$

因 $\boldsymbol{t}_o$ 与 $\boldsymbol{t}'_e$ 不同，晶体中出现了在不同光路上传播的两束光。

从以上分析可知，无论波法线方向 $\boldsymbol{K}$ 取任何方向，总产生一束折射率为 n_o 的光，而且能流方向始终与 $\boldsymbol{K}$ 方向一致，称为常光，而另一束光的折射率 n'_e 随波法线方向 $\boldsymbol{K}$ 的改变而变化。对于正单轴晶，$n_o \leqslant n'_e \leqslant n_e$；对于负单轴晶，$n_o \geqslant n'_e \geqslant n_e$；它的能流方向一般不与 $\boldsymbol{K}$ 一致，只有 $\boldsymbol{K}$ 平行或垂直光轴时才可能一致，称为异常光。

对于低级晶轴，$\beta_1 \neq \beta_2 \neq \beta_3$，$n_1 \neq n_2 \neq n_3$，因此光率体是一个三轴椭球体。三个半轴 n_1、n_2、n_3 的大小因晶体的种类而异，一般规定 $n_3 > n_2 > n_1$。

低级晶族的光率体中有两个半径为 n_2 的圆中心截面，光垂直于该圆截面方向传播不发生双折射，这两个方向即为光轴。因此低级晶族晶体有两个光轴，称为双轴晶(或二轴晶)。当 $(n_3 - n_2) > (n_2 - n_1)$，即 n_2 与 n_1 接近时称为正光性双轴晶，光轴与 x_3 轴之间的夹角为正光性双轴晶的光轴角，用 $Q_{正}$ 表示：

$$\tan Q_{正} = \frac{n_3}{n_1}\sqrt{\frac{n_2^2 - n_1^2}{n_3^2 - n_2^2}}$$

如果 $(n_3 - n_2) < (n_2 - n_1)$，即 n_2 与 n_3 接近，称为负光性双轴晶，此时光轴角为光轴与 x_1 轴之间的夹角，用 $Q_{负}$ 表示：

$$\tan Q_{负} = \frac{n_1}{n_3}\sqrt{\frac{n_3^2 - n_2^2}{n_2^2 - n_1^2}}$$

双轴晶的光率体如图 10-29 所示，两个光轴组成的平面称为光轴面，它包含折射率最大和最小的两个主轴而与 n_2 相应的主轴垂直。

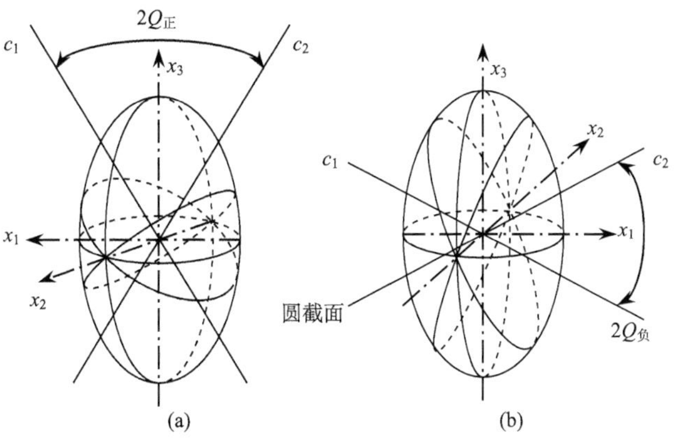

图 10-29　正(a)、负(b)双轴晶的光率体(张克从，1987)

光在双轴晶中传播有以下四种情况：

(1)波法线 $\boldsymbol{K}$ 平行光轴。光率体中心截面为以 n_2 为半径的圆，光的振动方向不受限制，晶体中光的能流方向与 **K** 方向一致，不发生双折射现象。

(2)波法线方向 **K** 与主轴平行。当 **K** 与任意一主轴平行时，光率体中心截面将包含另外两个主轴，在晶体中传播的光将发生双折射，两束光振动方向分别与另外两个主轴平行，相速度不同但能流方向均与 **K** 一致。

(3)波法线方向仅垂直于一个主轴。此时光率体中心截面为椭圆，椭圆的一个半轴为该主轴对应的折射率，另一个半轴介于其他两个主轴对应的折射率之间，入射光将发生双折射，一束光振动方向与 **K** 所垂直的主轴平行，能流方向与 **K** 平行，另一束光振动方向位于其他两个主轴组成的平面内，能流方向与 **K** 不平行，且两束光相速度不等。因此，发生双折射的两束光不在同一光路上传播。

(4)波法线 **K** 为任意方向。这种情况下光率体的中心截面仍为椭圆，其短半轴 n'介于 n_1 和 n_2 之间，长半轴 n''介于 n_2 和 n_3 之间。因此，光进入晶体后分为相速度不同、能量传播方向不同且不与 **K** 一致的两束光。

3. 折射率面及其性质

折射率面是另一种表征晶体光学各向异性的几何示性面，它是将折射率值以一定长度的线段直接表示在波法线 **K** 的方向上，由于双折射，在同一个 **K** 方向上，一般相应有两个不同的折射率值，如果把表征折射率大小的线段的末端分别连起来，那么在三维空间就形成双层壳面，这个双层壳面就是折射率面。

在主轴坐标系中，折射率面的方程为

$$\left(n_1^2x_1^2+n_2^2x_2^2+n_3^2x_3^2\right)\left(x_1^2+x_2^2+x_3^2\right)-\left[n_1^2\left(n_2^2+n_3^2\right)x_1^2+n_2^2\left(n_1^2+n_3^2\right)x_2^2\right.$$
$$\left.+n_3^2\left(n_1^2+n_2^2\right)x_3^2\right]+n_1^2n_2^2n_3^2=0$$

与光率体一样，折射率面也分三类：

(1)高级晶族。因 $n_1=n_2=n_3=n_o$，所以有

$$x_1^2+x_2^2+x_3^2=n_o^2$$

这是一个以 n_o 为半径的球面。

(2)中级晶族。因 $n_1=n_2=n_o$，$n_3=n_e$，有

$$x_1^2+x_2^2+x_3^2=n_o^2$$

$$\frac{x_1^2+x_2^2}{n_e^2}+\frac{x_3^2}{n_o^2}=1$$

第一个方程为球面，第二个方程是以 x_3 为旋转轴的旋转椭球面，组成双层壳面，并在 x_3 轴相切，即在 x_3 方向不发生双折射(光轴方向)。中级晶族晶体的折射率面见图 10-30。

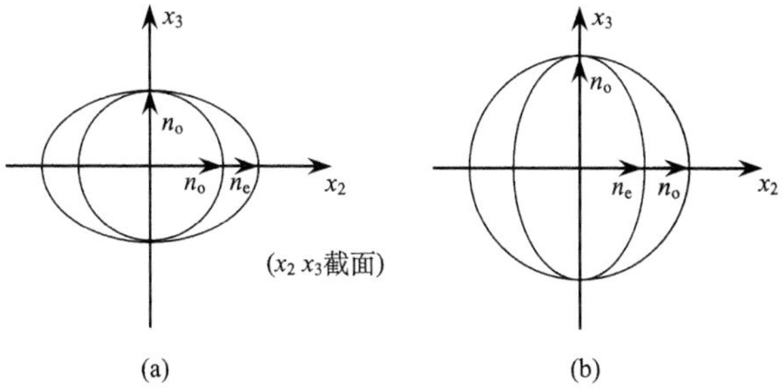

图 10-30　正(a)、负(b)单轴晶的折射率面(张克从，1987)

(3)低级晶族晶体的折射率面。因 $n_1 \neq n_2 \neq n_3$，折射率面是一个复杂的四阶曲面。该四阶曲面的三个主截面(包含两个主轴)的方程为

$$\left(x_2^2+x_3^2-n_1^2\right)\left(\frac{x_2^2}{n_3^2}+\frac{x_3^2}{n_2^2}-1\right)=0$$

$$\left(x_1^2+x_3^2-n_2^2\right)\left(\frac{x_1^2}{n_3^2}+\frac{x_3^2}{n_1^2}-1\right)=0$$

$$\left(x_1^2+x_2^2-n_3^2\right)\left(\frac{x_1^2}{n_2^2}+\frac{x_2^2}{n_1^2}-1\right)=0$$

每一个方程都包含两个曲线方程，前一个为圆，后一个为椭圆。三个主截面图形如图 10-31 所示，c_1、c_2 为光轴。四阶曲面主体图如图 10-32 所示，为一有四个频窝的复杂双层壳面。折射率面与光率体取向相同，在研究非线性光学中的相位匹配时特别方便。表征晶体光学各向异性的示性面还有很多种，以上只介绍其中的两种，其他示性面不再一一介绍。

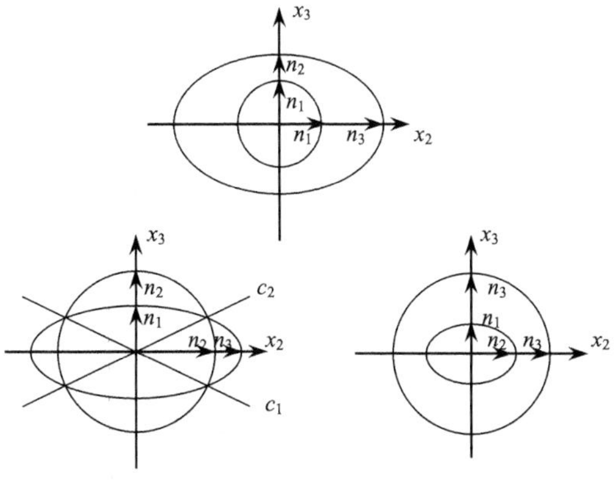

图 10-31　双轴晶折射率面的三个主截面(张克从，1987)

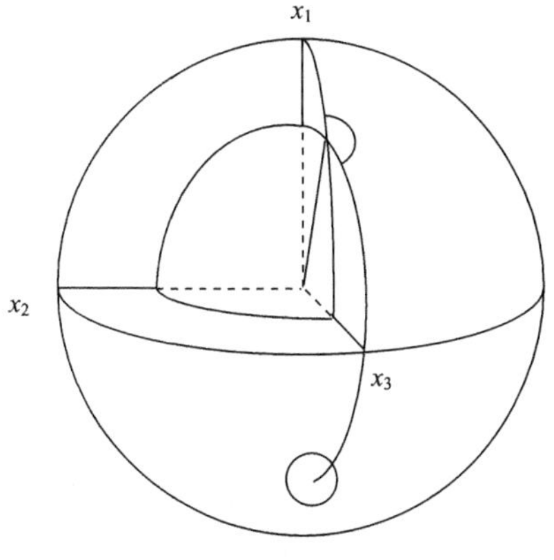

图 10-32　双轴晶的折射率面(张克从，1987)

10.11.4 晶体折射率色散

晶体的折射率是光波波长(或频率)的函数，这一现象称为折射率色散，同时晶体各方向上的折射率随光波波长的变化可能是非等比例的，因此用以描述晶体光学各向异性的示性面(或示性体)的大小和形状，甚至在晶体中的方位都可能发生变化。色散只会改变高级晶族光率体的大小，不会改变其形状。对于中级晶族，由于晶体对称性的影响，色散不能改变光轴的位置，因此色散将形成以光轴为旋转轴的大小不等的旋转椭球体(光率体)和大小不等的共轴双层壳面(折射率面)。不同波长的 o 光和 e 光的折射率面可能相交，但不同波长的 o 光与 o 光、e 光与 e 光的折射率面不会相交。低级晶族的色散情况复杂，斜方晶系的三个主轴方向都不因色散而改变，但光轴角要发生改变，称为光轴角色散。单斜晶系中只有与二次轴一致的主轴不因色散而改变外，其他主轴将发生改变，称为主轴色散。此外，光轴角、光轴面都可能产生色散。三斜晶系的折射率、光轴角、光轴面以及三个主轴都可能同时发生色散。

晶体折射率还随温度而改变，因此测量折射率时应使晶体恒温。

不同晶体折射率色散规律不同，一般通过实验来确定。

10.11.5 晶体对光的反射

一束光从介质 1(折射率为 n_1)穿过界面进入介质 2(折射率为 n_2)产生反射。当入射光线垂直或接近垂直于介质界面时，其反射系数为

$$R=\left(\frac{n_{21}-1}{n_{21}+1}\right)^2, \quad n_{21}=\frac{n_1}{n_2}$$

显然，两种介质折射率相差越大，反射率越高。当介质 1 是空气时，晶体折射率越大，反射率越高。

10.11.6 晶体对光的吸收和透射

晶体对光的吸收有三种机制：

(1) 电子极化。只有光的频率与电子极化时间的倒数属同一数量级时，由此引起的吸收才变得重要。

(2) 电子受激吸收光子而越过禁带。

(3) 电子受激进入位于禁带中的杂质或缺陷能级而吸收光子。

对于禁带宽度介于 1.8～3.1 eV 之间的非金属晶体，只有部分可见光被晶体吸收，因而是带色透明的。

禁带宽的介电晶体也可能吸收光子，但机制不是激发电子从价带进入导带，

而是借助禁带中的杂质或缺陷能级，使吸收光子进入禁带或导带中。

10.11.7　晶体对光的散射

光在均匀介质中只能沿介质折射线确定的方向前进，因为介质中偶极子发出的次波与入射光频率相同，即相干光，在与折射线不同方向上它们都相互抵消。因此均匀晶体不产生散射。当晶体不均匀时(如含气孔、夹杂物等)，产生的次波与主波方向不一致，并合成产生干涉现象，使光偏离原来的折射方向，引起散射。

散射有以下两种情况：

(1)散射光波长与入射光相同，称为瑞利散射；

(2)散射光波长与入射光波长不同，称为联合散射(也称拉曼散射)。

根据散射光强度是否强烈依赖于波长又可分为瑞利散射(Rayleigh scattering)和米氏散射(Mie scattering)。米氏散射主要由大气中的微粒，如烟、尘埃、小水滴及气溶胶等引起，散射光强度几乎与波长无关，各种波的光大致均等地被散射。瑞利散射呈对称状分布，米氏散射在光线向前的方向比向后的方向更强，如图 10-33 所示，图中给出了瑞利散射和米氏散射的示意图。

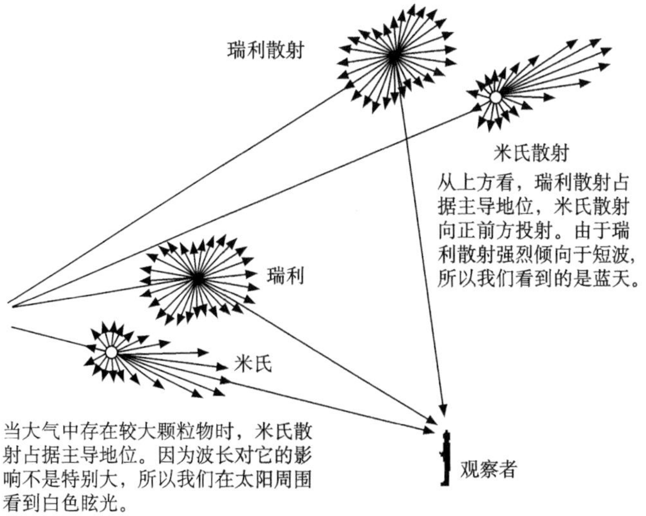

图 10-33　瑞利散射和米氏散射的示意图

10.11.8　晶体的电光效应

设极化强度为 $\boldsymbol{P}$，所加电场为 $\boldsymbol{E}$。对于光频场，晶体折射率与电场间有如下关系：

$$n=n_0+a\boldsymbol{E}_0+b\boldsymbol{E}_0^{\,2}+\cdots$$

式中，n_0 是没有加电场 $\boldsymbol{E}_0$ 时晶体的折射率；a、b 是常数。这种由外加电场引起晶体折射率变化的现象称为电光效应。n 与等式右边第二项外加电场 $\boldsymbol{E}_0$ 为线性关系，称为线性电光效应或泡克耳斯(Pockels)效应；第三项为二次电光效应，也称克尔(Kerr)效应。

没有对称中心的晶体具有一次电光效应(也可有二次电光效应)。有对称中心的晶体不具有一次电光效应，只有二次电光效应。

电光效应也可用介质隔离率的增量表示

$$\Delta\beta=\Delta\frac{1}{n^2}=\gamma\boldsymbol{E}+g\boldsymbol{E}^2+\cdots$$

式中，$\Delta\beta$ 为介质隔离率的增量；γ 为一次项的比例系数，称为线性电光系数或泡克耳斯系数；g 为二次项的比例系数，称为二次电光系数或克尔系数。折射率与电场一次方成比例变化的现象称为线性电光效应或泡克耳斯效应，与电场二次方成比例变化的现象称为二次电光效应或克尔效应。具有电光效应的晶体称为电光晶体，可在激光技术中用作电光调制、电光调 Q、锁模以及电学偏转等。

1. 线性电光效应

具有线性电光效应的晶体，其二次及高次电光效应都比较弱，可忽略不计，因此线性电光效应可表示为

$$\Delta\boldsymbol{\beta}_{ij}=\boldsymbol{\beta}_{ij}-\boldsymbol{\beta}_{ij}^0=\Delta\left(\frac{1}{\boldsymbol{n}^2}\right)_{ij}=\boldsymbol{\gamma}_{ijk}\boldsymbol{E}_k$$

式中，$\boldsymbol{\beta}_{ij}^0$、$\boldsymbol{\beta}_{ij}$ 分别为加电场前后的介质隔离率张量，为二阶对称张量；$\boldsymbol{E}_k$ 为矢量；根据张量定义，$\boldsymbol{\gamma}_{ijk}$ 为三阶张量，且 $\boldsymbol{\gamma}_{ijk}$ 的前两个下标也是对称的，即 $\boldsymbol{\gamma}_{ijk}=\boldsymbol{\gamma}_{jik}$，故独立分量数由 27 降到 18。

电光系数张量可写成矩阵形式

$$\Delta\boldsymbol{\beta}_m=\Delta\left(\frac{1}{\boldsymbol{n}^2}\right)_m=\boldsymbol{\gamma}_{mk}\boldsymbol{E}_k\qquad m=1,2,\cdots,6;\ k=1,2,3$$

$\boldsymbol{\gamma}_{mk}$ 为电光系数矩阵，形式与反压电矩阵完全相同。

由于晶体对称性的影响，晶体 $\boldsymbol{\gamma}_{mk}$ 独立分量数还要下降，已经证明，具对称中心和 432 晶类晶体都没有三阶张量所描述的物理性质，因此仅有 20 种晶体具有线性电光效应。

2. 二次电光效应

二次电光效应可表示成

$$\Delta\boldsymbol{\beta}_{ij}=\Delta\left(\frac{1}{\boldsymbol{n}^2}\right)_{ij}=\boldsymbol{g}_{ijkl}p_k p_l$$

$\boldsymbol{g}_{ijkl}$ 为二次电光系数张量(四阶张量)。所有晶体及各向同性体，甚至某些液体都具有二次电光效应。$\boldsymbol{g}_{ijkl}$ 为对称的四阶张量，独立分量数由 81 个减至 36 个。$\boldsymbol{g}_{ijkl}$ 可写成矩阵形式：

$$\Delta\boldsymbol{\beta}_m=\boldsymbol{g}_{mn}\boldsymbol{p}_n^2 \qquad m=1, 2, 3, 4, 5, 6$$

$$n=1, 2, 3, 4, 5, 6$$

由于晶体对称性的影响，$\boldsymbol{g}_{mn}$ 独立分量数还将进一步减少。$\boldsymbol{g}_{mn}$ 与弹性柔顺系数矩阵 $\boldsymbol{s}_{mn}$ 相似。

经验证明，具有实用价值的二次电光晶体多属钙钛矿型结构的立方晶体，点群为 O_{h}–$m3m$。

3. 电光效应引起的光率体畸变

对电光晶体施加外电场，由于电光效应晶体的折射率发生改变，从而使光率体发生畸变。对于不同的晶族，以及不同的外加电场，光率体畸变的方式和程度不同，球光率体可畸变为三轴椭球体，而且三个主轴的方位、大小都可以不同。

根据晶体的对称可查出电光系数矩阵，可求得折光率与电场和电光系数各分量间的关系。代入光率体方程并主轴化后可求得在外加电场作用下新光率体的形状和方位，从而可分析不同方向上通光时发生双折射的情况以及双折射的偏振态及能量的传播方向。

4. 电光晶体的半波电压

从晶体光学中可知，当一束光射入晶体后将发生双折射，产生偏振方向相互垂直而相速度不同的两束光。由于相速度不同，两束光在出射面处产生位相差。假定两束光的折射率分别为 n'、n''，同时透过厚度为 l 的晶片时，位相差为

$$\Delta\Phi=\frac{2\pi}{\lambda}\left(n'-n''\right)l$$

λ 为光波波长。由上节已知，对于电光晶体，n'、n''与电场有关。当改变外电场时，$n'-n''$也改变，$\Delta\Phi$ 也改变，$\Delta\Phi=\pi$ 时所加的电压定义为半波电压，用 V_π 或 $V_{\lambda/2}$ 表示。

电场方向与通光方向一致时产生的电光效应称为纵向电光效应，电场方向与通光方向垂直时的电光效应称为横向电光效应。因此，半波电压也有纵向与横向之分。$V_{\pi横}$与 $V_{\pi纵}$之间的关系与晶体的纵横比有关。由于横向电光效应中还包含自然折射引起的位相差，因此 $\mathrm{V}_{\pi横}$与 $V_{\pi纵}$的关系还受晶体温度的影响。

10.11.9　晶体的弹光效应与声光效应

由于应力(或应变)而使晶体折射率发生变化的现象称为弹光效应。当光波和声波同时射到晶体上，在一定条件下，声波和光波之间的相互作用可用于控制光束的传播方向、光束的强度和频率等，这种效应称为声光效应。声光效应在光电子学技术中得到广泛应用。

1. 弹光效应

晶体的折射率可表示成

$$\beta_{ij}x_ix_j=1 \qquad \text{(见折射率椭球部份)}$$

$\boldsymbol{\beta}_{ij}$ 称为介质隔离率张量，定义如下：

$$\boldsymbol{\beta}_{ij}=(\varepsilon^{-1})_{ij}=\left(\frac{1}{n^2}\right)_{ij}$$

式中，ε为光频介电常数；n 为折射率。由于弹光效应，应力σ 使折射率发生变化，用 $\Delta\boldsymbol{\beta}_{ij}$ 表示：

$$\Delta\boldsymbol{\beta}_{ij}=\Delta\left(\frac{1}{n^2}\right)_{ij}=\boldsymbol{\pi}_{ijkl}\boldsymbol{\sigma}_{kl} \qquad (i, j, k, l=1, 2, 3)$$

$\boldsymbol{\pi}_{ijkl}$ 为四阶张量，称为压光系数，单位为 $10^{-12}\ \mathrm{m^2\cdot N^{-1}}$。由于对称张量的性质，可以证明

$$\boldsymbol{\pi}_{ijkl}=\boldsymbol{\pi}_{ijlk}$$

$$\boldsymbol{\pi}_{ijkl}=\boldsymbol{\pi}_{jikl}$$

$\boldsymbol{\pi}_{ijkl}$ 的独立分量数由 81 减到 36 个。减化下标并写成矩阵形式有

$$\Delta\boldsymbol{\beta}_{mn}=\boldsymbol{\pi}_{mn}\boldsymbol{\sigma}_n$$

当 n=1、2、3 时，$\boldsymbol{\pi}_{mn}=\boldsymbol{\pi}_{ijkl}$；当 n=4、5、6 时，$\boldsymbol{\pi}_{mn}=2\boldsymbol{\pi}_{ijkl}$。由于晶体对称性影响，$\boldsymbol{\pi}_{mn}$ 的独立分量还可进一步减小。

弹光效应还可用应变 $\boldsymbol{S}$ 表示：

$$\Delta\boldsymbol{\beta}_{ij}=\boldsymbol{P}_{ijkl}\boldsymbol{S}_{kl} \qquad (i, j, k, l=1, 2, 3)$$

($\boldsymbol{P}_{ijkl}$ 为弹光系数，没有量纲，数量级为 10^{-1})

简化下标后可写成

$$\Delta\boldsymbol{\beta}_m=\boldsymbol{P}_{mn}\boldsymbol{S}_n \qquad (m,\ n=1,\ 2,\ 3,\ 4,\ 5,\ 6)$$

2. 声光效应

当超声波通过晶体时，晶体产生时间和空间周期变化的弹性应变(声学性质)，晶体的折射率也发生相应的周期变化。当光束通过晶体时位相受到超声波的

调制，此时晶体如同一个位相光栅，光栅常数等于声波波长λ_s，光束通过光栅将产生衍射，由于实验条件不同，这种衍射有以下两种类型。

1) 拉曼-内斯(Raman-Nath)衍射

当入射光与声波波阵面平行时，且$l \ll \frac{\lambda_s^2}{\lambda}$，即在声光相互作用长度$l$比较短，超声频率$f_s$($f_s = \frac{v_s}{\lambda_s}$，$v_s$为超声速度)比较低的情况下，将出现正常衍射现象，即在中心未衍射的入射光束两侧出现若干对称的一级、二级和更高级的衍射光束，如图 10-34 所示。衍射光衍射方向按下式计算：

$$\lambda_s \sin\theta_n = n\lambda \qquad n=1，2，3$$

式中，θ_n为第 n 级衍射角；λ为入射光波长。一般情况下，声场越强，衍射光的强度越强，所出现的衍射波也越多。如果入射光束与声波阵面成一倾斜角ϕ时(图 10-35)，衍射光束方向仍满足

$$\lambda_s \sin\beta_n = n\lambda \qquad n=1，2，3，\cdots$$

β_n为第 n 级衍射角。衍射光强度随ϕ改变而变化，在未衍射光束两侧的同级衍射线的强度一般也不一样。

2) 布拉格衍射

如果$l \gg \frac{\lambda_s^2}{\lambda}$，即当超声波频率比较高(20 MHz 以上)，声光相互作用长度 l 较大的情况下，除零级衍射外，只产生一级衍射光并满足布拉格衍射条件：

$$2\lambda_s \sin\theta = \lambda$$

式中，θ为衍射角，这是一种特殊的衍射，此时的衍射可看成反射。

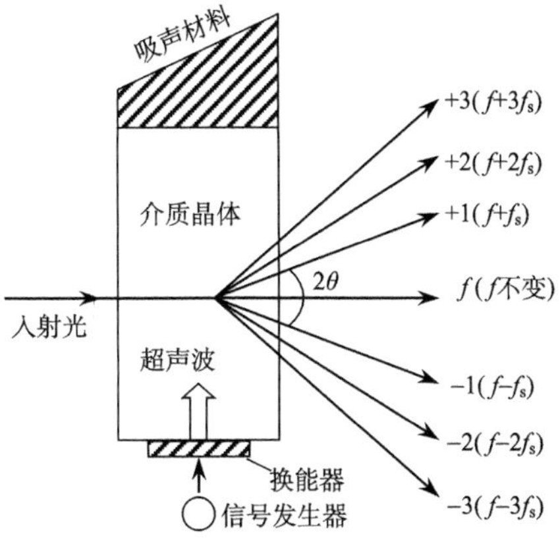

图 10-34　拉曼-内斯衍射示意图(张克从，1987)

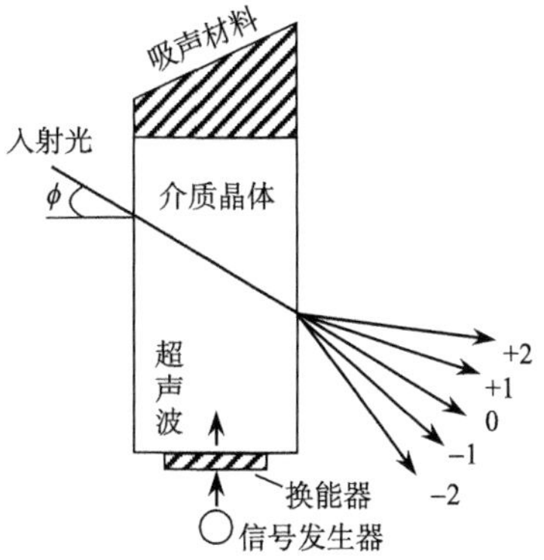

图 10-35　入射光与声波波阵面成一斜角ϕ时，拉曼-内斯衍射示意图(张克从，1987)

3. 晶体的非线性光学效应

光在晶体中传播时，由于光频电场作用，晶体要发生极化，当光频电场较弱时，所产生的极化强度 $\boldsymbol{P}$ 可表示为

$$\boldsymbol{P}=\chi\boldsymbol{E}$$

χ 为晶体的线性光学极化率，与折射率 n 的关系为 $\chi=n^2-1$。

当光频电场很大，如激光的 $\boldsymbol{E}$ 为 $10^7\ \mathrm{V\cdot cm^{-1}}$，可与原子场的 $\boldsymbol{E}$ 相比拟，这时极化强度出现非线性效应，可表示为

$$\boldsymbol{P}=(\chi+\chi^{(2)}\boldsymbol{E}+\chi^{(3)}\boldsymbol{E}^2+\cdots)\boldsymbol{E}$$

$\chi^{(2)}$、$\chi^{(3)}$分别为二次、三次非线性极化系数。通常 $\chi\gg\chi^{(2)}$，只有激光等高强度光源才会出现非线性光学效应。

$\chi^{(2)}$可引起二次谐波(倍频)、光混频、光参量振荡、线性电光效应和光整流等。

$\chi^{(3)}$引起三次谐波(三倍频)、二次电光效应、双光子吸收以及受激散射等。

1) 二次谐波的产生

1961 年，夫兰肯(Franken)等利用红宝石激光器获得的相干强光，其波长为 694.3 nm，当透过石英晶体时，产生波长为 347.2 nm 的二次谐波，此光波频率恰好为红宝石激光频率的 2 倍，即所谓的倍频效应，从而开创了非线性光学的新领域。

2) 非线性极化与倍频系数

(1) 非线性极化：假定入射光的光频电场为

$$\boldsymbol{E}(z,t)=\boldsymbol{E}_1\cos(\omega_1 t+k_1 z)+\boldsymbol{E}_2\cos(\omega_2 t+k_2 z)$$

当入射光射到非线性晶体介质上时，其非线性极化的二次项为

$$\boldsymbol{P}_2=2\mathrm{d}\boldsymbol{E}^2,\ 2d=\chi^{(2)}\qquad (d\ \text{为非线性极化系数})$$

展开后得

$$\boldsymbol{P}_2=\mathrm{d}\boldsymbol{E}_1^2\cos[2(\omega_1 t+k_1 z)]+\mathrm{d}\boldsymbol{E}_2^2\cos[2(\omega_2 t+k_2 z)]+2\mathrm{d}\boldsymbol{E}_1\boldsymbol{E}_2\cos[(\omega_1+\omega_2)t+(k_1+k_2)z]$$
$$+2\mathrm{d}\boldsymbol{E}_1\boldsymbol{E}_2\cos[(\omega_1-\omega_2)t+(k_1-k_2)z]+\mathrm{d}(\boldsymbol{E}_1^2+\boldsymbol{E}_2^2)$$

可简化表示为

$$\boldsymbol{P}_2=\boldsymbol{P}_{2\omega_1}+\boldsymbol{P}_{2\omega_2}+\boldsymbol{P}_{\omega_1+\omega_2}+\boldsymbol{P}_{\omega_1-\omega_2}+\boldsymbol{P}_{\text{直}}$$

$\boldsymbol{P}_{2\omega_1}$、$\boldsymbol{P}_{2\omega_2}$——倍频效应

$\boldsymbol{P}_{\omega_1+\omega_2}$——和频效应 ⎫
$\boldsymbol{P}_{\omega_1-\omega_2}$——差频效应 ⎭ 混频效应

$\boldsymbol{P}_{\text{直}}$——直流整流效应

这些效应同时产生，如何从中选取一个，使其比其他效应更有效地产生，取决于光的干涉加强的条件，即位相匹配，如调节晶体的双折射或变化晶体的温度(角匹配或温度匹配)，以求达到这个条件而使晶体产生二次谐波。

(2) 倍频系数：假定光频电场为 $\boldsymbol{E}_j(\omega_1)\boldsymbol{E}_k(\omega_2)\boldsymbol{E}_l(\omega_3)$，则光频电场在晶体中产生的极化强度可写成

$$\boldsymbol{P}_i=\boldsymbol{\chi}_{ij}\boldsymbol{E}_j(\omega_1)+\boldsymbol{\chi}_{ijk}\boldsymbol{E}_j(\omega_1)\boldsymbol{E}_k(\omega_2)+\boldsymbol{\chi}_{ijkl}\boldsymbol{E}_j(\omega_1)\boldsymbol{E}_k(\omega_2)\boldsymbol{E}_l(\omega_3)+\cdots$$

光频电场二次项将引起非线性光学效应，相应的非线性极化分量为

$$\boldsymbol{P}_i'(\omega_3)=\boldsymbol{\chi}_{ijk}(\omega_3)\boldsymbol{E}_j(\omega_1)\boldsymbol{E}_k(\omega_2)$$

如果 $\omega_1=\omega_2=\omega$，$\omega_3=2\omega$，上式改写为

$$\boldsymbol{P}_i^{2\omega}=\boldsymbol{\chi}_{ijk}^{2\omega}\boldsymbol{E}_j(\omega)\boldsymbol{E}_k(\omega)$$

$$\frac{1}{2}\boldsymbol{\chi}_{ijk}^{2\omega}=\boldsymbol{\alpha}=\boldsymbol{d}_{ijk}\qquad i,j,k=1,2,3$$

$\boldsymbol{d}_{ijk}$ 称为倍频系数，为三阶张量，根据三阶张量的性质，只能存在于 20 种没有对称中心的压电晶类晶体中。$\boldsymbol{d}_{ijk}$ 习惯采用 cm · eV^{-1} 为单位。

(3) 克莱门(Kleinman)对称条件：克莱门认为由于离子质量远远大于电子质量，其位移跟不上光频电场的周期运动，对晶体极化几乎无贡献，因此晶体的极化主要是电子的极化。晶体的非线性极化自由能可写成

$$G=-\frac{1}{3}\boldsymbol{\chi}_{ijk}^{(2)}E_iE_jE_k$$

$\boldsymbol{\chi}_{ijk}^{(2)}$ 为非线性极化系数，对下标 ijk 都是对称的，称为全对称。倍频系数 $\boldsymbol{d}_{ijk}=\frac{1}{2}\boldsymbol{\chi}_{ijk}$，因此倍频系数也为全对称的，称为克莱门对称，即

$$\boldsymbol{d}_{ijk}=\boldsymbol{d}_{jik}=\boldsymbol{d}_{kij}=\boldsymbol{d}_{ikj}=\cdots$$

考虑克莱门对称后，$\boldsymbol{d}_{ijk}$ 独立分量数目大为减少，最多只有 10 个，晶类 D_4—422、D_6–622 的独立分量数则降为零，即不产生倍频光，因此具有倍频效应的晶类只有 18 种。

3) 晶体的相位匹配

当光波入射到非线性晶体内部时，如果光频电场很强，入射光波经过的各个地方均产生非线性极化波，各个位置的非线性极化波都发射出二次谐波。二次谐波在晶体中传播时会相互干涉，二次谐波的位相一致时就相互加强，位相不一致时则相互干涉而抵消，即观察不到倍频效应。因此用作倍频材料的晶体，除了要有比较大的非线性光学系数(倍频系数)外，还必须能够实现相匹配(phase matching，PM)。

根据能量守恒原则，二次谐波位相相同应满足以下条件，即相匹配条件：

$\boldsymbol{k}_1+\boldsymbol{k}_1=2\boldsymbol{k}_1=\boldsymbol{k}_2$　　1、2 分别表示基频和倍频光

$\Delta\boldsymbol{k}=2\boldsymbol{k}_1-\boldsymbol{k}_2$

$n_1(\omega_1)=n_2(\omega_2)=n_2(2\omega_1)$

$\boldsymbol{k}$、ω、n 分别表示波矢量、角频率和折射率。

由于折射率色散的影响，基频波与二次谐波的折射率不等，一般 $n_2(\omega_2)>n_1(\omega_1)$，$\Delta k\neq 0$，它们位相也不等。在正常色散频段内，各向同性的晶体是不能实现相匹配的。各向异性的晶体，由于具有自然双折射，可以利用双折射使其倍频光与基频光的速度或折射率相等，实现相匹配。最简便的相匹配方法是利用折射率面。图 10-36 为单轴晶的折射率面。图中实线为 e、o 光折射率面，虚线为倍频光的 e、o 光的折射率面。对于正光性单轴晶，e 光折射率面与倍频光的 o 光折射率面相交，负光性单轴晶的 o 光折射率面与倍频光的 e 光折射率面相交。两个折射率面相交处与球心相连的方向就是位相匹配的方向。位相匹配方向与光轴成 θ_m 角的圆锥面。在位相匹配方向上 $n_2^0(2\omega)=n_1^e(\omega)$ 或 $n_2^e(2\omega)=n_1^0(\omega)$。$\theta_m$ 称为位相匹配角。

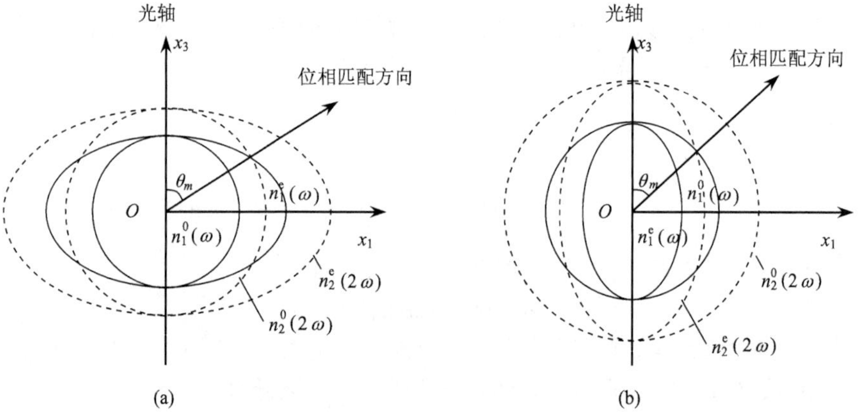

图 10-36　单轴晶满足位相匹配条件示意图(张克从，1987)

(a)正单轴晶；(b)负单轴晶

因为非线性极化波振幅大小随基频波电场方向而变化等因素，单轴晶的相匹配又分为第一类相匹配和第二类相匹配，实现不同相匹配的方法不同，具体方法参见有关著作。

双轴晶的相匹配由于其折射率曲面为极复杂的双层面而非常复杂，研究程度也相对不够深入。但从长远来看，双轴晶倍频材料将越来越多，因此加强这方面研究将非常必要。

10.11.10　晶体的磁光效应

晶体在外磁场作用下呈现光学各向异性，使通过晶体的光波偏振态发生改变的现象，称为磁光效应。

磁光效应的主要种类：法拉第旋转效应、克尔效应、磁双折射效应、塞曼效应。

1. 法拉第旋转效应

偏振光通过某些透明晶体时，偏振光的偏振面发生旋转的现象，称为旋光效应。通过施加外磁场而产生的旋光现象，称为磁致旋光，也称法拉第旋转效应。

平行磁场方向射入的线偏振光，通过磁场中透明晶体时，其偏振面的旋转角为

$$\varphi=V_{e}l\boldsymbol{B}$$

式中，φ 为旋转角(′)；l 为长度(cm)；$\boldsymbol{B}$ 为磁感应强度(Oe)；V_e 为晶体的费尔德常数(′/Oe•cm)，一般随波长的增大而迅速减小。

2. 克尔效应

一束线偏振光在磁化了的介质表面反射时，反射光将成为椭圆偏振光，且以椭圆的长轴为标志的偏振面相对于入射线的偏振面将旋转一定的角度，这种磁光效应称为克尔效应。

根据光入射面与介质磁化方向的关系可分为极向克尔效应、横向克尔效应和纵向克尔效应，如图 10-37 所示。

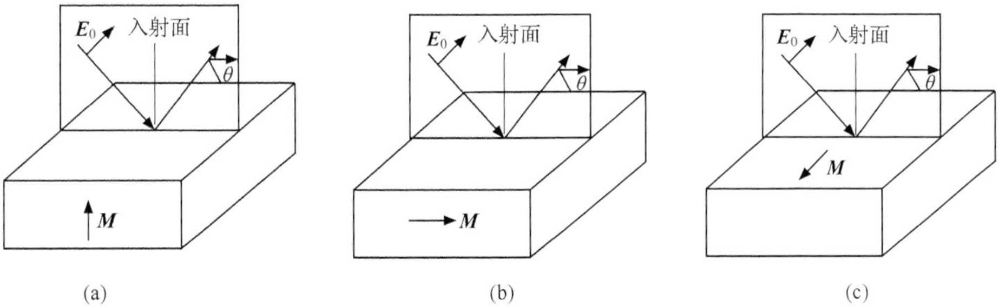

图 10-37　在三种不同方向的克尔效应示意图

(a)极向效应；(b)纵向效应；(c)横向效应。$\boldsymbol{M}$ 代表晶体磁化强度；箭头表示方向；$\boldsymbol{E}_0$ 为入射偏振光的电矢量

10.12　晶体的电学性质

电流是电荷的定向运动。电荷的载体称为载流子。载流子可以是电子、空穴、正离子、负离子。导电载流子对导电的贡献称迁移数或输运数(transference number)，定义为

$$t_x = \frac{\sigma_x}{\sigma_T}$$

式中，σ_T 为各种载流子输运电荷形成的总电导率；σ_x 为某种载流子输运电荷的电导率。

离子迁移数大于 0.99 的导体称为离子导体，否则称为混合导体。

表征晶体电性能的主要参量是电导率。它是电流密度 $\boldsymbol{J}$ 与电场强度 $\boldsymbol{E}$ 间的比例常数：

$$\boldsymbol{J}=\sigma\boldsymbol{E}$$

单位为西门子每米，即 $S \cdot m^{-1}$。

电阻率 ρ 是电导率的倒数，可表示成

$$\rho = \frac{1}{\sigma} = \frac{L}{RS}$$

L、S 分别为导体的长度和截面积；R 为导体的电阻。电阻率的单位：$\Omega \cdot m$ 、$\Omega \cdot cm$ 或 $\mu\Omega \cdot cm$，工程技术上常用 $\Omega \cdot mm^2 \cdot m^{-1}$。它们之间的换算关系为：$1\ \mu\Omega \cdot cm = 10^{-9}\ \Omega \cdot m = 10^{-6}\ \Omega \cdot cm = 10^{-2}\ \Omega \cdot mm^2 \cdot m^{-1}$。

10.12.1　电子类载流子导电

主要以电子类载流子导电的晶体可以是金属或半导体。利用能带理论可导出其电导率表达式：

$$\sigma = \frac{n_{ef} e^2 l_F}{m^* v_F}$$

式中，n_{ef} 表示单位体积内参加传导过程的电子数；m^* 为电子的有效质量，是考虑晶体点阵对电场作用的结果；l_F 为费米面附近能级电子的平均自由程；v_F 为费米面附近能级电子的平均速度。

当电子通过一个理想晶体点阵时(0 K)，它将不受散射；只有在晶体点阵完整性被破坏的地方，电子波才受到散射，产生电阻。因此，由温度引起离子运动振幅的变化或杂质、位错、点缺陷等的存在都会使理想晶体点阵的周期性被破坏，产生电阻，降低晶体导电性。换言之，晶体导电性受温度、杂质、缺陷、压力等

影响。

晶体导电性与晶体结构有关。除等轴晶系外，晶体的电阻率存在各向异性。

电阻率与晶体尺寸有关。当晶体尺寸与电子平均自由程属同一数量级时，这种影响将非常明显(如纳米材料)。

10.12.2　离子类载流子导电

离子晶体的导电属离子类载流子导电。离子晶体导电分两种情况：

(1) 晶体点阵的基本离子由于热振动离开晶格，形成热缺陷(离子或空位)。这种热缺陷在电场作用下成为导电载流子，参加导电，称为本征导电。

(2) 晶体中的杂质离子在电场作用下参加导电，称为杂质导电。

低温下杂质电导显著，高温下本征导电占主导。

离子电导率可由下式表示：

$$\lg\sigma = \lg\frac{naz^2e^2b^2}{2h} - \frac{\Delta G_{dc}}{RT}$$

式中，n 为每立方厘米的离子数；a 为与不可逆跳跃相关的适应系数(accommodation coefficient)；z 为离子电价；e 为电子电量；b 为势阱间的距离；h 为普朗克常量；ΔG_{dc} 为直流条件下的自由能变化；R 为摩尔气体常量；T 为温度。

离子尺寸和质量都比电子大得多，在晶体中其运动方式是从一个平衡位置跳跃到另一平衡位置。因此，离子导电是离子在电场作用下的扩散现象。

离子电导率 σ 与离子扩散系数 D 间的关系称为能斯特-爱因斯坦方程：

$$\sigma = D\times\frac{nq^2}{k_BT}$$

式中，q 为离子荷电量；k_B 为玻尔兹曼常量；T 为温度；n 为载流子单位体积浓度。

离子电导率与迁移率及可移动的离子浓度有关。在一定温度下，迁移率及扩散系数与离子脱离平衡位置势垒的高度、跳跃频率、平均跳跃距离有关。离子迁移势垒的高低与晶体结构有关，即与离子跟周围点阵的库仑相互作用大小有关。从这一点出发，在结构近似的情况下，离子导体电导率高低大体的趋势是氟化物＜氧化物＜硫化物＜氮化物＜磷化物。为了降低骨架阴离子对阳离子的束缚，将 F、O 用 S、N 替代是经常采用的方法。在电价相同的情况下，离子半径越大，运动时存在的空间位阻就越大。在离子半径相同的情况下，离子的电荷越高，则与晶格的库仑相互作用也越强，离子电导率也越低。

可移动的离子浓度与晶格中缺陷位的密度以及晶界特性有关。通过异价元素替代掺杂调控空位浓度，或者掺杂相同电价、不同离子半径的元素调控离子扩散通道的大小，通过界面修饰或界面元素富集调控界面处空间电荷层的性质，是常见的调控晶界离子电导率的方法。

在晶体结构中，离子的输运一般具有各向异性的特点，因此存在 1D、2D、3D 的离子导体。晶体结构的对称性决定了离子输运的各向异性。

具有离子电导率的固体中，电导率与强电解质的熔融盐和水溶液中的电导率相当(即 10^{-2} S · cm^{-1})的固体电解质称为快离子导体(fast ionic conductor)，有时也称为超离子导体(superionic conductor)或固体电解质(solid electrolyte)。快离子导体可用作燃料电池、锂/钠离子电池、超级电容器的固态电解质或用于化学传感器中。基于固体电解质的全固态锂电池，有望具有优异的安全特性、循环特性、高的能量密度和低的成本，成为电池领域的研究热点。

10.12.3　半导体

导电性介于导体与绝缘体之间。在一般温度下，半导体价带上的少量电子在热激发下跃迁到空带，使导带底部带有少量电子，而价带顶部带有少量空穴，结果使两个能带都成为部分填充的，从而具有一定的导电性。因此，半导体以电子和空穴为导电载流子。

纯的半导体称为本征半导体，它们的行为仅与其固有性质有关。由于外部作用而改变半导体固有性质的半导体称为非本征半导体或杂质半导体。半导体器件主要使用非本征半导体。

当杂质原子替代基质原子后，晶格周期性在这些点被破坏，晶体中的电子除了在允带中的由布洛赫波描述的共有化运动外，杂质所产生的局域场还给电子附加一局域化的电子态——束缚态，它大大改变了纯净半导体的性质。

例如，硅晶体中用 5 价的 P 替代 4 价的 Si，P 的 4 个电子与周围的 4 个 Si 形成共价键，第 5 个电子不能参与成键而固定在成键方向，但由于 P 的核还有一正电荷，这个多余的电子被这一正电荷中心吸引，在杂质 P 原子周围运动，形成一个类氢的结构。计算表明，这类杂质对电子的束缚能比氢原子对电子的束缚能小得多，电子很容易逃离而成为共有化电子。此束缚能级非常靠近导带底边，称为浅杂质能级或施主能级。由于此能级靠近导带，电子很容易跃迁进入导带，使导带中的电子远多于价带中的空穴数，这种以导带中的电子为主要载流子的半导体称为 n 型半导体。施主能级失去电子后成为空能级，不能参与导电。

掺杂三价原子的情况类似，其束缚态结构由一个负电荷中心束缚一个空穴组成，产生的浅杂质能级靠近价带顶部，称为受主能级。电子由价带顶部跃迁进入受主能级比进入导带容易得多，因此价带中的空穴数比导带中的电子数多得多。这种以空穴为主要载流子的半导体称为 p 型半导体。

有些杂质或缺陷在带隙中加入了距带边较远的能级，称为深能级，并且常产生多重能级。如硅晶体中的Ⅵ族元素杂质能级，除了用 4 个电子与硅形成共价键外，多余的 2 个电子被核的两个正电荷吸引，这比一个电子受一个正电荷的吸引力大，因而能级比浅能级离导带边远。若一个电子被电离后，另一个电子因失去屏蔽受到更强的束缚，能级离导带更远。

可见，无杂质和缺陷的本征半导体，其费米能级和载流子浓度完全取决于半导体本身的性质。非本征半导体因掺杂，两种载流子浓度不等，费米能级与载流子浓度有关。

半导体的霍尔系数 R 定义为

$$R=\frac{P\mu_{\mathrm{h}}^2-n\mu_{\mathrm{e}}^2}{e(n\mu_{\mathrm{e}}-P\mu_{\mathrm{h}})^2}$$

式中，n 为导带电子浓度；P 为价带空穴浓度；μ_{h} 为空穴迁移率；μ_{e} 为电子迁移率。

当载流子为电子时(P=0)：

$$R=-\frac{1}{ne}$$

当载流子为空穴时(n=0)：

$$R=\frac{1}{Pe}$$

霍尔系数可用于确定载流子浓度，其符号则可用于确定半导体类型。

本征半导体：$n=P$，因为一般有 $\mu_{\mathrm{e}}>\mu_{\mathrm{h}}$，故霍尔系数 $R<0$。对于温度较高时本征激发范围的杂质半导体，也可看成 $n\approx P$，因此同样有 $R<0$。

p 型半导体：当温度较低，在杂质电离范围时，$P\gg n$，$R>0$。但当温度逐渐升高，本征激发增加，会有较多的电子从价带跃迁到导带，电子与空穴的比值不断变小，达到一温度时，R=0。如果温度继续升高，$R<0$。因此，对 p 型半导体，在温度由杂质激发升高到本征激发范围过程中，霍尔系数将改变符号。

n 型半导体：在杂质激发温度区，$n\gg P$，$R<0$。达到本征激发温度区，无论温度多高，空穴浓度总不会超过电子浓度，且 $\mu_{\mathrm{e}}>\mu_{\mathrm{h}}$，故 n 型半导体 $R<0$，不会随温度变化改变符号。

因为对 n 型半导体有 $\mu_{\mathrm{e}}=\sigma_{\mathrm{e}}R_{\mathrm{e}}$，对 p 型半导体也有同样关系，所以通过测量非本征样品的电导率和霍尔系数，便可确定电子与空穴的迁移率。

10.12.4　pn 结

pn 结是由 n 型半导体和 p 型半导体紧密接触而形成的界面结构。由于 p 型、n 型半导体分别含有较高浓度的空穴和自由电子，存在浓度梯度，所以二者紧密接触后将产生扩散运动，即自由电子由 n 型半导体向 p 型半导体的方向扩散，空穴由 p 型半导体向 n 型半导体的方向扩散。载流子经过扩散后，扩散的自由电子和空穴相互结合，使得原有的 n 型半导体的自由电子浓度减少，同时原有 p 型半导体的空穴浓度也减少。在两种半导体中间位置形成一个由 n 型半导体指向 p 型半导体的电场，称为“内建电场”(built-in potential)以及耗尽层(space charge region)。在正向偏压(施加在 p 区的电压高于 n 区电压)时，n 区的电子与 p 区的空穴被推向 pn 结，耗尽层宽度降低，导致 pn 结电阻降低。此时，电流强度取决于多数载流子的浓度且随正向偏置电压的大小呈指数增加，处于正向导通状态。当施加反向偏压(施加在 n 区的电压高于 p 区电压)时，耗尽层变厚，pn 结的电阻变大，反向饱和电流很小，pn 结处于截止状态。此时，反向电流是由少数载流子跨 pn 结形成的，因此其饱和电流值取决于少数载流子的掺杂浓度。可见，pn 结具有单向导电性，具有整流作用，可以利用它作为基础制造半导体二极管、三极管等电子元件，如常用的稳压二极管、光电二极管、发光二极管等器件。

10.12.5 超导体

1911 年，荷兰物理学家 H. K. Onnes 在研究各种金属在低温下电阻率的变化时发现，当汞的温度降低到 4.2 K 左右时，汞电阻突然下降；低于这个温度时汞的电阻完全消失。从开始下降到完全消失是在 0.05 K 的温度间隔内完成的。这种在低温下发生的零电阻现象，称为物质的超导电性，具有超导电性的材料称为超导体。材料电阻为零时的状态称为超导态。发生电阻消失的温度称为超导转变温度或临界温度 T_c。超导现象是可逆的。

同一种材料在相同条件下有确定的 T_c，与材料的杂质无关，但杂质的存在将使转变温度区域增宽。

迈斯纳(Meissner)和奥克森费尔德(Ochsenfeld)于 1933 年发现超导体具有完全抗磁性，即 $\boldsymbol{M}=-\boldsymbol{H}$，称为迈斯纳效应，是与零电阻独立的超导性质。

把处于超导态的样品置于磁场中，当磁场大于某一临界值 $\boldsymbol{H}_c(T)$(与温度有关)时，样品将恢复到正常态。称这个保持超导态的最小磁场 $\boldsymbol{H}_c(T)$ 为临界磁场。当超导体内的电流超过某数值时，它产生的磁场也会破坏超导性，这一电流极限值称为临界电流 $\boldsymbol{J}_c(T)$。

对于超导体的分类，目前没有统一的标准，通常的分类方法包括以下几种。

(1)按照对磁场的响应分类：第一类超导体和第二类超导体。把只有一个临界磁场 $\boldsymbol{H}_c(T)$ 的超导体称为第一类超导体，这类超导体处于超导态时具有完全抗磁性和零电阻。这样的超导态往往存在于纯金属超导体，如铝、铅和汞中。目前已知唯一的合金材料第一类超导体是 $TaSi_2$。第一类超导体的临界磁场 H_c 通常比较小，很难实际应用，因此第一类超导体也通常被称为软超导体。

有些超导体有两个临界磁场 $\boldsymbol{H}_c(T)$，即 $\boldsymbol{H}_{c1}(T)$ 和 $\boldsymbol{H}_{c2}(T)$，这种具有两个临界磁场的超导体称为第二类超导体。当 $\boldsymbol{H}_{c1}(T)<\boldsymbol{H}<\boldsymbol{H}_{c2}(T)$ 时，这类超导体处于一

种混合态，即不具有完全抗磁性，但电阻为零。第二类超导体通常为合金材料，高温超导体如铜氧化物超导体和铁基超导体都属于第二类超导体。相较于第一类超导体微小的临界磁场，第二类超导体的上限临界磁场 $\boldsymbol{H}_{c2}(T)$ 都很大，使得第二类超导体可以被用来制作强磁场超导线圈，已经被广泛应用于磁共振成像(MRI)、核磁共振(NMR)、粒子加速器、磁悬浮等各个领域。

(2)按解释机制分类：常规超导体与非常规超导体。常规超导体是指可用 BCS 理论(Bardeen-Cooper-Schrieffer theory，BCS theory)或其推论解释的超导体。该理论是以其发明者约翰·巴丁(John Bardeen)、利昂·库珀(Leon Cooper)和约翰·施里弗(John Robert Schrieffer)的名字首字母命名的。它把超导现象看作一种宏观量子效应，大致机制是：电子在晶格中移动时会吸引邻近格点上的正电荷，导致格点的局部畸变，形成一个局域的高正电荷区。这个局域的高正电荷区会吸引自旋相反的电子，与原来的电子以一定的结合能相结合配对，即所谓的“库珀对”。在很低的温度下，库珀对结合能可能高于晶格原子振动的能量。这样，电子对将不会与晶格发生能量交换，即库珀对在晶格中可以无损耗地运动，形成超导电流。第一类超导体和第二类超导体都可能是常规超导体。例如，大部分的单质超导体都属于常规超导体，其中铌和钒属第二类超导体，其他如铝、汞、钼、铅、钛、锌等属第一类超导体。

非常规超导体是指不可用 BCS 理论或其推论解释的超导体。主要包括铜氧化物超导体、铁基超导体、有机超导体、重费米子超导体以及二维超导体等，在机制研究上有弱偶合理论、层间偶合理论等。

(3)按临界温度分类：高温超导体与低温超导体。高温超导体是指临界温度在液氮温度(77 K)以上的超导体，低于此温度的超导体被称为低温超导体。高温超导体的重要意义在于，可以使用更加廉价的液氮取代昂贵的液氦作为冷却材料来获得超导电性，不仅使超导材料可以更加广泛地应用于人类的生产和生活中，而且，更重要的是朝着室温超导的目标前进了一大步。其中，以 $YBa_2Cu_3O_7$ 为代表的铜氧化物超导体是最著名的高温超导体，它们具有与钙钛矿非常相似的结构，通常被描述为扭曲的氧缺失的多层钙钛矿结构，主要由发生超导的基本导电单元 CuO_2 层和提供载流子的库电层相互堆垛而成，如图 10-38 所示。通常，铜氧化物超导体的临界温度与材料的层间阳离子种类、CuO_2 面层数及氧空位的含量有密切的关系。

近年来，物理学家发现硫化氢(H_2S)、十氢化镧(LaH_{10})等材料在极高压下具有高温超导特性，其中 LaH_{10} 在压力 170 GPa 下超导临界温度为 250 K(–23 ℃)，是目前已知最高温度的超导体。

(4)按材料组分或结构分类，可分为单质超导体，如铅、汞等金属以及富勒烯、碳纳米管、金刚石等碳的同质多象变体；合金超导体，如铌-钛合金；陶瓷超导体，如铜氧化物、铁基超导体、二硼化镁(MgB_2)以及其他超导体，如 Hg_3NbF_6、Hg_3TaF_6 等金属化合物超导体。

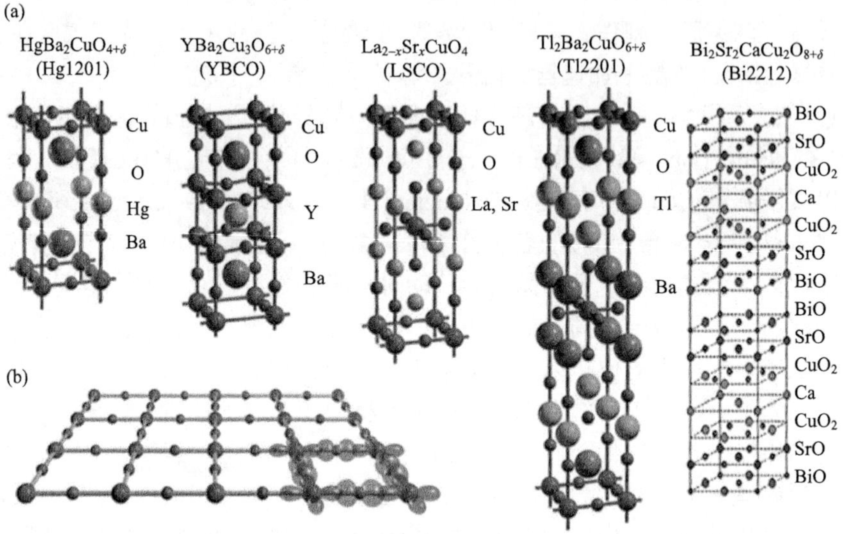

图 10-38　(a)几类典型的铜氧化物高温超导体的空间晶格结构，这些材料体系都包含 CuO_2 面；(b) CuO_2 面中 Cu 格点的 $3d_{x^2-y^2}$ 轨道与 O 上的 $2p_x$ 和 $2p_y$ 轨道之间的杂化示意图(罗习刚等，2017)

主要参考文献

埃文思 R C. 1983. 结晶化学导论. 胡玉才, 戴寰, 新民, 译. 北京: 人民教育出版社.

布拉格 W L. 1988. X 射线分析的发展. 杨润殷, 译. 北京: 科学出版社.

陈敬中. 2001. 现代晶体化学. 北京: 高等教育出版社.

戴振国, 董胜明, 尹振华, 李福奇, 翟仲军, 张健, 王继扬. 2005. PMN-PT 晶体的生长、性质和应用进展. 人工晶体学报, 34(6): 1018-1023, 1055.

蒂利・理查德 J D. 2013. 固体缺陷. 刘培生, 田民波, 朱永法, 译. 北京: 北京大学出版社.

董延茂, 鲍治宇, 赵丹, 程琛杰. 2010-07-21. 一种用于原水处理的类水滑石: 中国专利, CN201010105922. 0.

关振铎, 张中太, 焦金生. 1995. 无机材料物理性能. 北京: 清华大学出版社.

郭正洪. 2019. 固体相变动力学及晶体学. 上海: 上海交通大学出版社.

韩照信, 栾丽君. 2004. 绿松石呈色的晶体场理论计算. 地球科学与环境学报, 26(3): 17-20.

何涌, 雷新荣. 2008. 结晶化学. 北京: 化学工业出版社.

侯宏英, 孟瑞晋. 2014. 石墨烯的晶格缺陷. 人工晶体学报, 43(11): 2935-2942.

介万奇. 2010. 晶体生长原理与技术. 北京: 科学出版社.

金琦. 1995. 晶体光学. 北京: 科学出版社.

金章东, 朱金初, 季峻峰, 李福春, 邹成娟, 高南华. 2002. 伊利石多型——斑岩铜矿化的指示剂. 矿物学报, 22(1): 49-53.

黎鲍 F. 1989. 硅酸盐结构化学: 结构、成键和分类. 席耀忠, 译. 北京: 中国建筑工业出版社.

李飞, 张树君, 李振荣, 徐卓. 2012. 弛豫铁电单晶的研究进展——压电效应的起源研究. 物理学进展, 32(4): 178-198.

李国昌, 王萍. 2019. 结晶学教程. 3 版. 北京: 国防工业出版社.

李红花, 李坤威, 汪浩. 2010. 固溶体 $Bi_2Mo_{1-x}W_xO_6$ 的水热合成及光催化性能. 无机化学学报, 26(1): 138-143.

李胜荣. 2008. 结晶学与矿物学. 北京: 地质出版社.

梁栋材. 2018. X 射线晶体学基础. 2 版. 北京: 科学出版社.

廖立兵. 2000. 晶体化学及晶体物理学. 北京: 地质出版社.

廖立兵, 李国武. 2009. X 射线衍射方法与应用. 北京: 地质出版社.

廖立兵, 李锁在. 2003. 矿物热膨胀系数计算的修正 Ruffa 法及其应用. 矿物学报, 23(4): 349-354.

廖立兵, 夏志国. 2013. 晶体化学及晶体物理学. 2 版. 北京: 科学出版社.

龙威, 黄荣华. 2012. 石墨烯的化学奥秘及研究进展. 洛阳理工学院学报(自然科学版), 22(1): 1-4, 12.

罗谷风. 1989. 结晶学导论. 北京: 地质出版社.
罗习刚, 吴涛, 陈仙辉. 2017. 非常规超导体及其物性. 物理, 46(8): 499-513.
吕孟凯. 1996. 固态化学. 济南: 山东大学出版社.
马尔福宁 A S. 1984. 矿物物理学导论. 李高山, 等译. 北京: 地质出版社.
奈 J F. 1994. 晶体的物理性质. 孟中岩, 袁绥华, 孙鸿涛, 等译. 西安: 西安交通大学出版社.
潘兆橹, 赵爱醒, 潘铁虹. 1993. 结晶学及矿物学. 北京: 地质出版社.
钱临照, 等. 2014. 晶体中的位错(重排本). 北京: 北京大学出版社.
钱逸泰. 2005. 结晶化学导论. 合肥: 中国科技大学出版社.
秦善. 2011. 结构矿物学. 北京: 北京大学出版社.
秦善. 2004. 晶体学基础. 北京: 北京大学出版社.
师丽红. 2005. 近化学计量比钽酸锂晶体的光学性能研究. 天津: 南开大学硕士学位论文.
宋红章, 曾华荣, 李国荣, 殷庆瑞, 胡行. 2010. 磁畴的观察方法. 材料导报, 24(17): 106-111, 115.
王奖臻, 李泽琴, 刘家军, 李朝阳. 2004. 拉拉铁氧化物-铜-金-钼-钴-稀土矿床辉钼矿的多型及标型特征. 地质找矿论丛, 19(2): 96-99.
王濮, 潘兆橹, 翁玲宝. 1984. 系统矿物学(上、中、下). 北京: 地质出版社.
王业宁, 黄以能, 顾民. 1995. C_{60}、C_{70}晶体的结构、有序-无序相变和玻璃化转变. 物理学进展, 15(3): 271-284.
吴大猷. 1983. 理论物理(第二册): 量子论与原子结构. 北京: 科学出版社.
吴平伟. 2010. 晶体化学讲义. 青岛: 中国海洋大学材料科学与工程学院.
吴瑞华, 刘琼林. 2000. Fe^{3+}在蓝宝石中作用的研究. 长春科技大学学报, 30(1): 19-41.
伍超群, 梁冬云, 邢福谋. 1999. 某矿床铂钯等贵金属元素的电子探针分析. 矿物岩石地球化学通报, 18(4): 271-273.
武汉地质学院矿物教研室. 1979. 结晶学及矿物学. 北京: 地质出版社.
小川智哉. 1985. 应用晶体物理学. 北京: 科学出版社.
谢有畅, 邵美成. 1991. 结构化学. 北京: 高等教育出版社.
徐惠芳, 罗谷风, 胡梅生. 1989. *P*21*ca* 斜方辉石相变的研究. 岩石矿物学杂志, 8(2): 188-192.
徐如人, 庞文琴. 2004. 分子筛与多孔材料化学. 北京: 科学出版社.
许顺生. 1986. X 射线衍射学进展. 北京: 科学出版社.
余泉茂. 2010. 无机发光材料研究及应用新进展. 合肥: 中国科学技术大学出版社.
张克从, 王希敏. 1996. 非线性光学晶体材料科学. 北京: 科学出版社.
张克从, 张乐惠. 1981. 晶体生长. 北京: 科学出版社.
张克从. 1987. 近代晶体学基础(上、下册). 北京: 科学出版社.
张思远. 1988. 晶体场效应、理论及其应用. 物理, 17(1): 21-26.
赵爱醒, 潘铁红. 1993. 矿物晶体化学——矿物粉末 X 射线衍射法的研究及应用. 北京: 中国地质大学出版社.
赵明. 2010. 矿物学导论. 北京: 地质出版社.
赵珊茸, 边秋娟, 凌其聪. 2004. 结晶学及矿物学. 北京: 高等教育出版社.

赵杏媛, 张有瑜. 1990. 粘土矿物与粘土矿物分析. 北京: 海洋出版社.

赵长春. 2011. 铁-镁电气石热释电性能的机理研究. 北京: 中国地质大学博士学位论文.

郑辙. 1992. 结构矿物学导论. 北京: 北京大学出版社.

周公度. 1993. 结构和物性——化学原理的应用. 北京: 高等教育出版社.

朱春立, 刘洋, 王晨丽, 秦刘磊, 郑晓媛, 刘尊奇. 2019. 一种磷钨杂多酸冠醚型超分子晶体材料的制备及性能研究. 化学试剂, 41(11): 1184-1188.

朱一民, 韩跃新. 2007. 晶体化学在矿物材料中的应用. 北京: 冶金工业出版社.

佐尔泰 T, 斯托特 J H. 1992. 矿物学原理. 施倪承, 马吉生, 等, 译. 北京: 地质出版社.

Banhart F, Kotakoski J, Krasheninnikov A V. 2011. Structural defects in graphene. ACS Nano, 5: 26-41.

Burns R G. 1993. Mineralogical application of crystal field theory. Britain: Cambridge University Press.

Guo Q F, Liao L B, Lis S, Liu H K, Mei L F. 2018. Effect of ionic substitution (Ca/Sr/Ba) on structure and luminescent properties of Ce^{3+} doped fluorapatite. Journal of Luminescence, 196: 285-289.

Kuc A. 2014. Low-dimensional transition-metal dichalcogenides. Chemical Modelling, 11: 1-29.

Le Toquin R, Cheetham A K. 2006. Red-emitting cerium-based phosphor materials for solid-state lighting applications. Chemical Physics Letters, 423(4-6): 352-356.

Liu H, Chen B C, Liao L B, Fan P, Hai Y, Wu Y Y, Lv G C, Mei L F, Hao H Y, Xing J, Dong J J. 2019. The influences of mg intercalation on the structure and supercapacitive behaviors of MoS_2. Journal of Materials Science, 54: 13247-13254.

Liu J, Liang H Z, Shi C S. 2007. Improved optical photoluminescence by charge compensation in the phosphor system $CaMoO_4$: Eu^{3+}. Optical Materials, 29(121): 1591-1594.

Newnham R E. 1993. Structure-Property relations. Berlin, Heidelberg, New York: Springer-Verlag.

Ram P, Patel H, Singhal R, Choudhary G, Sharma R K. 2019. On the study of mixing and drying on electrochemical performance of spinel $LiMn_2O_4$ cathodes. Journal of Renewable and Sustainable Energy, 11(1): 014104.

Setter N, Cross L E. 1980. The contribution of structural disorder to diffuse phase transitions in ferroelectrics. Journal of Materials Science, 15, 2478-2482.

Smith J V. 1974. Feldspar Minerals. Berlin Heidelberg: Springer-Verlag.

Tulk C A, Molaison J J, Makhluf A R, Manning C E, Klug D D. 2019. Absence of amorphous forms when ice is compressed at low temperature. Nature, 569(7757): 542-545.

Veblen D R. 1991. Polysomatism and polysomatic series: a review and applications. American Mineralogist, 76(5-6): 801-826.

Yang J, Bai W, Fang Q, Yan B, Shi N, Ma Z Z, Dai M Q, Xiong M. 2003. Silicon-rutile-an ultra-high pressure (UHP) mineral from an ophiolite, Progress in Natural Science, 13(7): 528-531.

Yuan P, Bergaya F, Thill A. 2016. Developments in Clay Science. Amsterdam: Elsevier Ltd.

附　　录

附录 1　晶格类型及其键性、结构特点和物理性质（罗谷风，1989）

	离子晶格	原子晶格	金属晶格	分子晶格
键性	由阴阳离子间的静电引力相维系，无饱和性、方向性。键力中等至强，主要决定于离子的电价和半径	由共用电子对相维系，有饱和性和方向性。键力中等至强，主要决定于原子价、原子间距和极化强度	由弥散的自由电子将金属阳离子结合起来，无饱和性和方向性。键力一般不强，主要决定于原子间距与自由电子的多少	由分子的偶极之间的引力相维系，无饱和性和定向性。键力很弱
结构特点	一般阴离子成紧密堆积，阳离子填充空隙。配位数较高，主要决定于阴、阳离子半径比	原子不呈紧密堆积，配位数偏低，决定于键的饱和性和方向性	原子通常成最紧密堆积。具有最高或很高的配位数	非球形分子作紧密堆积
光学性质	透明，折射率较低至中等，反射率低	透明，折射率中等至高，反射率中等偏低	不透明，反射率高	与其分子处于气态或液态时的性质相同
电学性质	中等绝缘体，成熔体时导电	良绝缘体，成熔体时亦不导电	良导体	绝缘体
热学性质	熔点高，热膨胀系数小	熔点高，热膨胀系数小	熔点高低不一，热膨胀系数小	熔点低，易升华，热膨胀系数大
力学性质	硬度中等到高	硬度中等至高，典型的原子晶格具有很高的硬度	硬度一般不高而偏低，具延展性	硬度低

附录 2　元素的电子亲和能(单位：eV)(郑辙，1992)

	H (0.754)																	He (−0.22)
 0→−1 −1→−2 −2→−3	Li 0.620	Be (−2.5)											B 0.24	C 1.27	N 0.0 (−8.3) (−13.4)	O 1.465 −8.08	F 3.339	Ne (−0.3)
	Na 0.548	Mg (−2.4)											Al 0.46	Si 1.24	P 0.77	S 2.077 −6.11	Cl 3.614	Ar (−0.36)
	K 0.501	Ca (−1.62)	Sc	Ti (0.39)	V (0.94)	Cr 0.66	Mn	Fe 0.16	Co (0.94)	Ni 1.15	Cu 1.28	Zn (−0.90)	Ga (0.37)	Ge 1.2	As 0.80	Se 2.020 −4.35	Br 3.363	Kr (−0.40)
	Rb 0.486	Sr (−1.74)	Y	Zr	Nb	Mo 1.0	Tc	Ru	Rh	Pd	Ag 1.303	Cd −1.31	In 0.4	Sn 1.3	Sb 1.05	Te 1.971	I 3.061	Xe (−0.42)
	Cs 0.472	Ba (−0.54)	La	Hf	Ta 0.8	W 0.5	Re 0.2	Os	Ir	Pt 2.128	Au 2.309	Hg	Tl 0.5	Pb 1.05	Bi 1.05	Po (1.8)	At (2.8)	Rn (−0.42)
	Fr (0.456)	Ra	Ac	Ce	Pr	Nd	Pm	Sm	En	Gd	Tb	Dy	Ho	Er	Tm	Yb	Lu	

注：括号内为理论计算值或外推值。

附录 3　元素的电离能(单位：eV)(郑辙, 1992)

	H																	He
	13.598																	(24.59)
																		(54.42)
	Li	Be											B	C	N	O	F	Ne
I_1=	5.39	9.32											8.30	11.26	14.53	13.62	17.42	(21.56)
I_2=	(75.64)	18.21											25.15	24.38	29.60	35.12	(34.97)	(40.96)
I_3=	(122.45)	(153.89)											37.93	47.89	47.45	(54.93)	(62.71)	(63.45)
I_4=		(217.71)											(259.37)	64.49	77.47	(77.41)	(87.14)	(17.11)
	Na	Mg											Al	Si	P	S	Cl	Ar
	5.14	7.65											5.99	8.15	10.49	10.36	12.97	(15.76)
	(47.29)	15.04											18.83	16.35	19.73	23.33	23.81	(27.63)
	(71.64)	(80.14)											28.45	33.49	30.18	34.83	39.61	(40.74)
	(98.91)	(109.24)											(119.99)	45.14	51.37	47.30	53.46	(59.81)
	K	Ca	Sc	Ti	V	Cr	Mn	Fe	Co	Ni	Cu	Zn	Ga	Ge	As	Se	Br	Kr
	4.34	6.11	6.54	6.82	6.74	6.77	7.44	7.87	7.86	7.64	7.73	9.39	6.00	7.90	9.81	9.75	11.81	14.00
	(31.63)	11.87	12.80	13.58	14.65	15.50	15.64	16.18	17.06	18.17	20.29	17.96	20.51	15.93	18.63	21.19	21.8	24.36
	(45.72)	(50.91)	24.76	27.49	29.31	30.96	33.67	30.65	33.50	35.17	36.83	(39.72)	30.71	34.22	28.35	30.82	36.	(36.95)
	(60.91)	(67.10)	(73.43)	43.27	46.71	49.1	51.2	(54.8)	(51.3)	(54.9)	(55.2)	(59.4)	(64.0)	45.71	50.13	42.94	47.3	(52.5)

续表

	Rb	Sr	Y	Zr	Nb	Mo	Tc	Ru	Rh	Pd	Ag	Cd	In	Sn	Sb	Te	I	Xe
	4.18	5.70	6.38	6.84	6.88	7.10	7.28	7.37	7.46	8.34	7.58	8.99	5.79	7.34	8.64	9.01	10.45	12.13
	(27.28)	11.03	12.24	13.13	14.32	16.15	15.26	16.76	18.08	19.43	21.49	16.91	18.87	14.63	16.53	18.6	19.13	21.21
	(40.0)	(43.6)	20.52	22.99	25.04	27.16	29.54	28.47	31.06	32.93	(34.83)	(37.48)	28.03	30.50	25.3	27.96	33.	32.1
	(52.6)	(57.)	(61.8)	34.34	38.3	46.4							(54.)	40.73	44.2	37.41		46.
	Cs	Ba	La	Hf	Ta	W	Re	Os	Ir	Pt	Au	Hg	Tl	Pb	Bi	Po	At	Rn
	3.89	5.21	5.58	7.0	7.89	7.98	7.88	8.7	9.1	9.0	9.23	10.44	6.11	7.42	7.29	8.48	9.4	10.75
	(23.1)	10.00	11.06	14.9	16.2	17.7	16.6	16.9		18.56	20.5	18.76	20.43	15.03	16.69			
	(35.)		19.18	23.3								(34.2)	29.83	31.94	25.56			
	(51.)			33.3								(72.)	(50.8)	42.32	45.3			
	Fr	Ra	Ac	Ce	Pr	Nd	Pm	Sm	En	Gd	Tb	Dy	Ho	Er	Tm	Yb	Lu	
	4.0	5.28	6.9	5.47	5.42	5.49	5.55	5.63	5.67	5.85	5.85	5.93	6.02	6.10	6.18	6.25	5.43	
		10.15	12.1	10.85	10.55	10.72	10.90	11.07	11.25	11.52	11.52	11.67	11.80	11.93	12.05	12.17	13.9	
				20.20	21.62													
				36.72	(38.95)													

附录 4　元素的电子构型和离子半径

(单位：nm)(黎鲍 F，1989；郑辙，1992)

元素	原子序数	符号	化合价	电子构型	自旋	配位数	物理半径	有效半径	轨道半径
氢	1	H	−0	$1s^1$					0.0529
			−1					0.208	
			+1	$1s^0$		1	−0.024	−0.038	
						2	−0.004	−0.018	
氘	1	D	+1	$1s^0$		2	0.004	−0.010	
氦	2	He	0	$1s^2$					0.0291
锂	3	Li	0	$2s^1$					0.1586
			+1	$1s^2$		4	0.0730	0.0590	
						6	0.090	0.076	
						8	0.106	0.092	
铍	4	Be	0	$2s^2$					0.1040
			+2	$1s^2$		3	0.030	0.016	
						4	0.041	0.027	
						6	0.059	0.045	
硼	5	B	0	$2s^22p^1$					0.0776
			+3	1s2		3	0.015	0.001	
						4	0.025	0.011	
						6	0.041	0.027	
碳	6	C	0	$2s^22p^2$					0.0620
			+4	$1s^2$		3	0.006	−0.008	
						4	0.029	0.015	
						6	0.030	0.016	
氮	7	N	0	$2s^22p^3$					0.0521
			−3	$2p^6$		4	0.132	0.146	
			+3	$2s^2$		6	0.030	0.016	
			+5	$1s^2$		3	0.0044	−0.0104	
						6	0.027	0.013	
氧	8	O	0	$2s^22p^4$					0.0450
			−2	$2p^6$		2	0.121	0.135	
						3	0.122	0.136	
						4	0.124	0.138	
						6	0.126	0.140	
						8	0.128	0.142	
氟	9	F	0	$2s^22p^5$					0.0396
			−1	$2p^6$		2	0.1145	0.1285	
						3	0.116	0.130	
						4	0.117	0.131	
						6	0.119	0.133	
			+7	$1s^2$		6	0.022	0.008	

续表

元素	原子序数	符号	化合价	电子构型	自旋	配位数	物理半径	有效半径	轨道半径
氖	10	Ne	0	$2s^22p^6$					0.0354
钠	11	Na	0—	$3s^1$					0.1713
			+1	$2p^6$		4	0.113	–0.099	
						5	0.114	0.100	
						6	0.116	0.102	
						7	0.126	0.112	
						8	0.132	0.118	
						9	0.138	0.124	
						12	0.153	0.139	
镁	12	Mg	0	$3s^2$					0.1279
			+2			4	0.071	0.057	
						5	0.080	0.066	
						6	0.0860	0.0720	
						8	0.103	0.089	
铝	13	Al	0	$3s^23p^1$					0.1312
			+3	$2p^6$		4	0.053	0.039	
						5	0.062	0.048	
						6	0.0675	0.0535	
硅	14	Si	0	$3s^23p^2$					0.1068
			+4	$2p^6$		4	0.040	0.026	
						6	0.0540	0.0400	
磷	15	P	0	$3s^23p^3$					0.0919
			+3	$3s^2$		6	0.058	0.044	
			+5	$2p^6$		4	0.031	0.017	
						5	0.043	0.029	
						6	0.052	0.038	
硫	16	S	0	$3s^23p^4$					0.081
			–2	$3p^6$		6	0.170	0.184	
			+4	$3s^2$		6	0.051	0.037	
			+6	$2p^6$		4	0.026	0.012	
						6	0.043	0.029	
氯	17	Cl	0	$3s^23p^5$					0.0725
			–1	$3p^6$		6	0.167	0.181	
			+5	$3s^2$		3	0.026	0.012	
			+7	$2p^6$		4	0.022	0.008	
						6	0.041	0.027	
氩	18	Ar	0	$3s^23p^6$					0.0659
钾	19	K	0	$4s^1$					0.2162
			+1	$3p^6$		4	0.151	0.137	
						6	0.152	0.138	

续表

元素	原子序数	符号	化合价	电子构型	自旋	配位数	物理半径	有效半径	轨道半径
						7	0.160	0.146	
						8	0.165	0.151	
						9	0.169	0.155	
						10	0.173	0.159	
						12	0.178	0.164	
钙	20	Ca	0	$4s^2$					0.1690
			2+	$3p^6$		6	0.114	0.100	
						7	0.120	0.106	
						8	0.126	0.112	
						9	0.132	0.118	
						10	0.137	0.123	
						12	0.148	0.134	
钪	21	Sc	0	$3d^14s^2$					0.1570
			+3	$3p^6$		6	0.0885	0.0745	
						8	0.1010	0.0870	
钛	22	Ti	0	$3d^24s^2$					0.1477
			+2	$3d^2$		6	0.100	0.086	
			+3	$3d^1$		6	0.0810	0.0670	
			+4	$3p^6$		4	0.056	0.042	
						5	0.065	0.051	
						6	0.0745	0.0605	
						8	0.088	0.074	
钒	23	V	0	$3d^34s^2$					0.1401
			+2	$3d^3$		6	0.093	0.079	
			+3	$3d^2$		6	0.0780	0.0640	
			+4	$3d^1$		5	0.067	0.053	
						6	0.072	0.058	
						8	0.086	0.072	
			+5	$3p^6$		4	0.0495	0.0355	
						5	0.060	0.046	
						6	0.068	0.054	
铬	24	Cr	0	$3d^54s^1$					0.1453
			+2	$3d^4$	Ls	6	0.087	0.073	
					Hs		0.094	0.080	
			+3	$3d^3$		6	0.0755	0.0615	
			+4	$3d^2$		4	0.055	0.041	
						6	0.069	0.055	
			+5	$3d^1$		4	0.0485	0.0345	
						6	0.063	0.049	
						8	0.071	0.057	
			+6	$3p^6$		4	0.040	0.026	

续表

元素	原子序数	符号	化合价	电子构型	自旋	配位数	物理半径	有效半径	轨道半径
						6	0.058	0.044	
锰	25	Mn	0	$3d^5 4s^2$					0.1278
			+2	$3d^5$	Hs	4	0.080	0.066	
					Hs	5	0.089	0.075	
					Ls	6	0.081	0.067	
					Hs		0.0970	0.0830	
					Hs	7	0.104	0.090	
						8	0.110	0.096	
			+3	$3d^4$		5	0.072	0.058	
					Ls	6	0.072	0.058	
					Hs		0.0785	0.0645	
			+4	$3d^3$		4	0.053	0.039	
						6	0.0670	0.0530	
			+5	$3d^2$		4	0.047	0.033	
			+6	$3d^1$		4	0.0395	0.0255	
			+7	$3p^6$		4	0.039	0.025	
						6	0.060	0.046	
铁	26	Fe	0	$3d^6 4s^2$					0.1227
			+2	$3d^6$	Hs	4	0.077	0.063	
					Hs	4sq	0.078	0.064	
					Ls	6	0.075	0.061	
					Hs		0.0920	0.0780	
					Hs	8	0.106	0.092	
			+3	$3d^5$	Hs	4	0.063	0.049	
						5	0.072	0.058	
					Ls	6	0.069	0.055	
					Hs		0.0785	0.0645	
					Hs	8	0.092	0.078	
			+4	$3d^4$		6	0.0725	0.0585	
			+6	$3d^2$		4	0.039	0.025	
钴	27	Co	0	$3d^7 4s^2$					0.1181
			+2	$3d^7$	Hs	4	0.072	0.058	
						5	0.081	0.067	
					Ls	6	0.079	0.065	
					Hs		0.0885	0.0745	
						8	0.104	0.090	
			+3	$3d^6$	Ls	6	0.0685	0.0545	
					Hs		0.075	0.061	
			+4	$3d^5$		4	0.054	0.040	
					hs	6	0.067	0.053	

续表

元素	原子序数	符号	化合价	电子构型	自旋	配位数	物理半径	有效半径	轨道半径
镍	28	Ni	0	$3d^84s^2$					0.1139
			+2	$3d^8$		4	0.069	0.055	
						4sq	0.063	0.049	
						5	0.077	0.063	
						6	0.0830	0.0690	
			+3	$3d^7$	Ls	6	0.070	0.056	
					Hs		0.074	0.060	
铜	29	Cu	0	$3d^{10}4s^1$					0.1191
			+1	$3d^{10}$		2	0.060	0.046	
						4	0.074	0.060	
						6	0.091	0.077	
			+2	$3d^9$		4	0.071	0.057	
						4sq	0.071	0.057	
						5	0.079	0.065	
						6	0.087	0.073	
			+3	$3d^8$	ls	6	0.068	0.054	
锌	30	Zn	0	$3d^{10}4s^2$					0.1065
			+2	$3d^{10}$		4	0.074	0.060	
						5	0.082	0.068	
						6	0.0880	0.0740	
						8	0.104	0.090	
镓	31	Ga	0	$4s^24p^1$					0.1254
			+3	$3d^{10}$		4	0.061	0.047	
						5	0.069	0.055	
						6	0.0760	0.0620	
锗	32	Ge	0	$4s^24p^2$					0.1090
			+2	$4s^2$		6	0.087	0.073	
			+4	$3d^{10}$		4	0.0530	0.0390	
						6	0.0670	0.0530	
砷	33	As	0	$4s^24p^3$					0.0982
			+3	$4s^2$		6	0.072	0.058	
			+5	$3d^{10}$		4	0.0475	0.0335	
						6	0.060	0.046	
硒	34	Se	0	$4s^24p^4$					0.0918
			+6	$3p^6$		6	0.0885	0.0745	
						8	0.1010	0.0870	
			−2	$4p^6$		6	0.184	0.198	
			+4	$4s^2$		6	0.064	0.050	
			+6	$3d^{10}$		4	0.042	0.028	
						6	0.056	0.042	

续表

元素	原子序数	符号	化合价	电子构型	自旋	配位数	物理半径	有效半径	轨道半径
溴	35	Br	0	$4s^24p^5$					0.0851
			−1	$4p^6$		6	0.182	0.196	
			+3	$4p^2$		4sq	0.073	0.059	
			+5	$4s^2$		3py	0.045	0.031	
			+7	$3d^{10}$		4	0.039	0.025	
						5	0.053	0.039	
氪	36	Kr	0	$4s^24p^6$					0.0795
铷	37	Rb	0	$5s^1$					0.2287
			+1			6	0.166	0.152	
						7	0.170	0.156	
						8	0.175	0.161	
						9	0.177	0.163	
						10	0.180	0.166	
						11	0.183	0.169	
						12	0.186	0.172	
						14	0.197	0.183	
锶	38	Sr	0	$5s^2$					0.1836
			+2	$4p^6$		6	0.132	0.118	
						7	0.135	0.121	
						8	0.140	0.126	
						9	0.145	0.131	
						10	0.150	0.136	
						12	0.158	0.144	
钇	39	Y	0	$4d^15s^2$					0.1693
			+3	$4p^6$		6	0.1040	0.0900	
						7	0.110	0.096	
						8	0.1159	0.1019	
						9	0.1215	0.1075	
锆	40	Zr	0	$4d^25s^2$					0.1593
			+4	$4p^6$		4	0.073	0.059	
						5	0.080	0.066	
						6	0.086	0.072	
						7	0.092	0.078	
						8	0.098	0.084	
						9	0.103	0.089	
铌	41	Nb	0	$4d^45s^1$					0.1589
			+3	$4d^2$		6	0.086	0.072	
			+4	$4d^1$		6	0.082	0.068	
						8	0.093	0.079	
			+5	$4p^6$		4	0.062	0.048	
						6	0.078	0.064	

续表

元素	原子序数	符号	化合价	电子构型	自旋	配位数	物理半径	有效半径	轨道半径
						7	0.083	0.069	
						8	0.088	0.074	
钼	42	Mo	0	$4d^55s^1$					0.1520
			+3	$4d^3$		4	0.083	0.069	
			+4	$4d^2$		6	0.0790	0.0650	
			+5	$4d^1$		4	0.060	0.046	
						6	0.075	0.061	
			+6	$4p^6$		4	0.055	0.041	
						5	0.064	0.050	
						6	0.073	0.059	
						7	0.087	0.073	
锝	43	Tc	0	$4d^55s^2$					0.1391
			+4	$4d^3$		6	0.0785	0.0645	
			+5	$4d^2$		6	0.074	0.060	
			+7	$4p^6$		4	0.051	0.037	
						6	0.070	0.056	
钌	44	Ru	0	$4d^75s^1$					0.1410
			+3	$4d^5$		6	0.082	0.068	
			+4	$4d^4$		6	0.0760	0.0620	
			+5	$4d^3$		6	0.0705	0.0565	
			+7	$4d^1$		4	0.052	0.038	
			+8	$4p^6$		4	0.050	0.036	
铑	45	Rh	0	$4d^85s^1$					0.1364
			+3	$4d^6$		6	0.0805	0.0665	
			+4	$4d^5$		6	0.074	0.060	
			+5	$4d^4$		6	0.069	0.055	
钯	46	Pd	0	$4d^{10}$					0.0567
			+1	$4d^9$		2	0.073	0.059	
			+2	$4d^8$		4sq	0.078	0.064	
						6	0.100	0.086	
			+3	$4d^7$		6	0.090	0.076	
			+4	$4d^6$		6	0.0755	0.0615	
银	47	Ag	0	$5s^1$					0.1286
			+1	$4d^{10}$		2	0.081	0.067	
						4	0.114	0.100	
						4sq	0.116	0.102	
						5	0.123	0.109	
						6	0.129	0.115	
						7	0.136	0.122	
						8	0.142	0.128	

续表

元素	原子序数	符号	化合价	电子构型	自旋	配位数	物理半径	有效半径	轨道半径
			+2	$4d^9$		4sq	0.093	0.079	
						6	0.108	0.094	
			+3	$4d^8$		4sq	0.081	0.067	
						6	0.089	0.075	
镉	48	Cd	0	$5s^2$					0.1184
			+2	$4d^{10}$		4	0.092	0.078	
						5	0.101	0.087	
						6	0.109	0.095	
						7	0.117	0.103	
						8	0.124	0.110	
						12	0.145	0.131	
铟	49	In	0	$5s^25p^1$					0.1382
			+3	$4d^{10}$		4	0.076	0.062	
						6	0.0940	0.0800	
						8	0.106	0.092	
锡	50	Sn	0	$5s^25p^2$					0.1240
			+4	$4d^{10}$		4	0.169	0.055	
						5	0.076	0.062	
						6	0.0830	0.0690	
						7	0.089	0.075	
						8	0.095	0.081	
锑	51	Sb	0	$5s^25p^3$					0.1140
			+3	$5s^2$		4py	0.090	0.076	
						5	0.094	0.080	
						6	0.090	0.076	
			+5	$4d^{10}$		6	0.074	0.060	
碲	52	Te	0	$5s^25p^4$					0.1111
			−2	$5p^6$		6	0.207	0.221	
			+4	$5s^2$		3	0.066	0.052	
						4	0.080	0.066	
						6	0.111	0.097	
			+6	$4d^{10}$		4	0.057	0.043	
						6	0.070	0.056	
碘	53	I	0	$5s^25p^5$					0.1044
			−1	$5p^6$		6	0.206	0.220	
			+5	$5s^2$		3py	0.058	0.044	
						6	0.109	0.095	
			+7	$4d^{10}$		4	0.056	0.042	
						6	0.067	0.053	
氙	54	Xe	0	$5s^25p^6$					0.0986

续表

元素	原子序数	符号	化合价	电子构型	自旋	配位数	物理半径	有效半径	轨道半径
铯	55	Cs	0	$6s^1$					0.2518
			+1	$5p^6$		6	0.181	0.167	
						8	0.188	0.174	
						9	0.192	0.178	
						10	0.195	0.181	
						11	0.199	0.185	
						12	0.202	0.188	
钡	56	Ba	0	$6s^2$					0.2060
			+2	$5p^6$		6	0.149	0.135	
						7	0.152	0.138	
						8	0.156	0.142	
						9	0.161	0.147	
						10	0.166	0.152	
						11	0.171	0.157	
						12	0.175	0.161	
镧	57	La	0	$5d^16s^2$					0.1915
			+3	$4d^{10}$		6	0.1172	0.1032	
						7	0.124	0.110	
						8	0.1300	0.1160	
						9	0.1356	0.1216	
						10	0.141	0.127	
						12	0.150	0.136	
铈	58	Ce	0	$4f^26s^2$					0.1978
			+3	$6s^1$		6	0.115	0.101	
						7	0.121	0.107	
						8	0.1283	0.1143	
						9	0.1336	0.1196	
						10	0.139	0.125	
						12	0.148	0.134	
			+4	$5p^6$		6	0.101	0.087	
						8	0.111	0.097	
						10	0.121	0.107	
						12	0.128	0.114	
镨	59	Pr	0	$4f^36s^2$					0.1942
			+3	$4f^2$		6	0.113	0.099	
						8	0.1266	0.1126	
						9	0.1319	0.1179	
			+4	$4f^1$		6	0.099	0.085	
						8	0.110	0.096	
钕	60	Nd	0	$4f^46s^2$					0.1912
			+2	$4f^4$		8	0.143	0.129	

续表

元素	原子序数	符号	化合价	电子构型	自旋	配位数	物理半径	有效半径	轨道半径
						9	0.149	0.135	
			+3	$4f^3$		6	0.1123	0.0983	
						8	0.1249	0.1109	
						9	0.1303	0.1163	
						12	0.141	0.127	
钷	61	Pm	0	$4f^56s^2$					0.1882
			+3	$4f^4$		6	0.111	0.097	
						8	0.1233	0.1093	
						9	0.1284	0.1144	
钐	62	Sm	0	$4f^66s^2$					0.1854
			+2	$4f^6$		7	0.136	0.122	
						8	0.141	0.127	
						9	0.146	0.132	
			+3	$4f^5$		6	0.1098	0.0958	
						7	0.116	0.102	
						8	0.1219	0.1079	
						9	0.1272	0.1132	
						12	0.138	0.124	
铕	63	Eu	0	$4f^76s^2$					0.1826
			+2	$4f^7$		6	0.131	0.117	
						7	0.134	0.120	
						8	0.139	0.125	
						9	0.144	0.130	
						10	0.149	0.135	
			+3	$4f^6$		6	0.1087	0.0947	
						7	0.115	0.101	
						8	0.1206	0.1066	
						9	0.1260	0.1120	
钆	64	Gd	0	$4f^75d^16s^2$					0.1713
			+3	$4f^7$		6	0.1078	0.0938	
						7	0.114	0.100	
						8	0.1193	0.1053	
						9	0.1247	0.1107	
铽	65	Tb	0	$4f^96s^2$					0.1775
			+3	$4f^8$		6	0.1063	0.0923	
						7	0.112	0.098	
						8	0.1180	0.1040	
						9	0.1235	0.1095	
			+4	$4f^7$		6	0.090	0.076	
						8	0.102	0.088	

续表

元素	原子序数	符号	化合价	电子构型	自旋	配位数	物理半径	有效半径	轨道半径
镝	66	Dy	0	$4f^{10}6s2$					0.1750
			+2	$4f^{10}$		6	0.121	0.107	
						7	0.127	0.113	
						8	0.133	0.119	
			+3	$4f^{9}$		6	0.1052	0.0912	
						7	0.111	0.097	
						8	0.1167	0.1027	
						9	0.1223	0.1083	
钬	67	Ho	0	$4f^{11}6s^{2}$					0.1727
			+3	$4f^{10}$		6	0.1041	0.0901	
						8	0.1155	0.1015	
						9	0.1212	0.1072	
						10	0.126	0.112	
铒	68	Er	0	$4f^{12}6s^{2}$					0.1703
			+3	$4f^{11}$		6	0.1030	0.0890	
						7	0.1085	0.0945	
						8	0.1144	0.1004	
						9	0.1202	0.1062	
铥	69	Tu	0	$4f^{13}6s^{2}$					0.1681
镱	70	Yb	0	$4f^{14}6s^{2}$					0.1658
			+2	$4f^{14}$		6	0.116	0.102	
						7	0.122	0.108	
						8	0.128	0.114	
			+3	$4f^{13}$		6	0.1008	0.0868	
						7	0.1065	0.0925	
						8	0.1125	0.0985	
						9	0.1182	0.1042	
镥	71	Lu	0	$5d^{1}6s^{2}$					0.1553
			+3	$4f^{14}$		6	0.1001	0.0861	
						8	0.1117	0.0977	
						9	0.1172	0.1032	
铪	72	Hf	0	$5d^{2}6s^{2}$					0.1476
			+4	$4f^{14}$		4	0.072	0.058	
						6	0.085	0.071	
						7	0.090	0.076	
						8	0.097	0.083	
钽	73	Ta	0	$5d^{3}6s^{2}$					0.1413
			+3	$5d^{2}$		6	0.086	0.072	
			+4	$5d^{1}$		6	0.082	0.068	
			+5	$5p^{6}$		6	0.078	0.064	
						7	0.083	0.069	

续表

元素	原子序数	符号	化合价	电子构型	自旋	配位数	物理半径	有效半径	轨道半径
						8	0.088	0.074	
钨	74	W	0	$5d^46s^2$					0.1360
			+4	$5d^2$		6	0.080	0.066	
			+5	$5d^1$		6	0.076	0.062	
			+6	$5p^6$		4	0.056	0.042	
						5	0.065	0.051	
						6	0.074	0.060	
铼	75	Re	0	$5d^56s^2$					0.1310
			+4	$5d^3$		6	0.077	0.063	
			+5	$5d^2$		6	0.072	0.058	
			+6	$5d^1$		6	0.069	0.055	
			+7	$5p^6$		4	0.052	0.038	
						6	0.067	0.053	
锇	76	Os	0	$5d^66s^2$					0.1266
			+4	$5d^4$		6	0.0770	0.0630	
			+5	$5d^3$		6	0.0715	0.0575	
			+6	$5d^2$		5	0.063	0.049	
						6	0.0685	0.0545	
			+7	$5d^1$		6	0.0665	0.0525	
			+8	$5p^6$		4	0.053	0.039	
铱	77	Ir	0	$5d^76s^2$					0.1227
			+3	$5d^6$		6	0.082	0.068	
			+4	$5d^5$		6	0.0765	0.0625	
			+5	$5d^4$		6	0.071	0.057	
铂	78	Pt	0	$5d^96s^1$					0.1221
			+2	$5d^8$		4sq	0.074	0.060	
						6	0.094	0.080	
			+4	$5d^6$		6	0.0765	0.0625	
			+5	$5d^5$		6	0.071	0.057	
金	79	Au	0	$6s^1$					0.1187
			+1	$5d^{10}$		6	0.151	0.137	
			+3	$5d^8$		4sq	0.082	0.068	
						6	0.099	0.085	
			+5	$5d^6$		6	0.071	0.057	
汞	80	Hg	0	$6s^2$					0.1126
			+1	$6s^1$		3	0.111	0.097	
						6	0.133	0.119	
			+2	$5d^{10}$		2	0.083	0.069	
						4	0.110	0.096	
						6	0.116	0.102	
						8	0.128	0.114	

续表

元素	原子序数	符号	化合价	电子构型	自旋	配位数	物理半径	有效半径	轨道半径
铊	81	Tl	0	$6s^26p^1$					0.1319
			+1	$6s^2$		6	0.164	0.150	1.360
						8	0.173	0.159	
						12	0.184	0.170	
			+3	$5d^{10}$		4	0.089	0.075	
						6	0.1025	0.0885	
						8	0.112	0.098	
铅	82	Pb	0	$6s^26p^2$					0.1215
			+2	$6s^2$		4py	0.112	0.098	
						6	0.133	0.119	
						7	0.137	0.123	
						8	0.143	0.129	
						9	0.149	0.135	
						10	0.154	0.140	
						11	0.159	0.145	
						12	0.163	0.149	
			+4	$5d^{10}$		4	0.079	0.065	
						5	0.087	0.073	
						6	0.0915	0.0775	
						8	0.108	0.094	
铋	83	Bi	0	$6s^26p^3$					0.1130
			+3	$6s^2$		5	0.110	0.096	
						6	0.117	0.103	
						8	0.131	0.117	
			+5	$5d^{10}$		6	0.090	0.076	
钋	84	Po	0	$6s^26p^4$					0.1212
			+4	$6s^2$		6	0.108	0.094	
						8	0.122	0.108	
			+6	$5d^{10}$		6	0.081	0.067	
砹	85	At	0	$6s^26p^5$					0.1146
氡	86	Rn	0	$6s^26p^6$					0.1090
钫	87	Fr	0	$7s^1$					0.2447
			+1	$6p^6$		6	0.194	0.180	
镭	88	Ra	0	$7s^2$					0.2042
			+2	$6p^6$		8	0.162	0.148	
						12	0.184	0.170	
锕	89	Ac	0	$6d^17s^2$					0.1895
			+3	$6p^6$		6	0.126	0.112	
钍	90	Th	0	$6d^27s^2$					0.1788
			+4	$6p^6$		6	0.108	0.094	
						8	0.119	0.105	

续表

元素	原子序数	符号	化合价	电子构型	自旋	配位数	物理半径	有效半径	轨道半径
						9	0.123	0.109	
						10	0.127	0.113	
						11	0.132	0.118	
						12	0.135	0.121	
镤	91	Pa	0	$5f^26d^17s^2$					0.1804
			+3	$5f^2$		6	0.118	0.104	
			+4	$5f^1$		6	0.104	0.090	
						8	0.115	0.101	
			+5	$6p^6$		6	0.092	0.078	
						8	0.105	0.091	
						9	0.109	0.095	
铀	92	U	0	$5f^36d^17s^2$					0.1775
			+3	$5f^3$		6	0.1165	0.1025	
			+4	$5f^2$		6	0.103	0.089	
						7	0.109	0.095	
						8	0.114	0.100	
						9	0.119	0.105	
						12	0.131	0.117	
			+5	$5f^1$		6	0.090	0.076	
						7	0.098	0.084	
			+6	$6p^6$		2	0.059	0.045	
						4	0.066	0.052	
						6	0.087	0.073	
						7	0.095	0.081	
						8	0.100	0.086	
镎	93	Np	0	$5f^46d^17s^2$					0.1741
			+2	$5f^5$		6	0.124	0.110	
			+3	$5f^4$		6	0.115	0.101	
			+4	$5f^3$		6	0.101	0.087	
						8	0.112	0.098	
			+5	$5f^2$		6	0.089	0.075	
			+6	$5f^1$		6	0.086	0.072	
			+7	$6p^6$		6	0.085	0.071	
钚	94	Pu	0	$5f^47s^2$					0.1784
			+3	$5f^3$		6	0.114	0.100	
			+4	$5f^2$		6	0.100	0.086	
						8	0.110	0.096	
			+5	$5f^1$		6	0.088	0.074	
			+6	$6p^6$		6	0.085	0.071	
镅	95	Am	0	$5f^77s^2$					0.1757

续表

元素	原子序数	符号	化合价	电子构型	自旋	配位数	物理半径	有效半径	轨道半径
			+2	$5f^7$		7	0.135	0.121	
						8	0.140	0.126	
						9	0.145	0.131	
			+3	$5f^6$		6	0.1115	0.0975	
						8	0.123	0.109	
			+4	$5f^5$		6	0.099	0.085	
						8	0.109	0.095	
锔	96	Cm	0	$5f^7 6d^1 7s^2$					0.1657
			+3	$5f^7$		6	0.111	0.097	
			+4	$5f^6$		6	0.099	0.085	
						8	0.109	0.095	
锫	97	Bk	0	$5f^8 6d^1 7s^2$					0.1626
			+3	$5f^8$		6	0.110	0.096	
			+4	$5f^7$		6	0.097	0.083	
						8	0.107	0.093	
锎	98	Cf	0	$5f^9 6d^1 7s^2$					0.1598
			+3	$5f^9$		6	0.109	0.095	
			+4	$5f^8$		6	0.0961	0.0821	
						8	0.106	0.092	
锿	99	Es	0	$5f^{10} 6d^1 7s^2$					0.1576
镄	100	Fm	0	$5f^{11} 6d^1 7s^2$					0.1557
钔	101	Md	0	$5f^{12} 6d^1 7s^2$					0.1527
锘	102	No	0	$5f^{13} 6d^1 7s^2$					0.1581
			+2	$5f^{14}$		6	0.124	0.11	

注：ls 表示低自旋；hs 表示高自旋；sq 表示四边形配位。

附录 5 原子的共价半径和分子半径(单位：nm)（黎鲍 F，1989；郑辙，1992）

	H 0.037 0.120																	He 0.140
 r_{cov} r_{vdw}	Li 0.134 0.182	Be 0.090											B 0.082	C 0.077 0.170	N 0.075 0.155	O 0.073 0.152	F 0.072 0.147	Ne 0.154
	Na 0.154 0.227	Mg 0.130 0.173											Al 0.118	Si 0.117 0.210	P 0.106 0.180	S 0.102 0.180	Cl 0.099 0.175	Ar 0.188
	K 0.196 0.275	Ca 0.174	Sc 0.144	Ti 0.132	V 0.125	Cr 0.127	Mn 0.146	Fe 0.120	Co 0.126	Ni 0.120 0.163	Cu 0.138 0.143	Zn 0.131 0.139	Ga 0.126 0.187	Ge 0.122	As 0.120 0.185	Se 0.116 0.190	Br 0.114 0.185	Kr 0.115 0.202
	Rb 0.211	Sr 0.192	Y 0.162	Zr 0.148	Nb 0.137	Mo 0.145	Tc 0.156	Ru 0.126	Rh 0.135	Pd 0.131 0.163	Ag 0.153 0.172	Cd 0.148 0.158	In 0.144 0.193	Sn 0.141 0.217	Sb 0.140	Te 0.136 0.206	I 0.133 0.196	Xe 0.126 0.216
	Cs 0.225	Ba 0.198	La 0.169	Hf 0.149	Ta 0.138	W 0.146	Re 0.159	Os 0.128	Ir 0.137	Pt 0.128 0.172	Au 0.143 0.166	Hg 0.151 0.155	Tl 0.152 0.196	Pb 0.147 0.202	Bi 0.146	Po (0.18)	At (0.28)	Rn (–0.042)

注：r_{cov}表示共价半径；r_{vdw}表示分子半径。